U0312388

内 容 简 介

　　本教材系统讲述农业设施设计与建造的相关工程基础知识，包括温室与畜禽舍的建筑设计和结构设计、环境调控工程设计与设备配置、建筑测量与施工等。全书共五章：第一章温室，讲述温室规划设计的基础知识，连栋温室与单栋温室、日光温室的设计与建造；第二章工厂化养殖设施；第三章贮藏保鲜设施；第四章农业建筑结构分析，包括荷载、钢结构、钢筋混凝土结构与砌体结构、地基基础等；第五章农业建筑施工工程。本教材系统性强，内容广泛而精练，包括农业设施设计与建造工程最实用和最基本的相关知识。各章节末另附习题与思考题供教学使用。

　　本书可作为设施农业科学与工程专业大学本科教材，以及农业工程、园艺、畜牧、林业等相关专业选修参考用书，也可供从事设施农业、农业生物环境控制和能源工程及相关专业的科研、工程技术人员和研究生参考。

全国高等农林院校"十一五"规划教材

农业设施设计与建造

马承伟　主编

中国农业出版社

图书在版编目（CIP）数据

农业设施设计与建造／马承伟主编 . —北京：中国农业
出版社，2008.2（2014.4 重印）
全国高等农林院校"十一五"规划教材
ISBN 978 - 7 - 109 - 12020 - 4

Ⅰ. 农…　Ⅱ. 马…　Ⅲ. 农业建筑-建筑设计-高等学校-
教材　Ⅳ. TU26

中国版本图书馆 CIP 数据核字（2008）第 009675 号

中国农业出版社出版
（北京市朝阳区农展馆北路 2 号）
（邮政编码 100125）
责任编辑　戴碧霞　田彬彬

中国农业出版社印刷厂印刷　新华书店北京发行所发行
2008 年 2 月第 1 版　2014 年 4 月北京第 2 次印刷

开本：820mm×1080mm　1/16　印张：23.25
字数：550 千字
定价：38.00 元
（凡本版图书出现印刷、装订错误，请向出版社发行部调换）

"设施农业科学与工程"本科系列教材编写委员会

本书编写人员

主　　编　马承伟（中国农业大学）

副主编　陈青云（中国农业大学）

参　　编　（按姓氏笔画排列）

王宏丽（西北农林科技大学）

白义奎（沈阳农业大学）

杨仁全（北京市农业机械研究所）

李伟清（西南大学）

吴凤芝（东北农业大学）

佟国红（沈阳农业大学）

周长吉（农业部规划设计研究院）

周增产（北京市农业机械研究所）

赵淑梅（中国农业大学）

梁宗敏（中国农业大学）

总　序

　　设施农业是在相对可控的环境条件下，利用必要的设施和设备，实现集约化高效可持续发展的现代农业生产方式。随着现代设施设备和信息技术的不断更新，设施农业成为现代农业发展的典型代表。世界各国竞相投入，大力发展设施农业，提高本国的农业发展水平。我国目前的设施农业面积达到 250 万 hm^2，成为全球设施农业大国之一。但要成为设施农业强国，不断缩小与农业发达国家在农业技术装备水平和农产品国际竞争力方面的差距，仍需投入大量的人力物力，特别是要突破设施农业人才短缺对我国设施农业发展的瓶颈制约，开展以培养一大批优秀的设施农业专门人才和高素质劳动者的设施农业高等教育，势在必行。

　　2002 年，教育部颁布了新的专业目录，增加了"设施农业科学与工程"本科专业，培养学生掌握生物学、园艺学、农业工程的基本知识，对学生进行设施设计与建造、设施环境调控、设施设备开发与应用、设施农业生产经营与管理等方面的基本训练，使他们具有从事设施农业的技术推广与开发、工程设计、经营管理、教学与科研的基本素质和能力。设施农业学科迎来了发展的契机。

　　但由于设施农业学科属于新兴交叉学科，为了做好该学科的人才培养工作，还需开展大量的基础性学科建设工作，教材建设是其中之一。根据这种需要，中国农业出版社组织全国同行专家召开了教材建设研讨会，组建了"设施农业科学与工程"本科系列教材编写委员会。经讨论达成共识，本专业核心课程应包括设施农业栽培、设施农业工程和设施环境控制三部分内容，决定出版本专业系列教材。这套教材以实施素质教育、培养学生的实践能力和创新能力为出发点，根据"设施农业"是一个包含生物、工程、环境三方面内容的新兴交叉学科的特点组织素材，在教材中，新知识和新方法相互渗透，相互融合，浑然一体。这套教材的出版，标志着设施农业学科的理论体系基本得以确立，也反映出该学科的最新发展水平。

  这套教材的出版在国内外尚属首创，解决了新专业教学急需。教材的编写是根据各院校和编者的优势安排的，但由于缺乏可以借鉴的经验，错误和纰漏在所难免，恳请广大读者和同行专家批评指正。

邹 志 荣

2006 年 10 月于西北农林科技大学

前　言

　　本教材根据设施农业科学与工程本科专业教学需要编写。该专业的培养目标要求学生掌握温室等农业设施的规划设计、建造施工等与工程相关的基础知识和初步技能，其内容广泛，涵盖建筑学、钢结构、钢筋混凝土与砌体结构、建筑测量与施工、建筑暖通与空调、温室工程、畜禽养殖设施工程以及果蔬贮藏保鲜工程等多门课程的内容。但由于学时所限，该专业不可能单独开设这些课程。因此，本教材根据设施农业科学与工程专业的培养目标，本着"少而精"的原则，尝试将上述与工程相关的课程内容进行浓缩，选择最实用和最基本的部分，综合汇集和包容一体，使学生在有限的课时内，尽可能掌握农业设施设计与建造相关的主要工程技术知识，具有解决有关生产和工程技术问题的初步能力，并为在今后从事设施农业领域的工程与科研、生产管理等方面的工作中进一步深入学习打下良好的基础。

　　本课程是在农业设施设计基础课程所涵盖的工程力学、流体力学、传热学和机电设备等的基础之上，综合运用农业气象、园艺学、畜牧工程等相关基础知识，解决农业设施设计与建造中的有关工程问题，包括农业建筑设计和结构设计、环境调控工程设计与设备配置、建筑测量与施工等。内容上具有涉及广泛、综合性强的特点。教材内容较为全面，容量较大，可根据各地和各校的情况以及不同的专业特色和教学计划安排，有重点地选学其中内容。

　　本教材编写由陈青云策划和组织，各章节的编写分工为，绪论马承伟；第一章第一节周长吉，第二节的一、二周增产，三、四马承伟、吴凤芝，五、六马承伟，第三节周增产，第四节吴凤芝；第二章第一、二节杨仁全，第三节王宏丽，第四、五节杨仁全；第三章李伟清；第四章第一节周长吉，第二节佟国红，第三、四节白义奎，第五节梁宗敏，第六节周长吉、赵淑梅；第五章王宏丽。全书由马承伟统稿。

　　本教材的编写是一次新的尝试，由于涉及内容广泛，又缺少可以借鉴的经验，教材中错误与不当之处在所难免，恳请读者和同行专家批评指正。

编　者

2007 年 12 月

目　　录

目　录

绪　论

一、农业设施的类型

农业设施（agricultural facility 或 agricultural structure）是能够提供适宜的生产环境等条件，具有特定生产功能的农业生产性建筑物、构筑物和配套设备的工程系统。例如温室、畜禽舍、水产养殖设施、农产品贮藏保鲜设施、农业废弃物处理和利用的设施等。这些农业设施的功能因种类不同而异，但有以下两个共同点：一是可以为各种农业生产对象提供比自然环境更加适宜的生产环境条件，为此，设施一般应具备建筑围护结构或具有围护作用的构筑物，以形成与外界相对隔离的空间，并且往往还在其内部配置可以调控环境的各种设备；二是依靠各种生产设备实现高效的生产功能，可以进行有效的生产管理和作业，高质量和高效率地完成各种生产过程。

例如温室设施，依靠一定的建筑围护结构和加温、通风等环境调控设备，可以为作物生长提供优于室外自然环境的光照、温度、湿度、气流等条件；同时，依靠室内配置的育苗设备、灌溉设备、营养液栽培设备、栽培床架和容器、输送设备等，可以高效地进行温室内的生产管理作业，加速完成植物生长过程。又如畜禽舍，建筑围护结构可以为畜禽遮风挡雨、防寒避暑，舍内环境调控设备可以进一步调节实现畜禽适宜生长发育的温度、湿度和空气成分等环境条件；同时，依靠舍内的畜栏或笼架、孵化设备、幼畜和幼禽保育设备、喂饲与饮水设备、挤奶设备、消毒设备等，可以高效完成畜禽生产的作业和管理，实现高效率的畜禽产品生产。果蔬贮藏保鲜设施依靠贮藏库建筑和通风、制冷等设备，保证库内果蔬贮藏保鲜的适宜环境条件。水产养殖设施、废弃物处理设施等则一般是依靠一定的构筑物和配套设备，在所提供的一定环境条件下，实现其要求的生产功能。

这里所说的农业生产不仅包括农业动植物生长和繁殖形成动植物产品的直接生产过程，还包括为了保持或提高农产品品质及其商品价值，在产后所进行的干燥、分级、包装、贮藏保鲜等中间的或间接的生产过程，以及为了消除伴随生产过程产生的废弃物对环境的影响，对废弃物进行处理等过程。

农业设施的种类很多，按设施生产对象和用途来分类，包括：

① 作物种植设施：主要包括蔬菜、花卉、果树及其苗木的温室等园艺设施，以及食用菌栽培设施、水稻育秧设施等。

② 畜禽养殖设施：鸡、猪、牛、羊等畜禽工厂化养殖设施。

③ 水产养殖设施：各种淡水和海水工厂化养殖设施。

④ 农产品产后处理、贮藏与保鲜设施：果蔬清选、分级、包装设施，果蔬贮藏保鲜设施，谷物干燥贮藏设施，薯类贮藏设施等。

⑤ 农业废弃物处理设施：畜禽废弃物收集、贮存设施，沼气池等粪尿处理设施等。

按设施的构成和功能，各类农业设施一般包括以下部分：

① 农业建筑或构筑物：如温室和畜禽舍建筑、果蔬等农产品贮藏库、工厂化水产养殖设施的构筑物、畜禽废弃物处理设施的构筑物等。其作用是利用具有一定保温隔热效果，限制水、气自由移动的围护结构，提供一个与外界自然环境相对隔离的、适于完成特定农业生产过程的空间，以有效减弱外界不利环境条件的影响。

② 环境调控设备：如采暖设备、通风与降温设备、光照设备、温室中的 CO_2 和果蔬贮藏库中的气体成分调节设备、水产养殖中的增氧机等。通过这些设备，能够在农业建筑或构筑物的内部空间进一步调控，实现特定农业生产过程所需的温度、光照、湿度及空气和水体中的物质成分等方面优于外界自然环境的适宜条件。

③ 生产管理作业设备：即实现各种生产过程和进行管理作业的各种设备，如温室中的栽培床架和容器、灌溉设备、植保设备、营养液栽培设备、畜禽舍内的畜栏或笼架、喂饲与饮水设备、挤奶和消毒设备等。

④ 自动化环境监控与生产管理作业的控制系统：在现代化的农业设施中，为了提高环境调控水平和生产作业效率，利用现代先进的计算机和信息技术，对农业建筑与环境调控设备、生产管理设备实施自动化的管理和运行控制。依靠自动化的环境监控系统对设施内环境进行实时监测，根据外界条件的变化，按农业生产过程的要求，通过控制各种环境设备进行及时和优化的调控，并依靠对生产作业设备运行的自动控制，实现高水平和高效率的生产。自动化环境监控与生产管理作业的控制系统包括各种传感器、计算机监测与控制设备、执行机构和各种电气设备等硬件设备，以及与之相配套的软件系统。

二、农业设施在农业生产中的地位和作用

对自然环境控制手段的进步是人类社会科技进步的主要标志，是人类社会生产力发展的必然趋势。传统农业是在自然环境条件下进行生产，受自然条件的制约很大。随着人类社会的发展，人们对物质需求的提高，传统农业生产已不能满足要求，农业生产必然向能够改造和控制环境的设施农业方向发展。

设施农业是在一定设施所提供的优于外界自然气候的相对可控环境条件下，采用工业化生产模式，进行集约化高效生产的现代化农业。设施农业是现代农业生产技术、农业工程、环境控制工程、管理和信息工程等技术的高度集成，依靠农业设施有效调控生产中的温、光、水、气等环境因素，创造适于农业生产的最优环境条件，改变传统农业生产依赖于自然条件的被动性，有效避免不利自然条件和自然灾害影响，摆脱地域和季节的限制，能够以较低的土地和水资源、能源等消耗，达到很高的生产效率，实现稳定的周年连续生产，以优质的农产品周年稳定地供应市场，满足人们的生活需要。

设施农业具有科技含量高、产品附加值高、资源利用率和劳动生产率高、技术高度规范、容易形成集约化规模经营和高生产效益等特点，是现代化农业的重要标志和发展方向。各类农业设施是推行设施农业的必备基础条件，其在农业生产中的作用和意义可归纳为以下几个方面。

1. 突破地域与季节的自然条件限制，周年均衡地进行农产品生产 自然界气候条件在不同

地域、不同季节差异很大，在传统农业生产条件下，农产品生产的地域性、季节性非常强。在不适于进行农产品生产，尤其是鲜活农产品生产的地区和季节，出现农产品供应的淡季，不能满足人们的生活需要。

例如，在我国北方地区，冬季气候寒冷。华北地区，1月平均最低气温为 0～－10 ℃，极端最低气温达－20～－30 ℃；在西北和东北地区，1月平均最低气温分别为－10～－25 ℃ 和－20～－30 ℃，极端最低气温为－28～－40 ℃。在这样的气候条件下，露地种植和生产蔬菜是完全不可能的。只有依靠设施，在寒冷的冬季提供植物生长所需的温暖环境条件，蔬菜、花卉以及一些温暖季节才能生产的水果，都可以在严寒的冬季进行生产和充足地供应市场。

因此，依靠农业设施可以完全摆脱在地域和季节上自然条件的限制，根据社会需求来组织进行周年均衡生产。尤其是反季节产品生产的实现，极大地满足了任何地区、任何季节人们周年生活消费的需要，丰富了人民生活。

2. 实现农产品速生、高产、优质、低耗的规模化高效率生产　农业设施能够为动植物提供良好的生长发育环境，使其更好、更快地生长，产量、品质可以大大提高，而生产周期大为缩短，投入产出比显著提高，达到很高的生产效率。

在传统的畜牧生产方式和条件下，寒冷的冬季，喂饲畜禽的大量饲料能量消耗于维持畜禽的体温，不能有效转化为肉、蛋等产品，畜禽生长和体重增长缓慢甚至停滞。炎热的夏季同样会影响畜禽的生长发育和产品生产，在严重的情况下，酷热的气候还会导致畜禽的大量死亡。在寒冷和炎热的气候环境条件下的畜禽饲养生产，畜禽的增重率和饲料转化率（蛋料比、肉料比）、蛋鸡的产蛋率、奶牛的产奶量等生产指标均很低，肉用畜禽的生产周期长，生产效率低下。而依靠畜禽养殖设施，可以把畜禽饲养环境温度等条件调节到适宜的范围，从而使畜禽的增重率和饲料转化率、产蛋率、产奶量等达到传统方式所未有的很高水平，生产周期显著缩短，出栏率增加。例如，使蛋鸡的产蛋率达到80%以上，肉鸡只需8周时间即可将雏鸡饲养到 1.5～2 kg，育肥猪达到 100 kg 的出栏屠宰重量只需不到5个月的时间。

在现代化的温室设施内，依靠对室内温、光、水、气的有效调控，为植物的生长提供优质、速生的良好环境，能够达到比露地生产高得多的生长速度和生产效率。采用营养液栽培叶菜类蔬菜，仅用20余天就可以收获。温室栽培黄瓜和番茄的产量是露地生产的数倍，目前最高可以达到 $50～60 kg/m^2$ 的产量水平。

3. 提高农业资源的利用率，发展生态农业，实现农业的可持续发展　设施农业是高度集约化的生产方式，依靠农业设施提供的良好环境条件，可以实行高密度的养殖和种植生产，同时由于生产周期短、产量高，因此，单位农产品产量的生产占用土地比传统农业大为减少。此外，相对封闭的养殖和种植生产方式，可以减少大量养殖和种植生产用水的蒸发和流失浪费。因此，设施农业生产能够以很低的土地、水等农业资源消耗，实现高效率的生产。

我国人口众多，而自然资源相对短缺。目前人均耕地不足 $0.1 hm^2$，预计21世纪中叶全国人口将达16亿，人均耕地还将进一步减少。人均占有淡水量仅 $2 300 m^3$，只相当于世界人均水平的1/4，是水资源最贫乏的13个国家之一。

因此，在我国，要用有限的耕地和水资源使一些重要农副产品实现周年稳定地生产和供应，满足对农产品不断增长的社会需求，大力发展设施农业尤其具有重要的意义。

　　设施农业注重动植物生产中能源的有效利用。虽然各种环境调控措施都在不同程度上需要消耗一定的能量，但一方面总是设法尽量减少生产中的能耗，有效利用可再生能源；另一方面，集约化的种植和养殖方式，容易达到能量的集中高效使用。在我国得到广泛应用的日光温室，在白昼有效利用太阳光、热的能量为植物生长提供所需的光、热环境，同时在密闭的空间内蓄积保存热能，用于在夜间维持室内必要的温度条件，就是一个集中高效利用自然能源资源成功的典型。从广义上讲，农业生产的本质在于将太阳能转变成食物，设施园艺的冬季生产实现了传统农业在同样季节无法进行的生产，从实际上有效利用了该季节的自然光、热资源。在畜禽的集约化设施养殖中，依靠农业设施提供的良好环境条件，缩短生产周期，提高饲料利用率和能量转化率，达到有效利用自然能源的总体效果。

　　设施农业在注意解决集约化动植物生产的设施内环境的同时，也同样注重设施农业的总体生产环境。在建设工程设施、组织设施农业生产中，注意保护和改善农业环境，以维护良好的生态平衡。对大量农业废弃物进行无害化处理，使其转化为可综合利用的资源，是实现高效利用农业资源、保护生态环境、实现我国农业长期可持续发展的有效途径。

三、本课程的内容特色

　　农业设施学是农业生物与工程技术相交叉产生的学科，又由于其应用领域较多，因此，在研究的内容范围上具有涉及广泛、综合性强的特点。农业设施的设计与建造需要综合运用农业建筑学、建筑材料与结构、建筑物理、建筑设备、暖通与空调、机电工程、施工与安装工程等各方面专业技术知识，这些知识又是建立在工程力学、流体力学、工程热力学和传热学等基础学科之上，同时，还涉及农业气象、园艺学、畜牧学以及畜禽环境卫生学等农业生产相关知识。因此，本课程内容相当庞杂。本教材试图将有关专业技术知识中最基本和最实用的部分融会、浓缩和集中在一起，以便在有限的课时内，尽可能学习到农业设施设计与建造的主要工程技术知识，具有解决相关生产和工程技术问题的初步能力，并为在今后从事设施农业领域的工程与科研、生产管理等方面的工作中，进一步深入学习掌握相关知识和技能，打下一个良好的基础。

　　根据设施农业科学与工程本科专业培养目标的要求，本课程内容只涉及园艺设施、畜禽养殖和农产品贮藏与保鲜设施等三类设施，讲述其建筑和结构设计、设备配置和建造施工等有关的基本知识。相关知识有一些已在部分选修课程中安排学习，但本课程所包含的知识内容仍是繁多的。各地和各校可根据实际情况以及不同的专业特色和教学计划安排，有重点地选学其中的内容。

▶习题与思考题

1. 何谓农业设施？农业设施有何特点？
2. 农业设施有哪些种类？
3. 农业设施一般由哪些部分构成？
4. 何谓设施农业？设施农业相对于传统农业有何优势？
5. 农业设施在农业生产中的作用是什么？

第一章 温　室

第一节　温室的类型及特点

一、温室类型的演化与发展

我国的温室生产具有悠久的历史，2 000多年前就有了原始温室生产的文字记载，但直到20世纪50年代才开始缓慢发展。50年代中后期重点推广以玻璃为透光覆盖材料的单屋面温室，典型的形式有北京改良式温室、鞍山改良式温室和哈尔滨改良式温室等。

20世纪70年代，随着塑料薄膜的应用，以塑料薄膜为透光覆盖材料的塑料大棚以及中小拱棚在我国大面积推广，同时也设计建造了一批以塑料薄膜为透光覆盖材料的单屋面温室。在此期间，我国还自行设计建造了第一座大型连栋温室，即北京玉渊潭温室。

20世纪80年代，我国温室进入快速发展时期，这一时期主要发展了以塑料薄膜为透光覆盖材料的日光温室，使温室生产的效益得到了大幅度提高。到80年代末，利用日光温室生产技术基本解决了北方地区蔬菜淡季供应的问题。这期间，在改革开放的推动下，我国从国外设施农业发达国家引进了近20 hm²大型连栋温室，分布在全国不同的气候带，但由于管理和种植技术不配套，引进温室大部分效益较差，陆续停产或被拆除。

20世纪90年代，随着国民经济的高速发展和农业现代化高潮的到来，不仅温室面积迅猛增长，而且其质量也大幅度提高。90年代初，重点改进和发展高效节能型日光温室，有效地提高了日光温室的节能效果，推广区域扩大为北纬30°～45°，彻底解决了北方蔬菜周年供应的问题。90年代中期和后期，随着国家和各省市农业高科技示范园的建设，我国又一次迎来了全面引进现代化连栋温室的高潮。同时，国家科技部将"工厂化农业"列为产业化科技攻关项目，在全国6个省市示范推广，使我国现代化温室的设计、建造和管理水平有了飞速的提升，并培养了一批专业温室企业，形成了我国自己的温室行业。

进入21世纪后，温室形式进一步优化，温室建设更注重经济效益。设施蔬菜的生产，北方地区以日光温室为主，南方地区以塑料大棚为主，连栋温室则主要用于育苗和生产花卉。同时各种形式的温室也向更广阔的应用领域扩展，如采用日光温室种植果树、食用菌，连栋温室用于畜牧养殖等。我国温室行业也摆脱了现代化温室全部依靠进口的局面，部分温室企业已经开始转向出口，同时，国外企业也大量在国内建厂或设立分销商，基本实现了国内外现代温室技术的大融会。

经过几十年，特别是近20多年的发展，我国温室发展由低级、初级到高级，由小型、中型到大型，由简易到完善，由单栋温室到几公顷连栋温室群，基本实现了结构类型的多样化，温室配套设备和材料也日臻完善。

二、温室类型的划分

温室的类型很多，从不同的角度出发，有不同的分类方法，同一种温室从不同的关注点理解也有不同的命名，现分述如下。

1. 根据温室的用途划分

（1）生产温室。是以生产为目的的温室。根据生产的内容和功能的不同，生产温室又分为育苗温室、蔬菜温室、花卉温室、果树温室、水产养殖温室、畜禽越冬温室，防雨棚、荫棚、种养结合棚等。工程设计中经常将网室也划归到生产温室中，但从严格意义上讲，网室不属于温室。

（2）试验温室。专门用于科学实验的温室。其中包括科研教育温室、人工气候室等。这类温室的设计专业性强，要求差异大，必须进行有针对性的个体设计。

（3）商业零售温室。专门用于花卉等批发、零售。花卉在温室内展览和销售能够具有适宜的生长环境，但同时室内有大量的交通通道和展览销售台架，便于顾客选购。这类温室形式上与普通生产温室一样，但室内交通组织上要充分考虑人流疏散和消防。

（4）餐厅温室。专门用于公众就餐的温室，又称阳光温室或生态餐厅等。室内布置各种花卉、盆景、园林造景或立体种植植物，使就餐人员仿佛置身于大自然的环境中，给人以回归自然的感觉。这种温室借用了温室的形式，主要用于绿色植物的养护，但由于是公众大量出入的地方，设计上应该按照民用建筑的要求进行诸如防火、消防、安全疏散、环境舒适度等方面的安全设计。

（5）观赏温室。也称展览温室。室内种植观赏植物，其外观讲究美观的个性化设计。如植物园中的造型温室、热带雨林温室、高科技农业园中的品种展示温室等。由于室内种植高大树木，这类温室往往室内空间较高，也为温室的外形设计提出了特殊要求。与餐厅温室一样，观赏温室也是公众大量出入的场所，设计中应遵从民用建设设计的要求。

（6）病虫害检疫隔离温室。用于暂养从境外引进的作物，专门进行病虫害检疫。这类温室一般要求室内为负压，进出温室的人员、物资都要求消毒，室内外空气交换要求过滤、消毒等。

2. 根据室内温度划分

（1）高温温室。冬季室内温度一般保持在18~36℃；主要用于种植原产热带地区的植物，如北方地区的热带雨林温室（室内主要种植喜高温高湿的热带雨林植物）、高温沙漠温室（室内主要种植高温干旱地区的仙人掌类植物）等。

（2）中温温室。冬季室内温度一般保持在12~25℃，主要用于种植热带与亚热带连接地带和热带高原的原产植物。

（3）低温温室。冬季室内温度一般保持在5~20℃，主要用于种植亚热带和温带地区的原产植物。

（4）冷室。冬季室内温度一般保持在0~15℃，主要用于种植和贮藏温带以及原产本地区而作为盆景的植物。

3. 根据主体结构建筑材料划分

（1）竹木结构温室。以毛竹、竹片、圆木等竹木材料制作温室屋面梁或室内柱等承力结构的温室。

（2）钢筋混凝土结构温室。用钢筋混凝土构件作为屋面承力结构的温室。以钢筋混凝土构件为室内柱，竹木材料为屋面结构构件的温室仍划分为竹木结构温室。

（3）钢结构温室。以钢筋、钢管、钢板和型钢等钢材作主体承力结构的温室。

（4）铝合金温室。全部承力结构均由铝合金型材制成的温室。屋面承重构件为铝合金型材，但支撑屋面的梁、桁架、柱等采用钢材的温室仍划归为钢结构温室。

（5）其他材料温室。由于新型建材的不断出现，采用这些材料作承力结构的温室也不断涌现，如玻璃纤维增强水泥（GRC）骨架日光温室、钢塑复合材料塑料大棚等。

4. 根据温室透光覆盖材料划分

（1）玻璃温室。以玻璃为主要透光覆盖材料的温室。采用单层玻璃覆盖的温室称为单层玻璃温室，采用双层玻璃覆盖的温室称为双层中空玻璃温室。

（2）塑料温室。凡是以透光塑料材料为覆盖材料的温室统称为塑料温室。根据塑料材料的性质，塑料温室进一步分类为塑料薄膜温室和硬质板塑料温室。塑料薄膜温室根据体型大小又分为塑料中小拱棚、塑料大棚和大型塑料薄膜温室（通常直接称后者为塑料薄膜温室或塑料温室）。为增强塑料薄膜温室的保温性，常采用双层塑料膜覆盖，两层塑料膜分别用骨架支撑的温室称为双层结构塑料温室，两层塑料膜依靠中间充气分离的温室称为双层充气温室。硬质板塑料温室根据板材不同又分为聚碳酸酯（PC）板温室（包括 PC 中空板温室和 PC 波纹板温室）、玻璃钢（包括玻璃纤维增强聚酯板 FRP 和玻璃纤维增强丙烯酸树脂板 FRA）温室等。

需要说明的是如果一栋温室的透光覆盖材料不是单一材料，而是由两种或两种以上材料覆盖，则温室按透光覆盖材料划分类型时应按屋面透光材料进行，并以屋面上用材面积最大的材料为最终划分依据。

5. 根据温室连跨数划分

（1）单栋温室。无论长度多少，但跨度仅有一跨的温室，又称单跨温室。塑料大棚、日光温室等都是单栋温室。

（2）连栋温室。两跨及两跨以上，通过天沟连接起来的温室，又称连跨温室。大量的现代化生产温室都是采用连栋温室。连栋温室土地利用率高，室内作业机械化程度高，单位面积能源消耗少，室内温、光环境均匀。

6. 根据屋面上采光面的多少划分

（1）单屋面温室。屋面以屋脊为分界线，一侧为采光面，另一侧为保温屋面，并具有保温墙体的温室。单屋面温室一般为单跨，东西走向，坐北朝南。温室南侧可以有透光立窗（墙），也可以不用立窗而直接将屋面延伸到地面，具有采光立窗的温室又分为直立窗和斜立窗两种。根据采光屋面水平投影面积占整个温室室内面积的比例不同，单屋面温室又分为 1/2 式、2/3 式、3/4 式和全坡式。根据采光面的形状，单屋面温室还分为坡屋面温室和拱屋面温室，坡屋面温室中还有一面坡式、二折式和三折式等几种。从建筑形式看，日光温室是最典型的单屋面温室。单窗面温室和一面坡温室是两种变形的单屋面温室，前者没有了采光屋面，仅有采光立窗，后者则没有了保温屋面。

（2）双屋面温室。屋脊两侧均为采光面的温室，又称全光温室。连栋温室基本均为双屋面温室。

7. 根据温室的加温方式划分

（1）连续加温温室。配备采暖设施，冬季室内温度始终保持在 10 ℃ 以上的温室。这种温室必须始终有人值班或有温度报警系统，以备在加热系统出现故障时能及时报警。

（2）不加温温室。不配备采暖设施的温室。

（3）临时加温温室。配备采暖设施，但不满足连续加温温室条件的温室，又称为间断加温温室。

这种分类不仅仅为了区分温室是否配备了采暖设施，同时还可作为折减温室屋面雪荷载的计算依据。

8. 根据温室的屋面形式划分

（1）人字形屋面温室。屋顶形式为人字形的温室，也称为尖屋顶温室。玻璃和 PC 中空板等硬质透光覆盖材料覆盖的温室基本都是人字形屋面温室。这种温室每跨可以是一个人字形屋面，如门式钢架结构玻璃温室，也可以是两个或两个以上的人字形屋面，典型的 Venlo 型温室就是每跨两个或三个人字形小屋面。

（2）拱圆顶温室。屋顶形式为拱圆形的温室。由两个半圆弧组成的尖屋顶温室也划归为拱圆顶温室。大部分塑料薄膜温室都是拱圆顶温室。

（3）锯齿形温室。屋面上具有竖直通风口的温室统称为锯齿形温室。锯齿形温室的通风口可以是屋脊直通天沟，称为全锯齿；也可以是从屋脊到屋面的某一部位或从屋面的某一部位到天沟，称为半锯齿。前者为尖锯齿，后者为钝锯齿。钝锯齿型温室每个屋面一般设置两个天沟。竖直通风口一侧或两侧的屋面可以是坡屋面，称为坡屋面锯齿温室，也可以是圆拱屋面，称为拱屋面锯齿温室。

（4）平屋顶温室。屋面为水平或近似水平的温室。防虫网室、遮荫棚经常做成这种形式，近来在欧洲推行的平拉幕活动屋面温室也是一种典型的平屋顶温室。这种温室如屋面材料为防水密封材料时，应充分考虑屋面的排水和结构的承载。

（5）造型屋面温室。屋面和（或）立面由丘形、三角形等不规则图形组成的具有一定建筑造型的温室。这类温室主要用于观赏温室和展览温室，一些餐厅温室也经常应用各种造型来追求个性化特点。

随着世界温室技术、使用要求和新材料的不断发展，各种新型的温室还在不断出现，如折叠式可开闭屋面温室、卷膜式开敞屋面温室、全开窗屋面温室、无支柱充气温室等，这些新型温室在世界某些地区，特别是经济发达地区迅速发展，为古老而又年轻的温室家族增添了新的成员。因为这些新型温室克服了传统温室在自然资源利用方面的局限性（主要是光、热等），采用新方法、新材料，通过将固定式围护（屋面、侧墙、内隔墙等）改为可活动式围护，使用者可根据天气情况决定围护的开闭或开闭程度，从而最大限度地增加了温室使用的灵活性，充分利用了光、热等自然资源，最终达到节能降耗、增加产量、提高品质的目的。

三、主要温室类型及特点

以上从不同角度提出了温室的不同分类方法，在实际应用中对温室的区别称谓主要是塑料大棚、日光温室、玻璃温室和塑料薄膜温室等几类。

1. 塑料大棚 以塑料薄膜为透光覆盖材料的单栋拱棚称为塑料大棚。我国最早于20世纪60年代出现，80年代以后大量推广，尤其在消化吸收日本大棚技术，国内能够自行生产制造镀锌钢管大棚骨架和大棚塑料膜后，发展迅速。到20世纪末，国内大棚建设面积已经超过20万hm²，占各类保护地设施*总面积的1/4左右。

塑料大棚是在塑料中小拱棚的基础上发展而来，由于空间的增大，大棚结构的强度要求也相应提高。最早的大棚骨架为钢筋焊接桁架或钢筋混凝土骨架，这种类型的骨架目前在生产中还有大量应用。镀锌钢管装配式塑料大棚骨架是一种工厂化生产的产品，结构强度高，材料防腐蚀能力强，一般使用寿命可达到15～20年以上。

塑料大棚跨度一般6.0～12.0 m，脊高2.2～3.5 m。主要配置的设备有手动卷膜机构、滴灌系统，在北方地区使用也曾经配置有加温系统。地下热交换储热系统用在塑料大棚中有非常成功的实例。塑料大棚的主要优点是建设方便、造价低廉；当年换膜，室内采光好；卷膜开窗，自然通风效果佳。主要缺点是空间小，保温差，北方不能越冬生产。

塑料大棚在北方地区主要用于蔬菜的春提早、秋延后栽培，一般比露地栽培可春提早和秋延后各1个月。随着日光温室的大量推广和普及，其发展受到很大影响，目前塑料大棚在北方地区的建设已逐步被日光温室所代替。塑料大棚在南方地区可周年生产，亦可用作防雨棚和遮阳棚等。

2. 日光温室 日光温室是由保温蓄热墙体（北后墙和两侧山墙）、北向保温屋面（后屋面）和南向采光屋面（前屋面）构成的单屋面温室。日光温室可充分利用太阳能，夜间用保温材料对采光屋面外覆盖保温，可以进行作物越冬生产。

日光温室是具有中国自主知识产权的一种高效节能型生产温室，主要用于我国"三北"地区。起源于20世纪30年代，80年代中后期形成发展高潮。到20世纪末，节能日光温室已发展到20万hm²，普通日光温室发展到17万hm²，建设总面积达到保护地设施总面积的1/3。目前推广范围已扩展到北纬30°～45°地区。在不加温条件下，一般可保持室内外温差20℃以上。

日光温室的跨度6.0～10.0 m，脊高2.8～3.5 m，随纬度升高，温室跨度逐步缩小。温室长度多在60 m以上，对配置电动保温被的温室，一般单侧卷被温室长度控制在60～80 m，双侧卷被时长度可延长到100 m以上。

日光温室室内获得的光照总量优于其他任何类型温室，一般其透光率在70%左右，但地面光照均匀度较差。日光温室的最大优点是可就地取材，建造成本低；保温能力强，加温负荷小或不需要附加能源，温室的保温比一般大于1，而一般温室总是小于1，故其有很强的保温性能（保温比为温室内蓄热面积与围护结构散热面积之比。对日光温室，山墙、后墙和后屋面，因其保温热阻大，均可视为蓄热面积，加上地面面积，与透光面面积的比值一般大于1）。

由于日光温室的可持续发展性强，今后仍将保持发展的势头，而且近来的发展趋势越来越向大型化、组装式发展。但由于其操作空间小、土地面积利用率低、室内环境调节能力差，对要求较高的蔬菜和花卉生产不太适宜。

---

　　* 本书中保护地设施包括中小拱棚。

3. 玻璃温室 玻璃温室是最早开发的现代化温室类型，其透光率高、整体美观，但造价较高，适合于光照条件比较差以及经济条件比较好的地区。

用玻璃作透光覆盖材料，其最大的优点是透光率高，而且不随时间衰减。此外，玻璃对紫外线和长波辐射透过率低，有利于植物生长和温室保温。但玻璃重量大、质地脆，相对而言，对温室的结构强度和构造要求较高，而且由于玻璃本身的承载力较小，每块尺寸较小，镶嵌玻璃的铝合金和橡胶条用量大，造成玻璃温室的造价相对较高。

（1）单屋面玻璃温室。自 20 世纪 50 年代后期至 70 年代，单屋面玻璃温室在生产中应用较多，但进入 80 年代后，逐渐被塑料薄膜日光温室所取代。

单屋面玻璃温室主要由墙体、后屋面、前屋面（玻璃屋面）、屋架、保温覆盖物及加温设备等组成。主要形式有一面坡式、二折式、三折式、立窗式等，其中以二折式和三折式温室应用较多。

二折式温室以北京改良式温室为代表，是 20 世纪 50～70 年代我国北方地区广泛推广应用的一种土木结构的小型温室。这种温室的后屋面为倾斜的不透明保温屋顶，前屋面为两种不同倾斜角度的玻璃透光屋面，上部设天窗，下部设地窗，因其形成两个折面形的屋面，故称二折式温室。这种温室多为炉火烟道加温，也有少量采用暖气加温。温室跨度约 6 m，脊高 2 m 左右，室内布置 2 道柱支承屋面。

三折式温室以天津无柱式温室为代表。该温室采光前屋面为不同角度的三个折面，室内无柱，跨度 6.5 m，脊高 2.4 m，室内空间较二折式温室明显宽敞，操作空间大，加温形式与二折式温室相同。

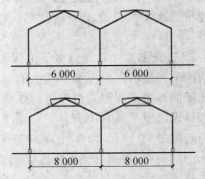

（2）门式钢架结构玻璃温室。为我国最早发展的大型玻璃温室，其结构主体为门式钢架，这种结构类型主要是吸取从日本引进的温室技术，跨度一般为 6.0 m、6.4 m 或 8.0 m，其中 8.0 m 跨温室在屋面梁上还增设有一根拉杆，以增强温室的整体结构强度。开间 3.0 m，檐高 2.5～3.0 m，如图 1-1 所示。

图 1-1 门式钢架结构温室（单位：mm）

国内玻璃温室所用玻璃一般为 5 mm 厚浮法玻璃，透光率在 82% 以上。玻璃镶嵌密封采用耐老化橡胶条。

玻璃温室的开窗多采用屋脊窗，开窗机构多用直齿条或四连杆系统，温室每跨屋脊两侧设两排通长的天窗，每排天窗用一台电机带动，独立控制。所以，这种开窗机构的电机用量较多，但开窗面积大，通风效果好。

门式钢架结构玻璃温室由于用钢量较大（一般在 15 kg/m² 左右），造价较高。随着 Venlo 型温室的引进和提高，以及塑料薄膜温室的大面积发展，其应用越来越少。

（3）Venlo 型温室。是一种小屋面玻璃温室，标准跨度 6.4 m，开间 4.0 m，檐高 3.0～4.0 m，每跨两个小屋面通过桁架连接至柱顶。小屋面跨度 3.2 m，高度 0.8 m，如图 1-2 所示。

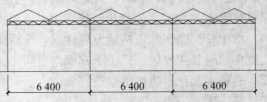

图 1-2 荷兰 Venlo 型温室（单位：mm）

根据桁架的支撑能力，还可将两个以上的 3.2 m 小屋面组合成一个大跨度，如 9.6 m、12.8 m 等，形成室内大空间，以便于机械化作业。

这种温室一般采用 4 mm 厚玻璃，其最大特点是温室透光率高，而且室内光照均匀。实现高透光率的基本措施除采用高透光率（大于 92%）的温室园艺专用玻璃外，减少或缩小温室屋面构件尺寸是其主要特点。一方面温室屋面全部采用小截面铝合金型材，既作屋面承重檩条，又作玻璃嵌条，玻璃安装从天沟直通屋脊，中间不加檩条，减少了屋面承重构件的遮光；另一方面在满足排水和结构承重要求的条件下，最大限度地减小天沟截面尺寸，也对提高温室透光率具有显著的作用。

Venlo 型温室除透光率高外，钢材用量小也是其一大特点。6.4 m 跨度、4.0 m 开间的标准温室其总体用钢量小于 5 kg/m²，而其他类型的玻璃温室总体用钢量多在 12～15 kg/m²。到达这一指标的主要原因是屋面无檩条，屋面荷载通过铝合金玻璃嵌条直接传到天沟，再通过天沟将荷载传到跨度方向桁架和室内承力柱，最终通过柱传到温室基础。主体结构只有跨度方向桁架、天沟和柱采用钢结构，而且由于屋面较小，集水面积不大，所以天沟也做得比较小巧，有的厂家甚至将天沟也做成铝合金材料，这使温室的用钢量进一步减小。

采用交错布置、联动控制的开窗机构，也是 Venlo 型温室的一大特点。标准的 Venlo 型温室其每个小屋面上以屋脊为分界线左右交错开窗，每个窗的长度为 1.5 m，一个开间（4.0 m）设两扇窗，中间 1.0 m 不开窗，如图 1-3。每个区域（一般在 2 500 m² 左右）只用两台相反方向运行的开窗电机即可完全控制整个屋面窗户的启闭，开窗电机的用量达到了最优设计。但这种开窗系统由于开窗面积较小，在我国很多气候条件下通风降温的能力略显不足。

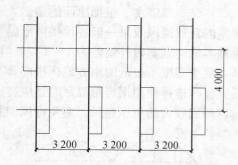

图 1-3　Venlo 型温室天窗设置（单位：mm）

Venlo 型温室起源于荷兰，在当地建造除采用室内遮阳幕外，温室降温主要依靠屋面开窗自然通风，大面积建造几乎没有侧墙通风。这种设计在荷兰气候条件下证明是合适的，但在我国大部分气候条件下，引进使用后发现通风面积不够，夏季降温比较困难。越夏生产还必须配置室外遮阳系统和湿帘风机降温系统等设施。

此外，冬季耗热量大也是这种温室在北方使用的一个重大难题。一般冬季加热成本占生产成本的 30%～40%，尽管有的温室围护墙体采用了双层玻璃或 PC 中空板覆盖，但对大面积连栋温室，围护墙体占总散热面积的比例仅为 10%～12%，这种保温措施的节能效果实在是杯水车薪，还需采取设置保温幕等其他措施。

4. 塑料薄膜温室　塑料薄膜温室经济实用，在合理的配置条件下，其性能可以与玻璃或 PC 板温室相媲美，而且造价低廉，是目前温室发展的主流，尤其适合于在我国南方地区发展。

由于塑料薄膜是柔性材料，相应的塑料薄膜温室的结构类型与硬质板材（如玻璃或 PC 板）温室相比就有了质的变化。目前其类型主要为拱圆顶和锯齿形，跨度 7.0～10.0 m 以上，檐高基本与玻璃温室相同，屋面拱顶矢高在 1.7～2.5 m 之间。塑料薄膜温室适合于在全国范围内推广。

对光照条件好和气温较低的地区，采用双层充气膜或双层结构的温室可提高保温性能30%以上。

塑料薄膜温室的发展首先取决于塑料膜材料的进步。温室对塑料膜覆盖材料的要求主要有透光率、使用寿命和防流滴性等方面。随着材料加工工艺改进和添加剂的不断涌现，塑料薄膜的保温性，即材料对辐射光谱的选择性透过，也开始受到人们的关注。目前国产温室基本还是从国外引进塑料薄膜，材料厚度为0.15~0.20 mm，透光率90%左右，使用寿命3~5年。但材料的防流滴性能差异很大，防流滴期从0~12个月不等，目前还没有防流滴性与使用寿命同期的材料。

（1）拱圆形温室。是塑料薄膜温室中最常见的一种，在我国南、北方都有应用。一般跨度为8.0 m或9.0 m，开间3.0~4.0 m，檐高3.0~4.5 m，拱面矢高1.5~2.0 m。屋面结构有多种形式，如图1-4。由于塑料温室屋面荷载较小，屋面拱架一般都设置为主副梁结构，主梁为主要承重结构，直接与温室柱连接，将屋面荷载通过柱传递到基础；而副梁结构比较简单，一般直接连接在天沟侧板上，从功能上讲，主要起支撑塑料薄膜的作用，承力较小。副梁的设置一般有两种形式：主梁、副梁间隔设置或两道主梁间设三道副梁，前者一般用于屋面不设压膜线的温室，后者则在每道梁间设一道压膜线，压紧塑料膜。

（2）锯齿形温室。根据屋面的造型，可分为三种形式，如图1-5。由于通风面积大，锯齿形温室的自然通风效果一般要比拱圆形温室好。据测定，这种温室在外遮阳配合下，其自然通风效果基本能达到室内外温差为1~3℃。但这种温室天窗的密封效果往往较差，在我国冬季气温较高，夏季温度不很低的南方地区推广具有较好的效果。但在夏季燥热、冬季严寒的北方地区不太适宜。在选择使用锯齿形温室时还应特别注意当地的主导风向，使温室的通风口朝向位于下风向，以形成较大的负压通风，避免冷风倒灌。

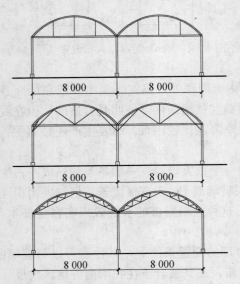

图1-4 拱圆形塑料温室（单位：mm）

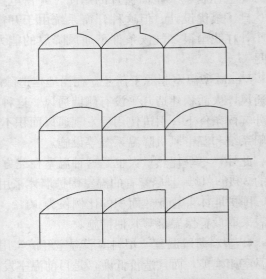

图1-5 锯齿形温室

（3）双层充气温室。与传统的塑料薄膜温室相比，除覆盖材料为双层充气膜外，其他几乎没有多少区别。由于采用了双层充气膜覆盖，温室的保温性能提高了30%以上，但同时温室的透光率也下降了 10%左右。在我国光照充足而冬季气温较低的北方地区使用有较好的效果。但在长江以南地区，由于冬季光照不足，而气温又较高，双层充气的节能效果难以弥补由于透光不足而带来的损失，所以，一般不宜采用。

双层充气温室在使用中，如果充入两层薄膜间的空气来自室内，虽然充气温度较高，但由于室内空气往往湿度也较高，这种空气在充入膜间后，与外层膜相遇受冷后容易产生结露，结露露滴将滞留并积聚在两层膜间，久而久之，在膜间将形成积水，使内层膜局部受力而破坏。为了减少这种露滴积聚，一般要求将充气风机的吸风口安装在室外，因为室外空气的相对湿度较室内空气低。但即使如此，在运行中也还有可能产生膜间水汽结露，使用中应经常注意观察和处理。

（4）双层结构温室。其目的也是为了取得双层充气温室的节能效果，但在结构处理上采用了双层骨架分别支撑两层薄膜，取消了两层膜间的充气风机。其优点是节省了充气耗电的运行费用，避免了双层充气膜间的结露，而且可设置卷膜机构将两层膜分别打开或关闭，根据室外光照强度和温度变化开闭塑料膜，使温室的运行在节能和采光两个方面求得优化管理，进一步降低温室的运行能耗，节约成本，尤其适合于我国南方光照不足的地区使用。但由于增加了一层附加结构，使温室的造价有所上升，而且也增加了温室骨架的阴影率。从运行效果来看，其节能效果要比双层充气温室高 5%～10%，在北京地区使用，结合室内保温幕，冬季不加温可实现室内外10 ℃以上的温差。但双层结构温室由于两层膜都可以是外层膜（外层膜卷起时，内层膜充当外层膜），在空气含尘量较大的北方地区使用时，薄膜的污染较大，温室的整体透光率降低，因此双层结构温室对塑料膜的选择要求更高。

5. PC 板温室

（1）全 PC 板温室。和玻璃温室一样，都属于硬质板温室，其结构和基本尺寸与玻璃温室基本相同，屋面形式主要以坡屋面为主。但由于 PC 板的韧性较好，同样也可以用在拱形屋面上，实际上，PC 板在民用建筑上使用时，基本都采用拱形屋面。

用 PC 板替代玻璃，首先显著减轻了覆盖材料的重量，对温室主体结构的承载力要求相应降低；其次，温室的保温性能得到了显著改善，一般比玻璃温室能够节约 30%以上的能源消耗；第三，温室的防冰雹能力和抗冲击性能较玻璃温室有根本的改善。但 PC 板温室造价更高，透光率较玻璃低 10%，而且有机材料的抗老化性能不及玻璃，其本身存在的内部结露问题也难以得到彻底的解决。这种温室主要应用在光照条件好、室外气温低且持续时间长，而且有较强经济实力的地区。

随着 PC 板材料的大量应用，标准 Venlo 型温室用 PC 板代替玻璃透光覆盖材料后，其结构又有了新的改进。首先，温室跨度加大到了 9.60 m 和 10.80 m，而每跨的小屋面数仍保持两个，相应的屋面高度也由原来的 0.80 m 提高到了 1.20 m 和 1.35 m。由于加大了屋面面积，屋面荷载也随之加大，若采用原来的铝合金继续兼顾镶嵌覆盖材料和承重两重作用，势必将使铝合金的截面加大，这样温室的整体造价将会大幅度提高。为此，在保留原 Venlo 型温室桁架结构的基础上，屋面采用小截面轻钢结构承重，将 PC 板镶嵌铝合金条进一步减小，使温室的整体造价保持在较小的增幅范围内。其次，为了增加温室屋面通风窗面积，屋面开窗采用了门式钢架结构温室的通长天窗，开窗宽度可达到 1.0～1.2 m，最大可达到半屋面开启的开窗度，使自然通风的能力得到了显著提高。由于 PC 板代替了玻璃，温室的保温性能也有了显著提高，按保温热阻计算，PC 板温室的保温性比玻璃温室提高近 1 倍。虽然透光率较玻璃温室下降约 10％，但 PC 板温室在我国（尤其是北方地区）使用与玻璃温室在荷兰使用的情况相比，进入温室的总光量仍要高 20％～30％，大部分时间内不会影响温室内作物的光合作用。但 PC 板温室的造价较 Venlo 型玻璃温室要高 20％～30％，而且 PC 板目前厂家的保证使用寿命基本为 10 年，而玻璃只要不出现破碎，其使用寿命可以说是永久的。因此在选择使用温室类型时，一定要根据当地的气候条件，全面考虑投资与运行成本的经济平衡。

（2）PC 板与塑料膜复合型温室。是为了提高塑料薄膜温室的保温性和美观性，将其墙体围护（包括山墙和/或侧墙）的塑料薄膜用 PC 板材料替代而成的温室，这种温室正越来越普遍得到应用。PC 板材可以是 PC 浪板，也可以是 PC 中空板，前者主要用于我国南方冬季气温较高的地区，而后者因保温性较好，则主要用于我国北方地区。用 PC 板作围护墙体材料，对面积较小的温室，其整体保温性能提高比较显著，但对面积较大的连栋温室，由于温室墙体面积占整个温室围护结构面积的比例较小，其提高保温性能的作用不大，但温室墙体的抗冲击能力将有显著提高，而且温室的整体美观性也有了显著改善。

这种温室在墙体采用 PC 板代替塑料膜后，温室的开窗机构也由塑料薄膜温室用的卷膜开窗机构，改为采用玻璃温室常用的齿轮齿条开窗机构或四连杆开窗机构。相对于塑料薄膜温室，其覆盖材料和开窗机构的成本都要数倍地增加。

6. 活动屋面温室 活动屋面温室，顾名思义，就是屋面可以活动的温室。其目的主要是最大限度地利用自然能源，减少运行能耗，提高温室的生产效益。在室外条件适宜的季节或时段，全部或部分地开启温室屋面，使室内种植作物近于完全暴露在露地自然条件下生长，作物可进行最大限度采光，而不需要其他任何加温、降温或通风措施，温室的管理费用降低到最低程度。在室外条件不适宜作物生长时，将屋面合拢，构成封闭空间，按一般温室管理。

这种类型的温室近年来在欧洲及日本等国家有较大发展，在我国则刚刚起步。

活动屋面温室实际上是对温室开窗机构的一种极限化设计，将屋面整个设计为通风窗，能够将其全部开启，形成活动的屋面。

目前屋面的开启方式主要有两种：一种是沿温室跨度方向开启屋面，采用开窗机构（齿轮齿条）原理，将温室的屋面从屋脊线处分开，向天沟方向双面开启；或者以屋脊线为铰链轴，将温室屋面从跨度的一侧天沟推向另一侧天沟。这种屋面开启方式主要适用于硬质板覆盖材料屋面，温室屋面一般为人字形坡屋面。这种屋面开启方式在屋面打开后，温室高度明显升高，对温室的抗风能力提出了更高的要求，此外，温室屋面开启配套的传动机构比较复杂，而且造价相对较高。

另一种屋面开启方式是采用沿温室开间方向启闭的方法。其传动原理实际上与在开间之间拉幕的方式相同，因此屋面开启的方法也有齿轮齿条传动和钢索传动两种方式。这种屋面开启方式主要适用于薄膜为屋面材料的温室，屋面形式可以是圆拱面，也可以是人字形坡面。

从节约能源的角度来讲，活动屋面温室将有良好的发展前景。但为了保证温室运行的安全性，温室必须配置自动控制系统，随时能感应到室外气象条件的变化，及时做出判断，使温室的运行和管理达到最佳状态。

▶习题与思考题

1. 从不同角度出发，简述温室的分类方法。

2. 用图例的形式，画出单屋面温室的各种类型，并给出相应的名称。

3. 用图例的形式，画出锯齿形温室的各种类型，并给出相应的名称。

4. 简述塑料大棚的特点和用途。

5. 简述日光温室的特点和用途。

6. 比较 Venlo 型温室与其他玻璃温室，分析其特点。

7. 分析 PC 板温室的特点，提出生产应用中主要存在的问题。

8. 简述塑料温室的类型，分析其建设适应条件。

9. 分析活动屋面温室的特点，提出其适应气候条件。

10. 材料的防流滴性如何影响温室的性能？

11. 分别计算下列温室的保温比（按轴线计算）。

① Venlo 型玻璃温室：跨度 9.6 m，开间 4.0 m，檐高 4.0 m，共 10 跨，12 个开间。

② 圆拱顶塑料温室：跨度 8.0 m，开间 3.0 m，檐高 4.0 m，脊高 6.1 m，共 12 跨，16 个开间。

③ 日光温室：跨度 8.0 m，脊高 3.5 m，后墙高度 2.4 m，后屋面水平投影宽度 1.2 m，温室长度 80.0 m，前屋面按圆弧考虑。

第二节 温室设计基础

一、温室的性能指标与建造要求

温室使用最基本的效果源于温室效应。以短波辐射为主的太阳辐射透过温室覆盖材料进入温室后，使室内地温和气温以及植物温度升高，部分转化为长波辐射。该长波辐射被覆盖材料阻隔在温室内，加上覆盖材料形成的围护结构阻止室内外通过空气流通进行热量交换，从而形成室内热量的积聚，使室内温度提高，这一现象称为温室效应。温室正是利用温室效应，在不适于作物露地生长的寒冷季节，通过提高室内温度，创造适宜作物生长的环境，达到作物反季节生产和提高作物产量的目的。但随着科学技术的进步，温室的作用已远远超过温室效应的概念。目前，利用高科技可以对温室内的各种环境因子，包括温度、光照、湿度、CO_2 等进行自动调控，根据作物的生长习性和市场需要，部分甚至完全摆脱自然环境条件的约束，人为创造适宜作物生长的最佳环境，生产出高品质、高产量的产品，以满足生活的需要。

影响作物生长的环境因素很多，主要有光照、温度、湿度、气流速度和气体成分等。由于这些因素与各地的自然条件密切相关，而我国不同地区的气候条件相差甚远，与同纬度的其他国家相比也相差很大，因此，温室建造的最大特点是地域性强，不能全套照搬。各地应根据当地的自然气候条件，以及栽培品种的特性与要求，设计和建造相应形式的温室。温室的环境调控系统包括采暖系统、通风系统、降温系统、遮阳系统、灌溉系统、施肥系统、控制系统等，温室的设计建造和各系统的配置有密切的关系。

温室主体建筑的设计制造、温室配套设备的合理选配、温室整体设施的安装调试是温室建造过程中的重要环节。只有认真控制每个环节的质量，才能确保温室的主要技术性能和总体性能，才能确保设施给种植者带来好的效益。

（一）主要技术性能指标

1. 温室的透光性能　温室透光性能的好坏直接影响到室内种植作物光合产物的形成和室内温度的高低。透光率是评价温室透光性能的一项最基本的指标，它是指透进温室内的光照量与室外光照量的比值。透光率越高，温室的光热性能越好。温室透光率受温室覆盖材料透光性能和温室骨架阴影率等因素的影响，而且随着不同季节、不同时刻太阳高度的变化，温室的透光率也在随时变化。夏季室外太阳辐射较强，即使温室的透光率很小，透进温室的光照强度绝对值仍然较高，要保证作物的正常生长，有必要采用适当的遮荫设施。但到了冬季，由于室外太阳辐射较弱，太阳高度角很低，温室内光照偏弱，这成为作物生长和选择种植作物品种的限制因素，因此，要求温室具有较高的透光率。一般玻璃温室的透光率在 $60\%\sim70\%$，连栋塑料温室在 $50\%\sim60\%$，日光温室可达到 70% 以上。

2. 温室的保温性能　在寒冷的外界自然条件下，提供一个高于室外气温的、适于作物生长的室内温度环境是温室的基本功能。为实现此功能，要采用良好的温室围护结构和适当的加温设施。加温耗能是温室冬季运行的主要生产成本组成，提高温室的保温性能，对于加温温室，是降低能耗，提高温室生产效益的最直接和有效的手段。对于不加温温室，良好的保温性能是其内部温度环境达到一定要求的必要保证条件。

衡量温室的保温性能主要有两个方面的指标，其一是温室围护结构覆盖层的保温性指标，其二是温室整体保温性能的指标。

在冬季，温室围护结构覆盖层传热造成的温室内热量损失占温室总热量损失的 70% 以上，所以覆盖层的保温性能对于温室整体保温性能具有决定性的意义。衡量覆盖层保温性优劣的指标是传热系数和传热阻。传热系数是指单位时间内，在覆盖层单位面积上覆盖层两侧单位温差所产生的传递热量，其单位为 $W/(m^2 \cdot K)$，其数值越小表明覆盖层的保温性越好。传热阻是传热系数的倒数，单位为 $m^2 \cdot K/W$，其值越大，覆盖层保温性越好。一般温室单层覆盖材料的传热系数在 $6.2\ W/(m^2 \cdot K)$ 以上（传热阻在 $0.16\ m^2 \cdot K/W$ 以下），依靠在室内增设保温幕的措施，可使温室覆盖层的传热系数降低到 $3\sim4.8\ W/(m^2 \cdot K)$（传热阻 $0.21\sim0.33\ m^2 \cdot K/W$）。我国日光温室采用的草帘和近年来开发使用的保温被具有良好的保温性能，将其用于日光温室外覆盖保温时，温室覆盖层传热系数可降低至 $2\ W/(m^2 \cdot K)$ 左右（传热阻 $0.5\ m^2 \cdot K/W$ 左右）。

温室整体保温性能可采用冬季夜间不加温情况下，可维持的室内外温差来评价。一般单层覆盖情况下，温室可维持 $2\sim5\ ℃$ 的室内外温差；依靠增设保温幕等保温措施，可使室内外温差提高到 $4\sim8\ ℃$。我国日光温室具有非常优异的保温性能，一般冬季夜间在不加温情况下，可维持 $20\ ℃$ 以上的室内外温差。

3. 温室的耐久性 温室是一种高投入、高产出的农业设施，一次性投资较露地生产投入要高出几十倍，乃至几百倍，其使用寿命的长短直接影响到每年的折旧成本和生产效益，所以温室建设必须要考虑其耐久性。影响温室耐久性的因素除了温室材料的耐老化性能外，还与温室主体结构的承载能力有关。透光材料的耐久性除了自身强度外，还表现在材料透光率随时间的衰减程度上，往往透光率的衰减是影响透光材料使用寿命的决定性因素。设计温室主体结构的承载能力与出现最大风、雪荷载的再现年限直接相关。一般钢结构温室使用寿命在 15 年以上，要求设计风、雪荷载用 25 年一遇的最大荷载；竹木结构简易温室使用寿命 5～10 年，设计风、雪荷载用 15 年一遇的最大荷载。由于温室运行长期处于高温、高湿环境，构件的表面防腐也是影响温室使用寿命的一个重要因素。对于钢结构温室，受力主体结构一般采用薄壁型钢，自身抗腐蚀能力较差，必须用热浸镀锌进行表面防腐处理。对于木结构或钢筋焊接桁架结构温室，必须保证每年做一次表面防腐处理。

（二）温室性能评价

1. 性能评价的内容和评价方法

（1）适用性。温室的适用性就是指温室满足功能、实现功能的能力，是评价温室结构和使用性能最重要的方面。适用性主要表现在以下几个方面。

① 温室空间尺度是否适宜：如温室高度是否和栽培作物的生长高度相协调，是否利于工作人员的操作与使用；跨度和开间能否满足作物的栽培布置、道路运输的组织和设备的布置等。

② 温室内的光照、温度、湿度和 CO_2 等条件是否满足使用功能要求：如温室内的温度能否达到栽培作物在白天和夜间对温度的要求，满足的程度如何等。

③ 内部配套设施（给水系统、供暖设施、遮阳保温系统、通风系统、传动机构、电气设备、控制设备等）的配置情况和工作状况：温室内部配套设施是保证温室实现其使用功能的重要保证，某些设施与温室主体结构共同影响温室内的环境状况，如通风、供暖和遮阳保温系统等；而另外一些内部配套设施的好坏则直接影响到温室某一功能的实现，如灌溉系统等。对这些内部配套设施的评价应以设计要求为主进行，即是否实现和满足温室预定的设计功能要求，各种设施要相互匹配和协调。评价中注意考虑外部条件对内部配套设施性能的影响，如采暖系统的供水温度会影响整个温室采暖系统的性能；供水管道的水压变化也会影响到灌溉系统能否正常工作。

（2）经济性。

① 温室的建造费用：又称建设期投资或一次性投资，该部分费用直接影响投资的回收和产品成本，投资回收年限需根据项目的计划目标、投资渠道和贷款性质等因素决定。

② 温室的运行费用：与温室结构和设施相关的运行费用体现在加温（燃煤或燃油）、降温（电力、供水等）、操作（开窗等）方面的费用。温室的保温隔热性和密封性决定了温室加温和降温费用的高低；某些内部配套设施（开窗等）操作的难易性会影响人工费用。温室结构和设施的配置在降低运行费用方面应留有一些余地，即使用者可通过简单的改造或补充而使运行费用降低。

③ 温室的维修费用：温室质量的高低会影响温室的维修频度，特别是除主要结构构件以外的零配件和易损件，维修费用除成本外还包括人工费和间接损失费。间接损失费可能是工时损

失，也可能是因维修而对作物造成损坏等不利影响，虽然难以计算，但某些情况下造成的影响是很大的。良好的温室结构应对易损件进行良好的处理和专门说明，在温室结构销售安装时要配备必要的备件，以便于修理维护，减少因此造成的损失。

（3）防灾能力。温室结构的防灾能力就是指温室在使用阶段，承受设计规定的正常事件外的偶然事件发生时的反应能力。正常事件是指各种正常设计工况，如恒载、活载、安装荷载、风载、雪载、温度作用等；偶然事件是指超过温室设计基准期的、正常设计工况以外的作用，这些作用出现概率小、持续时间短，但作用往往较为强烈，如偶然的猛烈撞击，地震、龙卷风、火灾、洪水等。在这些偶然作用下，温室不可避免地会遭到一定程度的破坏，但温室结构整体应对此类作用具有一定的抵抗能力。换言之，应具有多道防线来保证结构的整体稳定性和可修复性，防止偶然作用下的整体坍塌和功能失效。具体应按照下列原则进行检验和评价。

① 小灾不坏：即在某些危害性不大的偶然作用下，温室结构不产生主要结构构件的强度失效和变形，即使部分次要构件产生了失效和功能丧失，但可通过修复或局部更换来恢复结构的功能。

② 中灾可修：即在一般性偶然作用下，温室部分主要结构构件产生了破坏，但可通过构件的更换和校正修复来恢复原有功能，如在飓风作用下温室墙体和屋面檩条严重变形，主梁出现少量局部超过规范要求的塑性变形等，这种情况下可通过更换檩条和校正大梁来保证温室今后的正常运转。

③ 大灾不倒：极少数剧烈的偶然作用会给温室带来严重的破坏，如地震、龙卷风、暴风雪等。在这些情况下，应允许结构丧失使用功能，但可以通过局部构件的损坏和先期失效来保证整体结构不倒塌，以最大限度地减少损失，保护温室内部设备等。如在强烈地震下，温室围护结构会产生严重破坏，但由于围护结构的破坏会造成地震作用的迅速降低，从而大大减少了温室主体构件的破坏，即使发生很大的塑性变形也能基本保持其原有形状不倒塌。又如在罕遇暴风雪的袭击下，如能控制围护结构和部分附属构件首先失效，也可保证温室主体结构的基本完好和不倒塌，从而大大降低灾害造成的损失。

（4）其他。

① 温室造型是否与周围环境相协调：温室作为一种特殊的建筑物也应体现美化环境的功能，温室在满足各项功能要求的前提下，应尽可能在总体布局、体量大小、造型、色彩等方面与周围环境相协调，由于现代温室造型和材料的多样性，为温室的美化和协调功能提供了基础。

② 温室构件的耐腐蚀性：温室构件作为温室的基本组成部分，其耐腐蚀程度和使用寿命的长短都影响到温室结构的功能和正常使用。影响温室构件耐腐蚀的因素主要有构件材质、构件连接节点处理、构件防腐处理方式等。一个构件可能因任何一个环节控制不好而产生锈蚀，影响正常使用和构件寿命。如构件焊缝处理不当或构件加工完毕后清理不当等都会留下日后产生构件腐蚀甚至破坏的隐患。目前，对于使用寿命超过15年的温室，对钢构件进行热浸镀锌的方法被广泛采用。对镀锌件的检验，应从表面质量、镀锌层厚度、均匀活性锌层结合强度等方面加以检查和试验检验。虽然不同温室采用的防腐方式和对构件的防腐程度要求不同，但构件应保证在使用期内的防腐蚀性达到规定的使用要求，即在使用期内不因构件腐蚀而对结构造成安全和正常使用的威胁和破坏。

③ 温室构件的可替代性：就是构件的通用性。温室构件的通用性不仅对生产者具有重要意义，也对温室用户造成影响。构件通用性强可以降低生产成本、提高材料利用率，也可以方便使用者，提高产品售后服务和维修效率。在不影响温室成本和功能的前提下，温室构件的通用性应尽量提高。

2. 评价过程中的注意事项　温室结构性能的评价是一项较为复杂的工作，在评价过程中必须结合各方实际情况，力争评价全面，可比性强，数据评价与感性评价相结合。评价结果的比较和结论应明确重点，即必须以满足温室主要功能为基本出发点，有些温室的某些指标或许很差，如日光温室的环境可控性和抗灾性较差，但在投资有限和投资回收期要求短的情况下，其经济性和适用性应作为主要评价指标和定论的主要依据。只有这样，才能使评价具有实际意义且客观合理。

（三）设计建造要求

温室的设计与建造，应该使其在规定的条件下（正常使用、正常维护）、在规定的时间内（标准设计年限），完成预定的功能。

1. 功能和环境要求　温室的平、剖面应该根据功能的需要建造，根据功能把温室分为生产性温室、科研试验性温室和观赏展览温室等类型，各种温室平、剖面的设计都有所不同。

2. 可靠性要求　温室在使用的过程中，结构会承受到各种各样的荷载作用，如风荷载、雪荷载、作物荷载、设备荷载等。正常使用时，在这些荷载作用下结构应该是可靠的，即温室的结构应能够承受各种可能发生的荷载作用，不会发生影响使用的变形和破坏。

温室的围护结构（包括侧墙和屋顶）将承受风、雪、暴雨、冰雹以及生产过程中的正常碰撞冲击等荷载的作用，玻璃、塑料薄膜、PC 板等围护材料都应该能够在上述荷载作用下不会造成损坏，设计应力不超过材料的允许应力（抗拉、抗弯、抗剪、抗压等）。同时，材料与主体结构的连接也应该是可靠的，应该保证这些荷载能够通过连接传递到主体结构。

温室的主体结构应该给围护构件提供可靠的支撑，除了上述荷载外，主体结构还将承受围护构件和主体结构本身的自重、固定设备重量、作物吊重、维修人员、临时设备等造成的荷载。在正常使用时，这些荷载作用有些可能不会同时发生，有些会同时发生，在各种组合情况下主体结构都应该是可靠的。结构的变形和位移不应该过大，不会影响正常使用，也不应该由于主体结构变形和位移造成围护构件的破坏。

3. 耐久性要求　温室在正常使用和正常维护的情况下，所有的主体结构、围护构件以及各种设备都应该具有规定的耐久性。温室的结构构件和设备所处的环境是比较恶劣的（对构件本身来讲），温室内部温度较高，湿度较大，光辐射强烈，空气的酸碱度也较高，这些都将影响温室的耐久性。在温室建造时应该充分考虑这些不利因素的影响，保证温室在标准设计年限内，材料的老化、构件的腐蚀、设备的老化都应该在规定的范围内。

通常温室主体结构构件和连接件都在工厂制作，并采用热浸镀锌防腐处理，现场安装采用螺栓连接，避免焊接。这样可避免由于焊接时构件过热，造成镀锌层的损坏，保证了镀锌层的防腐效果。温室主体结构和连接件的防腐处理应该保证耐久年限 18～20 年。

4. 内部空间要求　温室内部是植物生长和生产管理活动的场所，除植物栽培的空间外，还要求能够为各种生产设备摆放和正常运行提供足够的空间，同时还应为操作管理者留出适当的空间。因此，温室的平、立、剖面设计过程中，应该为不同用途的温室所需的不同配套设备、设施以及不同的生产操作方式提供满足要求的空间。

5. 建筑节能要求　温室的建筑构造，即温室基础、墙体、屋面、侧窗、天窗、天沟等部分的构造以及各部分之间的连接方式，除满足各自的使用功能外，还应满足节能方面的要求。通过合理的构造，降低屋面和墙体的传热系数，增加透光率，使温室最大限度地吸收太阳能，并减少内部热量的流失，最有效地利用太阳能，达到节约能源的目的。温室内部的热量会通过基础向室外传递，因此在基础构造上要求尽量隔热，减少温室内热量的损失。夏初之前和夏末之后主要通过侧窗和天窗的自然通风来降温并改善内部环境。

6. 标准化和装配化要求　随着现代化温室的发展，温室的形式日益多样化，不同形式的温室，其体型、尺寸差别比较大。同时，目前我国各温室企业的温室设计、制造各行其是，构件互不通用，无法实现资源共享，生产效率低下。只有通过温室的标准化，不同的温室采用系列化、标准化的构件和配件组装而成，实现温室的工厂化、装配化生产，才能使温室的制作和安装简化，缩短建设周期，降低生产和维护成本，提高生产效率。

二、我国设施园艺生产的气候区划

(一)我国各气候区的主要气候特征

1. 东北气候区　辽宁、吉林、黑龙江三省，属温带湿润半湿润气候区。冬季漫长、严寒，春季风大，夏季短促、暖热湿润。全年总辐射 4 200～5 400 MJ/m²，日照时数 2 800～3 000 h，日照百分率 60%～70%。冬季长达 6～7 个月，1 月平均气温 -6～-30 ℃，最低气温南部 -21～-28 ℃，北部达 -40 ℃以下。日最低气温低于 0 ℃的天数，南部为 115 d，北部达 220 d；低于 -30 ℃的天数，松嫩平原达 20～50 d，兴安岭 80～100 d，但沿海地区没有低于 -30 ℃的天。降雪天数，南部 10～15 d，北部 40 d；积雪日数，西南部 20～40 d，三江平原 120 d，漠河 160 d，长白山 100～120 d；最大积雪深度 20～40 cm。日平均气温≤10 ℃的天数，北部 200 d 以上，南部 180 d 以下。夏季短促，三江平原 75 d，松嫩平原 50 d，嫩江以北无夏天。7 月份平均气温在 20 ℃以上、日最高气温≥30 ℃的天数，松嫩平原不到 20 d。7 月相对湿度 70%～80%，冬季盛行偏北风，夏季盛行偏南风，春季风速最大，辽河河谷大风日数在 50 d 以上。

大部分地区风压 0.5～0.6 kN/m²，雪压 0.2～0.4 kN/m²。

2. 华北气候区　包括阴山南，秦岭淮河以北，黄土高原，黄淮海平原，属温带半湿润气候区。冬季寒冷干燥，夏季炎热多雨。全年总辐射，渭河流域、汉水上游 4 600～5 000 MJ/m²，山西高原、华北平原 5 400～5 800 MJ/m²。日照时数和日照百分率，渭河流域、汉水上游分别为 2 000 h 和 40%～50%，山西高原、华北平原分别为 2 600～2 800 h 和 60%以上。1 月份平均气温，平原 0～6 ℃，黄土高原南部 -4～-8 ℃，北部山区 -10～-12 ℃；1 月份平均最低气温为 -20～-30 ℃。日平均气温≤0 ℃的日数，黄河以北 100～150 d，黄淮之间 75～100 d；日平均气温≤10 ℃的天数，平原 140～150 d，高原 180～200 d。夏季不短，平原 3.5～4 个月，高原、沿海 2～3 个月。7 月平均气温，平原 26～28 ℃，高原 22～26 ℃；平均最高气温，平原 30～32 ℃，高原和沿海 28～30 ℃；相对湿度 70%～80%。全年极端最高气温≥35 ℃的日数 10～20 d。春季风最大，大风日数黄河、海河下游 25 d，黄土高原、渭河流域 5～10 d，其他地区 10～25 d。风压 0.3～0.5 kN/m²，大部分地区雪压值 0.3 kN/m² 左右，渭河流域 0.2～0.3 kN/m²。

3. 华中气候区 包括南岭—武夷山以北，秦岭淮河以南，四川西部—云贵高原以东地区，热带季风气候。冬温多阴雨，夏季除西部多雨外，酷热少雨，东部多台风。全年总辐射 3 800 MJ/m²，日照百分率≤30%，是全国光照条件最差的地区。冬长 100～125 d，重庆、成都仅 80～90 d；夏长 110～120 d，重庆 145 d，南昌 150 d。1 月份平均气温除山区低于 0 ℃外，大部地区在 0～8 ℃，月平均最低气温 4～－4 ℃，四川盆地为冬暖区，长江中下中游地区为冬冷区。极端最低气温，四川盆地、贵州高原－4～－8 ℃，长江中下游地区在－10 ℃以下，个别地区如合肥低于－20 ℃。冬有寒潮大风，夏有台风，全年大风天数 10～25 d，7 月平均相对湿度达 80%。基本风压值 0.2～0.3 kN/m²，雪压值 0.2～0.4 kN/m²。

4. 华南气候区 南岭、武夷山以南，贵州高原以西地区，南亚热带、热带季风气候。冬季低温多阴雨，夏季晴朗少雨，日照强、多台风。全年总辐射 4 200～5 400 MJ/m²，大部分地区日照时数为 2 000 h，日照百分率 40%～50%。冬长 2～3 个月，夏长 5 个月，福安—韶关以南夏长 11 个月，无冬季。1 月平均气温在 10 ℃以上，只有当强寒潮入侵时，极端最低气温短时降至 0 ℃以下，7 月平均气温 28 ℃以上，平均最高气温 33 ℃以上，极端最高气温 38～42.5 ℃，≥35 ℃日数内陆、河谷地 30～40 d，其余地区不到 10 d。基本风压，沿海地区可达 0.5 kN/m² 以上，其余地区 0.2～0.4 kN/m²，无雪压。7 月相对湿度 80%以上。

5. 蒙新气候区 包括内蒙古、新疆，暖温带半干旱、干旱气候。冬季除北疆外，大部分地区干冷，春季多大风、风沙，夏季酷热，日照丰富，全年总辐射除准噶尔盆地为 5 000 MJ/m² 外，其余大部分地区为 5 400～7 100 MJ/m²，年日照时数一般在 3 000 h 以上，日照百分率在 60%～80%，北疆日照时数 2 600～2 800 h，日照百分率 60%。冬季严寒，1 月平均气温－16～－20 ℃，南疆－8～－12 ℃。夏季酷热，7 月平均气温 20～24 ℃，吐鲁番盆地 28～32 ℃，7 月相对湿度 30%～50%。基本风压 0.5～0.6 kN/m²；雪压，北疆 0.6～0.8 kN/m²，内蒙古、南疆 0.2～0.3 kN/m²。

6. 西南气候区 包括青藏高原以南的四川西部、云南，立体气候。全年总辐射 5 000～6 200 MJ/m²。干湿季分明，干季为 11 月至次年 4 月，日照充足温暖，1 月日照百分率高达 60%～80%，平均气温 12～14 ℃。雨季 5 月至 10 月，天气温凉、潮湿，如 7 月份平均气温 20～24 ℃，相对湿度 80%左右。基本风压值 0.3 kN/m² 左右，无雪压。

7. 青藏高原气候区 高原气候，日光充足，为全国之最，全年总辐射 8 300 MJ/m² 以上，日照时数 3 000 h 以上，日照百分率 80%。冬冷夏凉，1 月平均气温－20 ℃以下，7 月平均气温 20 ℃，基本风压 0.4～0.5 kN/m²，雪压 0.2～0.3 kN/m²。

综上所述，各气候区有着各自的特点。如东北气候下的温室建设面临极为严峻的条件：冬季寒冷，光弱，风、雪压大。华北气候，风压、雪压小，冬季冷，夏季热。华中气候，光照差，夏季湿热，东部地区多台风。华南气候，冬季多阴雨，夏季湿热，沿海地区多台风。蒙新气候，日照丰富，冬季严寒，夏季酷热干燥，风压大，个别地区雪压高。西南气候，干湿季分明，冬暖，夏凉，湿度大，风压小，无雪压。青藏高原气候，日照充足，冬冷夏凉，风压高，雪压小。

（二）与温室工程相关的主要气候要素地区分布特点

关于设施园艺生产的气候区划问题，曾进行过不少探讨，各方面都认识到温室区划的重要性，需要建立统一的区划指标体系。根据上面的气象统计资料，在制定温室标准和区划时至少下列气候指标是必须考虑的：①太阳辐射和日照状况；②冬季气温，夏季气温、湿度；③风压；④雪压。

1. 太阳辐射 太阳辐射提供了温室植物生产必需的光、热资源，在温室采光设计、采暖设计、降温设计以至覆盖材料选择等方面，都需要考虑当地太阳辐射的状况，包括光照强弱（太阳辐射能量大小）和日照时间长短等。

根据我国太阳辐射和日照分布的特点，全国可分成 4 个区域。

（1）太阳能丰富区。内蒙古、甘肃大部、南疆和青藏高原，该区域年总辐射量在 6 200 MJ/m² 以上，年日照时数在 3 300 h 以上，日照百分率在 75% 以上。

（2）太阳能较丰富区。包括北疆、东北西部、内蒙古东部和华北、陕北、宁夏、甘肃一部分和青藏高原东侧。年总辐射 5 400～6 200 MJ/m²，日照时数 2 600～3 000 h，日照百分率 60%～70%。

（3）太阳能可利用区。包括东北大部，内蒙古呼伦贝尔市，黄河、长江中下游，广东、广西、台湾、福建及贵州一部分，年辐射总量 4 600～5 400 MJ/m²，日照时数 2 600 h，年日照百分率 60%。

（4）太阳能贫乏区。以四川盆地为中心的四川、贵州大部分地区和广西、湖南部分地区，年总辐射量 3 300～4 600 MJ/m²，日照时数在 1 800 h 以下，年日照百分率 40% 以下。

2. 冬季气温（以 1 月份为例） 1 月份平均气温，长城线以北在 -10 ℃ 以下，其中东北、北疆和西藏北部在 -12 ℃ 以下，东北北部和准噶尔盆地在 -20～-30 ℃，秦岭、淮河以南在 0 ℃ 以上，南岭以南及闽南在 10 ℃ 以上。

1 月份平均最低气温的 0 ℃ 线位于上海、杭州、武汉和四川盆地北部边缘，广州、南宁以南在 10 ℃ 以上，东北北部、藏北高原、北疆西北部在 -30 ℃ 以下。

3. 夏季气温（以 7 月份气温为例） 7 月份平均气温，东北大部在 20 ℃ 以上，沈阳、北京、西安一线以南在 25 ℃ 以上，淮河以南及四川盆地东部都在 28 ℃ 以上，盆地和河谷地区（如鄱阳湖地区、长江河谷地区）都是高温中心。

7 月份平均最高气温和平均气温一致，东北地区一般在 30 ℃ 以下，华北平原及以南地区在 30 ℃ 以上，长江中下游及以南地区在 34 ℃ 以上，是最闷热的地区，吐鲁番是温度最高的地区，平均最高气温达 40 ℃，沿海地区在 32 ℃ 以下。

4. 空气相对湿度（以 7 月份平均相对湿度为例） 7 月份我国大部分地区进入雨季，是全年相对湿度最高的季节。7 月份平均相对湿度，我国东部都在 70% 以上，沿海地区，四川、贵州、西藏东南部在 80% 以上，长江中下游地区在 75% 以上，个别地区超过 80%，而最潮湿地区在云南西南部，达 90% 左右，最干旱的地区在新疆，青藏高原，柴达木盆地，内蒙古、甘肃西部，仅 30%～50%。

5. 风压

（1）最大风压区。包括东南沿海和岛屿，风压值 0.7 kN/m² 以上。

（2）次大风压区。包括东北、华北，西北北部，0.4～0.6 kN/m²。

（3）较大风压区。青藏高原，0.3～0.5 kN/m²。

（4）最小风压区。包括云南、贵州、四川和湖南西部、湖北西部，0.2～0.3 kN/m²。

6. 雪载

（1）最大雪载区。在新疆北部，雪压值 0.5 kN/m² 以上。

（2）次大雪载区。包括东北、内蒙古北部，长江中下游，四川西部，贵州北部，一般在 0.3 kN/m²。

（3）低雪载区。包括华北、西北大部和青藏高原，0.2～0.3 kN/m²。

（4）无雪载区。南岭和武夷山以南地区。

（三）不同气候区温室选用的建议

温室是一种特殊的农业生产性建筑，是用来进行抗逆有效生产的专用设施。因此，温室的设计建造、栽培的品种与技术、生产管理等，都与当地的气候、市场、人才与技术等条件密切相关。温室的类型有着很强的地域适应性，在很大程度上受当地气候条件的制约。我国是一个大陆性、季风性气候极强的国家，冬季严寒，夏季酷热。同时，我国幅员辽阔，横跨南热带到北温带几个气候带，气候类型多样。因此，在温室类型的选择上必须因地制宜，选择适宜的类型，以充分利用各地气候资源的优势，避免不利气候因素的影响。

对我国各气候区与温室工程相关的主要气候要素分布特点分析，以及对我国温室的主要类型及其性能优劣的分析，目的是要根据地域的气候进行温室类型选择。

一定要结合当地的具体情况，同时还要结合市场情况和所选择的栽培作物对温室环境的要求，综合分析，择优选择。针对比较复杂的温室工程，在建造前最好由有资质的专门科技单位或温室企业进行有针对性的设计，并进行充分的论证。宁可在前期把工作做得充分一些，切不可把问题留在建造之中或建造之后。在我国温室建成之后因不适应而再进行改造的事例也实属不少，应该引以为鉴，尽量减少不必要的损失。

日光温室最大的优势是保温性能好，节能型日光温室可以达到内外温差在 25 ℃以上，建造投资相对较低，运行费用低，目前在各类温室中的经济效益比较好。日光温室最大的问题是综合环境调控的能力比较差，土地利用率低和单栋规模小。日光温室主要利用太阳光热资源作为增温的能源，因此，适用于日照充裕的黄淮、华北、东北和西北地区。一般只作冬春保温越冬栽培，夏季把膜揭开进行露地栽培。在东北、西北的高寒地区使用要有补充加温设施，一般地区也应有临时补充加温设施，以防灾害性天气造成损失。

塑料大棚与单层膜温室适用于华中、华南、西南地区；双层膜温室与充气膜温室比较适用于华北、东北、蒙新、青藏高原地区；单层玻璃温室、单层 PC 浪板温室比较适合于华中、华南、西南地区；双层玻璃温室和 PC 中空板温室比较适合于华北、东北、蒙新、青藏高原地区。

三、温室的光照环境

植物利用光能将 CO_2 和水转化为碳水化合物的过程称为光合作用。这一过程不仅造就了植物界本身，也为地球上各种动物提供了食物。从这个意义上讲，没有日光就不会有生命，也不会有今天绚丽多彩的世界。

日光不仅是植物光合作用的能源，也是植物生长发育环境中热量的来源。另外，日照长短还影响到植物的光周期现象。

正因为日光与植物有上述密切的关系，所以主要用于作物栽培的温室很注重采光的设计，尤其是在我国高纬度地区（如东北、华北、西北地区）温室，对此更应加倍重视。

1. 太阳辐射与光照的度量

（1）太阳光谱和辐射能分布。表面温度为 6 000 K 的太阳，时刻以电磁辐射形式向周围发射 3.832×10^{26} W 的能量，其中约有二十二亿分之一到达地球大气层的上界。在日地平均距离处垂直于光线的平面上测定，单位面积上接受的太阳辐射能是个定值，经多年实测确定，该值平均为 1 353 W/m^2，称此值为太阳常数。

太阳辐射能量的波谱（图 1-6）分布很不均匀，能量的最大分布在可见光谱区，最高值在 0.5 μm 附近。太阳辐射总能量的 99% 集中在 0.2～3.0 μm，在此区间内，又有相当于总能量 43% 的能量集中在 0.38～0.76 μm 的可见光谱区。

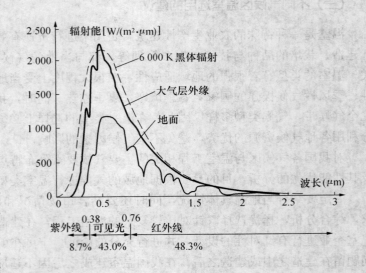

图 1-6　太阳辐射的波谱

当太阳辐射穿过地球大气层时，由于大气成分的削减作用（反射、散射和吸收等），其光谱分布改变，能量明显减弱。大气层外界和地表接收的太阳辐射光谱曲线的差异，主要是由大气吸收造成，其中水汽的吸收作用最大，可占 10% 以上，其次是臭氧，占 2% 左右，而二氧化碳吸收较少。

（2）植物光合有效辐射。绿色植物对辐射具有选择性吸收的特性。就大多数植物来说，它们对太阳光辐射中 0.3～0.44 μm 和 0.67～0.68 μm 两区间的光均呈现出吸收高峰，而在 0.55 μm 附近呈现吸收低谷。植物对 0.76～2.5 μm 的近红外线吸收较少，而对大于 2.5 μm 的远红外辐射则吸收性很强。对绿色植物光合作用有效的光谱能量区在 0.3～0.75 μm（主要在 0.4～0.7 μm）范围内，这一区间的辐射称为光合有效辐射，它基本上处在可见光谱区（图 1-7）。

（3）光照的度量。对于光照的强度，过去采用以人的视觉为基础的光照度进行度量，单位为 lx（勒克斯），但这对于植物是不适宜的。由于对植物产生光合作用的主要是 $0.4\sim0.7\ \mu m$ 的光合有效辐射，而人眼敏感的 $0.55\ \mu m$ 光（黄绿光），恰是植物光合吸收的低谷。因此园艺领域已逐渐改用单位时间、单位面积上照射的光合有效辐射能量（光合有效辐射照度，PAR）度量，单位为

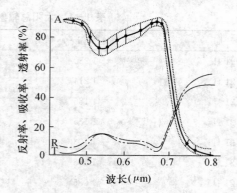

图 1-7 植物叶面对可见光的反射（R）、吸收（A）和透射（T）
（80 种植物测定平均值，A 的虚线表示种间变异幅度）

W/m^2。进一步研究表明，植物光合作用强度与所吸收的光量子数量有关，因此更合理的度量单位是光合有效光量子流密度（PPFD 或 PPF），即单位时间、单位面积上到达或通过的光合有效辐射范围的光量子数，单位为 $\mu mol/(m^2 \cdot s)$。这几种量的大小均与光谱能量分布状况相关，相互间无固定的换算比例关系。只有在确定的光谱能量分布下，才有明确的对应关系。一般天气自然（太阳）光照情况下几种量间的近似换算关系为：

$$1\ 000\ lx \approx 4.2\ W/m^2 (PAR)$$

$$1\ 000\ lx \approx 16.8\ \mu mol/(m^2 \cdot s)\ (PPFD)$$

$$1\ W/m^2 (PAR) \approx 4\ \mu mol/(m^2 \cdot s)\ (PPFD)$$

在研究太阳辐射的热作用时，需要度量在太阳辐射全部波长范围内的能量，称为太阳总辐射照度（或称总辐照度），单位为 W/m^2。一般天气自然（太阳）光照情况下，当太阳总辐射照度为 $10\ W/m^2$ 时，近似地，相应的光合有效辐射照度（PAR）为 $4.2\ W/m^2$，光合有效光量子流密度（PPFD）为 $16.8\ \mu mol/(m^2 \cdot s)$，光照度为 $1\ 000\ lx$。

2. 温室外自然光照的强度 目前绝大部分温室均为自然采光，因而温室内光照的强度受室外光照强度影响很大。要分析计算温室内的光照强度，需先从分析室外光照强度入手。

对于室外太阳辐射的计算分析，过去多是针对太阳总辐射照度进行的。因此，以下给出室外太阳总辐射照度的计算方法，得出室外太阳总辐射照度后，再根据上述近似关系，可转换为光合有效辐射照度（PAR），或光合有效光量子流密度（PPFD），或光照度。

室外的太阳辐射照度 S 是随季节、天气状况、时间和地点变化的。所在地点的纬度越低、日期越接近夏至、时间越接近中午，太阳辐射照度越大。晴天任意时刻的室外水平面太阳总辐射照度 S 可按下式进行计算：

$$S = (C + \sin\alpha)Ae^{-B/\sin\alpha} \quad (W/m^2) \tag{1-1}$$

式中，A、B、C——常数，见表 1-1；

α——太阳高度角，度；

e——自然对数的底。

表 1-1　太阳总辐射照度计算常数

日　　期	$A(\mathrm{W/m^2})$	B(无量纲值)	C(无量纲值)
1 月 21 日	1 230	0.142	0.058
2 月 21 日	1 214	0.144	0.060
3 月 21 日	1 185	0.156	0.071
4 月 21 日	1 135	0.180	0.097
5 月 21 日	1 103	0.196	0.121
6 月 21 日	1 088	0.205	0.134
7 月 21 日	1 085	0.207	0.136
8 月 21 日	1 107	0.201	0.122
9 月 21 日	1 151	0.177	0.092
10 月 21 日	1 192	0.160	0.073
11 月 21 日	1 220	0.149	0.063
12 月 21 日	1 233	0.142	0.057

引自 ASHRAE Guide and Data Book，1981

上述太阳高度角 α 为太阳光线与地平面之夹角，可按下式计算：

$$\sin\alpha = \cos L \cos\delta \cos H + \sin L \sin\delta \qquad (1-2)$$

式中，L——所在地的北纬纬度，度；

$\quad$ H——时间角，$H = 15(t-12)$（此角等于 15×偏离正午的小时数，从中午 12：00 到午夜为正，从午夜到中午 12：00 为负），度；

$\quad$ t——当地平均太阳时（0：00～24：00），$t = t_0 - (120 - L')/15$；

$\quad$ t_0——北京时间（0：00～24：00）；

$\quad$ L'——所在地的东经经度，度；

$\quad$ δ——太阳赤纬角，太阳光线与地球赤道面间的夹角，度。

$$\delta = 23.45\cos\left(360 \times \frac{n-172}{365}\right) \qquad (1-3)$$

式中，n——日数，从 1 月 1 日算起的天数。

中午（当地平均太阳时 12：00）的太阳高度角 α 为：

$$\alpha = 90° - (L - \delta) \qquad (1-4)$$

3. 温室内自然光照的强度　温室内的自然光照强度 E_i 取决于室外光照强度 E_o 与温室覆盖层的平均透光率 τ，可按下式计算：

$$E_i = \tau E_o \qquad (1-5)$$

式中自然光照强度 E_i 与室外光照强度 E_o 采用同样的单位，即同为总辐射照度，或光合有效辐射照度（PAR），或光合有效光量子流密度（PPFD），或光照度。

温室覆盖层的平均透光率 τ 与覆盖层材料有关，并且受温室使用条件的影响很大。

（1）影响温室覆盖层透光性的主要因素。

① 光线入射角：光线入射角为光线入射方向与覆盖材料表面法线间夹角（图1-8）。入射角越大，透光率越低，但在入射角40°以下时，其降低程度较小；入射角大于40°时，随着入射角的增大，透光率降低速率显著增大。所以在温室设计中，对于其主要采光面（例如屋面等），应尽量使其在冬季一天之中的主要采光时刻，日光的入射角尽量小于40°。

② 温室采用固定多层覆盖保温：每增加一层固定覆盖层，透光率降低10%～15%，因此应兼顾保温与采光的需要合理确定保温覆盖的层数，尽量采用活动覆盖。

③ 设备与结构材料遮光损失：温室因设备和结构材料的遮荫，将使其平均透光率降低5%～15%，因此在其设计中应合理设计结构和配置设备，尽量降低这部分损失。

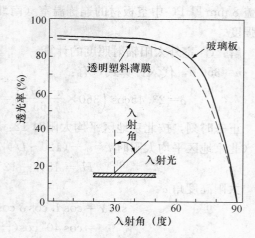

图1-8 覆盖材料光入射角与透光率

④ 园艺设施覆盖材料老化：随着使用时间的增加，覆盖材料逐渐老化，透光损失将逐渐增加，老化严重时，平均透光率降低可达30%。

⑤ 尘埃污染和结露水滴：覆盖材料因尘埃污染和内侧结露水滴，将产生透光损失，一般可达15%～20%，为此应选用防静电、防尘和防滴性好的覆盖材料，屋面定期清洗也可减少这部分光照损失。

（2）温室覆盖层的平均透光率 τ。

τ 可以采用下式计算：

$$\tau = \tau_0 k_\theta (1-r_1)(1-r_2)(1-r_3) \qquad (1-6)$$

式中，τ_0——洁净覆盖材料在光线入射角为0°时的透光率，见表1-2；

k_θ——入射角为 $\theta(°)$ 时的总辐射修正系数，$k_\theta = 1 - \left(\dfrac{\theta}{90}\right)^5$；

r_1——温室设备与结构材料遮光损失，一般为 0.05～0.15；

r_2——温室覆盖材料因老化的透光损失，根据具体情况，一般 0.05～0.3；

r_3——结露水滴和尘污的透光损失，一般 0.15～0.2。

表1-2 温室覆盖材料的透光率 τ_0

覆 盖 材 料	透光率 τ_0
玻璃，厚度 3～5 mm	0.88
中空聚碳酸酯（PC）板，厚度 6 mm、8 mm	0.80
聚乙烯（PE）薄膜，厚度 0.1～0.15 mm	0.78
EVA 多功能复合膜，厚度 0.1～0.15 mm	0.82
聚氯乙烯（PVC）薄膜，厚度 0.1～0.15 mm	0.85
聚酯膜（PET）、氟素膜（ETFE）	0.9～0.92

注：多层覆盖时透光率近似为各层透光率的乘积。

[例 1-1] 试计算在北京地区（纬度 40°N，经度 116.5°E），覆盖 PE 塑料薄膜的日光温室与覆盖 8 mm 厚 PC 中空板材的连栋温室（南北栋）内，在冬至日（12 月 22 日）正午的温室内光照强度。

解： ① 室外太阳辐射照度的计算：

$n=356$ d，代入计算式，有：

$$\delta = 23.45\cos\left(360 \times \frac{n-172}{365}\right) = 23.45\cos\left(360 \times \frac{356-172}{365}\right) = -23.45°$$

正午时刻，按北京地区平均太阳时 12：00 计算，相当于北京时间 12.23 时，即 12：14 的时刻（北京地区平均太阳时 $t=t_0-(120-L')/15=12.23-(120-116.5)/15=12.0$），时间角为：

$$H = 15(t-12) = 15 \times (12-12) = 0$$

太阳高度角 α：

$$\begin{aligned}
\sin\alpha &= \cos L \cos\delta\cos H + \sin L \sin\delta \\
&= \cos 40°\cos(-23.45°)\cos 0° + \sin 40°\sin(-23.45°) \\
&= \cos 40°\cos(-23.45°) + \sin 40°\sin(-23.45°) \\
&= \cos(40°+23.45°)
\end{aligned}$$

得到太阳高度角：

$$\alpha = 90° - (40°+23.45°) = 26.55°$$

正午时刻的太阳高度角也可简单地直接按式（1-4）计算。

从表 1-1 查得：$A=1\,233$ W/m²，$B=0.142$，$C=0.057$，则室外水平面太阳总辐射照度为：

$$S = (C+\sin\alpha)Ae^{-B/\sin\alpha} = (0.057+\sin 26.55°) \times 1\,233 \times e^{-0.142/\sin 26.55°} = 452\,(\text{W/m}^2)$$

该数值为晴天的水平面太阳总辐射照度，如为阴天，则应相应折减。

② 温室覆盖层透光率：连栋温室一般室内配置设备多，结构与设备遮光较大，取设备与结构材料遮光损失 r_1 为 0.15，覆盖材料老化的透光损失 r_2 取为 0.10，结露水滴和尘污的透光损失 r_3 取为 0.15，平均各表面的光线入射角，南北栋温室较大一些，取为 60°，有 $k_\theta=0.95$，8 mm 厚 PC 中空板材的透光率 $\tau_0=0.80$，所以有：

$$\tau = \tau_0 k_\theta (1-r_1)(1-r_2)(1-r_3) = 0.80 \times 0.95 \times (1-0.15)(1-0.10)(1-0.15) = 0.49$$

日光温室一般室内设备少，结构与设备遮光较小，取设备与结构材料遮光损失 r_1 为 0.05，覆盖材料老化的透光损失 r_2 取为 0.10，结露水滴和尘污的透光损失 r_3 取为 0.15。日光温室南采光屋面采光角度较好，平均各表面的光线入射角取为 40°，有 $k_\theta=0.98$，PE 塑料薄膜的透光率 $\tau_0=0.78$，所以有：

$$\tau = \tau_0 k_\theta (1-r_1)(1-r_2)(1-r_3) = 0.78 \times 0.98 \times (1-0.05)(1-0.10)(1-0.15) = 0.56$$

③ 温室内光照的强度：对于连栋温室，室内水平面太阳总辐射照度为：

$$E_i = \tau E_o = 0.49 \times 452 = 221.5\,(\text{W/m}^2)$$

相应地，近似地可推算出室内光合有效辐射照度（PAR）为 93.0 W/m²，光合有效光量子流密度（PPFD）为 372 μmol/(m² · s)，光照度为 22 150 lx。

对于日光温室，室内水平面太阳总辐射照度为：

$$E_i = \tau E_o = 0.56 \times 452 = 253.1\,(\text{W/m}^2)$$

相应地，近似地可推算出室内光合有效辐射照度（PAR）为 106.3 W/m²，光合有效光量子流密度（PPFD）为 425 μmol/(m²·s)，光照度为 25 310 lx。

4. 温室的采光设计与光照环境调控　多数阳性植物最低光照强度要求是 80 W/m²（PAR），或 300 μmol/(m²·s)（PPFD），或光照度 20 000 lx，由以上计算例的结果可见，冬至北京地区即使是在晴天、正午的情况下，温室内的光照强度只达到阳性植物的最低要求。考虑到正午以外的时刻和室外光照较弱一些的情况，温室内的光照强度将不大能够满足多数阳性植物最低光照强度要求。因此，对于自然采光的温室，如何尽量提高温室内的光照强度，是温室设计与使用中需要考虑的问题。此外，温室内光照环境的设计和调控还包括光照周期（光照时数）和光质（光谱分布）方面的考虑。一般地，温室内光照强度的设计与调控可以从以下方面进行。

（1）研究开发和选用合适的温室覆盖材料。采用透光率高的覆盖材料是保证温室内光照强度的基本要求，应注意的是，覆盖材料不仅应在干洁状况下具有较高的透光率，还应防尘、防流滴性好，才能保证在使用中保持良好的透光性。

一些植物的栽培对光照环境还有特定的光谱分布方面的要求，可以专门开发或选用具有相应分光透过特性的覆盖材料。

（2）采用合理的温室结构与建设方位。

① 合理布置结构和设备：尽量减少设备和结构的遮光损失。

② 温室的建设方位：一般在冬季，东西栋温室（屋脊呈东西方向）透光率优于南北栋温室（屋脊呈南北方向），纬度越高，差异越明显；夏季相反。

但室内光照均匀性，南北栋温室优于东西栋温室。实际应用中应根据对温室要求的侧重方面合理选择温室的朝向。

③ 温室南屋面的屋面倾角：以南屋面作为温室的主要采光面时，可以获得较高的透光率。但需要采取合理的屋面倾角 β（屋面与水平面的夹角）。

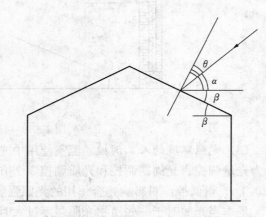

图 1-9　正午南屋面日光入射图

如图 1-9 所示，南坡屋面日光入射角：

$$\theta = 90° - \beta - \alpha$$

式中，α——太阳高度角。

根据前述光线入射角对覆盖材料透光率的影响，为保证屋面透光率，要求：

$$\theta = 90° - \beta - \alpha \leqslant 40°$$

有：

$$\beta \geqslant 50° - \alpha \qquad (1-7)$$

如考虑冬至正午时刻的情况，由式（1-4），可得：

$$\beta \geqslant L - \delta - 40° \qquad (1-8)$$

在北纬 40°（北京地区），冬至正午太阳高度角为 26.5°，该时刻满足上述要求的屋面倾角 $\beta \geqslant 23.5°$。为保证冬季每日有一定时间段满足上述要求，屋面倾角还应更大，较理想的情况应有 $\beta > 30°$。

对于日光温室的屋面也是同样的要求，但覆盖塑料薄膜的日光温室的屋面一般是曲面，屋面倾角在不同的高度位置是变化的（图 1-10），底部较大（$\beta_{底}$），顶部较小（$\beta_{顶}$）。为了使全部屋面均有较高的透光率，原则上在整个屋面高度范围内，屋面倾角均应满足式（1-7）的要求。但实际上，顶部屋面倾角 $\beta_{顶}$ 很难达到这一要求，因此一般对于顶部的屋面倾角放宽要求，但也应使 $\beta_{顶} > 10°$。底部的屋面倾角一般可取为 70°~75°，并应注意，为了方便在接近屋面底部附近的人工管理作业，距离底部 0.5 m 处的屋面高度 h_1 应大于 0.8 m。对于后屋面，为了使其在冬季大多数时候不在室内产生阴影，其仰角 $\beta_{后}$ 一般应比冬至时的正午太阳高度角大 5°~8°。

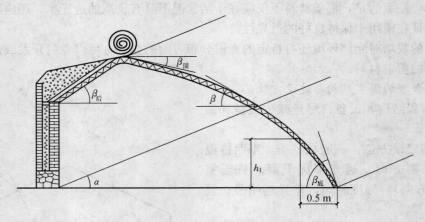

图 1-10　日光温室的屋面倾角

（3）光照环境的人工调控。温室使用中光照环境的人工调控，根据对调控光照要素的不同，分为光量调控、光周期调控和光质调控 3 个方面。

① 光量调控：对影响光合作用的光照强度进行调节控制。

夏季当光照对于一些植物光照强度过大时，需展开遮阳幕进行遮光调节。

设施内光照强度不足，不能满足光合作用要求时，需采用人工光源补光调节（光合补光）。人工光源有热辐射类光源如白炽灯、卤钨灯，气体放电光源如荧光灯、高压水银荧光灯、金属卤化物灯、高压钠灯、低压钠灯等。

光合补光要求提供较高的光照强度，消耗功率大，应采用发光效率较高的光源。低压钠灯发光效率最高，其他几种发光效率较高的光源发光效率的高低依次为高压钠灯、金属卤化物灯、荧光灯。

低压钠灯虽发光效率最高，但其光谱为单一的黄色光，需和其他光源配合使用。高压钠灯光色较低压钠灯好，但光谱也较窄，主要为黄橙色光，宜与光谱分布较广的金属卤化物灯配合使用。高压钠灯在生产性温室中使用最多。荧光灯可采用管内壁涂适当的混合荧光粉制成光色较好的植物生长灯，但由于单灯的功率较低，要达到一定的补光强度需要的灯数较多，在温室里面用时会在白昼遮荫较多，因此多用于完全采用人工光照的组织培养室等。金属卤化物灯光色较好，发光效率也较高，一般在科研温室中采用较多。白炽灯发光效率低，辐射光谱主要在红外范围，可见光所占比例很小，且红光偏多，蓝光偏少，不宜用作光合补光的光源。

② 光周期调控：对光周期敏感的作物，当黑夜时间过长而影响作物的生长发育时，应进行人工光周期补光。人工光周期补光是作为调节作物生长发育的信息提供的，需用的照度较低，一般大于 22 lx 即可，最好是 50 lx 左右，可采用价格便宜的白炽灯。可以在早、晚补光，延长光照时间，也有在夜晚中间补光打断黑暗，使持续暗期时间缩短。

一些短日照作物要求较长连续暗期，可进行遮光调节。光周期遮光需将室内光照降到临界光周期照度以下，一般不高于 22 lx，所以要用不透光的黑布与黑色塑料在温室顶面及四周铺设，严密搭接。

③ 光质调控：光质对植物的生理和生长产生各种影响，如蓝色光可防止水稻烂秧；红色光（R，0.6～0.7 μm）与远红光（FR，0.7～0.8 μm）比例 R/FR 较小时（远红外光能量大），促进植物伸长，反之则抑制植物伸长。由此，若调节 R 或 FR，可控制植物茎的伸长。光质调控的方法，可采用满足要求的具有特定光谱透过率的覆盖材料（如有色薄膜），或采用满足要求的具有特定光谱分布的人工光源补光。

四、温室的采暖与保温节能

在自然界气候条件的各环境因素中，温度条件因地区、季节和昼夜的不同，其变化范围最大，最易出现不满足植物生长条件的情况，这是露地不能进行植物周年生产的最主要原因。温室内部的温度受外界影响，也很易出现不能满足植物生长要求的情况，尤其是在我国北方的冬季。如何在寒冷的室外气象条件下，保证温室内适于植物生长的温度条件，是温室设计、建造和使用中最重要的问题。

1. 温室的热平衡

（1）作物与环境温度。植物的生长发育、开花结实全部过程实质上是生物个体内部的生物化学反应过程，这种过程必须在一定温度条件下进行。当气温或地温越过某低值或高值，植物生化反应会停止（如低于 0 ℃，超过 50 ℃），植物个体便死亡，这是两个极限。不同的作物，不同生理、生化过程对温度需求差异较大，但就一般而论，根系吸收营养物质的最适温度是 15～20 ℃，最有利于光合作用的温度是 20～30 ℃，对光合产物输送的最适温度是 20～25 ℃。只有满足这些要求，作物才能正常生长发育，培育出优质高产的产品。为了使温度指标控制得与作物需求吻合，必须掌握温室的热平衡规律，以及供热、蓄热、散热和保温设计的有关技术知识，并利用它们去实现这一目的。

（2）温室的热量平衡。温室内的温度条件决定于温室内、外的热量传递情况。根据能量守恒原理，在稳定的状态下，温室内从外界获得的能量（得热）与损失的能量（失热）相等，即维持平衡，根据这一点可以确定温室内与温室供热、蓄热、散热和保温设计有关的热量关系。因此，温室的热量平衡是一个很重要的研究问题。

温室中的主要热量收支情况如图 1-11 所示，根据能量守恒定律，温室系统的热量收支关系，即温室热平衡方程为：

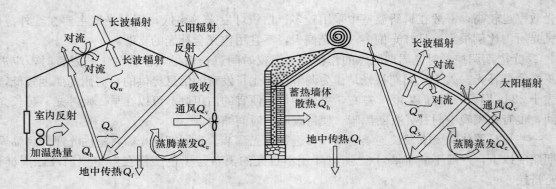

图 1-11　温室中的能量传递与平衡

$$(Q_s + Q_h) - (Q_w + Q_f + Q_v + Q_e) = 0 \qquad (1-9)$$

式中，Q_s——温室内吸收的太阳辐射热量，W；

　　　Q_h——补充供热量（温室采暖系统或日光温室墙体散热量），W；

　　　Q_w——通过围护结构的传热量（对流、辐射等），W；

　　　Q_f——地中传热量，W；

　　　Q_v——通风（或冷风渗透）排出的显热量，W；

　　　Q_e——室内植物蒸腾、地面蒸发吸收，并由通风排出的潜热量，W。

上式中前两项作为温室内的得热，后四项一般看作失热，但这是一般的假定，实际上根据不同情况可能有些项的得热与失热情况正好相反（这时在平衡式中取负值）。例如地中传热量，在加温温室中，一般是室内热量传入地中土壤（式中取正值），而在不加温温室的夜间，土壤中的热量会传出到室内（式中取负值），对室内空气有加温作用。

（3）温室的热量收支分析。温室热平衡方程式（1-9）是温室采暖和保温设计分析的重要基础，以下分析其中各热量收支项。

① 温室内吸收的太阳辐射热量 Q_s：投射到温室覆盖材料表面的太阳辐射，部分被覆盖层反射，部分被吸收，大部分透射入温室内。而进入温室内的太阳辐射能又有少部分被室内的地面、植物等反射出去。因此，在任何时期温室内吸收的太阳辐射热量 Q_s 为：

$$Q_s = a\tau S A_s (1-\rho) \quad (W)$$
$$a = (B+0.5h)/B \qquad (1-10)$$

式中，S——室外水平面太阳总辐射照度，W/m^2；

　　　A_s——温室地面面积，m^2；

　　　a——受热面积修正系数，考虑温室围护结构接受投射到温室地面面积以外部分的太阳辐射热量，对接受太阳辐射热量面积的修正；

　　　B——温室在南北方向的宽度，m；

　　　h——温室屋脊与檐口的平均高度，m；

　　　ρ——室内日照反射率，一般约为 0.1；

　　　τ——温室覆盖材料对太阳辐射的透射率。

② 围护结构的传热量 Q_w：温室的围护结构有的全部采用透明覆盖材料，有的采用部分透明覆盖材料和其他建筑材料混合组成。透过温室透明覆盖材料的传热形式不仅有其内外表面与温室内外空气间的对流换热和覆盖材料内部的导热，温室内的地面、植物等还以长波热辐射的形式，透过覆盖材料与室外大气进行换热，但在计算通过温室围护结构材料的传热量时，这部分传热量往往也和其他传热方式传递的热量一并计算。即通过透明覆盖材料和非透明覆盖材料传热量计算形式上一样，均采用总传热系数来计算包括对流换热、热传导和辐射几种传热形式的传热量。因此，通过温室围护结构材料的传热量 Q_w 为：

$$Q_w = \sum_j K_j A_{gj}(t_i - t_o) \quad (\text{W}) \tag{1-11}$$

式中，t_i——室内气温，℃；

t_o——室外气温，℃；

A_{gj}——温室围护结构各部分面积，m^2；

K_j——温室各部分围护结构的传热系数，$W/(m^2 \cdot ℃)$。

对于常见的温室覆盖材料，其传热系数可直接由表1-3查得。

表1-3 各种覆盖保温材料的传热系数及热节省率（以单层玻璃覆盖为参照）

覆盖方式		覆盖材料	传热系数 $K[W/(m^2 \cdot ℃)]$	热节省率 $\alpha(\%)$
单层覆盖		玻璃	6.2	0
		聚乙烯薄膜	6.6	-6.5
室内保温覆盖	固定双层覆盖	玻璃＋聚氯乙烯薄膜	3.7	40
		双层聚乙烯薄膜	4.0	35
		中空塑料板材	3.5	43
	（外层覆盖＋）单层活动保温幕	聚乙烯薄膜	4.3	31
		聚氯乙烯薄膜	4.0	35
		无纺布	4.7	24
		混铝薄膜	3.7	40
		镀铝薄膜	3.1	50
	（外层覆盖＋）双层保温帘	二层聚乙烯薄膜保温帘	3.4	45
		聚乙烯薄膜＋镀铝薄膜保温帘	2.2	65
		双层充气膜＋缀铝膜保温帘	2.9	53
室外覆盖	活动覆盖	稻草帘与苇帘	2.2～2.4	61～65
		复合材料保温被	2.1～2.4	61～66

引自《施设园艺ハンドブック》，2003

为了减少温室夜间的散热损失，一些温室在非采光面（如日光温室北墙等）采用非透明材料围护，对于这样形成的非透明多层围护结构，其传热系数可按下式计算（注意该式不能用于透明覆盖材料的传热系数计算）：

$$K = \frac{1}{\dfrac{1}{\alpha_i} + \sum_k \dfrac{\delta_k}{\lambda_k} + \dfrac{1}{\alpha_o}} \quad [\text{W/(m}^2 \cdot \text{℃)}] \tag{1-12}$$

式中，α_i、α_o——温室覆盖层内表面及外表面换热系数，一般 $\alpha_i = 8.7$ W/(m² · ℃)，对于外表面换热系数，冬季 $\alpha_o = 23$ W/(m² · ℃)，夏季 $\alpha_o = 19$ W/(m² · ℃)；

δ_k——各层材料的厚度，m；

λ_k——各层材料的导热系数，W/(m · ℃)，参见表 1-4。

表 1-4 常用材料的导热系数

材 料 名 称	密度 ρ (kg/m³)	导热系数 λ [W/(m · ℃)]	材 料 名 称	密度 ρ (kg/m³)	导热系数 λ [W/(m · ℃)]
钢筋混凝土	2 500	1.74	纤维板	600	0.23
碎石或卵石混凝土	2 100~2 300	1.28~1.51	胶合板	600	0.17
粉煤灰陶粒混凝土	1 100~1 700	0.44~0.95	锅炉炉渣	1 000	0.29
加气、泡沫混凝土	500~700	0.19~0.22	膨胀珍珠岩	80~120	0.058~0.07
石灰水泥混合砂浆	1 700	0.87	锯末屑	250	0.093
砂浆黏土砖砌体	1 700~1 800	0.76~0.81	稻壳	120	0.06
空心黏土砖砌体	1 400	0.58	钢材	7 850	58.2
水泥膨胀珍珠岩	400~800	0.16~0.26	铝材*	2 770	177
聚苯乙烯泡沫塑料*	15~40	0.04	夯实黏土墙或土坯墙*	2 000	1.1
聚乙烯泡沫塑料	30~100	0.042~0.047	木材（松和云杉）*	550	0.175~0.350
石棉水泥板	1 800	0.52	石油沥青油毡、油纸	600	0.17

除标注"*"者外，引自刘加平，2002

③ 温室采暖系统或日光温室墙体散热量：对于不加温温室（例如日光温室），蓄热墙体中蓄积的热量在夜间逐渐散发出来，成为温室内得热的一部分，其散热量可按下式近似计算：

$$Q_h = k_w (15 - t_i)^{0.1} A_w \quad (t_i < 15 \text{℃}) \tag{1-13}$$

式中，A_w——蓄热墙体的面积，m²；

k_w——经验系数，一般对于日光温室的蓄热墙体，$k_w = 30~50$，当墙体保温蓄热性好、白昼蓄积热量多时取较高值。

对于加温温室，夜间温室的得热主要来源于采暖系统的加温热量 Q_h，这时即使有蓄热墙体，因室内气温较高，墙体散发热量较小，一般忽略不计。如果蓄热墙体保温性较差，墙体还可能向外传出热量，这时应该按式（1-11）与式（1-12）计算其向室外的散热量。

④ 地中传热量 Q_f：地中传热情况比较复杂，其传热量与地面状况、土壤状况及其含水量、室内气温高低等因素有关，且根据不同情况，其传热方向也有不同。

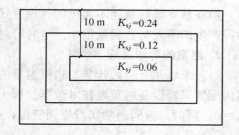

图 1-12　温室地面的分区与传热系数

在加温温室中，地中传热为失热，耗热量一般仅占总损失热量的 5%～10%。可采用下式进行计算，计算中将温室地面按离外围护结构的距离，从外到内每 10 m 划分为一个区（图 1-12），每区取不同的传热系数。

$$Q_f = \sum_j K_{sj} A_{sj} (t_i - t_o) \tag{1-14}$$

式中，A_{sj}——温室地面各分区面积，m^2；

　　　　K_{sj}——地面各分区的传热系数，$W/(m^2 \cdot ℃)$。

在不加温温室中，夜间地中传热为得热，其得热量可按下式近似计算：

$$Q_f = -k_s (15 - t_i)^{0.1} A_s \quad (t_i < 15\ ℃) \tag{1-15}$$

式中，k_s——经验系数，一般对于日光温室的地面，$k_s = 20～30$，当温室周围有防寒沟、白昼蓄积热量多时取较高值。

⑤ 通风的显热耗热量 Q_v：通风产生的显热损失可按下式计算：

$$Q_v = L\rho_a c_p (t_i - t_o) \quad (W) \tag{1-16}$$

式中，L——通风量，m^3/s；

　　　　ρ_a——空气密度，一般可按 $\rho_a = 353/(t_i + 273)$ 计算，或直接取为 $1.2\ kg/m^3$；

　　　　c_p——空气的定压质量比热，$c_p = 1\,030\ J/(kg \cdot ℃)$。

在冬季为了减少温室通风热量损失，往往采用密闭管理的方式。这时虽然通风系统完全关闭，但由于围护结构不可避免地存在缝隙漏风的情况，这种情况下实际仍存在的通风热量损失通常称为冷风渗透耗热量，同样按上述方法进行计算。温室缝隙的渗漏引起的通风量可按照换气次数来算出，通风量等于换气次数乘以温室的内部体积，即：

$$L = \frac{1}{3\,600} nV \quad (m^3/s) \tag{1-17}$$

式中，n——温室的换气次数，次/h，一般为 0.5～3 次/h，温室密闭性好时取较小值；

　　　　V——温室的内部体积，m^3。

⑥ 通风排出的室内植物蒸腾、地面蒸发消耗潜热量 Q_e：通风排出的室内植物蒸腾、地面蒸发潜热决定于室内向空气中蒸发水分的多少，这取决于很多因素，如空气的相对湿度、地面土壤潮湿状况、植物繁茂程度和温室中实际栽培面积所占比例等情况，准确地计算较为困难。一般根据经验，可以按与温室吸收的太阳辐射热量成一定比例的方法进行计算。

$$Q_e = eQ_s \quad (W) \tag{1-18}$$

式中，e——通风潜热损失与温室吸收的太阳辐射热之比，其值大小与影响室内地面和植物等蒸发与蒸腾的因素有关，一般可取 $e = 0.4～0.7$。

但在温室采取密闭不通风的管理方式时，例如在冬季夜间，温室内湿度很高，室内地面与植物等产生的蒸发与蒸腾量很小。这时可忽略通风潜热损失，即 $Q_e \approx 0$。

2. 温室的冬季采暖

(1) 采暖热负荷的计算。根据温室的热平衡方程，可以计算温室的冬季采暖热负荷，这是温室内配置采暖设备的重要技术数据。因为通常加温负荷最大是在夜间，室内吸收的太阳辐射热量 $Q_s=0$。同时，夜间通常实行密闭管理，有 $Q_e \approx 0$。所以冬季夜间的采暖热负荷可计算为：

$$Q_h = Q_w + Q_f + Q_v \quad (\text{W}) \tag{1-19}$$

在粗略估算时，采暖热负荷也可采用以下简化计算式进行计算：

$$Q_h = UA_s(t_i - t_o)(1-\alpha)/\beta \quad (\text{W}) \tag{1-20}$$

式中，U——经验热负荷系数，玻璃覆盖 6.4 W/(m²·℃)，聚乙烯膜覆盖 7.3 W/(m²·℃)；

  α——保温覆盖的热节省率，0.25~0.65，见表 1-3；

  β——保温比（$\beta = A_s/A_g$），连栋温室 $\beta=0.7~0.8$，单栋温室 $\beta=0.5~0.6$；

  A_g——温室覆盖表面积，m²；

  A_s——温室地面面积，m²。

[例 1-2] 北京地区某 10 连栋塑料温室，单跨跨度 8 m，南北方向共 9 个开间，柱距为 4 m，天沟高度 3.5 m，屋脊高度 5.2 m。屋面及四周全部采用双层充气膜覆盖，夜间室内覆盖缀铝膜保温幕［全部覆盖面积平均传热系数为 2.9 W/(m²·℃)］。室内种植喜温蔬菜，冬季夜间室外计算气温为 −12 ℃，要求夜间室内气温不低于 15 ℃，试计算温室的冬季采暖热负荷及单位面积的采暖热负荷，其中经过覆盖材料的传热、地中传热及冷风渗透损失的热量各占多少比例。采用热水采暖，计算所需圆翼型散热器配置数量。（温室覆盖面积 $A_g = 3\,950$ m²。夜间温室密闭管理，因冷风渗透产生的换气次数为 1.0 次/h。）

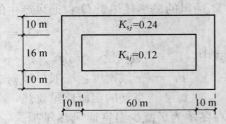

图 1-13 地中传热量计算时的地面分区

解：① 温室面积及室内容积：

温室面积 $\qquad A_s = (10 \times 8) \times (9 \times 4) = 2\,880\,(\text{m}^2)$

温室内容积 $\qquad V = 2\,880 \times (3.5+5.2)/2 = 12\,528\,(\text{m}^3)$

② 覆盖材料的传热量：

$$Q_w = \sum_j K_j A_{gj}(t_i - t_o) = 2.9 \times 3\,950 \times (15+12) = 309\,285\,(\text{W})$$

③ 地中传热量（图 1-13）：

$$\begin{aligned}
Q_f &= \sum_j K_{sj} A_{sj}(t_i - t_o) \\
&= [0.24 \times (80 \times 36 - 60 \times 16)] \times (15+12) + [0.12 \times (60 \times 16)] \times (15+12) \\
&= 15\,552\,(\text{W})
\end{aligned}$$

④ 冷风渗透耗热量 Q_v：

冷风渗透量：

$$L=\frac{1}{3\,600}nV=\frac{1.0\times12\,528}{3\,600}=3.48\quad(\mathrm{m^3/s})$$

空气密度：

$$\rho_a\approx353/(t_i+273)=353/(15+273)=1.226\quad(\mathrm{kg/m^3})$$

冷风渗透耗热量：

$$Q_v=L\rho_a c_p(t_i-t_o)=3.48\times1.226\times1\,030\times(12+15)=118\,651\quad(\mathrm{W})$$

⑤ 采暖热负荷：

$$Q_h=Q_w+Q_v+Q_f=309\,285+118\,651+15\,552=443\,488\quad(\mathrm{W})$$

单位面积的采暖负荷为：$443\,488/2\,880=154.0\quad(\mathrm{W/m^2})$

⑥ 各种传热途径所占比例：

覆盖材料的传热　　　　　　　　　$309\,285/443\,488=69.7\%$

地中传热　　　　　　　　　　　　$15\,552/443\,488=3.5\%$

冷风渗透损失　　　　　　　　　　$118\,650/443\,488=26.8\%$

⑦ 所需圆翼型散热器配置数量：按每米散热量 600 W 计算，所需圆翼型散热器总长度为：

$$443\,488/600=739\quad(\mathrm{m})$$

（2）采暖系统的配置。

① 热水采暖系统：我国较大型的温室通常采用燃煤热水采暖，燃煤费用相对燃油较低。

热水采暖系统主要由锅炉、输送管道以及散热设备组成。锅炉供给的热水通过管道系统送入室内散热器，通过散热器外表面以自然对流和辐射的形式把热量散发到室内。

散热器采用铸铁或钢制，内部为热媒流通的通道，外表面具有较大的面积，以利散热。有柱型、翼型、串片型等类型。目前温室多采用钢制圆翼型散热器，其占用空间小，散热强度大（有不同规格，其每米长度散热量在 300～800 W 不等）。也有直接以钢管（光管）作为散热器的。

热水采暖系统热媒采用 60～80 ℃热水，加热平稳均匀，因水热容量大，热稳定性好，室内温度波动小，停机后保温性强，是应用最广泛的采暖方式，适用于较大型的温室。但热水采暖系统的锅炉、配管和散热器等设备费用较高，在寒冷地区管道怕冻，必须充分保温防护。

② 热风采暖系统：热风采暖设备一般是采用一定热源，通过换热装置以强制换热的方式加热空气，使之达到较高温度（30～60 ℃），然后由风机将热空气送入需采暖的空间，为使热风在室内分布均匀，有时采用送风管道进行输送分配。

热风采暖设备主要有热风炉、空气加热器、暖风机等类型。

燃煤热风炉是利用煤燃烧后的高温烟气通过热交换装置加热空气，烟气排出室外，以避免对室内造成污染。燃煤热风炉设备简单，运行费用低，因此在我国小型温室内采用较多。其缺点除燃烧煤对环境产生污染的问题外，使用中管理较为麻烦，不易实现自动化的控制。

空气加热器是采用热水、蒸汽，或燃烧燃油、天然气，或采用电加热，使空气流经空气加热器中的换热构造时得到加热。而将空气加热器与风机合为一整体的设备，则称为暖风机。采用燃油、天然气或电能的热风采暖系统具有使用灵活、控制调节容易等优点，但运行费用较高。

　　由于热风采暖系统不需像热水采暖系统那样的散热器与供、回水管道系统，因此设备费用较低，冬季可以和通风相结合而避免冷风对植物的危害。缺点是热稳定性差，采暖设备停机后余热小，室温降低较快，温度波动较大，但在系统能实现自动控制时影响很小。

　　对于小型温室，或冬季室外气温不是太低的地区，仅需短期临时加温的温室，可采用热风采暖，其配置灵活，设备费用较低。热风采暖也常用作采用热水采暖系统的大型温室的辅助加热设备，在严寒季节主供暖系统还不能满足要求时短时启用。

　　热风采暖系统主要设备为燃油暖风机或燃煤热风炉，以及将热风均匀输送分配到温室各个部位的送风管道，风管可由塑料薄膜制成。由于燃烧产生的烟气中往往含有二氧化硫、一氧化碳和氮氧化物等有害气体，因此暖风设备中烟气是通过热交换装置将洁净空气加热为热风送出，然后烟气排出室外。

　　③ 炉灶煤火加温：我国传统的单屋面温室多采用炉灶煤火加温，炉灶设置于温室内，烟气排出室外，加温热量通过烟道散发到室内。

　　3. 日光温室保温节能性的分析　　日光温室具有优良的保温节能性能。尤其是在20世纪80年代中期以来，经过对建筑结构、环境调控技术全面改进而成的节能型日光温室，在我国北纬32°～41°甚至43°的地区，能够在不用人工加温或仅有极少量加温的条件下，进行严寒冬季的喜温蔬菜生产。

　　节能型日光温室的优良特性归结于其独特的形式与构造，其机理在于：①南向的采光屋面具有良好的日光透过特性，新建的日光温室其透光率一般可达60%～80%；②北侧后墙参与截获太阳辐射能，使室内获得的太阳直接辐射能增加近一倍；③墙体的良好保温性能和夜间屋面采用严密的保温覆盖，最大限度地减少了夜间温室的热量损失；④厚重的后墙可在白昼有效地蓄积所吸收的太阳热能，夜间缓慢地释放回温室内。

　　因此，节能型日光温室内白昼光照条件好，气温高，夜间保温能力强，可维持较高的室内外温差。在北京（40°N）地区冬季，晴天正午室内光照强度一般可达20 000～30 000 lx。12月上旬至2月下旬，旬平均气温为12～21 ℃，旬平均最高气温为21.5～35.5 ℃，旬平均最低气温为10～13 ℃。夜间室外气温较低时，室内气温高于室外21～25 ℃，甚至更高。因此在冬季夜间室外最低气温为-15 ℃或更低的情况下，室内气温能维持在10 ℃左右，这对于喜温果类蔬菜，靠选用耐寒的品种以及采用适当的栽培管理技术，就能够在不用人工加温的条件下进行生产。

　　[例1-3]　华北地区某节能型日光温室，跨度为8.0 m，长60 m，后墙高2.5 m，脊高3.5 m，温室内空间容积为1 200 m³。后墙从内到外采用240砖＋100 mm厚发泡聚苯板＋240砖的做法。温室前后设置防寒沟以减少温室内土壤向外的传热损失。前屋面面积为7.8×60＝468 m²，采用聚乙烯塑料薄膜覆盖，夜间外覆盖保温被[聚乙烯塑料薄膜加上保温被覆盖的传热系数为2.2 W/(m²·℃)]严密覆盖保温。当在白昼蓄热良好的情况下，夜间室外气温为-12 ℃时，试估算室内气温将为多少？如果采用保温性更好的保温被[聚乙烯塑料薄膜加上保温被覆盖的传热系数为1.8 W/(m²·℃)]，则室内气温可以提高为多少？

　　解：① 日光温室热量平衡与室内气温的计算方法：夜间日光温室实行密闭管理，有 $Q_s = 0$ 与 $Q_e \approx 0$，因此温室热平衡方程成为：

$$Q_h - Q_w - Q_f - Q_v = 0$$

将 Q_w 与 Q_v 代入上式，有：

$$Q_h - \sum_j K_j A_{gj}(t_i - t_o) - Q_f - L\rho_a c_p(t_i - t_o) = 0$$

即有：

$$t_i = t_o + \frac{Q_h - Q_f}{\sum_j K_j A_{gj} + L\rho_a c_p}$$

温室地面面积为 $A_s = 8 \times 60 = 480\ m^2$，墙体散热面积 $A_w = 2.5 \times 60 = 150(m^2)$。

取空气密度为 $1.2\ kg/m^3$，因密闭性好，冷风渗透换气次数取为 0.5 次/h，冷风渗透量：

$$L = \frac{1}{3\ 600}nV = \frac{1}{3\ 600} \times 0.5 \times 1\ 200 = 0.166\ 7(m^3/s)$$

② 当屋面传热系数为 $2.2\ W/(m^2 \cdot ℃)$ 时，室内可以维持的气温：地面土壤散热和墙体散热的计算需已知室内气温 t_i，但这正是所求的，所以先假定一个值，计算以后进行修正。先假定室内气温 $t_i = 10\ ℃$。

对于不加温的日光温室，其地中传热方向为土壤向室内传热，本例设有防寒沟，取 $k_s = 28$。则地面散热为：

$$Q_f = -k_s(15 - t_i)^{0.1}A_s = -28 \times (15 - 10)^{0.1} \times 480 = -15\ 787(W)$$

对于墙体，取 $k_w = 40$，则墙体夜间散热为：

$$Q_h = k_w(15 - t_i)^{0.1}A_w = 40 \times (15 - 10)^{0.1} \times 150 = 7\ 048(W)$$

则当屋面传热系数为 $2.2\ W/(m^2 \cdot ℃)$，室外 $-12\ ℃$ 时，室内可以维持的气温为：

$$t_i = t_o + \frac{Q_h - Q_f}{\sum_j K_j A_{gj} + L\rho_a c_p} = -12 + \frac{7\ 048 + 15\ 787}{2.2 \times 468 + 0.166\ 7 \times 1.2 \times 1\ 030} = 6.6(℃)$$

与原假定不符，重新用 $t_i = 6.6\ ℃$ 计算：

$$Q_f = -k_s(15 - t_i)^{0.1}A_s = -28 \times (15 - 6.6)^{0.1} \times 480 = -16\ 628(W)$$

$$Q_h = k_w(15 - t_i)^{0.1}A_w = 40 \times (15 - 6.6)^{0.1} \times 150 = 7\ 423(W)$$

$$t_i = t_o + \frac{Q_h - Q_f}{\sum_j K_j A_{gj} + L\rho_a c_p} = -12 + \frac{7\ 423 + 16\ 628}{2.2 \times 468 + 0.166\ 7 \times 1.2 \times 1\ 030} = 7.5(℃)$$

还与假定有一些差距，再用 $t_i = 7.5\ ℃$ 计算：

$$Q_f = -k_s(15 - t_i)^{0.1}A_s = -28 \times (15 - 7.5)^{0.1} \times 480 = -16\ 440(W)$$

$$Q_h = k_w(15 - t_i)^{0.1}A_w = 40 \times (15 - 7.5)^{0.1} \times 150 = 7\ 339(W)$$

$$t_i = t_o + \frac{Q_h - Q_f}{\sum_j K_j A_{gj} + L\rho_a c_p} = -12 + \frac{7\ 339 + 16\ 440}{2.2 \times 468 + 0.166\ 7 \times 1.2 \times 1\ 030} = 7.2(℃)$$

用 $t_i = 7.2\ ℃$ 验算：

$$Q_f = -k_s(15 - t_i)^{0.1}A_s = -28 \times (15 - 7.2)^{0.1} \times 480 = -16\ 504(W)$$

$$Q_h = k_w(15 - t_i)^{0.1}A_w = 40 \times (15 - 7.2)^{0.1} \times 150 = 7\ 368(W)$$

$$t_i = t_o + \frac{Q_h - Q_f}{\sum\limits_j K_j A_{gj} + L\rho_a c_p} = -12 + \frac{7\,368 + 16\,504}{2.2 \times 468 + 0.166\,7 \times 1.2 \times 1\,030} = 7.3(℃)$$

计算结果已趋于一定值，则以上为最终计算结果。

③ 当屋面传热系数为 1.8 W/(m² · ℃) 时，室内可以维持的气温：计算过程同②，先假定 $t_i = 10\ ℃$，有：

$$Q_f = -k_s(15 - t_i)^{0.1} A_s = -28 \times (15 - 10)^{0.1} \times 480 = -15\,787(W)$$

$$Q_h = k_w(15 - t_i)^{0.1} A_w = 40 \times (15 - 10)^{0.1} \times 150 = 7\,048(W)$$

$$t_i = t_o + \frac{Q_h - Q_f}{\sum\limits_j K_j A_{gj} + L\rho_a c_p} = -12 + \frac{7\,048 + 15\,787}{1.8 \times 468 + 0.166\,7 \times 1.2 \times 1\,030} = 9.8(℃)$$

还与假定有一些差距，再用 $t_i = 9.8\ ℃$ 计算：

$$Q_f = -k_s(15 - t_i)^{0.1} A_s = -28 \times (15 - 9.8)^{0.1} \times 480 = -15\,849(W)$$

$$Q_h = k_w(15 - t_i)^{0.1} A_w = 40 \times (15 - 9.8)^{0.1} \times 150 = 7\,075(W)$$

$$t_i = t_o + \frac{Q_h - Q_f}{\sum\limits_j K_j A_{gj} + L\rho_a c_p} = -12 + \frac{7\,075 + 15\,849}{1.8 \times 468 + 0.166\,7 \times 1.2 \times 1\,030} = 9.9(℃)$$

计算精度已满足要求。

4. 温室的节能 据调查，我国传统加温温室每年消耗标准煤达 300~900 t/hm²，大型连栋温室更高，年耗煤量可达 900~1 500 t/hm²。一般冬季加温的费用占生产成本的 30%~70%。因此，温室环境调控中的保温节能是降低生产成本、提高经济效益非常重要的问题。

温室节能技术包括加强保温、采暖系统合理设计与管理、新能源利用等三个方面。

（1）温室的保温。提高温室的保温性，对于加温温室是最经济有效的节能措施，对于不加温温室，是保证室内温度条件的主要手段。

温室的热量散失有通过地中土壤、冷风渗透和围护结构覆盖层散失三个主要途径。通常加温温室冷风渗透损失热量和地中传热量各占总热损失的 10% 左右。如加强温室的密闭性，可将冷风渗透热量损失减少到总热损失的 5% 以下。减少地中传热量则通常可采取在温室周边开设防寒沟的办法。

通过围护结构覆盖层的热量散失是温室热损失的主要部分，一般占总热损失的 70% 以上，因此减少该部分热量损失是保温技术的重点。其技术措施有采用保温性好的覆盖材料和采用多层覆盖（一般两层较多见）等。

多层覆盖可有效减少温室通过覆盖层的对流与辐射传热损失，是最常用的保温措施，保温效果显著。有固定覆盖、内外活动保温幕帘和室内小棚覆盖等多种形式。

固定覆盖构造简单，保温严密，但两层的固定覆盖比单层覆盖白昼透光率降低 10%~15%。近年得到较多应用的双层充气膜覆盖，是将双层薄膜四周用卡具固定，两层薄膜中充以一定压力的空气，其实质相当于双层固定覆盖，保温严密，效果较好。

活动保温覆盖是在固定覆盖层内侧或外侧设置可动的幕帘，夜间展开覆盖保温，白昼收拢，基本不影响白昼采光，但需设置幕帘开、闭的机构，结构上较复杂一些。因白昼收拢不影响进光，可采用保温性较好的反射型材料或厚型保温材料，提高保温效果。近年在温室中得到普遍应用的缀铝膜内保温幕即是用反射型材料制成，这种覆盖材料具有较高长波辐射反射率和优良保温性，又有一定透气、透湿性，有利于降低室内湿度。夏季缀铝膜又可利用其对阳光的反射作用兼用于温室的遮阳降温，提高其利用率。

温室覆盖层保温性能可用传热系数进行评价，传热系数越小保温性越高，采用节能措施后的效果则用节能率或称热节省率 α 进行评价。

$$\alpha = (K_1 - K_2)/K_1 \qquad (1-21)$$

式中，K_1、K_2——采用保温覆盖前、后的覆盖层传热系数，$W/(m^2 \cdot s)$。

表 1-3 列出了一些保温覆盖的热节省率。

（2）合理设计与管理采暖设施。准确计算采暖负荷与配置采暖系统，可避免过量配置产生的浪费。应根据室内植物的要求合理选用供暖方式与布置采暖系统。如一些在地面放置育苗盘或花钵的育苗或花卉温室，采用地面加热系统可有效直接对植物生长区和根区加温，并避免温室上部空间温度不必要地升高，减少覆盖层散热，可节能 20% 以上。

温室采暖系统的运行应根据植物生长各时期的不同要求和适应室外气象条件的变化有效进行调节，以避免加温热量的浪费。白昼上午和正午光照条件较好的时间段，可控制采用较高气温，以增进光合作用。夜间采用适当的较低温度，不仅能节省加温能源，还可减少因呼吸对光合产物的消耗，这种温度管理方法称为变温管理。阴雨天光照较弱，较高气温并不能显著提高光合强度，为避免无谓的加温能耗，温度可控制得低一些。

（3）新能源（可再生能源）的有效利用。温室的加温能源，国外多为石油和天然气，我国主要使用煤炭。减少其在温室生产中的消耗，不仅能降低生产成本，而且是节约地球有限资源、保护环境的需要。世界各国都开展了利用太阳能、风能、地热能和生物质能等作为温室加温能源的研究，其中最有普遍应用前景的是太阳能和生物质能（沼气等）。

太阳能是地球上最廉价、最普遍存在的清洁能源，但由于其时间性和能量密度较低的特点，有效收集和存贮是其利用技术上的难点所在。

地中热交换系统为一种利用温室自身集热和用土壤蓄热的太阳能利用系统，由风机与温室地面下埋设的管道组成。当白昼室内气温升高到一定程度（一般 20~25 ℃以上）时，开动风机使空气流过管道，热风加热管周土壤，把热量蓄积到土壤中。到夜间室内气温降低到设定点（例如低于 10 ℃）时再开动风机，使空气从管道中流过，空气被土壤加热而带出蓄积的热量。其释放的热量可使室内气温提高 3~7 ℃，同时由于地下管道的蓄热，可使地温提高 4~8 ℃。这种节能系统在国内外均开展了研究试验，并在一些温室中得到推广应用。

沼气用于温室加温也是节能的有效途径，并具有良好生态环境效益。我国园艺生产者创造了将温室与畜禽舍结合在一起的种养结合生态温室。在这种植物与动物生产的能源与物质互补生态系统中，畜禽呼出的 CO_2 成为植物的 CO_2 气肥源，而植物光合作用吸收 CO_2，产生 O_2 供给动物，畜禽散发的体热成为温室的补充热源。如果在温室地面下建沼气池，以畜禽粪便作沼气原料，温室内较高的气温可促进沼气发酵，提高产气率，沼气可用作温室加温和农村生活与生产的能源，发酵后的产物为优质有机肥。这样，在温室内形成养殖、沼气和种植有机结合的良性生态系统，可获得良好的经济和环境效益。

五、温室的通风与降温

（一）温室通风换气的目的

通风换气是调控温室内环境的重要技术手段。温室使用的目的是创造适于植物生长的、优于室外自然环境的条件，但在相对封闭的条件下，室外热作用和室内植物等对室内环境的影响容易积累起来，易产生高温、高湿和不适的空气成分环境。这时，通风换气往往是最经济有效的环境调控措施，其作用主要在于以下方面。

（1）排除多余热量，抑制高温　温室等园艺设施采用透明材料覆盖，白昼太阳辐射热大量进入，在室外气温较高和日照强烈的季节，密闭的温室内气温可高于外部20 ℃以上，达到40 ℃以上，甚至可超过50 ℃。通风可引入室外相对较低温度的空气，排除室内多余热量，防止出现过高气温。

（2）补充CO_2，提高室内CO_2浓度。温室等园艺设施内白昼因植物光合作用吸收CO_2，造成CO_2浓度降低，有时甚至降到100 $\mu L/L$以下，不能满足植物正常光合作用的需要。通风可从引入的室外空气中（CO_2浓度约为350 $\mu L/L$）补充CO_2。

（3）排除室内的水汽，降低空气湿度。温室内土壤潮湿表面的蒸发和植物蒸腾作用，均将大量增加室内空气中水汽量，产生较高的室内空气湿度。通风可有效引入室外干燥空气，排出室内水汽，降低室内空气湿度。

（二）通风的基本形式

按通风系统的工作动力不同，通风可分为自然通风和机械通风两种形式。

1. 自然通风　自然通风是靠室内外的温度差产生的热压或外界自然风力产生的风压促使空气流动。自然通风系统投资省且不消耗动力，运行费用低，日光温室和塑料大棚中多采用这种通风形式。大型连栋温室等设置有机械通风系统的温室一般也同时设置有自然通风系统，并往往在运行管理中优先启用。但自然通风能力有限，并且其通风效果受温室所处位置、地势和室外气候条件（风向、风速）等因素影响。

2. 机械通风　又称强制通风，是依靠风机等设备强制空气流动，其作用能力强，通风效果稳定，室内气流组织和调节控制方便，并可在空气进入温室前进行加温、降温以及除尘等处理。但是风机等设备需要一定投资和维修费用，运行要消耗电能，运行成本较高，风机运行中还会产生噪声等问题。大型连栋温室由于室内面积和空间大、环境调控要求高，在我国自然气候条件下，仅靠自然通风往往不能完全满足生产要求，通常均需设置机械通风系统。

（三）温室通风设计的基本要求

根据温室通风换气的目的，其设计的基本要求首先是通风系统应能够提供足够的通风量，具有有效调控室内气温、湿度和补充CO_2的足够能力，以达到满足温室内植物正常生长发育要求的环境条件。

根据温室内环境调控的需要确定的单位时间内温室内外交换的空气体积称为必要通风量，而通风系统的设计通风能力称为设计通风量或设计换气量，设计中一般应满足：

$$设计通风量 \geqslant 必要通风量 \qquad (1-22)$$

设计通风量与必要通风量二者概念是有区别的。但一般在不致产生混淆时均简称为通风量或换气量，其单位为 m^3/s 或 m^3/h 等。在生产应用中，有时也采用换气次数来表示通风量的大小，换气次数 n 与通风量的关系为：

$$n = L/V \quad （次 /h \text{ 或次 }/min） \qquad (1-23)$$

式中，L——通风量，m^3/h 或 m^3/min；

V——温室内部空间体积，m^3。

同时温室通风换气的要求随植物的种类、生长发育阶段、地区和季节的不同，以及一日内不同的时间、不同室外气候条件而异，因此要求根据不同需要，通风量在一定范围内能够有效方便地进行调节。

为保证植物具有适宜的叶温和蒸腾作用强度以及有利 CO_2 扩散和吸收，室内要求具有适宜的气流速度，一般应为 $0.3 \sim 1 \ m/s$，高湿度、高光强时气流速度可适当高一些。温室内空气的流动也有利于室内的空气温度和湿度均匀分布，通风系统的布置应使室内气流尽量分布均匀，冬季避免冷风直接吹向植物。

从经济性方面考虑，通风系统的设备投资费用要低，设备耐用，运行效率高，运行管理费用低。在使用和管理方面，要求通风设备运行可靠，操作控制简便，不妨碍温室内的生产管理作业，遮荫面积要小。

(四) 温室的必要通风量

温室的必要通风量需根据其所在地区气候、季节、温室建筑和栽培植物要求等方面条件确定。温度条件常是环境调控中首要的调控目标，并且除寒冷的时期外，一般抑制高温的必要通风量最大，通风量满足抑制高温方面要求时，也能够相应地满足排湿与补充 CO_2 方面的要求。因此，在通风系统以抑制高温为目的运行时，通风量的确定可不考虑排湿与补充 CO_2 方面要求。而在室内没有抑制高温方面要求时，应根据排湿与补充 CO_2 方面要求确定合适的通风量。在寒冷的时期，通风会引起较大热量损失时，尽可能不进行通风，这时应采取其他措施降低室内的湿度，并采用 CO_2 施肥的方法补充 CO_2。

抑制高温的必要通风量通常是通风系统配置的重要依据。根据室内热量平衡关系得出抑制高温的必要通风率（单位温室地面面积的通风量）为：

$$L_0 = \frac{a\tau E_0(1-\rho)(1-e) - KW(t_i - t_o)}{c_p \rho_a (t_p - t_j)} \quad [m^3/(m^2 \cdot s)] \qquad (1-24)$$

式中，E_0——室外水平面太阳总辐射照度，W/m^2，一般夏季最大可达 $900 \sim 1\,000 \ W/m^2$；

ρ——室内对太阳辐射的反射率，一般取为 0.1；

τ——温室覆盖层对太阳辐射的透过率，无遮阳时一般为 $0.6 \sim 0.7$，有室外遮阳网时可取为 $0.2 \sim 0.3$，有室内反射型材料遮阳幕时可取为 $0.3 \sim 0.4$；

a——温室受热面积修正系数，一般取为 $1.0 \sim 1.3$，温室地面面积大时取较小值；

e——蒸腾蒸发吸收潜热与室内吸收的太阳辐射热之比，一般为 0.5～0.7；

K——全部覆盖层的平均传热系数，一般取为 4～6 W/(m² · ℃)；

W——散热比，为温室的覆盖表面面积与地面面积之比，一般为 1.2～1.8；

t_i、t_o——分别为室内与室外气温，℃；

t_j——进入室内的空气温度，当未对进风进行降温处理时，$t_j = t_o$，℃；

t_p——排风温度，当通风量不大，室内气温分布较均匀时可近似取 $t_p = t_i$，℃；

c_p——空气的定压质量比热，可取作 1 030 J/(kg · ℃)；

ρ_a——空气的密度，kg/m³，近似有 $\rho_a = 353/(t_o + 273)$。

在通风率较小时，通风率的较少增加即可显著减少室内外温差（即降低室内气温）。随着通风率逐渐增大，室内气温的降低速率逐渐减缓。当通风率达到 0.10 m³/(m² · s) 左右时，温室内外气温差已减少至 1～2 ℃，则继续增加通风率时室内气温降低很小，却使风机的运行耗能与运行费用不必要地增加。因此，从经济性的角度考虑，一般通风率宜在 0.08 m³/(m² · s) 以下，约相当于换气次数低于 1.5 次/min（90 次/h）。

根据必要通风率则可得面积为 A_s(m²) 的温室的必要通风量为：

$$L = A_s L_0 \quad (m^3/s) \tag{1-25}$$

补充 CO_2 的必要通风率与温室内栽培植物的种类、生长发育阶段和茂密程度、室内光照和气温等环境状况等有关，还与设定的 CO_2 调控浓度目标有关。在环境条件较为适宜、植物较为茂密、光合作用较为旺盛时，必要通风率要求较高。通常在温室内 CO_2 调控浓度设定为 270 μL/L 左右时，补充 CO_2 的必要通风率为 0.01～0.03 m³/(m² · s)。

排除水汽、降低室内空气湿度的必要通风率，与温室内栽培植物的种类和茂密程度、室内光照、气温和湿度等环境状况、土壤表面潮湿状况，以及室外空气的水汽含量有关，也与设定的室内空气相对湿度调控目标有关。当温室内植物较为茂密，环境较为潮湿，且光照较强，气温较高，室内植物蒸腾旺盛，以及室外空气的水汽含量也较高时，必要通风率要求较高。在一般情况下，白昼要控制温室内相对湿度在 85% 以下时，所需必要通风率为 0.01～0.035 m³/(m² · s)。

在同一时期，根据以上的分析计算，可以分别确定出排热降温、补充 CO_2 以及排除室内水汽所需的三个必要通风量，一般取其中最大值作为该时期的必要通风量。在设计中，使设计通风量大于该必要通风量，则可以满足三方面的要求。

设计通风量的确定方法在以下自然通风和机械通风的部分分别叙述。

（五）温室的自然通风

1. 热压作用下的自然通风 热压通风是利用室内外气温不同而形成的空气压力差促使空气流动。如图 1-14 所示，温室下部和上部分别开设了通风窗，通风面积分别为 F_a 与 F_b，两个通风窗中心相距高度 h，室内气温与空气密度为 t_i 与 ρ_{ai}，室外气温与空气密度为 t_o 与 ρ_{ao}。

当室内气温高于室外即 $t_i > t_o$ 时，室内空气密度小于室外，即 $\rho_{ai} < \rho_{ao}$。这时由于室内空气浮力的作用，空气

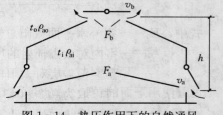

图 1-14 热压作用下的自然通风

将向上流动，形成下部通风窗口内部空气压力低于外部，空气从室外向室内流动，上部通风窗口内部压力高于外部，空气从室内向外流动的情况，这种上、下窗口的内外压力差即为热压。

根据流体力学原理，通风窗口内外空气压差为 Δp(Pa) 时，通过窗口的空气流速为：

$$v = \sqrt{2\Delta p / \rho_a} \quad (\text{m/s}) \tag{1-26}$$

当各通风窗口处的热压已知时，即可计算得出通过各窗口的空气流速和通风量。

对于一般温室在两个高度上设置通风窗口的情况，根据流体力学的原理，可推导得出热压自然通风情况下的设计通风量为：

$$L = k\sqrt{\frac{2(T_i - T_o)gh}{T_i}} \quad (\text{m}^3/\text{s}) \tag{1-27}$$

式中，T_i、T_o——室内、外空气的热力学温度，K；

$\quad\quad h$——进风窗口与排风窗口的中心相距高度，m；

$\quad\quad g$——重力加速度，为 9.81 m/s²；

$\quad\quad k$——由进风窗口与排风窗口的面积与流量系数确定的系数。

$$k = \frac{1}{\sqrt{\dfrac{1}{\mu_a^2 F_a^2} + \dfrac{1}{\mu_b^2 F_b^2}}} \tag{1-28}$$

式中，F_a、F_b——进风窗口与排风窗口的通风面积，m²；

$\quad\quad \mu_a$、μ_b——进风与排风窗口流量系数，一般窗洞口无阻挡物时取为 0.65～0.70，窗洞口有阻挡物或窗扇未全开时取值较上述值低，可查有关资料确定。

2. 风压作用下的自然通风 室外自然风经过建筑物时，气流将发生绕流，在建筑物四周呈现变化的空气压力分布（图 1-15）。在迎风面气流受阻，形成滞流区，流速降低，静压升高；而侧面和背风面气流流速增大和产生涡流，静压降低。外部空气将从迎风墙面上的开口处进入室内，从侧面或背风面开口处流出。

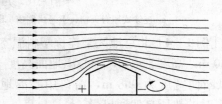

图 1-15 风经过建筑物时的绕流与静压分布

风压通风时的温室设计通风量，一般可按下式计算：

$$L = kv_o \sqrt{C_a - C_b} \quad (\text{m}^3/\text{s}) \tag{1-29}$$

式中，v_o——室外风速，m/s；

$\quad\quad C_a$——进风窗口所在建筑（迎风）部位的风压系数，一般为 0.8；

$\quad\quad C_b$——排风窗口所在建筑（背风）部位的风压系数，一般为 -0.5；

$\quad\quad k$——由进风窗口与排风窗口的面积与流量系数确定的系数，按式（1-28）计算，注意风压通风与热压通风计算中的进风窗口与排风窗口不同。

也可使用下面的经验公式计算风压通风量：

$$L = EFv_o \quad (\text{m}^3/\text{s}) \tag{1-30}$$

式中，F——进风口面积总和或排风口面积总和，m^2；

E——风压通风有效系数，风向垂直于墙面时取 0.5～0.6，倾斜时取 0.25～0.35。

由于室外自然风向与风速具有不断变化的特点，因此依靠风压的自然通风效果也是不稳定的，同时还受地形、附近建筑物及树木等障碍物的影响。为可靠起见，自然通风系统一般主要考虑热压通风的作用进行配置，但也需适当考虑和利用风压的作用。

3. 自然通风系统的布置　自然通风系统为保证热压通风效果，一般在侧墙偏下部设置进风窗口，屋面上设置排风天窗，尽可能加大通风窗间高差（图 1-16）。多设置屋脊天窗，但塑料薄膜温室从减少屋面薄膜接缝和方便开窗机构布置等考虑，也较多地设置谷间天窗。为获得较大的通风窗口面积，侧窗和天窗较多采用通长设置的方式。塑料薄膜温室通常采用卷帘式通风窗，通风面积大，且开闭的卷膜机构较简单，造价低廉。为使风压与热压通风的效果叠加，避免相互抵消，通风窗的设置应尽可能使风压和热压通风的气流方向一致，如使天窗排风方向位于当地主导风向的下风方向，避免风从天窗处倒灌。如果屋脊天窗对两侧窗口的开闭分别控制，可以适应不同的风向。

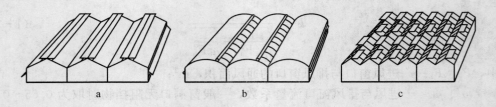

图 1-16　几种温室自然通风系统的布置方式
a. 连续式屋脊天窗、上悬式侧窗　b. 卷帘谷间窗、卷帘侧窗　c. Venlo 型温室的交错式脊窗

［例 1-4］ 北京地区某连栋塑料温室，设有侧窗和谷间天窗自然通风系统，东西两侧的侧窗长 30 m，高度 1.6 m，中心离地面高度 1.4 m；共 5 个天窗，通长 33 m，开启到最大时天窗实际过风断面宽度为 0.8 m，窗口中心离地高度 3.6 m。试计算在春季室外气温 24 ℃、室内气温 30 ℃时的热压自然通风量。

解： 通风窗面积：　$F_a = 2 \times 30 \times 1.6 = 96 (m^2)$　　$F_b = 5 \times 33 \times 0.8 = 132 (m^2)$

进、排通风窗口高度差：　　　$h = 3.6 - 1.4 = 2.2 (m)$

$$T_o = 24 + 273 = 297 (K)　　T_i = 30 + 273 = 303 (K)$$

取 $\mu_a = \mu_b = 0.63$，则：

$$k = \frac{1}{\sqrt{\dfrac{1}{\mu_b^2 F_a^2} + \dfrac{1}{\mu_a^2 F_b^2}}} = \frac{1}{\sqrt{\dfrac{1}{0.63^2 \times 96^2} + \dfrac{1}{0.63^2 \times 132^2}}} = 48.91$$

则热压通风量为：

$$L = k \sqrt{\frac{2(T_i - T_o)gh}{T_i}} = 48.91 \times \sqrt{\frac{2 \times 9.81 \times 2.2 \times (303 - 297)}{303}} = 45.2 (m^3/s)$$

（六）温室的机械通风

1. 基本形式 机械通风系统一般有进气通风、排气通风和进排气通风 3 种基本形式。

排气式通风又称为负压通风，风机布置在排风口，由风机将室内空气强制排出，室内呈低于外部空气压力的负压状态，外部新鲜空气由进风口吸入。排气通风系统换气效率高，易于实现大风量的通风，室内气流分布较均匀，因此，在温室中目前使用最为广泛。但排气通风要求设施有较好的密闭性，否则不能实现预期的室内气流分布要求。

进气式通风系统是由风机将外部空气强制送入室内，形成高于室外空气压力的正压，迫使室内空气通过排气口排出，又称正压通风系统。其优点是对温室的密闭性要求不高，且便于对空气进行加热、冷却、过滤等预处理，室内正压可阻止外部粉尘和微生物随空气从门窗等缝隙处进入污染室内环境。但室内气流不易分布均匀，易形成气流死角，为此，往往需设置气流分布装置，如在风机出风口连接塑料薄膜风管，气流通过风管上分布的小孔均匀送入室内。

进排气通风系统又称联合式通风系统，是一种同时采用风机送风和风机排风的通风系统，室内空气压力可根据需要调控。因使用设备较多、投资费用较高，实际生产中应用较少，仅在有较高特殊要求，而以上通风系统不能满足时采用。

2. 风机设备 通风机是机械通风系统中最主要的设备。风机的技术性能主要有风量和静压，静压用于克服通风系统的通风阻力。风机使用时的风量与通风系统阻力大小有关，一般阻力增大时风量减小。风机在不同阻力（或静压）下可达到的通风量可由生产厂家提供的风机特性曲线或性能表中了解。其他性能指标还有耗能（功率）与效率、噪声等。

通风机有轴流式和离心式两种基本类型，均主要由叶轮和壳体组成。

离心式风机的工作原理是依靠叶轮旋转使叶片间跟随旋转的空气获得离心力，机壳内空气压力升高并沿叶片外缘切线方向的出口排出，叶轮中心部分的压力降低，外部的空气从该处吸入（图 1-17）。离心式风机的叶轮旋转方向和气流流向不具逆转性，其性能特点是风压大（1 000～3 000 Pa 以上），空气流量相对较小。离心式风机适用于采用较长的管路送风，或通风气流需经过加热或冷却设备等通风阻力较高的情况。

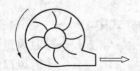

图 1-17 离心式风机

轴流式风机的叶片倾斜与叶轮轴线呈一定夹角，叶轮转动时，叶片推动空气沿叶轮轴线方向流动。其性能特点是流量大而压力低，压力一般在几百帕以下。温室通风系统很多情况下通风阻力较小，通常在 50 Pa 以下，而要求通风量大，轴流式风机的特性可以很好地满足这种要求，由于工作在低静压下，耗能少、效率高。轴流式风机在温室中应用最为广泛。

农业设施专用的低压大流量轴流式风机（图 1-18）系列产品的叶轮直径范围为 560～1 400 mm，适用于工作静压 10～50 Pa 的工况，单机的风量可达 8 000～55 000 m³/h。

图 1-18 低压大流量轴流式风机

表 1-5 为农用低压大流量轴流式风机某系列产品的性能表，表中所给出的静压范围是风机高效率工作而且状态稳定的工作点。风机工作中能够提供的风量需根据通风阻力，即风机的工作静压大小从表中查出。

表 1-5 低压大流量轴流风机性能表

| 风机型号 | 叶轮直径 (mm) | 叶轮转速 (r/min) | 静 压 (Pa) | | | | | | | 电机功率（kW） |
| | | | 0 | 12 | 25 | 32 | 38 | 45 | 55 | |
			风量（m³/h）							
9FJ5.6	560	930	10 500	10 200	9 700	9 300	9 000	8 700	8 100	0.25
9FJ6.0	600	930	12 000	11 490	11 150	10 810	10 470	10 130	9 640	0.37
9FJ7.1	710	635	13 800	13 300	13 000	12 780	12 600	12 400	11 800	0.37
9FJ9.0	900	440	20 100	19 000	18 000	17 300	16 700	16 000	15 100	0.55
9FJ10.0	1 000	475	26 000	24 800	23 270	22 420	21 570	20 720	19 200	0.55
9FJ12.5	1 250	320	33 000	31 500	30 500	28 500	27 000	25 000	21 000	0.75
9FJ14.0	1 400	340	57 000	55 470	53 770	52 750	51 400	50 040	45 500	1.5

3. 机械通风系统的配置 轴流风机的选型依据主要是温室的必要通风量和通风阻力。关于必要通风量的确定见前面相关内容。对于温室通风系统的通风阻力，在不采用空气处理设备和不经过管道输送，即风机直接连通温室内外空间的大多数进气通风与排气通风系统中，其通风阻力 Δp 一般为 10～30 Pa，可根据下式计算：

$$\Delta p = \frac{\rho_a}{2} \left(\frac{L}{\mu F} \right)^2 \ (\text{Pa}) \tag{1-31}$$

式中，ρ_a——空气密度，kg/m³；

L——通风量，m³/s；

μ——通风口流量系数；

F——通风口面积，m²。

如由上式计算出的通风阻力过大，说明通风口面积不够，应予加大。在通风口装有湿垫，通过湿垫的平均气流速度为 1.5 m/s 左右时，通风阻力为 20～40 Pa。

如果室外自然风力影响风机通风时，应按总通风量增加 10%～15% 的数值选择和确定风机及其数量。选择风机的型号和数量时，一是考虑总风量应满足必要通风量的要求，同时为使室内气流分布均匀，风机的间距不能太大，一般不能超过 8 m。尤其是风机与进风口间距离较短时，风机的间距应更小一些。

另外，较大直径的风机其效率一般比小直径风机高，也易达到风量较大时的要求，从这个角度考虑选用大风机是有利的。但是通风系统在一年不同季节、一天之内不同室外气象等方面条件下，需要方便地调节风量，风机单台风量过大、台数过少时，不便按通风要求调节风量。所以应综合考虑各种因素，合理选择风机型号、数量，可以采用多台大小风机，适当分组控制运行，以满足不同情况下的通风要求。在风机工作条件方面，由于温室排风湿度大，应考虑防潮和防腐蚀方面的要求。

机械通风通常采用排气通风系统，风机安装在温室一面侧墙或山墙上，进气口设置在远离风机的相对墙面上（图1-19b、c）。较多采用风机安装在山墙的方式，与安装在侧墙的情况相比，因其室内气流平行于屋面方向，通风断面固定，通风阻力小，气流分布均匀。另外，应使室内气流平行于植物种植行的方向，以减小室内植物对通风气流的阻力。风机和进风口间距离一般在30~70 m之间，过小不能充分发挥通风效率，过大则从进风口至排风口的室内空气温升过大。

要对进风进行加温等处理时，可考虑采用进气通风系统。为使室内气流分布均匀，多在风机出风口连接塑料薄膜风管，由风管上分布的小孔将气流均匀分配输送入室内（图1-19a）。

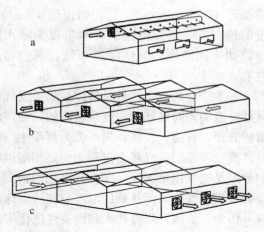

图1-19 机械通风的几种布置形式

（七）温室的降温

我国多数地区夏季气候炎热，在长江流域及其以南很多地区，7、8月平均气温可达28 ℃左右，每年最高气温≥30 ℃日数平均在60 d以上，最高气温≥35 ℃的酷热天气日数平均在15 d以上。在黄河流域及其以北也有不少地区7、8月平均气温超过25 ℃，每年最高气温≥30 ℃的日数平均50 d以上。与国外一些设施农业发达国家如美国、荷兰、法国、加拿大、日本等相比，我国许多地区夏季气温要高出许多，温室植物生产受到很大影响。我国过去引进的一些外国温室，经使用证明夏季降温能力不足，不能进行正常生产。因此，温室夏季生产中的降温在我国是个更为突出的问题。

遮阳和通风是夏季抑制室内高温的有效技术措施，但很多时候仍不能完全解决问题。遮阳和通风都不能直接降低进入室内的空气温度，在夏季，很多时候室外气温已高于植物生长适宜的气温条件，即使采用大风量机械通风，室内气温也最多降至接近室外气温的水平。例如在室外气温32 ℃左右时，即使采用遮阳和大风量通风，温室内的气温仍有可能超过34 ℃。因此要控制室内气温在植物生长要求范围内，必须进行人工降温。

人工降温技术一般有机械制冷、冷水降温和蒸发降温等。

机械制冷是利用压缩制冷设备进行制冷，其优点是制冷量大，同时还可除湿，但设备费用和运行费用很高，在温室生产中一般不予采用。

冷水降温利用低于空气温度的冷水与空气接触进行热交换，降低空气的温度需消耗大量的低温水，除当地有可利用的丰富的低温地下水情况外，一般不宜采用。

适用于温室夏季的降温技术是蒸发降温。

1. 蒸发降温的技术原理及特点 蒸发降温是利用水在空气中蒸发，从空气中吸收蒸发潜热的特性，使空气温度降低。水的蒸发潜热很大，约为2 440 kJ/kg，仅消耗较少水量即可吸收大量的热量，因此远比冷水降温节水。例如，假设冷水降温时采用12 ℃的冷水，冷水吸热后温升 10 ℃，达到 22 ℃，则消耗 1 kg 冷水所吸收的热量仅为 41.8 kJ。即吸收室内相同热量的情况下，蒸发降温的耗水量仅为冷水降温的 1/58，而设备及运行费用远远低于机械制冷，如应用最广的湿垫降温系统，其设备费用仅约为机械制冷的 1/7，运行费用仅为 1/10 左右。

蒸发降温的不足之处是降温效果要受气候条件的影响，在湿度较高的天气下降温效果较差，另外降温的同时空气的湿度也会增加，使室内湿度过高。但由于蒸发降温设备简单、运行可靠及维护方便、省能、经济，仍不失为夏季生产的有效降温技术。

蒸发降温的空气热力过程为绝热加湿过程（近似为等焓过程），由热力学原理可知，其降温的极限是空气湿球温度，即在最理想的情况下，空气温度可降低至等于湿球温度。经蒸发降温设备处理后空气能实际达到的温度越接近湿球温度，说明其降温过程进行越充分。通常采用降温效率 η 作为评价蒸发降温技术和设备性能优劣的指标，其计算公式为：

$$\eta = \frac{t_a - t_b}{t_a - t_w} \qquad\qquad (1-32)$$

式中，t_a、t_b——降温前、后的空气温度（干球温度），℃；

t_w——空气的湿球温度，℃。

当已知降温设备的降温效率，根据当时室外气候条件，可计算降温后的气温为：

$$t_b = t_a - \eta(t_a - t_w) \quad （℃） \qquad\qquad (1-33)$$

例如，当蒸发降温设备的降温效率为 80%，室外气温为 35 ℃，湿球温度为 24 ℃，干湿球温差为 11 ℃时，降温幅度为 $\eta(t_a - t_w) = 0.8 \times (35 - 24) = 8.8(℃)$，气温可降低至 $t_b = 26.2$ ℃。

由上可知，蒸发降温效果不仅与降温设备的效率有关，还与天气条件有关。天气越干燥，干、湿球温差越大，降温效果越好；反之，则降温效果较差。

我国北方地区气候干燥，在室外气温较高时，相对湿度在 40%～50% 甚至更低，一般夏季空调室外计算湿球温度在 27 ℃以下，蒸发降温有较好的效果。室外空气经蒸发降温设备处理后，气温通常可降低 7～10 ℃，可降低至 26～28 ℃。长江流域及以南地区气候较为潮湿，蒸发降温效果略差。但应具体分析，一般阴雨天虽相对湿度高达 80%，但该时期气温也多较低，而在高温天气需降温的时刻，相对湿度往往仅为 50%～60%，夏季空调室外计算湿球温度为 27～28.5 ℃，室外空气经蒸发降温处理后，气温可降低 5～8 ℃，可降低至 28～30 ℃，仍可基本满足室内生产多数情况下的要求。

2. 几种蒸发降温技术及设备　实现蒸发降温主要有湿垫与雾化两种方式，前者是用水淋湿特殊质纸等与空气具有很大接触表面积的吸水材料，水与流经材料表面的空气接触而蒸发吸热；后者是直接向空气中喷雾，水喷成雾状后与空气接触的总表面积大大增加，可加速蒸发。

（1）湿垫风机降温系统。湿垫是温室中使用最广泛的蒸发降温设备，多与负压机械通风系统组合为湿垫风机降温系统（图 1-20），该系统由风机、湿垫、水泵循环供水系统及控制装置等组成。

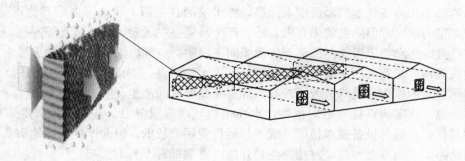

图 1-20　湿垫风机降温系统

湿垫可用木材刨花、塑料、纤维纺织物等多孔疏松的材料制成，但最为多用的是特殊处理的波纹状湿强纸，层层交错黏结成蜂窝状并切割成厚板形状。使用中竖直放置在设施的进风口，水从上部淋下以保持纸表面湿润，空气从中通过时，被纸表面水分蒸发吸热而降温。未蒸发的多余水分从湿垫下部排出到水池，再由水泵重新送到湿垫顶部喷淋。波纹纸湿垫通风阻力小、蒸发表面大、降温效率高，工作稳定可靠，安装简便。一般当湿垫厚度 $100\sim150$ mm、过垫风速 $1\sim2$ m/s 时，降温效率 η 为 $70\%\sim90\%$，通风阻力为 $10\sim60$ Pa。目前国内有多家生产厂批量生产提供使用。

湿垫冷风机（图 1-21）是湿垫与风机一体化的降温设备，该设备克服了一般湿垫风机降温系统只能适用于采用负压机械通风的可密闭设施的缺点，其使用灵活，温室无论是否密闭均可采用。每台湿垫冷风机的风量依据不同型号在 $2\,000\sim9\,000$ m³/h 之间。缺点是设备投资费用较大，由于采用正压送风的工作方式，因此具有正压机械通风的特点和相同局限。

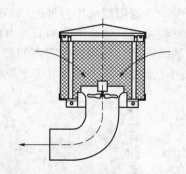

图 1-21　下吹式湿垫冷风机

（2）室内细雾降温。在室内直接喷雾，雾滴蒸发吸收空气中热量使之降温。为使喷出的雾滴能在下落地面的过程中完全蒸发，防止其落下淋湿植物或造成地面积水，产生湿度过高、病害及管理不便的问题，要求雾滴高度细化，一般要求雾滴直径小于 80 μm。

细雾降温系统的关键在喷雾设备，有液力雾化、气力雾化和离心式雾化三种。

气力雾化设备利用高速空气流进行雾化，雾化质量好，但需要压缩空气设备，投资较高，实际应用很少。液力雾化采用水泵产生高压水流，通过液力喷嘴喷出雾化，雾滴粒径的大小取决于喷嘴和喷雾压力，压力越高雾滴越小，通常采用 $0.7\sim2$ MPa 喷雾压力。液力式雾化设备雾化量大，设备费用和运行费用低，采用最多。离心式雾化是将水流送到高速旋转的圆盘，水从圆盘边缘高速甩出时与空气撞击而被雾化，其优点是产生的雾滴粒径小，不需高压水泵，不会产生堵塞，其缺点是需高转速的动力，设备费用较高。

室内细雾降温因难以保证细雾在室内空间分布均匀等原因，降温效率比湿垫低，一般总平均降温效率仅为 $20\%\sim60\%$。其优点是投资较低，安装简便，使用灵活，自然通风与机械通风时均可使用，喷雾设备还可兼用于喷洒消毒、除病虫的药剂。

（3）其他雾化降温技术。屋面喷水降温，将水喷洒在屋面上吸热降温，其优点是系统简单，且不会增加室内湿度，但降温效果有限，还会产生污染温室屋面、影响透光等问题。

雾帘降温，雾滴喷于屋面与屋面下的薄膜间夹层中，空气由天窗吸入，在夹层中与雾滴接触降温后进入温室。未蒸发的水滴由薄膜承接并汇入水槽回收，防止水滴落入温室内，夹层还具有阻挡辐射热进入的作用。其降温效果较好，能避免高湿度的产生。

喷淋降温，将雾滴直接喷洒向植物，水在植物叶面蒸发降温。这种方法降温直接，效果显著，简便易行，对喷淋设备要求很低，成本与运行费用都较低。但会产生温室地面及植物叶面持续水湿的状态，室内湿度增高，对植物生长和生产管理都有不利的影响。

（八）温室的遮阳

强烈的太阳辐射热通过透明覆盖材料大量进入温室内，这是夏季温室内产生高温的重要原因。因此，设置遮阳大幅度减少进入温室的太阳辐射热能，对于抑制高温具有显著的作用。遮阳幕（网）已成为我国多数地区解决夏季温室环境调控问题所必备的设施，按设置部位的不同分为外遮阳与内遮阳两种类型。

外遮阳是在温室外覆盖材料上方覆盖塑料遮阳网（图 1-22）。外遮阳网将太阳辐射遮挡在室外，遮阳网自身吸收的热量散发在室外，因此其降温效果优于内遮阳。

内遮阳需采用与外遮阳不同的材料，因为如遮阳网对太阳辐射热吸收率高，吸收后的热量散发到室内，将影响降温效果（图 1-23）。目前采用可以有效反射日光的铝箔或镀铝薄膜条编织的缀铝膜，可将进入室内的部分太阳辐射反射出去。内遮阳幕的优点是在冬季又可兼作保温幕使用，因此适用于我国北方冬季保温与夏季降温并重的地区。

图 1-22 室外遮阳网

图 1-23 室内遮阳幕及拉幕机构

[**例 1-5**] 北京地区某连栋塑料温室，东西方向共 8 连栋，单栋跨度为 8 m，温室东西长 64 m，南北宽 33 m，面积 2 112 m^2。根据夏季室内种植植物的要求，需将温室内平均气温控制在 29 ℃以下。根据该要求，确定采用室内遮阳幕和湿垫—风机降温系统，遮阳幕使用时温室的太阳辐射透过率 $\tau=0.35$。试选择和配置湿垫—风机降温系统 [温室受热面积修正系数 $a=1.1$，全温室覆盖表面平均传热系数 $K=5$ W/($m^2 \cdot$ ℃)，散热比 $W=1.5$]。

解： ① 确定室外气象计算参数：由有关资料查得，北京地区（北纬 40°，大气透明度等级 4 级）夏季室外水平面太阳总辐射照度为 949 W/m^2，根据《采暖通风与空气调节设计规范

GBJ 19—87》，北京地区夏季空调室外计算干球温度 $t_o = 33.2\,℃$，室外计算湿球温度 $t_w = 26.4\,℃$。

② 确定室内环境参数：根据植物要求，$t_i = 29\,℃$，设湿垫降温效率 $\eta = 80\%$，则室外空气经湿垫降温后进入温室时的气温为：

$$t_j = t_o - \eta(t_o - t_w) = 33.2 - 0.8 \times (33.2 - 26.4) = 27.8\,(℃)$$

确定排风温度 t_p：机械通风时，室内从进风口至排风口形成逐渐升高的温度分布，室内平均气温按 $t_i = (t_j + t_p)/2$ 计算，则排风温度：

$$t_p = 2t_i - t_j = 2 \times 29 - 27.8 = 30.2\,(℃)$$

③ 计算必要通风量：取日照反射率 $\rho = 0.1$，室内空气密度 $\rho_a = 353/(t_i + 273) = 1.17\,\text{kg/m}^3$，空气比热 $c_p = 1\,030\,\text{J/(kg·℃)}$，温室蒸腾、蒸发潜热与吸收的太阳辐射热之比 $e = 0.6$，则必要通风率：

$$
\begin{aligned}
L_0 &= \frac{a\tau E_0(1-\rho)(1-e) - KW(t_i - t_o)}{c_p \rho_a (t_p - t_j)} \\
&= \frac{1.1 \times 0.35 \times 949 \times (1-0.1)(1-0.6) - 5 \times 1.5 \times (29 - 33.2)}{1\,030 \times 1.17 \times (30.2 - 27.8)} \\
&= 0.056\,4\,[\text{m}^3/(\text{m}^2 \cdot \text{s})]
\end{aligned}
$$

必要通风量：

$$L = A_s L_0 = 2\,112 \times 0.056\,4 = 119.1\,(\text{m}^3/\text{s}) = 429\,000\,(\text{m}^3/\text{h})$$

④ 选用风机：选择 9FJ10.0 与 9FJ12.5 与两种风机各 8 台，在静压 25 Pa 时其单台风量为 23\,270\,m^3/h 与 30\,500\,m^3/h，总风量为：

$$8 \times 23\,270 + 8 \times 30\,500 = 430\,160\,(\text{m}^3/\text{h}) = 119.5\,(\text{m}^3/\text{s})$$

⑤ 计算湿垫用量：取过垫风速 $v_p = 1.5\,\text{m/s}$，则湿垫面积：

$$A_p = L/v_p = 119.5/1.5 = 79.7\,(\text{m}^2)$$

确定采用厚度 $B_p = 120\,\text{mm}$，高度 $H_p = 1.5\,\text{m}$ 的湿垫，布置总长度 $L_p = 56\,\text{m}$，实际湿垫面积 $A_p = H_p \times L_p = 1.5 \times 56 = 84\,(\text{m}^2)$，过垫风速 $v_p = 1.42\,\text{m/s}$。由生产厂家提供的湿垫性能资料，在 $v_p = 1.42\,\text{m/s}$ 时，其降温效率 $\eta = 80\%$，通风阻力 $\Delta p = 25\,\text{Pa}$，均与上述计算中的假定相符。

⑥ 水循环系统的计算：空气经过湿垫降温前后的气温为 t_o 与 t_j，蒸发水量可按下式计算为：

$$E = 0.46(t_o - t_j)L = 0.46 \times (33.2 - 27.8) \times 119.4 = 297\,(\text{g/s}) = 1\,070\,(\text{kg/h})$$

取水循环系统供水量为蒸发水量的 10 倍，即取 $n_w = 10$，则供水量为：

$$L_w = n_w E = 10 \times 1\,070 = 10\,700\,(\text{kg/h}) = 10.7\,(\text{t/h})$$

据此可选择水泵的型号和数量。

循环水池的容积可按下式计算为：

$$V = n_v L_p H_p B_p = 0.4 \times 56 \times 1.5 \times 0.12 = 4.03\,(\text{m}^3)$$

六、温室内的湿度与 CO_2 调控

（一）温室内的湿度调控

空气湿度也是影响作物生育的重要因素之一。相对湿度过高，会使作物的蒸腾作用受到抑制，造成光合强度下降，并且不利于根部对营养的吸收和体内的养分输送。持续的高湿度环境易使作物徒长，影响开花结实，并易发生各种病害。而相对湿度过低，会因植物叶片气孔关闭而影响植物叶片对 CO_2 的吸收，如同时又光照强烈、气温较高时，作物将失水过多而造成暂时或永久萎蔫。持续的低湿度环境将不仅影响植物的产量，同时因水分不足，细胞缺水，植物会萎蔫变形、纤维增多、色泽暗淡、品质下降。

温室内空气中水汽的增加主要归因于土壤表面的蒸发和植物叶面的蒸腾，而通风换气排湿，以及在覆盖材料内侧和植物叶面的水汽凝结，可使室内空气中的水汽含量减少。温室内的湿度状况与影响室内水汽动态平衡的因素，包括室内土壤湿度、植物的茂盛程度、室内加温和通风的情况、室内气温的变化以及室外气象情况等因素有关。

由于温室内相对封闭的环境，室内湿度通常比室外高得多。温室内空气湿度一日内变化总的特点是，绝对湿度白昼高、夜间低，而相对湿度则是白昼低、夜间高。

在白昼，随着室内气温的升高，空气相对湿度降低，晴天可降低到80％左右。下午以后，随着室内气温的降低，相对湿度开始升高。温室密闭管理时，夜间室内相对湿度常达到90％以上，甚至接近100％，而如夜间加温时，可使相对湿度降低到85％以下。

不同植物或在不同的生育期对室内相对湿度有不同的要求，多数蔬菜和花卉生长适宜的相对湿度为60％～90％，具体高低还与其他环境条件（光照、气流速度、气温等）有关。温室内湿度环境的调节主要是降低室内湿度的调节，主要措施分述如下。

1. 通风换气　通风换气是最经济有效的降湿措施，尤其是室外湿度较低的情况下，通风换气可以有效排除室内的水汽，使室内绝对湿度和相对湿度得到显著降低。

但是，在室外气温较低的季节，在通风排除室内多余水汽的同时，温室内的热量也被排出室外，通风量较大时将引起室内气温显著降低，因此应控制通风量的大小，或采取间歇通风的办法，或结合采用其他方式降湿。

2. 加温降湿　冬季结合采暖的需要室内进行加温，可有效降低室内相对湿度。

3. 地膜覆盖与控制灌水　室内土壤表面覆盖地膜或减少灌溉用水量，均可减少地面潮湿的程度，减少地面的水分蒸发。近年推广采用的膜下滴灌或地下渗灌等节水灌溉技术，可使地面蒸发降低到最小限度，室内相对湿度可控制在85％以下。

4. 防止覆盖材料和内保温幕结露　在温室覆盖材料内侧的结露和随之产生的水滴下落，将沾湿室内的植物和地面，造成室内异常潮湿的状况，增加室内的水分蒸发量。为避免结露，应采用防流滴功能的覆盖材料或在覆盖材料内侧定期喷涂防滴剂，同时在构造上，需保证覆盖材料内侧的凝结水能够有序流下和集中。

内保温幕采用透气吸湿性材料，可使幕下的水汽向幕上扩散，避免产生保温幕内侧结露和水

滴下落到植物茎叶上的情况。

（二）温室内的 CO_2 调控

CO_2 是植物光合作用形成产物的重要原料。温室内环境相对封闭，由于植物的光合作用、呼吸作用等，其内部 CO_2 处于与室外不同的变化状况。室外环境大气中的 CO_2 浓度大约为 $350\ \mu L/L$，根据不同地区季节、昼夜和环境条件在一定范围内变化，但变化幅度不大。温室内，在日出前，因植物与土壤呼吸作用，CO_2 浓度可达 $500\ \mu L/L$ 以上，日出后因植物光合作用吸收 CO_2，其浓度迅速降低，在不通风的情况下，至正午 CO_2 浓度可降至 $100\ \mu L/L$ 以下，植物处于饥饿状态。为保证植物光合作用的正常进行，需要采取增加 CO_2 浓度的调控措施。

通风换气是最为经济有效的补充 CO_2 的方法，且在春、夏、秋季，通风换气也是温室温度环境等调控经常性的要求。但通风换气最多只能将室内 CO_2 浓度提高到接近外界大气中 CO_2 浓度的水平，在冬季通风换气还会排出室内的热量，不利节能。为此，在冬季设施需密闭管理的季节，应考虑进行 CO_2 施肥，增加室内 CO_2 浓度。

1. CO_2 肥源及施肥设备

① 有机肥发酵：依靠有机物分解产生 CO_2，成本低，简单易行。但 CO_2 的发生量、发生时间较为集中，不便调控。

② 燃烧碳氢化合物：燃烧煤油、天然气或液化石油气等燃料获得 CO_2。燃烧后的气体中 SO_2 及 CO 等有害气体不能超过对植物产生危害的浓度，要求燃料纯净，并采用燃烧完全的 CO_2 发生器。该方法控制容易，但成本较高，在国外采用较多，国内应用较少。

③ 化学药剂反应法：利用以下化学反应产生 CO_2：

$$2NH_4HCO_3 + H_2SO_4 = (NH_4)_2SO_4 + 2H_2O + 2CO_2 \uparrow$$

该方法设备构造简单，操作简便，费用低，副产物硫酸铵可作化肥使用。但使用硫酸具有一定的危险性。

④ 液态 CO_2：为酒精工业等生产的副产品，CO_2 经压缩盛放于钢瓶内，使用时打开阀门释放到温室内。该方法使用简便，便于控制，费用也较低，适合附近有液态 CO_2 副产品供应的地区使用。

⑤ 燃烧普通燃煤或焦炭产生 CO_2：燃料廉价，但燃烧过程中常产生 SO_2 及 CO 等有害气体，不能直接作为气肥使用。国内厂家开发的采用普通炉具的 CO_2 发生设备，将普通煤炉燃烧的烟气经过滤器除掉粉尘和煤焦油等成分，再用气泵送入反应室，烟气通入特别配置的药液中，通过化学反应，有害气体被吸收后，输出纯净的、CO_2 浓度较高的气体。

2. CO_2 施用方法 CO_2 施用的浓度应根据植物种类、生育期和天气条件等因素而定。光照强烈时植物光合作用较强，CO_2 消耗量大，因此晴天可采用较高的浓度，一般 $1\,000\sim1\,500\ \mu L/L$；阴天应采用较低浓度，一般 $500\sim1\,000\ \mu L/L$。

CO_2 的施用时期，叶菜和根菜类在前期施用；果菜类蔬菜为避免茎叶过于繁茂，应在开花结果期 CO_2 吸收量较快增长时开始施用。

一天之内的施用时间，一般选择在上午进行 CO_2 施用，下午停止施用。施用开始时间，在日出后 $1\ h$ 左右为宜，施用时间的长短，应根据栽培植物与环境温度、光照条件等而定，并应在换气之前 $30\ min$ 停止施用较为经济。

> **习题与思考题**

1. 连栋温室的主要技术性能指标有哪些？如何评价温室的综合性能？

2. 太阳辐射光谱主要包含哪些部分的光、热辐射？各分区的波长范围是多少？何谓光合有效辐射？

3. 度量光照强度的量一般有哪些？哪些适合于植物光照环境的度量和评价？这些量之间存在怎样的关系？

4. 影响温室内光照强度的主要因素有哪些？

5. 温室使用中的光照环境人工调控包括哪些方面的调控？如何调控？

6. 用于植物补光的人工光源一般有哪些？各有何特点？适用范围如何？

7. 试计算在辽宁鞍山—海城附近地区（纬度41°N，经度123°E），覆盖PE塑料薄膜的日光温室在冬季气温最低日期（按1月15日计算），晴天正午时刻的温室内光照强度。

8. 非透明覆盖材料与透明覆盖材料的传热方式有何不同？怎样分别确定其传热系数？

9. 我国温室一般采用的采暖系统有哪些？各有何特点及使用范围如何？

10. 我国的节能型日光温室为何具有优良的保温节能特性，试分析之。

11. 实现温室的节能有哪些方面的途径？

12. 山东济南某连栋玻璃温室，东西方向96 m，南北方向40 m，天沟高度3.6 m，屋脊高4.4 m，室内覆盖缀铝膜保温幕。原计划种植喜温的果菜类蔬菜，设计配置的采暖系统供暖量为500 kW，试计算在冬季夜间室外气温−9 ℃的情况下，室内能够维持多高的气温。现如果改种植花卉，要求夜间室内气温不低于18 ℃，试计算其冬季采暖热负荷应为多少［按温室覆盖面积 $A_g = 5\,380\ \mathrm{m^2}$，全部覆盖面积上的平均传热系数为 3.5 $\mathrm{W/(m^2 \cdot \text{℃})}$ 计算。温室夜间密闭管理，因冷风渗透产生的换气次数为 1.5 次/h］。

13. 温室通风的主要目的是什么？

14. 何谓必要通风量？何谓设计通风量？说明这两者间的区别与联系。

15. 试比较，在夏季采用室外遮阳、室内遮阳以及不采用遮阳3种情况时（温室覆盖层对太阳辐射的透过率分别为0.25、0.35、0.65），温室为控制室内气温，维持室内外温差在2 ℃以下的必要通风率的大小（按室内平均气温为进风口和排风口气温平均值考虑）。

16. 华北地区某连栋玻璃温室，东西方向共10连栋，跨度为9.6 m，温室东西方向96 m，南北方向40 m。温室采用侧窗和屋脊天窗自然通风系统，屋脊天窗中心离地高度5 m，侧窗中心离地高度1.4 m。试计算在4月下旬正午室外水平面太阳总辐射照度为870 $\mathrm{W/m^2}$，室外气温25 ℃时，如依靠室内遮阳幕（温室覆盖层透光率为0.35）与自然通风相结合的方法，要求将室内气温控制在30 ℃以下，通风窗口的面积应为多少［取天窗通风面积∶侧窗通风面积＝2∶1，天窗与侧窗的流量系数均取0.65。温室受热面积修正系数1.1，全温室覆盖表面平均传热系数为5.5 $\mathrm{W/(m^2 \cdot \text{℃})}$，散热比1.4，温室蒸腾、蒸发潜热与吸收的太阳辐射热之比为0.6］。

17. 简述蒸发降温的技术原理及特点。蒸发降温为何成为温室中夏季降温的适用技术？其不足之处是什么？

18. 北京地区某连栋玻璃温室，东西方向共 10 连栋，跨度为 9.6 m，温室东西长 96 m，南北宽 40 m。根据夏季室内种植的植物需将温室内气温控制在 30 ℃ 以下的要求，确定采用室内遮阳幕和湿垫—风机降温系统，温室采用室内遮阳幕后的覆盖层透光率为 0.35。试选择和配置合适的湿垫—风机降温系统 [温室受热面积修正系数 1.1，全温室覆盖表面平均传热系数 5.5 W/(m² · ℃)，散热比 1.4，温室蒸腾、蒸发潜热与吸收的太阳辐射热之比为 0.6]。

19. 降低温室内的湿度一般有哪些措施？

20. CO_2 施肥的肥源及设施有哪些？各有何特点？

第三节　单栋与连栋温室

一、温室形式的选择

1. 温室形式选择的内容

① 确定温室几何尺寸：包括温室的跨度、开间、檐高、脊高、连栋数、开间数等。

② 选择温室覆盖材料：一般可考虑采用玻璃、塑料薄膜或 PC 板材等。

③ 确定温室主体结构材料：即温室主要承载力构件所采用的材料。如热浸镀锌骨架、铝合金镶嵌或镀锌板卡槽镶嵌等。

④ 考虑温室结构形式与当地气候条件的适应性：即温室结构形式要最大限度地适应当地气候条件，以达到受力合理、用料经济的目的。热带地区与寒带地区温室结构形式的选择应有区别，多风地区与多雪地区温室的形式亦应不同。

⑤ 考虑温室结构形式与温室内部环境要求相适应：如以降温为主的温室应使结构形式有利于通风，而以保温为主的温室应保证温室的密封性等。

⑥ 考虑温室配套设备与经济性要求和功能性要求的适应性：由于内部配套设备对整个温室项目造价影响很大，而设备价格又有很大的差异性，因此必须在满足温室功能的前提下考虑项目的初期投资、投资回收期、运行成本等因素，力求投资适度，配套合理。

2. 选定温室形式的原则　世界上温室形式多种多样，虽经多年探索、研究和实际应用，但万能的和最佳的温室形式并不存在。一种温室形式可能适合于多个地区和多个用途；同一项目也会有几种不同温室形式可供选择。因此，温室形式的选择必须根据温室功能特点、寿命、当地自然条件、投资规模、管理模式等因素灵活具体选择确定。选择中遵循下列原则：①温室形式应首先满足温室最终功能的要求，这是选择温室形式的基本出发点；②温室形式力求简洁、实用；③温室形式尽量体现经济性的特点，以减少建设费用；④在满足上述条件的基础上，温室结构形式应力求美观、大方；⑤还应力图使其适应生产管理运行模式，如大型连栋温室适应于生产品种较单一、管理集中的情况，而单栋温室和单坡面温室适应于品种较多、管理较为分散的情况。

3. 选择方法

（1）适应当地的气候特点和地理条件。外界气候条件对温室内部环境、温室结构均会产生影响。在保温节能、通风降温、抗风、防雨等方面都会因采用不同的结构形式而产生不同的效果。影响温室结构形式的主要气候因素为温度、光照、风、雪等。

在北方寒冷地区，保温节能和防止雪害是主要考虑的问题。因此，采用单坡面温室或对称双坡面连栋温室（山形屋面或拱形屋面）较为适宜；覆盖材料可选择保温性能良好的双层充气膜、双层玻璃或硬质中空板等；如条件许可，最好在温室北侧设置挡风墙或其他土建结构，以减少冬季西北风造成的热量损失；对单坡面温室，也可较方便地采用外覆盖保温以提高其保温性能，减少能耗。

在南方炎热地区，降温和防暴雨是主要考虑的问题。因此，选用屋面坡度较大并设置外遮阳设备的温室形式，同时温室的高度也不宜低于 3.5 m，以保证作物有效生长空间的环境较为适宜。应设置屋面和侧墙通风系统，以利于湿热空气排出。

在沿海等多风地区，温室尽量选用抗风能力强的形式，如圆弧形屋面温室、小坡面山形屋面温室等，而诸如锯齿形、哥特式尖顶型应尽量避免采用。

（2）降低建造成本和运行费用。在温室建设投资有限和要求运行成本低的情况下，应选择一次性投资小、运行费用低的温室结构形式。这种情况下可有下列 3 种方式供选择。

① 投资小、运行费用低：这种设施形式选择的余地很小，其环境控制程度也较低。在北方，单坡面温室和钢骨架日光温室就是有代表性的形式。其建设费用很低，运行也很经济，缺点就是土地利用率低，使用寿命短，操作有一定的限制等。在南方，简易的拱形单层塑料温室（又称塑料管棚）是一种经济的温室形式，在冬季覆盖塑料薄膜保温，夏季变成具有一定防雨能力的遮阳棚。缺点是控制能力差，维护较繁琐，需要的劳动力也多。

② 投资小、运行费用较高：在北方采用的单层塑料温室（日光温室除外）就属于此类，其建设投资低，但保温性能差而加温费用高。某些温室采用无侧窗或无天窗的形式也可降低建设费用，但在使用中通风降温的运行费用高。这些形式的温室在某些具有特殊优势的地区可以采用，如燃料或电力费用很低的煤矿、油田、地热区、余热排放区、电力过剩区等地区。

③ 投资较大、运行费用较低：这种形式的温室在建设期投资充足的情况下被广泛采用。例如，双层充气膜温室、多层中空 PC 板温室、双层中空玻璃温室及配备了良好的采暖、通风、控制设备的温室都因采用了较好的设备而使温室的保温性能、降温能力和人工控制能力大大提高，减少了运行过程中的燃料、电力消耗及管理成本，运行费用较低。

（3）适应管理条件与经营模式的要求。在土地及劳力缺乏地区，温室必须考虑节约用地和便于管理，因此采用较好覆盖材料的连栋温室较为适合，以延长温室使用期，提高管理效率，节约劳力。而在土地资源充足、劳力过剩而资金不足的地区，可采用投资小、劳动力密集而运行费用较低的温室形式。

对于市场效益好、以高价值农产品或出口型农产品为主的种植者、经营者，应尽量采用环境调控能力强的温室形式，以保证产品质量的稳定性和产量的持续性。对于以内销或自用为主，或市场效益低的产品（如一般蔬菜、普通花卉等）生产为主的种植者，应选用设施投资小、运行费用较低的温室形式。

二、温室的建筑设计

温室的建筑设计主要是温室的平、立、剖面设计以及细部构造设计。

（一）设计原则

1. 满足温室建筑功能要求　科学性、超前性与实用性相结合，全面考虑温室的使用功能，合理选择配套设备。

2. 满足生产工艺要求　合理确定设计标准，生产工艺、主要设备和主体工程要先进、适用、可靠。采用先进的自控手段实现温室设备的自动运行，提高控制水平，降低管理工作量。

3. 经济适用要求　从实际出发，坚持节能高效、因地制宜的原则。

4. 符合总体规划和建筑美观要求　温室单体建筑是总体规划的组成部分，应满足园区总体规划的要求，建筑设计要充分考虑与周围环境的关系。

（二）设计依据

（1）温室的使用功能，作物的农艺要求。

（2）人体操作空间与植物种植空间的需求。

（3）配套设备尺寸和必需的空间要求。

（4）当地气候条件和种植的环境要求。

（5）当地的地质勘探报告和地形图。

（6）相关温室标准。《温室通用技术条件》Q/JBAL 1—2000，《温室结构设计荷载》GB/T 18622—2002，《连栋温室结构》JB/T 10288—2001，《温室电气布线设计规范》JB/T 10296—2001，《温室控制系统设计规范》JB/T 10306—2001，《温室通风降温设计规范》GB/T 18621—2002，《湿帘降温装置》JB/T 10294—2001 等。

（三）场地选择

选择温室、大棚的建设地点，主要考虑气候、地形、地质、土壤，以及水、暖、电、交通运输等条件。

1. 气候条件

（1）气温。重点是冬季和夏季的气温，对冬季所需的加温以及夏季降温的能源消耗进行估算。

（2）光照。考虑光照度和光照时数，其状况主要受地理位置、地形、地物和空气质量等影响。

（3）风。风速、风向以及风带的分布在选址时也要加以考虑。对于主要用于冬季生产的温室或寒冷地区的温室应选择背风向阳的地带建造；全年生产的温室还应注意利用夏季的主导风向进行自然通风换气。避免在强风口或强风地带建造温室，以利于温室结构的安全；避免在冬季寒风地带建造温室，以利于温室的保温节能。由于我国北方冬季多西北风，一般庭院温室应建造在房屋的南面，大规模的温室群要选在北面有天然或人工屏障的地方，而其他 3 面屏障应与温室保持一定的距离，以避免影响光照。

（4）雪。从结构上讲，雪载是温室和塑料大棚这种轻型结构的主要荷载，特别是对排雪困难的大中型连栋温室，要避免在大雪地区和地带建造。

（5）冰雹。冰雹危害普通玻璃温室的安全，要根据气象资料和局部地区调查研究确定冰雹的可能危害性，避免普通玻璃温室建造在可能造成冰雹危害的地区。

（6）空气质量。空气质量的好坏主要取决于大气的污染程度。大气污染物主要是臭氧、过氯乙酰硝酸酯类（PAN）以及二氧化硫、二氧化氮、氟化氢、乙烯、氨、汞蒸气等。这些由城市、工矿带来的污染分别对植物不同的生长期有严重的危害。燃烧煤的烟尘、工矿的粉尘以及土路的尘土飘落到温室上，会严重减少温室的透光性。寒冷天火力发电厂上空的水汽云雾会造成局部的遮光。因此，在选址时应尽量避开城市污染地区，选在造成上述污染的城镇、工矿的上风向，以及空气流通良好的地带。调查了解时要注意观察该地附近建筑物是否受公路、工矿灰尘影响及其严重程度。

2. 地形与地质条件　平坦的地形便于节省造价和便于管理。同时，同一栋温室的用地内坡度过大会影响室内温度的均匀性，过小的地面坡度又会使温室的排水不畅，一般认为地面应有1%以下的坡度。要尽量避免在早晚容易产生阳光遮挡的北面斜坡上建造温室群。

对于建造玻璃温室的地址，有必要进行地质调查和勘探，避免因局部软弱带、不同承载能力地基等原因导致不均匀沉降，确保温室安全。

3. 土壤条件　对于进行有土栽培的温室、大棚，由于室内要长期高密度种植，因此对地面土壤要进行选择。就土壤的化学性质而言，沙土贮存阳离子的能力较差，养分含量低，但是养分输送快；黏土则相反，它需要的人工总施肥量低。现代高密度的作物种植需要精确而又迅速地达到施肥效果，因而选用沙土比较合适。土壤的物理性质包括土壤的团粒结构好坏、渗透排水能力快慢、土壤吸水力的大小以及土壤的透气性等，这些都与温室建造后的经济效益密切相关，应选择土壤改良费用较低而产量较高的土壤。值得注意的是，排水性能不好的土壤比肥力不足的土壤更难以改良。

4. 水、电及交通　水量和水质也是温室、大棚选址时必须考虑的因素。虽然室内的地面蒸发和作物叶面蒸腾比露地要小得多，然而用于灌溉、水培、供热、降温等用水的水量、水质都必须得到保证，特别是对大型温室群，这一点更为重要。要避免将温室、大棚置于污染水源的下游，同时要有排、灌方便的水利设施。

对于大型温室而言，电力是必备条件之一，特别是有采暖、降温、人工光照、营养液循环系统的温室，应有可靠、稳定的电源，以保证不间断供电。

温室、大棚应选择在交通便利的地方，但应避开主干道，以防车来人往，造成尘土污染覆盖材料。

5. 地理与市场区位　设施园艺生产的高投入特点，必须有高产出和高效益作为其持续发展的保障条件，否则项目从一开始就面临失败的危险，而地理与市场区位条件是影响其效益的重要因素。在我国不同的地域，具有不同的市场需求、产品定位和产品销售渠道与方式，因此在不同地区发展设施园艺工程就会有不同的生产模式、产品标准、工程投入和管理方式。

在场地确定以后，对于大型温室项目必须进行地质勘探、地形测量，为温室的规划设计和施工打下坚实基础。

（四）总体布局

建设单栋温室、大棚，只要方位正确，不必考虑场地规划，如建设温室群，就必须合理地进行温室及其辅助设施的布置，以减少占地，提高土地利用率，降低生产成本。

1. 布局原则

① 明确园区定位，合理布置各功能区。

② 在场区北侧、西侧设置防护林，距温室建筑 30 m 以上，既可阻挡冬季寒风，又不影响温室光照。

③ 合理确定各建筑物的间距，避免遮挡，保证温室良好的光照和通风环境。连栋温室尽可能将管理与控制室设在生产区北侧，有利于温室北侧的保温和便于管理。

④ 因地制宜利用场地，种植区尽量安排在适宜种植的或土地规则的地带，辅助建筑尽量安置在土壤条件较差地带，并且集中紧凑布置，减少占地，提高土地利用率。

⑤ 场区布局要长远考虑，留有扩建余地。

2. 建筑组成及布局　一定规模的温室群，除了温室种植区外，还必须有相应的辅助设施，主要有水、暖、电等设施，控制室、加工室、保险室、消毒室、仓库以及办公休息室等。在进行总体布置时，应优先考虑种植区的温室群，使其处于场地的采光、通风等的最佳位置。烟囱应布置在其主导风向的下方，以免大量烟尘飘落于覆盖材料上，影响采光。加工室、保鲜室以及仓库等既要保证与种植区的联系，又要便于交通运输。

3. 温室的间距　为提高土地利用率，前后相邻温室的间距不宜过大。但必须保证阴影面积最大时不至于产生遮荫。一般以冬至日中午 12：00 前排温室的阴影不影响后排采光为计算标准。纬度越高，冬至日的太阳高度角就越小，阴影就越长，前后栋的间距就越大。

4. 温室的方位　温室的建筑方位是指温室屋脊的走向，主要有东西（E-W）与南北（N-S）两种方位。在温室群总平面布置中，合理选择温室的建筑方位也是很重要的。温室的建筑方位通常与其造价没有关系，但是与温室内光照环境的优劣以及生产效益有密切的关系。

不同建筑方位对光照环境的影响见表 1-6。在光照较弱的地区或季节使用的温室，主要考虑保证温室内的光照量，应采用 E-W 方位建造；反之，如光照强度不是主要问题，为使温室内光照均匀，则可考虑采用 N-S 方位。具体而言，对于以冬季生产为主的玻璃温室（直射光为主），在纬度大于北纬 40°地区，以 E-W 方位建造为佳；在小于北纬 40°地区，则以 N-S 方位建造为宜（表 1-7）。对于 E-W 方位的玻璃温室，为了增加上午的光照，以利于植物在光合作用强度较高时段的需要，建议将朝向略向东偏转 5°～10°。

表 1-6　北京地区（北纬 39°57′）玻璃温室建造方位比较

方　位	透　光　率	光　照　均　匀　性
东西（E-W）	日平均透光率比 N-S 方位高 7%左右	室内光照不够均匀，屋架、天沟、管线形成较固定的阴影带
南北（N-S）	日平均透光率小，但早晚透光率高于 E-W 方位	无相对固定的阴影带，光照比较均匀

表 1-7　我国不同纬度地区的玻璃温室建筑方位建议

地　区	纬度（北纬）	主要冬季用温室	主要春季用温室
黑　河	50°12′	E-W	E-W
哈尔滨	45°45′	E-W	E-W
北　京	39°57′	N-S，E-W	N-S
兰　州	36°01′	E-W	N-S
上　海	31°12′	N-S	N-S

5. 园区道路　有主、次道路之分，可划分为主路、干路、支路3级。主路与场外公路相连，内部与办公区、宿舍区相通，同时与各条干路相接，一般主道路宽6～8 m，干路（次道路）宽4～6 m，支路宽2 m，支路通常为手推车设计。干路和支路在道路网中所占的比重较大，彼此形成网状布置，推荐使用混凝土路面或沙石沥青路面（图1-24）。

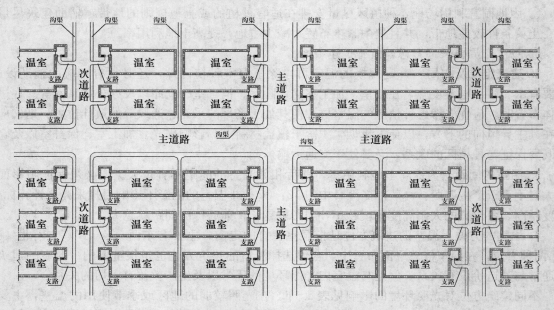

图1-24　温室群生产区平面布置图

6. 场区给排水　生产、生活用水应与消防用水分系统设置，均直埋于冻土层以下，分支接口处应设置给水井及明显标识。一般灌溉方式，微、雾喷灌或微滴（渗）灌溉用水应满足《农田灌溉水质标准要求》GB 5084—1992。生活用水则应符合市政饮用水要求或单独设置水处理设施。

雨水可明渠排放，但明排雨水渠除放坡外，渠上沿应与道路或温室（或缓冲间）外墙皮保持一定距离，一般1～2 m；暗排雨水可节省占地面积。污水管道不应与雨水管道混用，应在单独无害处理后排放，或无害处理后回收利用。

7. 场区供电　供电网的电缆允许架空，也允许直埋或沟设，但必须按规范规划设计与施工。配电站（室）应以三相五线输入，三相四线输出，输出应为380 V（单相220 V），50 Hz，电压波动应小于5%；用电设施配电应符合《用电安全守则规定》GB/T 13869—1992。

8. 场区供暖　北纬41°以南地区，如冬季最冷月平均气温不低于-5 ℃，且极端最低温度不低于-23 ℃时，则节能日光温室冬季运行一般可以不加温。在北纬41°以北地区或连栋温室，所种植的作物要求较高的气温时，应设置加温设施。应按经济性和环保等方面要求，根据当地条件选择补温能源种类和补温方式。供暖管网允许直埋或沟设，均应符合有关规范。

（五）温室单体设计

1. 规模和外观　一般来讲，温室规模越大，其室内气候稳定性越好，单位面积造价也相应较低，但总投资增大。因此，需要根据生产需求、场地条件、投资规模等因素综合确定。同时从温室通风的角度来考虑，自然通风方向尺寸不宜大于 40 m，单体面积宜在 1 000～3 000 m² 之间；机械通风温室进排气口距离宜小于 60 m，单体建筑面积一般在 3 000～5 000 m² 之间。如果所需温室面积大于以上数据，可以分为若干单体，采用走廊相连，呈工或王字形等布局。生产性温室的规模较大，面积可达 3 000～10 000 m²；科研温室的规模较小，一般 500～2 000 m²。

陈列展览和销售温室的内部空间较大、较高，能给参观者良好的视觉效果，其外观造型也常常别致新颖，具有较好的建筑形象，并和周围的环境相协调。生产温室的外观造型也以整洁美观为好。实验组培温室一般和实验室、组培室相连，外形应与其相连的实验室、组培室相协调。

2. 平面单元的划分　在温室总体规模确定的基础上，需根据种植的作物、环境、设备、管理、观赏等方面的不同要求，对温室平面进行各单元分区。生产温室一般根据栽培植物的品种分区；科研实验温室则应根据可能同时进行的不同实验的需要，按环境条件以及管理条件的不同来进行单元的划分；对于休闲观光温室，要根据展示和使用的不同功能进行分区。

3. 空间尺度的确定　生产性温室应当结合栽培方式进行平面和空间尺度的设计。如果采用与露地栽培相同的传统方式，则应根据植物的行距、方向以及管理操作要求的空间来确定温室的平面尺寸，同时还应考虑机械耕作设备的操作空间，合理的选择温室内部的柱距和净高，以方便耕作和节省温室内部面积。如果采用栽培床架，则应根据栽培床架的宽度和布置方式以及人行走道的设置来确定温室的开间和进深，使温室面积得到最大限度的利用。

室内空间的充分利用对提高土地和设备、能量利用率有很重要的作用。可采用立体的多层栽培布置，如阶梯式、叠层式或悬挂式布置，将喜阴植物布置在下层，喜光植物置于上层，或在下层采用人工补光，这样栽培床面积与建筑面积之比可高达 200%，甚至更高。当然，这种布置方式并非适用于所有温室，应经过充分的论证和经济性比较。

科研实验温室应结合实验设备，以及实验作物的管理需要来确定温室内部的平面和空间尺度。结合组培室建造的实验温室，其平面面积和内部空间的大小应与组培室的规模相匹配，做到满足实验的要求，同时不浪费投资。

观光休闲展览温室一般都是展览有较高经济价值和观赏价值的大科或大属植物以及类似植物，有些植物的植株较高大，如热带植物、温带植物、棕榈植物、竹类植物等，这些植物的温室都需要根据植物的生长空间需求以及观赏者所需的视觉距离、观赏者的交通、人流量来确定温室内部的平面和空间尺度。

4. 剖面设计

（1）室内地坪高程。生产温室特别是大型生产性温室，为了防止室外水倒流，一般室内地坪高于室外地坪 150 mm。但对一些建于严寒地区的小温室，则应适当降低室内地坪，甚至采用半地下式建筑方式，在室外四周建造排水沟，同时起到防寒沟的作用，这对于室内保温，特别是保持较高的地温有明显的效果。室内外可采用坡道或台阶踏步连接。

（2）跨度。温室结构的跨度（图 1 - 25 中的

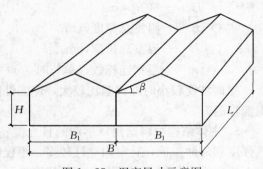

图 1-25　温室尺寸示意图

B_1）是指在垂直于天沟方向，温室的最终承力构架支撑点之间的距离。目前常用的温室跨度尺寸有：6.00 m，6.40 m，7.00 m，7.20 m，8.00 m，9.00 m，9.60 m，10.00 m，10.80 m，12.00 m，12.80 m。温室跨度的合理确定是个较复杂的问题，它与温室的结构形式、结构安全、平面布置等有直接的关系。应在保证结构安全的前提下，既满足使用要求，又要建筑造价低。需考虑结构、作物栽培、机械操作以及管理等多方面要求。

（3）开间。温室开间是指平行于天沟方向温室最终承力框架之间的距离。通常温室开间尺寸为 3.00 m，4.00 m，5.00 m。可根据操作空间需要进行选择。

（4）檐高（肩高）。檐高是指温室内地面到温室天沟下表面的距离（图 1-25 中的 H）。通常温室檐高规格有 3.00 m，3.50 m，4.00 m，4.50 m。檐高应满足使用要求，对采用机械耕作或运输的温室应保证其安全通行高度，还应考虑室内作物高矮以及空间布置情况等因素。适当提高檐高有利于温室的通风和降温，但从造价和节能的角度以及结构安全的角度考虑，则低些较为有利。选用时应根据实际情况综合考虑，一般生产性连栋温室的檐高在 3.5 m 左右。

（5）屋面坡度。屋面坡度的选择需考虑结构受力、透光以及保温性能等因素。

屋面坡度与屋面透光率有关，太阳光越接近于与屋面垂直，屋面对太阳光的反射越小，透光率越高。冬季尤其是冬至前后太阳辐射最弱，而气温也接近于最低，这时最需要保证温室的透光率。因此，屋面采光面的坡度，一般根据当地冬至日正午的太阳高度来确定，使屋面的日光入射角（光线与屋面法线的夹角）控制在 0°～40°，在此范围之内，屋面的透光率变化不大，据此可确定屋面倾角（屋面与水平面的夹角，图 1-25 中的 β）。Venlo 型连栋温室屋面倾角较常用的有 22°、23°、26.5° 3 种，可根据纬度和作物种类、覆盖材料进行选择。玻璃温室采用 22° 和 23° 的比较多，PC 板温室采用 26.5°。背光面屋面的屋面倾角以略大于当地冬至日太阳高度角为宜，这样可以减少屋脊遮挡阳光的影响。

在温室平面和剖面的设计中，还需考虑保温性能的问题。温室的全部外围护结构表面（屋面与墙面）是温室与外界接触的散热面，其面积相对于地面面积越小，越有利于温室的保温。用地面面积与全部外围护结构表面面积之比 R 来作为评价指标，称为保温比。保温比越大，温室的保温性越好。双坡屋面温室的保温比 R 计算公式如式（1-34）。

$$R = \frac{BL}{BL/\cos\beta + 2H(B+L) + B^2\tan\beta/(2n)} \tag{1-34}$$

式中，β——双坡屋面温室的屋面倾角（坡角），度；

  H——檐高，m；

  B——温室总宽度，m；

  L——温室总长度，m；

  n——温室连栋数（单栋时，$n=1$）。

屋面坡度较小时，保温比较大，保温性能较好。此外，一般温室规模越大，其保温比越大，保温性越好。

5. 主体结构材料选用　早期的日光温室与塑料大棚采用竹木作为骨架材料，造价较低，但其强度和寿命很低，且室内立柱较多，不仅影响采光，还妨碍种植作业。随后采用的普通钢筋焊接而成的拱形骨架，强度高，减少或取消了立柱，保证了足够的种植作业空间，得到普遍采用。

但其耗钢量大，焊接费工，骨架易锈蚀，影响其使用寿命。目前连栋温室主体结构材料用得比较多的是钢材和铝合金型材，钢材主要采用 Q235 沸腾钢，温室铝型材主要采用 LD31 - RCS。钢材主要是圆管或冷弯薄壁型钢，进行热浸镀锌处理，一部分温室采用无焊接连接装配工艺，避免焊接破坏镀锌层，可达到较高的使用寿命。

6. 透光覆盖材料的选用　温室所采用的覆盖材料是一类特殊的建筑材料，它对设施内部环境的形成具有重要的作用，采用良好性能的覆盖材料是园艺设施获得良好环境条件的重要基础。对温室覆盖材料的性能要求是多方面的，选用时应综合考虑。分述如下。

（1）透光性。透明覆盖材料的最主要功能是采光，要满足设施内作物对光量和光质两方面要求。

理想的覆盖材料分光透过曲线应在太阳光谱中波长 $0.35 \sim 3.0 \mu m$ 的近紫外线、可见光、近红外线范围内透过率高，其中 $0.4 \sim 0.7 \mu m$ 是光合成有效辐射（PAR）所在波段，而 $0.76 \sim 3.0 \mu m$ 的近红外线有较高的热效应，所以该范围光透过率高，有利于作物的光合成和室内增温。

一般要求覆盖材料对波长 $0.35 \mu m$ 以下的紫外线透过率要低，对 $0.35 \sim 0.38 \mu m$ 的近紫外线透过率要高。原因在于，紫外线对植物有两方面的作用，一方面 $0.315 \sim 0.380 \mu m$ 波长的紫外线参与某些植物花青素和维生素 C、D 的合成，并有抑制作物徒长等形态建成作用；另一方面，$0.315 \mu m$ 以下波长的紫外线，对大多数作物有害，$0.345 \mu m$ 以下波长的紫外线可促进灰霉病分生孢子的形成，$0.37 \mu m$ 以下波长的紫外线可诱发菌核病的发生。此外，紫外线会促进塑料薄膜氧化，加速其老化。综合考虑，应在透明覆盖材料中添加特定的紫外线阻隔剂、吸收剂或转光剂，将 $0.35 \mu m$ 以下的紫外线阻隔掉，既延缓了薄膜的老化过程，又满足植物正常生长的要求。

波长 $3 \mu m$ 以上的远红外线是温室内部向外辐射失热的主要波段，覆盖材料对该部分辐射的透过率越低，其保温性就越好。

关于覆盖材料光学特性，还要指出的是其光散射性能。散射光空间分布均匀，所以散射性较强的材料对作物生长有利。

（2）强度。覆盖材料是温室的围护物，长年暴露在室外，因此必须结实耐用，经得起风吹、雨打、日晒、冰雹的冲击和积雪压力，同时还应经得起运输安装过程中受到的拉伸挤压。覆盖材料必须具有一定强度，对此有各种指标。例如对于塑料薄膜，要求其有一定的纵向和横向的拉伸强度，纵向和横向的断裂伸长率，对硬质塑料板材还要求有一定的抗冲击强度。

（3）耐候性。通俗地讲就是防老化的性能，这关系到覆盖材料的使用寿命。覆盖材料的老化有两方面含义：一是覆盖材料在强光和高温作用下，变脆和丧失必要的强度；二是透光性衰减，随着使用时间的增长，其透光率变低，以至于不能满足设施生产的需要，失去使用价值。导致塑料老化的主要原因是高温、氧化和阳光中的紫外线作用。为了抑制老化进程，延长覆盖材料的使用寿命，需要在生产塑料薄膜、板材等覆盖材料时添入光稳定剂、热稳定剂、抗氧化剂和紫外线吸收剂等辅助剂，成为有防老化功能（或耐候性强）的覆盖材料。

（4）防雾、防滴性（无滴性或流滴性）。温室内通常湿度较高，当室内气温降到露点温度以下时，就可能在室内生成雾，并在覆盖材料内表面上生成露珠，这将大大降低覆盖材料的透光率（可降低 5%～10%），影响室内的增温，同时雾滴和露滴容易使作物的茎叶濡湿，增加室内的空气湿度，导致病害发生和蔓延。为了克服这一缺点，需要在生产塑料薄膜和板材时添加防雾滴剂。这是一类表面活性剂，旨在降低表面张力，增加薄膜表面与水的亲和性。具有防滴功能的薄膜，其表面亲水性强，当有露滴发生时，露滴会沿着薄膜表面扩展，形成一薄水层而顺薄膜表面流走。不具备防滴功能的薄膜，表面与水不亲和，当露滴较小时，沾着在薄膜表面，当其较大时，就会在重力作用下，下落到作物表面。从设施园艺生产的角度看，要求防滴功能持续时间长，而且防雾、防滴与防老化同步，目前我国农膜在这方面的差距比较大，不仅防滴的持效期短，而且往往防滴不防雾。发达国家的塑料薄膜，防滴持效期可达 2～3 年，甚至 5 年以上，基本上与防老化寿命同步。而我国的塑料薄膜防滴持效期一般不足 4 个月，好的也不过 6～8 个月。

（5）保温性。覆盖材料应具有良好的保温性能，以减少冬春加温能源消耗。各种覆盖材料的保温性是不同的。如玻璃保温性能优于塑料薄膜，塑料薄膜中聚氯乙烯保温性能较好，聚乙烯最差，乙烯—醋酸乙烯介于两者之间。究其原因在于各种覆盖材料对 3 μm 以上热辐射的透过率不同，透过率高的，保温性能差。因此，为了提高覆盖材料的保温性能，在生产塑料薄膜或塑料板材时，需要添加红外线阻隔剂，阻挡设施内向外界失散的热辐射。

以上列举了覆盖材料的 5 项主要性能，此外还要求有防尘性。某些覆盖材料，如聚氯乙烯，因其具有静电性，表面易吸附灰尘，使透光率下降。对塑料板材还要求有表面耐磨和阻燃等特性。

覆盖材料选择时首先考虑其透光性能、使用寿命、强度和价格，在此基础上，根据作物要求和所在地气候条件，考虑保温性、流滴性、安装条件、抗化学污染等方面性能。

温室常用的覆盖材料有薄膜、玻璃、聚碳酸酯（PC）板等。玻璃常用的有 4 mm，5 mm 两种，其透光率高，抗老化性能好，美观，但是抗冲击性能差，成本较高。在北方地区可采用保温性较好的双层中空玻璃。在一些重要场所，如休闲观光展厅、科研实验温室、生态酒店等可采用钢化玻璃。薄膜透光性好，价格低，但保温性差，强度低。PC 板有平板、浪板和多层中空板 3 种类型，其透光率高，中空板保温性较好，但是价格比较高。

（六）单栋塑料大棚的建筑结构与设计建造

单栋温室又称单跨温室，指仅有 1 跨的温室。塑料大棚、日光温室等都属于单栋温室，在此重点讲述单栋塑料大棚。

1. 单栋塑料大棚的建筑结构 我国一般称以塑料薄膜为覆盖材料的不加温单跨拱屋面结构温室为塑料大棚，这是一种简易的保护地栽培设施，由于其建造容易，使用方便，投资少，国内外均采用很多。

塑料大棚根据骨架材料的不同分为竹木结构大棚、钢筋结构大棚、钢筋混凝土骨架大棚、镀锌钢管骨架大棚和装配式涂塑钢管塑料大棚，此外还有悬索结构大棚，但用量很少。

（1）竹木结构大棚。塑料大棚是在中小拱棚的基础上发展而来的。早期的塑料大棚主要以竹木结构为主，室内多柱，拱杆用竹竿或毛竹片，屋面纵向系梁和室内柱用竹竿或圆木，跨度在 6～12 m，长度 30～60 m，脊高 1.8～2.5 m。这种大棚投资低，建造简单，农村可就地取材，但由于室内多柱，空间低矮，操作不便，机械化作业困难，骨架遮荫面积大，结构抗风雪能力差，在经济比较发达地区已基本淘汰。

（2）钢筋焊接结构大棚。为解决竹木结构大棚室内多柱、操作不便、抗风雪能力差的问题，用钢筋或钢筋与钢管焊接成平面或空间桁架作为大棚的骨架，这样就形成了钢筋大棚（图1-26）。其跨度在8～20 m，长度50～80 m，脊高2.60～3.00 m，拱距1.0～1.2 m。这种大棚骨架强度高，室内无柱，空间

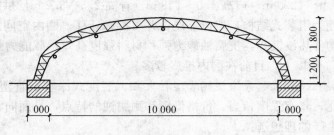

图1-26　钢筋焊接结构大棚（单位：mm）

大，透光性能好，但由于室内高湿对钢材的腐蚀作用强，所以几乎每年需要刷漆保养，使用寿命受到很大影响。

（3）钢筋混凝土骨架大棚。钢筋混凝土骨架是为了克服钢筋骨架耐腐蚀性差、造价高的缺点而开发的。跨度一般6～8 m，长度30～60 m，脊高2.0～2.5 m。骨架一般在工厂生产，现场安装，这样构件质量较稳定。但细长杆件容易破损，运输和安装过程中骨架损坏率较高，在距离混凝土构件厂较远时也采用现场预制，但质量不易保证。这种骨架的一个缺点是遮荫率较高。

（4）镀锌钢管骨架大棚。镀锌钢管骨架大棚，其拱杆、纵向拉杆、端头立柱均为薄壁钢管，并用专用卡具连接形成整体（图1-27）。塑料薄膜用卡膜槽和弹簧卡固定，所有杆件和卡具均采用热镀锌防腐处理，是工厂化生产的工业产品，已形成标准规范的20多种系列产品，跨度在

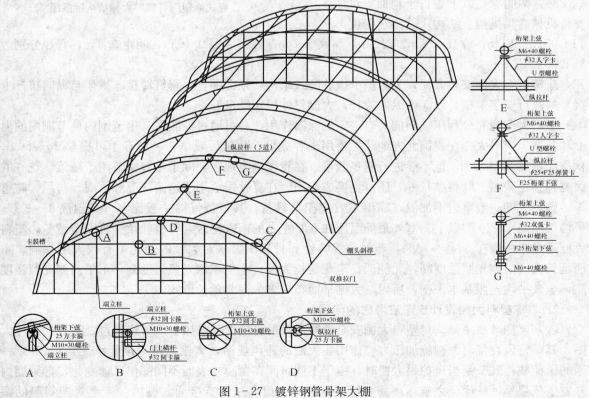

图1-27　镀锌钢管骨架大棚

6.0～12.0 m，肩高 1.0～1.8 m，脊高 2.5～3.2 m，拱距 0.5～1.2 m，长度 60～80 m。这种大棚为组装式结构，建造方便，并可拆卸迁移；棚内空间大，作业方便；骨架截面小，遮荫率低；构件热浸镀锌，抗腐蚀能力强；材料强度高，承载能力强，温室整体稳定性好。其使用寿命可达 15 年以上，目前在国内推广较多。

（5）装配式涂塑钢管塑料大棚。装配式涂塑钢管塑料大棚骨架与装配式热镀锌钢管骨架相比，具有强度相当、价格低廉和耐腐蚀的特点，是面向大众，替代竹木结构大棚进行瓜果、蔬菜生产的理想选择。

该产品采用机械化挤出涂塑生产。由于采用优质塑料涂层和工艺，化学性质稳定，耐田间水汽及农药、化肥等化学品腐蚀，钢管 2.0 mm 厚涂层均匀，与钢管黏结牢固，高温不变形，管材光滑，不划膜。钢管涂层为浅灰色，表面不易吸收太阳辐射而发生烫膜现象。如按涂塑层抗老化年限计算，装配式涂塑钢管塑料大棚使用寿命可达 5 年以上。

涂塑钢管大棚在结构上参照中国农业工程研究设计院镀锌棚架标准进行优化设计，充分考虑强度与操作空间的要求，通风良好，结构合理，拱架抗风雪能力强，抗风压 0.31 kN/m²，抗雪载 0.2～0.24 kN/m²。棚型较为美观（图 1-28），两侧肩高以下垂直于地面，可安装机械卷膜机构。结构尺寸为：跨度

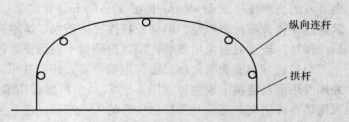

图 1-28　装配式涂塑钢管塑料大棚结构示意图

6 m、8 m、10 m，脊高 2.8 m、3.0 m，肩高 1.2 m，柱脚埋深 0.40 m，间距 0.8 m，管径分别为 32 mm 和 36 mm。

涂塑钢管大棚安装方便，为单拱卡接装配式结构，顶部插管，铆钉对接。拱架与纵向拉杆卡接，两侧可安装卡槽。设 5 道纵向拉杆，大棚整体稳定性良好。

塑料大棚能充分利用太阳能，有一定的保温作用，并可通过卷膜在一定范围内调节棚内的温度和湿度。塑料大棚在我国北方地区主要用于春提早、秋延后栽培，一般春季可提早 30～50 d，秋季能延后 20～25 d，但不能进行越冬栽培。在我国南方地区，除了冬春季节用于蔬菜、花卉的保温和越冬栽培（叶菜类）外，还可更换成遮阳棚在夏秋季节用于遮荫降温和防雨、防风、防雹等。塑料大棚一般室内不加温，靠温室效应积聚热量，其最低气温一般比室外气温高 1～2 ℃，平均气温高 3～10 ℃以上。室外最低温度在 0 ℃左右的南方地区，种植叶菜类可安全越冬。塑料大棚透光率一般在 60%～75%，塑料薄膜特性和骨架阴影率对大棚的透光率有较大的影响。东西延长大棚南侧光照强度高，北侧低；南北延长大棚，上午东侧光照强度高，下午西侧光照强度高，全天平均光照基本平衡，所以，大棚平面布局多为南北延长形式。

2. 单栋塑料大棚设计建造应考虑的问题

（1）大棚的稳定性。对塑料大棚安全威胁最大的自然力就是风。风可以通过 3 种方式损坏大棚，其一是风直接对大棚施加压力，作用在大棚的迎风坡面，大棚结构应该能承受当地 30 年一遇的风荷载；其二是当风掠过大棚时，由于不同时间在薄膜外表面不同部位风速变化，导致棚内外发生压强差，从而使之破坏；其三是外界空气以很高速度直接涌入棚内，产生对塑料膜的举

力。塑料大棚的稳固性既决定于骨架的材质、薄膜质量、压膜线的牢固程度，也与大棚的尺寸比例、棚面弧度、高跨比有密切关系。

应尽量选用性能好、质量优的防老化膜、多功能膜或长寿膜，以增强大棚牢固性，延长使用寿命。应注意薄膜的黏结质量。压膜要尽量压紧，防止塑料薄膜滑动和摩擦。用铁丝、木条和竹竿压膜时，要防止这些材料划破薄膜，造成大的裂口。地锚的牢固性不可忽视，以防春季化冻后大风把地锚拉出地面，地锚最好做成十字花形，深埋至少50 cm。

大棚的长宽比对稳固性有较大影响，相同的大棚面积，长宽比值越大，周长越长，地面固定部分越多，其稳固性越强，但跨度太窄，有效利用面积小。通常认为长宽比等于或大于5较好。例如，500 m² 的大棚，长40 m时跨度12.5 m，周长只有105 m，其稳固性不如跨度为8 m，长62.5 m 的大棚，其周长为141 m。

风力对大棚的损坏方式之一是风速较大时形成对棚膜的举力，会使棚面薄膜鼓起，随风速的变化，棚膜不断鼓起落下地振荡，造成棚膜破损或挣断压膜线，而使"大棚上天"。根据流体力学的原理，风速越大，气流对棚膜的抬举力量越大，使薄膜鼓起越严重，再加上如果大棚外表面形状复杂，造成气流变化急剧，则棚膜振荡现象也越厉害。因此，在大棚体型设计时，应尽量降低其对风的扰动程度。在满足内部使用空间要求的前提下，大棚高度应尽量低一些，因大棚越高，气流掠过时速度增大越多，且不同部位变化越大，棚膜的振荡情况越严重。实践证明，北方大棚的高跨比（棚高/跨度）以0.25~0.3较好；南方还要考虑有利自然通风等问题，高跨比宜大些，为0.3~0.4。此外，大棚外形上应圆滑，如采用流线型棚面，风掠过时气流平稳，具有减缓棚膜振荡的作用，且棚膜压紧均匀，有利于提高其抗风的能力。有时为保证棚边部的管理作业高度，一些大棚做成带肩的形式，其外形变化较大，抗风能力也就差些。

（2）妥善固定骨架中杆件，维持几何不变体系。要求在大棚的设计和建造中，无论使用何种骨架建材，都必须对骨架中各种杆件的连接点和节点加以妥善固定。骨架连接点、节点固定用工不多，用料不贵，技术也简单，但关系重大。同时，骨架中各杆件应连接构成几何上稳定不变的体系。

（3）重视防腐，延长使用寿命。对于竹木结构大棚，可对木立柱作防腐处理，埋于地下的基部可以采用沥青浸法处理，地上部分可用刨光刷油、刷漆、裹塑料布带并热合封口等方法处理。钢件防腐处理可以采用镀锌或者刷漆等方法。

三、功能和用途拓展的新型温室

（一）温室功能扩展

随着社会和生产日益增长的多方面需求以及工程技术的进步，新型温室和温室工程技术不断出现，温室的功能和用途也在逐渐拓展，其应用领域已越来越广。目前，温室除了应用于园艺作物栽培和畜禽水产养殖等农业生产用途以外，由于温室的诸多特点（透光、保温、防雨、防风、抗震等），在非农产业或非生产领域也开始得到应用。这势必刺激温室向多功能、异型化方向发展，给温室企业和有关科研单位提出了新的要求，必须加强对不同应用领域、不同功能温室的研究，同时也需要园林工程、农艺以及商业、旅游业等不同专业领域的专家共同协作。

1. 温室公园 传统公园皆为自然环境下的景观，但由于北方冬天严寒，使自然条件下多数花草等植物无法生长而处于干枯休眠状态，没有绿色生机，加上冬天室外气温低、风沙大，因此，人们无法进行正常的户外活动，而只能呆在室内。这对于越来越讲究生活质量，注重身心健康的今天，显然是不足的。因此，创造一个冬天里人们可以沐浴阳光，观赏绿色美景，呼吸清新空气的环境，参与不同于普通室内的休闲活动，就有特殊的意义。

把温室这一现代园艺设施延伸到公园建设中来，无疑会对公园的功能发挥起到锦上添花的作用。由于温室建造构型的灵活性，可以根据地形、植物高矮、植物的生长习性、光照习性及人们的主观需要，建造不同风格造型和多候性的温室，赋予温室建筑以艺术美感和使用的多样性。在温室设施保护和人为调控的作用下，在北方即使外边是冰天雪地，而温室中却是生机盎然，使人们在严冬季节，也可参与"户外"活动，逛公园或参与各种休闲娱乐活动，丰富人们的生活。

2. 温室体育场 和温室公园一样，温室体育场是人们在冬天或雨、雪天气里参与体育活动的全天候体育建筑设施。温室体育场内除建设及布置体育设施以外，还可用花草、树木装点、美化整个空间，创造一个清新、优美的环境，使人们在其中尽情挥洒、强身健体。

3. 温室超市 温室从用于生产作物发展到用于产品展示和销售，是从花卉产业开始的，近年开始出现许多花卉专卖及交易市场。利用温室的自然透光性、保温性可以确保某些鲜活植物对温光条件的需要，减少一部分环境调控的运行费用。同时，将产品买卖的交易活动置于明亮且与绿色花草植物相融的环境中，无疑也可有效地吸引顾客。在温室超市里，除了设立必要的产品展示和交易活动设施，更重要的是创造优美的环境，改普通豪华装修为鲜花与绿色植物点缀装饰，充分利用温室空间创造一个参观和购物的舒适环境。

4. 温室餐厅 把餐厅建在温室中是近几年兴起的餐饮业创新发展的举措。现在人们崇尚回归自然，返璞归真，吃农家饭，体验农家生活。在阳光明媚、空气清新、花草茂盛的优美园林般的环境中就餐，正日益成为人们假日休闲生活的时尚。近年来，尤其是在大城市周边，绿色生态温室餐厅正在日益增多，成为都市旅游、餐饮业发展的一个亮点。

（二）几种主要新型温室建筑介绍

1. 屋顶全开型温室

（1）屋顶全开型温室的特点。普通温室自然通风系统的屋顶部开窗存在着某些不足之处：①窗口开启的实际有效通风面积较小，通风效果差；②屋顶开窗机构复杂，要有多组活动窗框和固定窗框，铝材及其连接件用量较大，从而导致成本较高、安装繁琐；③温室的屋面覆盖材料对自然光的吸收或多或少地产生光照的损失。

国外开发出了一种屋面全开型温室（open - roof greenhouse，图 1 - 29），其屋面在使用中可以全部开启进行自然通风。其中一种形式的屋面开启系统以温室天沟为固定轴，整个屋面绕天沟旋转，温室屋顶几乎可达到全开的状态。该类型温室以整个屋面作为自然通风面积，通风效果好，可以快速排除温室内的高温、高湿空气，快速降温、降湿，全开时可使室内外温度基本一致。由于垂直屋面光线折射，中午室内光强有可能超过室外。夏季下雨时屋面全开便于土壤接受雨水淋洗，防止土壤盐类积聚。

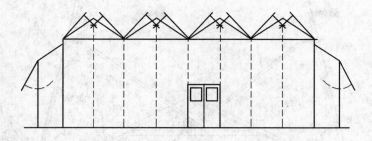

图 1-29　屋顶全开型温室结构示意图

国内屋顶全开型温室的设计与生产近年刚刚起步。北京京鹏环球温室工程技术有限公司 2002 年成功研制了具有我国自主知识产权的屋顶全开型温室，该温室整体结构与 Venlo 型温室相似，具有经济节能、操作容易、自动化程度高等特点，屋面可根据室内温度、室外降水量和风速等，通过电脑控制自动启闭。此类型温室同时具有温室和遮荫棚的功能，且运行费用低，因此有较好的发展前景。

屋顶全开型温室由于屋面开启面积大，设计、制造和施工中重点要考虑屋面的整体刚性和关闭后的密封性。

（2）屋面开启机构。目前屋面开启的传动机构有两种形式。一种是轨道式推杆开启机构（图 1-30），其结构复杂，是由齿轮齿条将动力传递给推杆，再由推杆传递至支杆，由支杆推动屋面启闭，一台电机可开启多个屋面，每个屋面不能单独控制开启。另一种是排齿开启机构（图 1-31、图 1-32），是由齿条直接推动屋面启闭，其结构简单，可靠性高，每个屋面可以单独控制开启，为保证两坡屋面共用一套传动机构同时开启，可将传动轴上齿轮分为两组，两组齿轮齿条反向布置。

图 1-30　轨道式推杆开启机构

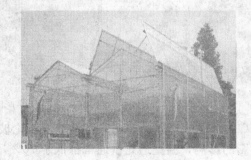

图 1-31　排齿开启机构

2. 平拉膜温室　平拉膜温室是 20 世纪 90 年代中期发展起来的一种栽培设施，这种温室的屋面采用高强度塑料薄膜或遮阳网，配自动控制拉幕系统，能根据室外条件的变化适时启动拉幕系统开闭屋面，以达到充分利用自然能源、降低成本、提高效益的目的。这种温室适用于气候温和、无雪的地区。活动屋面温室包括单层活动屋面遮荫棚、单层活动屋面温室和二者兼顾的双层活动屋面温室（图 1-33、图 1-34）。其主要特点如下。

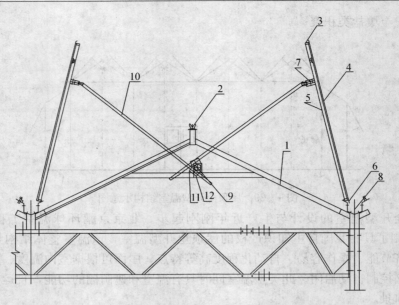

图 1-32 屋顶全开型温室排齿开启机构示意图

1. 桁架 2. 屋脊铝材 3. 脊部开窗型材 4. 棚头顶部型材 5. 拼缝铝材 6. 天沟型材
7. 开窗横方铝材 8. 天沟 9. 传动轴 10. 齿条 11. 齿轮 12. 轴支座

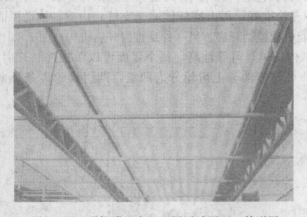

图 1-33 平拉膜温室（双层活动屋面）外形图

图 1-34 平拉膜温室内景

（1）可最大限度地利用自然光照。不论玻璃温室还是塑料温室，由于受覆盖材料透光率和骨架阴影的影响，温室透光率通常都低于70%，有的甚至低于50%。而活动屋面温室可在室外光照较弱时全部打开屋面，使温室获得几乎与露地相同的光照。

（2）最大限度地通风降温。一般温室通常采用开窗自然通风或机械通风排除室内多余热量，虽然具有显著的降温效果，但一方面很难将室内温度降到室外温度的水平，另一方面机械通风还要花费较多的动力，增大运行费用。而活动屋面温室在高温季节可完全敞开屋面，使温室获得与外界几乎相同的自然环境，从而大大节省温室的通风降温费用。

（3）双层活动屋面温室用塑料膜和遮荫幕两层结构将保温和遮荫合二为一。夏季高温季节收起保温幕,打开遮荫网,温室即成了遮荫棚;雨季拉上塑料膜又变成了防雨棚;冬季寒冷季节白天打开遮荫幕采光,夜间关闭遮荫幕保温,又形成了典型的塑料温室。

3. 植物检疫隔离温室 检疫是外国植物品种入关时的重要工作,是防止区域性病虫害往引种地区传播的重要措施。从国外引进种子、种苗时,必须按规定进行检疫或检疫性的消毒处理。与此同时,还必须在有隔离条件的检疫温室内播种部分未经消毒的种子,确认其没有检疫性危险病虫后,方可进一步试种鉴定。若发现引进的种子携带有检疫对象,一般应把种子销毁并严格消毒。否则,各种病虫极易乘虚而入,将造成难以挽回的损失。

检疫隔离温室是检疫机构的配套设施,在美国、加拿大、英国、荷兰研究较早,技术也比较成熟。检疫隔离温室一般由8~20个小隔离间组成,同时设有缓冲隔离通道,每个隔离温室都有独立的计算机控制系统,可进行温度、湿度、光照、压力等参数的控制,同时普遍配备密码锁、消毒设施、报警系统、视频监视等系统,进出风口有严格的控制部件及过滤装置,以保证达到检疫或科研工作的要求。每座温室根据需要配置废水处理系统,以防有害微生物随水流传播到室外。

国内在2002年,北京京鹏环球科技股份有限公司研制开发了具有自主知识产权的新型检疫隔离温室。该隔离温室根据不同植物的生长习性及生理特点,采用计算机系统综合控制环境参数,具有经济节能、操作容易、自动化程度高等特点。

(1) 检疫隔离温室的主要组成及设计要求。

① 检疫隔离温室环境参数调节范围和精度:空气温度:5~40 ℃,精度±2 ℃;空气相对湿度:10%~90%,精度±5%;光照度:5 000~50 000 lx,精度±10%;空气压力差:±20 Pa。

② 检疫隔离温室进、出风口及正负压的实现:检疫隔离温室要求可以实现正压环境、负压环境及常压环境。为防止昆虫、花粉、孢子等从围护结构的缝隙处进、出隔离温室,隔离间的进出风口应安装严密的控制部件。

进风口内设有变频调速风机和3层过滤层,最外层为防止异物进入的铁丝网或百叶窗,次外层是过滤微小颗粒的滤层,里层是超微过滤层,防止花粉、昆虫和孢子等微生物进入温室。出风口内也设有变频调速风机,上部设置防雨罩,同样设置2~3层过滤层,最外为网纱防护层,防止异物进入,内层为过滤层和超微过滤层,防止隔离温室内部害虫和微生物排出室外。

检疫隔离温室内依靠调节进、出风口的风量控制室内为正压或负压,进风量大于出风量时,室内就形成正压;反之,进风量小于出风量时,室内就形成负压,可依靠计算机自动控制实现。室内外空气压力差可按使用要求设定,通常控制在±20 Pa之间。

考虑到一些特殊的检疫要求,可在温室的进、出风口加装消毒设备,如紫外线消毒杀菌装置、高温处理装置等。

③ 缓冲间及隔离、消毒系统:检疫隔离温室的各隔离间有不同的作业任务,工作环境也不相同,为了防止互相干扰和实现严密的隔离,防止交叉感染,每一隔离间与温室通道之间设置缓冲间,进、出隔离间必须先通过缓冲间。缓冲间连接温室通道和隔离间的两个门是互锁的,进出隔离间时一次只能打开一道门,以防止两道门同时打开时,隔离间与温室通道直接连通。在缓冲间还设有警报装置,若某一道门打开时间过长,警报器会自动报警提示关门。

在隔离温室进口处还设置有风淋室,配备消毒脚垫,对进出人员进行消毒。

④ 空调系统及计算机自动控制系统：为了精确地控制温室内的温度、湿度，温室内配备空调设备，一般可以采用空调机组或分体式空调装置，空调机组成本高、运行费用高、精度高，分体式空调成本低、运行费用低、精度低，用户可以根据实际需要加以选择。

每一个隔离间均设环境监控系统，根据具体要求可对隔离间内的温度、湿度、气压、光照度进行自动调控。条件许可的情况下，可以配置视频监控系统，使管理者可不进入隔离间，在控制室内就可远程观察隔离温室内作物生长等情况。

⑤ 隔离间废弃物处理：检疫及相关研究实验过程中产生的废水，可能含有病菌或虫卵等，是不允许随意排放的。工作中产生的大量废水的处理，可建立独立的废水回收处理循环系统，将废水集中后，通过专用密封管路泵入消毒罐，加热消毒后过滤，然后经过水泵回到隔离温室循环使用。少量废水的处理，可经过消毒处理后，使之在隔离温室内自然蒸发。

经检疫的农作物植株、种块等是各种检疫性有害生物的载体，检疫过后必须及时处理。处理的过程中产生的固形废弃物、残渣、皮屑等垃圾要集中包装，并通过专用通道集中运输，最终送到焚烧炉或长时间高温消毒（135 ℃）处理。

⑥ 检疫隔离温室的建筑要求：建设地点应该清洁、通风良好、水电配套、交通方便，周围有一定绿化面积，远离居民区。隔离场内部区域可以划分为控制区和非控制区。非控制区主要有办公室、库房等，控制区主要有隔离温室、废物处理间和附属用房等。

为了提高温室的安全性，实验物品入口和实验人员入口分置，在入口处分别设置物品用的物淋室和人体用的风淋室。各功能区要合理布置，紧急出口位置要保证特殊情况下工作人员的安全撤离，各隔离温室单元相互之间要避免交叉感染。

检疫隔离温室设计的一个重点是严格保证温室的密闭性，覆盖采用特殊的铝型材、耐老化的橡胶密封胶条和浮法玻璃。

北方地区在条件许可的情况下，可以采用双层玻璃覆盖，以降低冬季加温运行费用。在夏季炎热地区，可考虑配备内、外遮阳和顶喷淋系统，以降低夏季空调耗电量和运行费用，同时顶喷淋系统可以自动清洗玻璃外部浮尘，外遮阳还可以防止冰雹的危害。

（2）检疫隔离温室实例。图1-35、图1-36为北京京鹏环球科技股份有限公司建设的南方某检疫隔

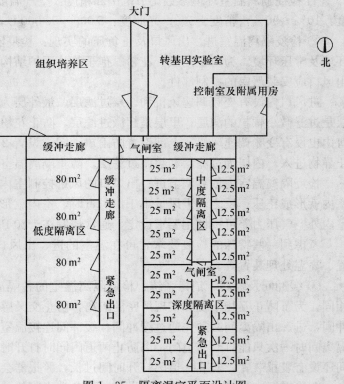

图1-35 隔离温室平面设计图

离温室。分为 3 大区域：低度隔离区、中度隔离区、深度隔离区，根据种植植物可能的病虫危害程度选用不同等级的隔离区。低度隔离区有 4 个 80 m² 面积的隔离间；中度隔离区和深度隔离区各有 5 个 25 m² 面积的隔离间和 5 个 12.5 m² 面积的隔离间。3 个隔离区通过走廊连接，各区之间各设置一个气闸室，里面配有紫外线杀菌灯。

图 1-36　隔离温室外景

在隔离温室北侧有一个植物组织培养转基因实验室、一个植物组织培养区。3 个隔离区主要区别在于：深度隔离区室内外压差大，40 Pa 左右，配有紫外线杀菌灯；中度隔离区室内外压差 20 Pa 左右；低度隔离间无压差要求，一般为常压，进风口配有风机，出风口只有过滤装置，无风机，具有强制排风换气、快速排湿和降温功能。

4. 温室餐厅（生态餐厅）　温室内自然光照充足且温度适宜，再配之以优美的外观，室内配以园林式景观以及花草、蔬果，人们在其优美的环境中就餐，别有一番情趣，称之为温室餐厅。由于温室中是一种接近自然的优美生态环境，故又称生态餐厅或阳光餐厅。温室餐厅的设计和建造需综合运用建筑学、园林学、设施园艺学等相关学科知识，在温室内形成以绿色景观植物为主，果、蔬、草、药等为辅的植物配置格局，配以假山、跌水等园林景观，立体全方位展现一个绿色优美宜人的就餐环境（图 1-37）。温室餐厅的运营管理中，与一般餐厅不同的是，还需运用设施环境调控技术和农艺栽培技术来维持餐厅的生态景观和适宜的环境。

近年来以生态为主题的休闲旅游项目越来越受到都市人们的喜爱，一到节假日，从忙碌中休闲下来的人们向往着到充满绿色的乡村去体验农家生活，感受田园情趣。温室餐厅在满足人们这方面需求的同时，也拓展了温室的应用功能，提高了温室设施的经济效益，给温室设计制造业带来了新的发展机遇。其发展方向总体上是正确的，但也存在一些问题，需要多行业专家来协同研究和完善提高。

温室餐厅最初是租用现有生产用温室或按生产用温室相同形式建设的，其建筑、结构有许多方面并不适合餐厅的要求。生产用温室的环境多为整座温室一致控制，不能分区分点控制，而且其高度、柱间距也都是适应植物栽培生产的，对于温室餐厅的景观布置和功能分区并不适合。不论是景观区、就餐区、后厨区都含在温室内，势必增加不必要的能耗，冬天加温和夏天降温的费

图 1-37　生态餐厅内景

用，温室餐厅比传统的室内餐厅要高得多。其实，用餐环境是以人的舒适为管理和调控目标的，不像植物那样需要直射阳光和温差。所以，整个温室餐厅内采用统一的环境调控指标，对人与植物都适宜，是不太现实的，运行成本会很高。

温室餐厅主要功能是接待就餐食客，中午和晚上是接待高峰，平时顾客很少，节假日才能满座，利用率低。北方冬天长达 5～6 个月，露天环境呈现北风呼啸、花草树木叶落败枯的萧条景象，人们无法像春、夏、秋季那样可以逛公园，只能呆在室内。如把温室餐厅的功能从用餐延伸到休闲娱乐，造就为温室公园，将显著提高其利用率与经营效益。

温室餐厅设计中应考虑如下方面的事项。

（1）安全性。温室作为农用设施，其设计均以植物生产为主要目标，未能像民用建筑一样充分考虑人的安全问题。温室设施包括覆盖材料（玻璃等）、传动系统（电机、齿条等）以及其他各类零部件的失灵、脱落，很多无阻燃性能的材料用作覆盖材料，都可能对餐厅内消费者的安全构成威胁。这些都应该作为温室餐厅设计与建造者认真考虑的问题。

（2）艺术性与实用性相结合。温室餐厅的主体建筑，除必须具备调控环境等功能以外，为了吸引更多的人来此用餐或休闲、娱乐，优美的建筑风格也是必需的。其建筑应异型化和艺术化，并使主体建筑与内部园林景观、功能分区相协调。

（3）各功能区的合理布局。温室餐厅内根据不同功能区对光照、温湿度调控的要求，应进行分区隔断控制。通常温室餐厅应设有景观区、用餐区、后厨区、服务区 4 大功能区。如图 1-38 所示温室餐厅，景观区设有假山水系和景观植物等，占整个餐厅面积的 35% 左右，是生态餐厅的特色功能区；用餐区应设有大宴会厅（区）、小宴会厅、生态雅间，以及分散于景观区中的散客位，几部分占总客容量的比例以 3∶2∶2∶3 为宜，就餐区应占整个餐厅面积的 45% 左右；后厨区大小按餐厅的总容客量设定，可不必设在温室内，按传统餐厅的后厨格局进行布局设计；服务区主要设有总服务台、收银台、点菜区（菜样区和海鲜水族馆）以及卫生间等，后厨及服务区占总面积的 20% 左右。

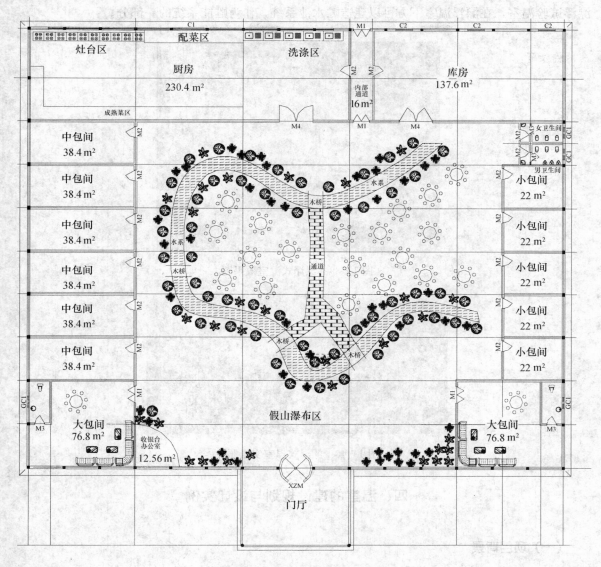

图 1-38 生态餐厅平面布局图

景观设计与景观植物养护的好坏直接关系到就餐环境的品位和对顾客的吸引力，是体现生态餐厅的最大特色之一，应根据不同功能区的环境和景观布局的需要配置植物。高大的植物如香蕉、椰树类可以布在地势较低的水系边，喜光的瓜果蔬菜可以布在光线较好的温室四周，蔓生的植物可以设支架或攀缘于生态雅间之上，矮小的耐阴花草、食用菌可以配植于篱架下和高大植物下。总之，要创造一个全方位、立体的景观绿化美化效果。

5. 漂浮式温室 荷兰土地资源紧缺，国家限制温室占用土地，而鼓励利用众多的河流和湖泊，所以科研人员研究利用水面建造漂浮式温室（图 1-39、图 1-40）。漂浮式温室建造最主要的问题要考虑温室的基础生根，以及抵抗风、雪等各种荷载的能力，目前已经建设了一个 600 m² 漂浮试验温室，在漂浮温室下方可以建造贮水池系统，作为贮能系统的一部分。

图 1-39　漂浮式温室效果图

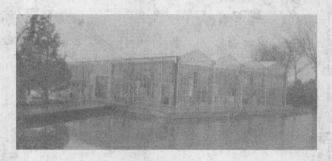

图 1-40　漂浮式温室实景照片

四、温室的建设规划与设计实例

(一) 项目背景

近年来，伴随全球农业的产业化发展，人们发现现代农业不仅具有生产性功能，还具有改善生态环境质量，为人们提供观光、休闲、度假的生活性功能。于是，农业与旅游业边缘交叉的新型产业——观光农业应运而生。

观光农业是一种正在迅速发展的生态农业和旅游业相结合的新型产业，是指广泛利用自然资源和人文资源，通过合理规划、设计具有优美景观的农业生产、环境生态保护、生活休闲合一的区域，提供人们观光旅游的新型农业。常见的观光农业大致包括观光农园、农业公园、观光渔业、民俗旅游、观光畜牧、教育农园、森林旅游等。按照其功能可划分为产业型、休闲型、科技型、文化型、示范型、公园型等类型。

目前，观光农业在德、法、美、日、荷兰等国家和我国台湾省比较发达。我国台湾省的观光农业兴起于 20 世纪 80 年代，现在已经开发的观光农园达 1 000 hm²，仅台北市就超过 300 hm²，并已经实现了向第二、三产业的延伸，产生了叠加效应。

20 世纪 90 年代，观光旅游农业已经在我国一些大中城市兴起。在北京、上海、江苏和广东等地的一些大城市的近郊，一些引进国际先进现代农业设施的农业观光园，展示电脑自动控制温度、湿度、施肥、无土栽培和新特农产品种，成了农业科普旅游基地。在此介绍临汾市某农业生态产业园。

临汾市是山西省 9 个地级城市之一，位于山西省的西南部，地处黄土高原，黄河中游，为半干旱、半湿润季风气候区，属温带大陆性气候，四季分明，日照充分，雨热同期，冬寒夏热，年平均气温 10.2 ℃左右，无霜期 125～191 d，年平均降水量 571.2 mm。冬季盛行北风和西北风，夏季多西南风和东北风。

项目所在地资源丰富，物种多样，品质优良。已探明矿物种类达四十多种，尤以煤铁资源丰富著称。境内天然林、人工林地总面积 2.45×10⁵ hm²，人均占有林地 667 m²。境内盛产小麦、玉米、豆类、棉花等作物，是天然的粮棉产区，素称"山西小江南"。境内铁路、公路、机场兼备，形成了四通八达的交通网络。

（二）总体规划设计

该农业生态产业园的功能定位是集生态餐饮、观光休闲、科普示范、生产于一体。项目所在地的地形比较开阔，交通发达，农业园位于铁路东侧；水源充足，在园区北侧有一条河流；用电方便，高压送电线从园区南侧经过。

园区总占地面积 282 624 m²，其中温室、网室 39 477.5 m²，停车场 5 000 m²，附属建筑 578.9 m²，包括一栋小二层办公楼（416.68 m²）、门卫室（20.25 m²）、锅炉房（92.97 m²）、配电室（45 m²）、厕所等。

将园区初步规划为生态餐饮休闲区、科普示范观光区、园艺设施生产区和露天种植区 4 大功能区。在各功能区之间，巧妙穿插绿化和小品用地，并画龙点睛地点缀一些造型布景，使之相互区别又互为一个整体。

园区主入口位于东侧，入口设绿化环岛，环岛中心设置园区标志性的立体不锈钢雕塑。环岛将人员和车辆分流，正对环岛有一条东西向主路，在通向生态餐饮休闲区有一条南北向主路，主路宽 12 m，通向各单体建筑有干路和支路，干路宽 6 m，支路宽 3 m，在生态餐饮区有一个大型停车场。生态餐饮休闲区位于园区的东北侧，靠近北小河，科普示范区位于园区中央，生产区位于园区的西南侧。考虑到该地主导风向为西北风，所以锅炉房、配电室等配套设施布置在场区东南角，排放的烟尘将随主风向东南飘散而不污染场区环境。总体布局见平面规划图 1-41，各功能区的具体说明如下。

1. 生态餐饮休闲区 生态餐饮休闲区位于温室园区东北部，主要包括水上生态餐厅、垂钓池以及二者之间相连的葡萄长廊。长廊专门为观光设计，顶部采用圆拱形钢骨架，两边均种植葡萄。水上生态餐厅为集餐饮、娱乐、办公、会议、观光于一体的多功能建筑。底部设娱乐、餐饮，楼上可作为高级客房，也可专作登高观光之用。

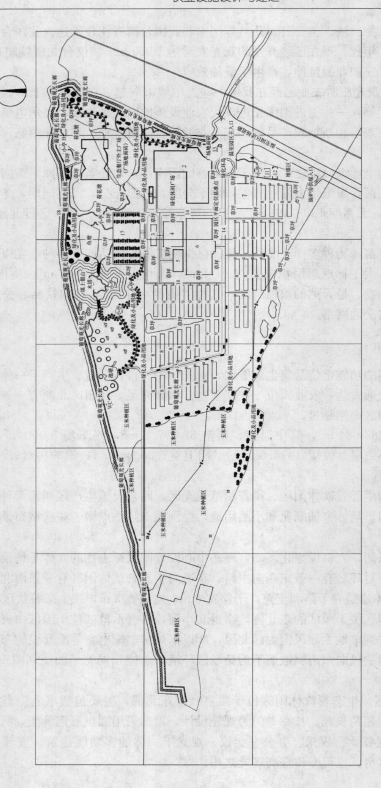

图 1 - 41 园区总体规划示意图

1. 水上生态餐厅 2. 百花苑 3. 组培温室 4. 育苗温室 5. 加工包装车间 6. 特种蔬菜园
7. 连栋充气膜温室 8. 日光温室 9. 单栋大棚 10. 办公楼 11. 锅炉房 12. 配电室
13. 门卫室 14. 主路 15. 干路 16. 支路 17. 停车场 18. 河流

水上生态餐厅轴线面积 3 409.8 m²，位于荷花塘中，东西两面环水，南北侧入口均与地面相连。采用钢构件网架结构，南北两侧为玻璃幕墙（12 mm 厚钢化玻璃），顶部及东西两侧采用彩色 8 mm PC 板覆盖。多功能厅东、南、西、北 4 个小区均为小二层结构，两层建筑面积共计 1 024 m²。

2. 科普示范观光区 科普示范观光区位于生态餐饮休闲区南侧，主要包括百花苑、特种蔬菜园、育苗温室、组培温室和加工包装车间。观光游客不但可以在此观赏到各种名、特、优花卉及蔬菜，也可以了解到现代农业从组培、育苗、生产、加工、包装的一系列过程。

（1）百花苑。百花苑面积 6 465.7 m²，平面呈反 L 形，主要用于各种名、特、优花卉的展示，供游客观光游览。其中一纵一横均为 10 m 跨大尖顶连栋温室结构，二者交点则采用了特殊的网架结构造型，起到画龙点睛的作用。

百花苑网架结构造型部分为花卉科普活动展示区，轴线面积 1 640 m²，其顶部为半球状结构，肩高约 4.5 m，顶高 12.5 m，顶部采用 8 mm PC 板覆盖，立面为 5 mm 单层钢化玻璃。展示区东南角为一圆弧面，是百花苑主大门的入口。

花卉科普活动展示区北侧和西侧各连接名、特、优花卉展示区（北区和西区），均为 5 跨 10 开间，10 m 跨大尖顶连栋温室结构，天沟高 4 m，顶高 6.5 m。北区为南北走向，西区为东西走向，两区轴线面积均为 2 400 m²。顶部为 8 mm PC 板覆盖，四周为双层中空玻璃。展示区配置了内外遮阳、自然通风、湿帘风扇、循环风机、计算机智能控制系统等配套系统，按照不同区域花卉的不同生长习性进行光照、温湿度等环境条件的精确控制。

（2）特种蔬菜园。特种蔬菜园主要用于特种蔬菜的种植和展示，轴线面积 5 328 m²。南侧正中为科普展示厅，轴线面积 368 m²，为大跨度结构，肩高 6 m，顶高 9 m，顶部采用 8 mm PC 板覆盖，南侧立面（主大门入口）为 5 mm 单层钢化玻璃。

特种蔬菜园其余部分采用 12 m 跨 Venlo 型连栋温室结构，共 9 跨 12 开间，轴线面积 4 960 m²。天沟高 4 m，顶高 5.1 m，顶部采用 8 mm PC 板覆盖，四周为双层中空玻璃。

（3）育苗温室、组培温室和加工包装车间。育苗温室（1 728 m²）和组培温室（400 m²）主要用于园区内花卉、蔬菜以及葡萄等瓜果植物的组织培养和幼苗培育，同时兼具科普教育功能。加工包装车间（756 m²）则应用于园区产出农产品的加工及包装，车间内设置相关的生产和包装流水线。

组培温室内部按照其不同的使用功能分为不同的功能区，主要有接种室、培养室、清洗消毒灭菌室、储物间等。育苗温室内装备有容器苗装播扦插生产线，种子加工处理及贮藏设备生产线，成品基质存放处，穴盘存放处，组装式苗木、种子低温库，组装式种子催芽库等。

3. 园艺设施生产区 位于科普示范观光区西侧和南侧，主要包括 1 栋双层充气膜温室、30 栋新型节能日光温室和 10 栋塑料大棚，主要用于蔬菜或花卉生产。

双层充气膜温室长 48 m，宽 40 m，轴线面积 1 920 m²；新型节能日光温室规格为 8.0 m×60 m，轴线面积 489 m²/栋（含工作间面积）；塑料大棚为 8.0 m×60 m，轴线面积 480 m²/栋。

4. 露天种植区 露天种植区位于温室园区西侧，主要用于种植优质玉米，游人可以观光采摘。整体效果参看园区效果图 1-42。

图 1-42　农业园区效果图

（三）单体温室的设计（育苗温室）

1. 设计要求　本温室主要用于蔬菜育苗，要求温室面积在 1 600～1 800 m² 之间，补光照度 3 000 lx 以上。育苗是蔬菜栽培上的一个重要环节，培育健壮的幼苗是后期栽培获得优质高产的必要基础。育苗温室内要求具有良好的环境条件，需采用性能优良的覆盖材料、配备完备的环境控制设施。在结构上，育苗温室和普通栽培温室一样，都需要承受室内外各种荷载，具有足够的承载能力。与结构相关的设计条件如下：承载风压 0.40 kN/m²，承载雪压 0.30 kN/m²，吊挂荷载 0.15 kN/m²，最大排雨量 140 mm/h，正常使用年限 20 年。

2. 平面和剖面设计　结合当地气候特点和育苗温室种植的要求，采用 12 m 跨 Venlo 型温室，1 跨 3 屋脊，天沟高 4 m，屋面角 26.5°，顶高 5.10 m。温室采用南北栋（屋脊为南北方向），共 4 跨，东西长为 12（m）×4＝48（m）；9 个开间，南北长为 4（m）×9＝36（m）。温室面积为：48×36＝1 728（m²）。平面及立面见图 1-43 和图 1-44。

3. 主体结构设计　温室主体骨架为轻钢结构，采用国产优质热镀锌钢管及钢板加工而成，正常使用寿命不低于 20 年。骨架各部件之间均采用镀锌螺栓、自攻钉连接，无焊点，整齐美观。温室南北侧面配有 2 套铝合金推拉门，规格为宽×高＝1.95 m×2.1 m，门框为热镀锌管，门板为 PC 板。在温室的正中布置十字主路，路面宽度 2 m，便于幼苗的运输和工作人员的通行。室内外地坪高差 150 mm。温室四周采用条形基础，温室内部为独立点式基础，温室外四周做一圈宽 500 mm、厚 50 mm 的 C10 混凝土散水，坡度 5%。±0 标高以上砌 0.5 m 高矮墙，内墙面为混合砂浆抹面，外墙面贴瓷砖。温室南侧采用宽 0.4 m、深 0.4 m 的排水沟。

根据温室面积大小及承载能力，选用温室主体骨架参数如下：

　　　　立柱　　　　　　双面热镀锌矩形钢管 100 mm×50 mm
　　　　桁架和纵拉杆　　双面热镀锌矩形钢管 40 mm×25 mm

复合横梁	双面热镀锌矩形钢管 50 mm×50 mm
侧墙梁	双面热镀锌矩形钢管 40 mm×40 mm
水槽	冷弯热镀锌钢板，厚 2.0 mm，坡度 0.25%

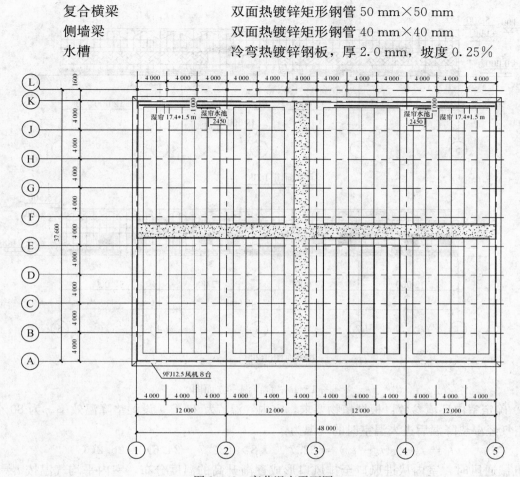

图 1-43 育苗温室平面图

骨架采用专用软件进行了受力模拟、校核，确保结构安全。

4. 覆盖材料选用 根据当地气候特点和育苗温室种植要求，覆盖材料采用 8 mm 厚双层中空 PC 板材。经防滴露处理新板透光率 80% 以上，使用寿命 15 年，采用铝合金型材固定，橡胶条密封。具有透光性好、强度高、耐老化性能好、防结露、保温性好、耐寒耐热、易清洗、美观大方等特点，同时具有良好的性能价格比。

5. 温室功能设计 根据当地的气候特点和蔬菜育苗农艺要求，温室基本配置如下：自然通风系统、内保温遮荫系统、强制通风降温系统、配电系统、外遮阳系统、移动苗床系统、微喷灌系统、补温系统、计算机智能控制系统等。

（1）强制通风降温系统。当地夏季气温最高达 37 ℃，为保证在炎热的夏季进行育苗生产，系统需配备强制通风降温系统。该系统选用三特公司的湿垫、水泵系统以及国产大风量风机。

① 确定室外气象参数：由有关资料查得临汾地区（北纬 36°，大气透明度等级 5 级）夏季室外水平面太阳总辐射照度 E_0 为 950 W/m²，夏季空调室外计算干球温度 t_0 为 32.7 ℃，湿球温度 t_w 为 24.6 ℃。

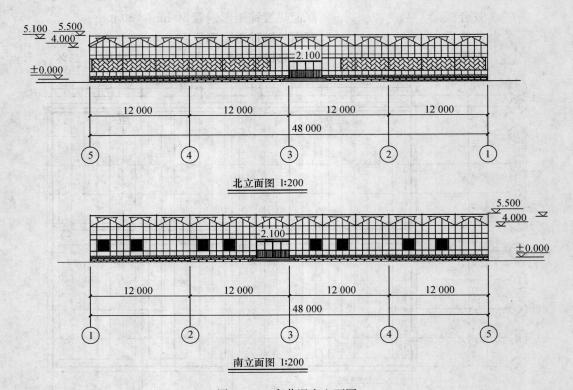

图1-44　育苗温室立面图

② 确定室内环境参数：根据植物要求，室内气温 t_i 为28℃，设湿垫降温效率 η 为80%，则室外空气经湿垫降温后进入温室时的气温为：

$$t_j = t_o - \eta(t_o - t_w) = 32.7 - 0.8 \times (32.7 - 24.6) = 26.2(℃)$$

机械通风时，室内从进风口至排风口形成逐渐升高的温度分布，室内平均气温按 $t_i = (t_j + t_p)/2$ 计算，则排风温度 t_p：

$$t_p = 2t_i - t_j = 2 \times 28 - 26.2 = 29.8(℃)$$

③ 计算必要通风量：取日照反射率 ρ 为0.1，室内空气密度 $\rho_a = 353/(t_i+273) = 1.17$（kg/m³），空气比热 $c_p = 1030$ J/(kg·℃)。对于育苗温室，幼苗蒸腾量较低，又由于采用穴盘育苗，地面蒸发较少，温室蒸腾、蒸发潜热与吸收的太阳辐射热之比取较低值，取 $e=0.4$。温室受热面积修正系数 $a=1.1$，散热比 $W=1.5$，覆盖材料平均传热系数 $K=3.3$ W/(m²·℃)，采用遮阳率为75%的外遮阳时温室的平均透光率 $\tau=0.25$，则必要通风率：

$$L_0 = \frac{a\tau E_0(1-\rho)(1-e) - KW(t_i - t_o)}{c_p\rho_a(t_p - t_j)}$$

$$= \frac{1.1 \times 0.25 \times 950 \times (1-0.1)(1-0.4) - 3.3 \times 1.5 \times (28-32.7)}{1030 \times 1.17 \times (29.8-26.2)}$$

$$= 0.038[\text{m}^3/(\text{m}^2 \cdot \text{s})]$$

由温室地面面积 $A_s = 1728$ m²，则必要通风量：

$$L = A_s L_0 = 1728 \times 0.038 = 65.66(\text{m}^3/\text{s}) = 236\,400(\text{m}^3/\text{h})$$

④ 选用风机：采用国产 9FJ12.5 风机，外形尺寸为 1 400 mm×1 400 mm×432 mm，扇叶直径 1 250 mm，在静压 25 Pa 时其单台风量为 30 500 m^3/h，功耗 0.75 kW/台，电压 380 V。

则所需的风机数：

$$236\ 400/30\ 500 = 7.75 \approx 8(台)$$

总风量为：

$$8 \times 30\ 500 = 244\ 000(m^3/h) = 67.78(m^3/s)$$

⑤ 计算湿垫用量：取过垫风速 $v_p = 1.5$ m/s，则湿垫面积：

$$A_p = L/v_p = 67.78/1.5 = 45.2(m^2)$$

确定采用厚度 B_p 为 100 mm，高度 H_p 为 1.5m 的湿垫，布置总长度 L_p 为 36 m，分为两组，每组长度 18 m。实际湿垫面积 $A_p = H_p \times L_p = 1.5 \times 36 = 54$ （m^2），过垫风速 $v_p = 1.26$ m/s。

由生产厂家提供的湿垫性能资料，在 $v_p = 1.26$ m/s 时，其降温效率 $\eta = 80\%$，通风阻力 $\Delta p = 20$ Pa，与上述计算中的假定基本相符，阻力比预计的偏小，留有余地。

⑥ 水循环系统的计算：空气经过湿垫降温前后的气温为 t_o 与 t_j，蒸发量可按下式计算：

$$E = 0.46(t_o - t_j)L = 0.46 \times (32.7 - 26.2) \times 67.78 = 203(g/s) = 730(kg/h)$$

取水循环系统供水量为蒸发量的 10 倍，即取 $n_w = 10$，则供水量为：

$$L_w = n_w E = 10 \times 730 = 7\ 300(kg/h) = 7.3(t/h)$$

选择两台水泵，水泵电机功率 1.1 kW/台，循环水装置两套。

循环水池的容积可按下式计算为：

$$V = n_v L_p H_p B_p = 0.4 \times 36 \times 1.5 \times 0.10 = 2.2\ (m^3)$$

（2）保温及遮荫系统。设置内保温遮荫系统，在夏季，作为遮荫幕，阻止多余的太阳辐射能进入温室，保护作物免受强光灼伤，降低温室内温度；在冬季，作为保温幕，有反射室内红外线外逸的作用，减少热量散失，从而提高室内温度，降低能耗和运行成本。

系统基本组成：控制箱、驱动电机及联轴器、齿条副及传动轴（采用 1″钢管）、推杆、驱动杆和缀铝膜。选用优质缀铝膜，遮阳率 65%，正常寿命 8 年以上。

夏季太阳辐射强烈时，用风机-湿垫降温能耗较大，仅设置内遮荫系统效果仍不理想。此时需配备外遮阳系统，利用黑色网外部遮阳，可起到良好的降温效果。本系统包括控制箱及电机、传动部分、行程限位开关、幕线、端梁及遮阳网等。

（3）自然通风系统。在春秋季节外界温度不太高时，可以通过开顶窗或湿帘外翻窗进行温室内的通风换气，可有效降温、降湿和补充 CO_2。本系统包括控制箱及电机、传动部分、行程限位开关等组件。顶部采用铝合金窗框，PC 板覆盖，电动齿轮齿条机构开启。

（4）补温系统。采用热水加热方式进行补温，其运行稳定可靠，易于维护，使用寿命长，是连栋温室目前最常用的采暖方式。热水加温系统由热水锅炉、供热管道和散热设备 3 个基本部分组成。散热器选用热镀锌圆翼型散热器，散热面积大，加温速度快。

① 采暖热负荷计算：

温室面积 $A_s = 36 \times 48 = 1\ 728(m^2)$，温室内容积 $V = 1\ 728 \times (4 + 5.1)/2 = 7\ 862.4(m^3)$

温室各部分散热面积

顶部：$4 \times 6 \times (\sqrt{2^2 + (5.1-4)^2} \times 36) = 1\ 972.1\ (m^2)$

东、西侧面：$2 \times 36 \times 4 = 288$（$m^2$）

南、北端面：$2 \times 48 \times (5.1 + 4)/2 = 436.8$（$m^2$）

从资料查得，冬季采暖室外计算温度 t_o 为 $-9\ ℃$，根据室内育苗的要求，室内设计温度 t_i 为 $18\ ℃$，则覆盖材料的传热量：

$$\begin{aligned}Q_w &= \sum_j K_j A_{gj}(t_i - t_o) \\ &= 3.3 \times (1\,972.1 + 288 + 436.8) \times (18 + 9) \\ &= 240\,294（W）\end{aligned}$$

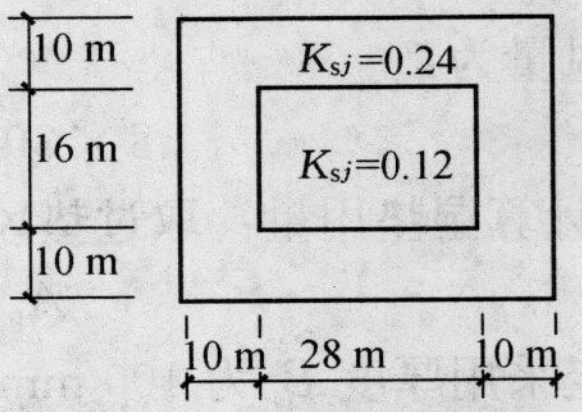

地中传热量（图 1-45）：

$$\begin{aligned}Q_f &= \sum_j K_{sj} A_{sj}(t_i - t_o) \\ &= [0.24 \times (48 \times 36 - 28 \times 16)] \times (18 + 9) + [0.12 \times (28 \times 16)] \times (18 + 9) \\ &= 9\,746（W）\end{aligned}$$

图 1-45　地中传热量计算时的地面分区

按温室的冷风渗透换气次数为 1 次/h 计算，则冷风渗透量为：

$$L = \frac{1}{3\,600}nV = \frac{1.0 \times 7\,862.4}{3\,600} = 2.18（m^3/s）$$

空气密度：

$$\rho_a \approx 353/(t_i + 273) = 353/(18 + 273) = 1.21（kg/m^3）$$

冷风渗透耗热量：

$$Q_v = L\rho_a c_p(t_i - t_o) = 2.18 \times 1.21 \times 1\,030 \times (18 + 9) = 73\,357（W）$$

采暖热负荷为：

$$Q_h = Q_w + Q_v + Q_f = 240\,294 + 9\,746 + 73\,357 = 323\,397（W）$$

② 散热器总长度及布置：采用 DN65 圆翼型散热器的散热量为 500 W，则散热器总长度为：

$$323\,397/500 = 647\ （m）$$

如为可靠起见，按气候特殊情况取安全系数为 1.2，则散热器总长为 $647 \times 1.2 = 776$（m）。考虑温室具体情况，中间苗床下方布置 1 排，四周布置 2 排。要求整个供暖系统布置合理、美观、散热均匀，不影响室内农机具的操作。

（5）灌溉系统。该系统应能保证及时供水，节水节能。采用微雾系统，由高压泵、过滤器、电控部分、管路等组成。喷头、过滤器为进口产品。可选用流量 7 L/h 喷嘴，其间距 2 m，系统特点：①配置高压防滴器，防止系统在打开和关闭时产生滴水现象；②工作压力仅为 0.4 MPa，相比其他雾化方式耗能低，节省动力；③对水质要求不高，抗堵塞能力强；④可以通过计算机智能控制系统进行控制。

（6）施肥泵系统。与灌溉系统配套使用，用于对作物施用液肥。系统含注肥泵、过滤设备以及其他附件等，可以在灌溉的同时进行施肥，效率高，劳动强度低。

（7）水处理系统。考虑到温室灌溉对水质的要求，在温室首部配置电渗析水处理系统。根据需要可在 30%～97% 的范围内任意选择除盐率，能耗比较低，对环境无污染。

（8）移动育苗床。配备移动育苗床便于进行苗木的基质栽培和工厂化生产，节省人力、提高效率和减轻劳动强度，同时也提高了温室土地的利用率。育苗床主体采用铝合金边框，网格为

130 mm×30 mm（长×宽），热镀锌材料，防腐性能高，承重能力好，寿命长。可左右移动较长距离，高度方向上可以进行微调。具有防翻限位装置，防止由于偏重引起的倾斜问题。可在任意两个苗床间产生约 0.6 m 的作业通道。每跨设置苗床 6 台，苗床宽度 1.8 m，长度 16 m，共计苗床 48 台，苗床总面积 1 382.4 m²，土地利用率达 80%。

（9）环流风机系统。为保障温室内部温度、湿度的均匀性，特在其内部配置环流风机，每跨配置 2 台，共计 8 台。具体布置为：风机安装在每跨的两端，同跨风机风向相反。

（10）补光系统。采用美国 GE 公司农用生物钠灯，该钠灯是一种园艺设施专用的高强度人工光源，可提供与植物生长需求相吻合的光谱分布。其主要技术参数为：电压 220 V，光通量 55 000 lm，光谱范围 400~700 nm，功率 400 W，平均寿命 16 000 h。整个温室共配置 108 支。

（11）配电及智能控制系统。JP/WSK 全自动智能温室控制系统，综合运用了计算机网络技术，使用上位机通讯技术加测控站。实现了分散采集控制、集中操作管理。系统具有功能强大、性能优越、配置灵活、安全可靠等优点。该系统能自动检测温室温湿度、光照度及室外气象参数，并根据实际需要输入每一个电气设备的开启条件值，每一个电气设备均能根据需要阶段式开启，大大提高了控制精度，并且有逼真的动画显示、完善的数据查询和声音报警等功能。

① 系统组成：该控制系统由 JP/WSK‑PLC 控制器、温湿度和光照度传感器、室外气象站、PC 机和打印机等组成。

② 网络技术：系统的数据采集和控制由 PLC 控制器进行，它与 PC 机和其他设备间采用串口通讯，只需双芯电缆就可将多台设备相互连接起来，不仅大大节约了电缆数量和布线难度，而且可根据具体情况随时进行系统调整和扩展。网络传输距离可达 1 000 m。

③ 传感器：所选传感器具有接口简单、性能稳定、工作可靠等优点。

④ 系统功能：JP/WSK‑PLC 系列温室控制器通过检测温室内温度、湿度、光照度等环境参数，并根据用户设定的温度、湿度、光照度等传感器上下限自动开启、关闭天窗、遮阳幕、湿帘风机等设备，并且能根据用户需要阶段式开启窗户、幕帘等，大大提高了温室控制精度。同时，与室外气象站连接可实现对室外气象参数的检测，并根据控制要求控制各种执行结构。该系列温室控制器特别适合于我国经济、高效型温室控制要求。

控制系统软件是基于 Windows2000 的计算机软件，采用组态软件开发，具有很好的人机界面。其程序主要功能是将传感器数量、传感器测试时间间隔、各传感测试数据的上下限报警和控制输出通道等数据写入"数据采集"中，程序再对这些数据进行整理、逻辑分析，从而按要求控制相应的外部设备，并能以各种曲线和报表形式显示和打印。

在强电设计方面，为用电方便，安装防水防溅插座，其位置及型号按规范布置。温室内导线采用防潮型 RVV 塑料套线（暗管布线），信号线为 RVVP 屏蔽导线。为使温室内美观，布线采用穿管暗敷方式。按需要设接地极，并将接地线引至所需位置。

▶习题与思考题

1. 温室规划和建筑设计需要考虑哪些因素，其原则和设计依据有哪些？
2. 如何进行温室建设场地的选择？

3. 温室总体布局原则是什么？进行总体布局需考虑哪些方面的问题？

4. 哪些气候条件因素会对温室产生影响？会产生哪些方面的影响？

5. 何谓温室的方位？不同的温室方位对温室的性能有何影响？一般如何确定温室的方位？

6. 屋面坡度（屋面倾角）与屋面的透光率有何关系？一般采用多大的屋面倾角？

7. 温室的主体结构材料有哪些？透光覆盖材料有哪些？

8. 温室透光覆盖材料选用时应注意其哪些方面的性能？

9. 何谓覆盖材料的耐候性？覆盖材料的耐候性（使用寿命）有哪两方面的含义？影响覆盖材料耐候性的外界因素有哪些？如何提高覆盖材料的耐候性？

10. 何谓覆盖材料的防滴性？覆盖材料的防滴性好坏对其使用有何影响？什么样的覆盖材料具有较好的防滴性？

11. 什么样的覆盖材料具有较好的保温性？为什么？

12. 塑料大棚的骨架材料有哪些？各有何优缺点？

13. 如何提高单栋大棚骨架结构的稳定性？

14. 屋顶全开型温室有何特点？适用于何种情况？

第四节　日光温室

一、日光温室的采光设计

1. 日光温室的最佳方位角　节能日光温室在冬、春、秋三季进行反季节园艺作物生产，以冬季生产为关键时期。冬季太阳高度角低，为了争取太阳辐射多进入室内，建造日光温室大体上应采取东西延长，前屋面朝南的方位，但根据具体情况，有时候前屋面应适当偏东或偏西。作物上午的光合作用强度较高，日光温室前屋面采取南偏东 5°～10°，可提早 20～40 min 接受到太阳的直射光，对作物光合作用是有利的。但是高纬度地区冬季早晨外界气温很低，提早揭开草苫，室内温度下降较大，所以，北纬 40°以北地区，如辽宁、吉林、黑龙江和内蒙古地区，为保温而揭苫时间晚，日光温室前屋面应采用南偏西朝向，以利于延长午后的光照蓄热时间，为夜间贮备更多的热量。北纬 39°以南，早晨外界气温不很低的地区，可采用南偏东朝向，但若沿海或离水面近的地区，虽然温度不很低，但清晨多雾，光照不好，也可采取南偏西朝向。但是不论南偏东还是偏西朝向，偏角均不宜超过 10°。

2. 日光温室的采光屋面角　根据前面有关温室光照环境的内容，为提高温室屋面的透光率，应尽量减小屋面的太阳光线入射角。入射角越小，透光率越大；反之透光率就越小。太阳光在日光温室前屋面的入射角 θ，当太阳正对日光温室前屋面时，可以计算为：

$$\theta = 90° - \beta - \alpha \qquad (1-35)$$

式中，α——太阳高度角，度；

　　　β——屋面倾角，度。

如日光温室前屋面与太阳光线垂直，即入射角为 0°时，理论上此时透光率最高。但这种情况在节能日光温室生产上并不实用，因为太阳高度角不断变化，进行采光设计是考虑太阳高度角最小的冬至日正午时刻，并不适用于其他时间。况且这样设计温室，由上式可知，前屋面倾角 β 必然很大，非常陡峭，既浪费建材，又不利于保温（图 1-46）。

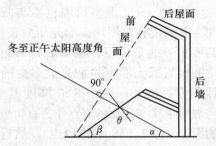

图 1-46　太阳高度角和采光屋面角示意图
（张福墁，2001）

由于透光率与入射角的关系并不是直线关系，入射角在 $0°\sim40°$ 之间，透光率降低不超过 5%；入射角大于 $40°$ 后，随着入射角的加大，光线透过率显著降低。因此，可按入射角 θ 小于 $40°$ 的要求设计屋面倾角，即取屋面倾角 $\beta\geqslant50°-\alpha$，这样不会产生屋面倾角很大的情况。但是如果只按正午时刻计算，则只是正午较短时间达到较高的透光率，午前和午后的绝大部分时间，阳光对温室采光面的入射角将大于 $40°$，达不到合理的采光状态。

张真和提出合理采光时段理论，即要求中午前后 4 h 内（一般为 10：00～14：00），太阳对温室前屋面的入射角都能小于或等于 $40°$。这样，对于北纬 $32°\sim43°$ 地区，节能日光温室采光设计应在冬至日正午入射角 $40°$ 为参数确定的屋面倾角基础上，再增加 $9.1°\sim9.28°$，这是第二代节能日光温室的设计方法。这样 10：00～14：00 阳光在采光面上的入射角均小于 $40°$，就能充分利用严冬季节的阳光资源。因此，屋面倾角可按下式计算：

$$\beta\geqslant50°-\alpha+(5°\sim10°) \tag{1-36}$$

式中太阳高度角按冬至日正午时刻计算。例如，北京地区冬至日太阳高度角 α 为 $26.5°$，则由上式可知合理的屋面倾角为 $28.5°\sim33.5°$。

但如果是主要用于春季的温室，因太阳高度角比冬季大，则屋面倾角可以取小一些。

目前日光温室前屋面多为半拱圆式，前屋面的屋面倾角（各部位的倾角为该部位的切平面与水平面的夹角）从底脚至屋脊是从大到小在不断变化的值，要求屋面任意部位都满足上述要求也是不现实的。实际上，只要屋面的大部分主要采光部位满足上述倾角的要求即可。例如，可取底脚处为 $50°\sim60°$，距离底脚 1 m 处 $35°\sim40°$；2 m 处 $25°\sim30°$，3 m 处 $20°\sim25°$，4 m 以后 $15°\sim20°$，最上部 $15°$ 左右。

3. 日光温室的跨度和高度　日光温室的跨度影响着光能截获量、温室总体尺寸、土地利用率。跨度越大截获的直射光越多，如 7 m 跨度温室的地面截获光能为 4 m 跨度温室的 1.75 倍（图 1-47）。

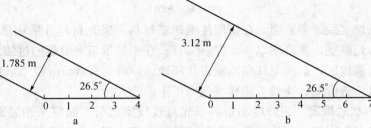

图 1-47　日光温室跨度与截获光能示意图
a. 跨度为 4 m　b. 跨度为 7 m
（穆天民，2004）

实际上，日光温室后墙也参与截获光能，其跨度和高度均影响光能截获量。在跨度相等的条件下，温室最高采光点的空间位置成为温室拦截光能多少的决定性因素。例如，一个 8 m 跨度温室，若将温室前缘与地面的交点作为直角坐标系的原点（图 1-48 中的 O 点），然后在横坐标 5.0 m 和 6.6 m 处分别向上引垂线，如在相同高度 3.6 m 处设采光点，于是得坐标点 K_1（5.0，3.6）和 K_2（6.6，3.6）两个最高采光点（图 1-48）。最高采光点 K_2 处的截获直射光量为 K_1 处的

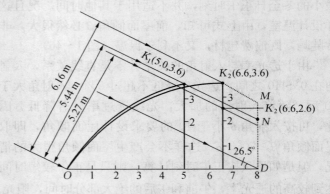

图 1-48 跨度、最高采光点位置与拦截直射光的关系
（穆天民，2004）

1.13 倍。而将 K_2 点下降到高度 2.6 m 处时，所拦截的直射光量仅为 3.6 m 处的 85.2%。可见，最高采光点越高日光截获量越大，当然单纯提高采光点会导致温室造价增加。因此，日光温室节能设计中需找到各种要素、参数的最佳组合。

我国的日光温室经过半个多世纪的发展，各地均优选出一些构型，如河北、山东、内蒙古、宁夏及京津唐地区等，其代表性的温室，跨度和最高采光点位置的相互关系有较佳的组合。例如，河北的冀优Ⅱ型和冀优改进型，日光温室的跨度是 6.0 m 和 8.0 m，相应的最高采光点为 3.0 m 和 3.6 m（图 1-49）。寒温带南缘的辽宁、吉林和黑龙江南部各地区一些有代表性的日光温室，如鞍山Ⅱ型、改进型一斜一立式、辽沈Ⅰ型日光温室，其跨度依次为 6.0 m、7.2 m 和 7.5 m，相对应的最高采光点依次为 2.8 m、3.0 m、3.2～3.4 m。

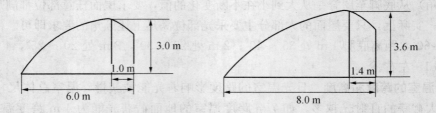

图 1-49 冀优Ⅱ型和冀优改进型日光温室跨度与最高采光点位置参数
（穆天民，2004）

数十年园艺栽培实践结果表明，在使用传统建筑材料、采光材料并采用草苫保温的条件下，在中温带地区建日光温室，其跨度以 8 m 左右为宜；在中温带与寒温带的过渡地带，跨度以 6 m 左右为宜；在寒温带地区，如黑龙江和内蒙古北部地区，跨度宜取 6 m 以下。这样的跨度有利于使日光温室同时具备造价低、高效节能和实现周年生产三大特性。

4. 采光屋面形状的确定 当跨度和最高采光点被设定之后，温室采光屋面形状就成为温室截获日光能量的决定性因素（此处不涉及塑料膜品种、老化程度、积尘厚度、磨损程度等因素），因此设计者对棚形设计应予以高度重视。

节能型日光温室屋面形状有两大类：一类是由一个或几个平面组成的折线型屋面，其剖面由

直线组成；一类是由一个或几个曲面组成的曲面型屋面，其剖面由曲线组成。折线型屋面的屋面倾角就是直线与水平线的夹角。曲面型屋面，其剖面曲线上各点的倾角（曲线的切线与水平线的夹角）都不相等，比较复杂，其各点在某时刻透入温室的太阳直接辐射照度是不相同的，整个屋面透入温室的太阳直接辐射量需要逐点分析进行累计，根据累计的辐射量，可对不同曲线形状屋面的透光性能进行比较。

理想的采光屋面形状应能同时满足以下 4 个方面要求：①能透进更多的直射辐射能；②温室内部能容纳较多的空气；③室内空间有利于园艺作业；④造价较低。

这里以冀优改进型日光温室为例，对各种采光面形状作以比较。这种温室的型体尺寸参数如图 1-50 所示。在该图 O 与 H（最高采光点）之间可以设计若干种线形：1* 为直线，这是 20 世纪 30 年代使用过的一面坡形；2* 是二折形，至今仍有采用；3* 为幂函数曲线形；4* 是圆弧形。当然，还可以设计成其他形状的线或复合曲线。

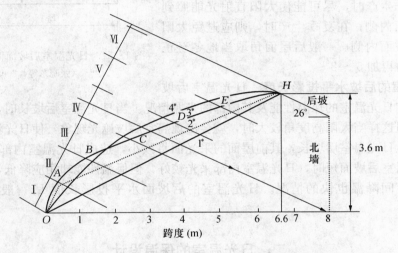

图 1-50　几种采光面（曲线）上直射光入射情况

1*．一面坡形　2*．二折形　3*．幂函数曲线形　4*．圆弧形

OA、AB、BC、CD、DE、EH 为幂函数曲线上的 6 个采光单元

Ⅰ～Ⅵ为温室上空直射光的分区号，H 为最高采光点

（穆天民，2004）

对上述 4 种线，均可求得它们在冬至日正午（真太阳时 12：00）直射辐射的平均入射角：1* 线是 34.8°；2* 线 OM 段是 5.4°，MH 段为 40.8°（M 点为二折线的交点），两者的加权平均是 34.8°；3* 线按能截获直射光的部分可划分为 6 个单元，对应于Ⅰ～Ⅵ分区的采光单元为 OA、AB、BC、CD、DE 和 EH，光的入射角各单元不同，其平均入射角经计算为 33.4°；4* 线是以 7.83 m 为半径过 O、H 点的圆弧，采用了与 3* 相同的方法，求得其平均入射角是 31.3°。因此从采光的角度看，圆弧形最好。

屋面前部应有一定的高度，给室内的管理作业留出较充裕的空间，以上 4 种屋面，以幂函数曲线形为最好，圆弧形屋面次之，一面坡屋面最差。

屋脊处的屋面倾角如过小，将使该处透光较差；同时，屋面保温草帘或保温被向下铺放不顺畅；此外，还易造成屋面薄膜兜水的情况。因此，一般屋脊处的屋面倾角应保证大于10°。以上4种屋面中，屋脊处的屋面倾角，圆弧形屋面偏小，一面坡与二折形较大。

实践证明，在我国中温带地区（指行政区划中的山西、河北、辽宁、宁夏，以及内蒙古、新疆的部分地区）建设日光温室时，圆与抛物线组合式曲面比单圆、抛物线、椭圆线更好。圆与抛物线采光面不但比上述几种类型的入射光量都多，而且还比较易操作管理，容易固定压膜线，大风时不致薄膜兜风，下雨时易于排走雨水。

5. 日光温室后坡面仰角　日光温室后坡面仰角是指日光温室后坡面与水平面之间的夹角（图1-51中的α_2）。日光温室后坡面角的大小对日光温室的采光和保温性均有一定的影响。后坡面仰角应视温室的使用季节而定，但至少应该略大于当地冬至日正午的太阳高度角，在冬季生产时，尽可能使太阳直射光能照到日光温室后坡面内侧；在夏季生产时，则应避免太阳直射光照到后坡面内侧。一般后屋面角取当地冬至正午的太阳高度角再加5°～8°。

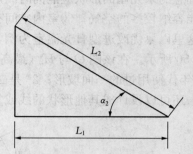

图1-51　日光温室后坡面仰角及水平投影
（张晓东等，2002）

6. 日光温室的后坡水平投影长度　日光温室后坡的长短直接影响日光温室的保温性能及其内部的光照情况。当日光温室后坡长时，日光温室的保温性能提高，但这样当太阳高度角较大时，就会出现温室后坡遮光现象，使日光温室北部出现大面积阴影；而且日光温室后坡长，其前屋面的采光面将减小，造成日光温室内部白天升温过慢。反之，当日光温室后坡面短时，日光温室内部采光较好，但保温性能却相应降低，形成日光温室白天升温快，夜间降温也快的情况。日光温室的后坡面水平投影长度L_1一般以1.0～1.5 m为宜。

二、日光温室的保温设计

节能日光温室在密闭的条件下，即使在严寒冬季，只要天气晴朗，在光照充足的午间室内气温可达到30 ℃以上。但是如果没有较好的保温措施，午后随着光照减弱，温度很快下降。特别是夜间，各种热量损失有可能使室温下降到作物生育适温以下，遇到灾害性天气，往往发生冷害、冻害。因此，不搞好保温设计，就不能满足作物正常生育对温度条件的要求。日光温室的保温性与温室墙体结构、后屋面及前屋面的覆盖物等有关。

1. 日光温室墙体的材料、结构与厚度　日光温室的墙体和后坡，既可以支撑、承重，又具有保温蓄热的作用。因此，在设计建造墙体和后坡时，除了要考虑承重强度外，还要考虑材料的导热、蓄热性能和建造厚度、结构等。但一般地讲，日光温室墙体和后坡的保温蓄热是主要问题，为了保温蓄热的需要，一般都较厚，承重一般容易满足要求。现在日光温室墙体和后坡多采用多层复合构造，在墙体内层采用蓄热系数大的材料，外层为导热系数小的材料。这样就可以更加有效地保温蓄热，改善温室内环境条件。

（1）墙体厚度。鞍山市园艺研究所对墙体厚度与保温性能进行了研究，采用3种不同厚度的土墙：①土墙厚50 cm，外覆一层薄膜；②土墙厚100 cm；③土墙厚150 cm，其他条件相同。其结果表明：自1月上旬至2月上旬，②比①室内最低气温高0.6～0.7 ℃，③比②室内最低气温高0.1～0.2 ℃。室内最高气温差分别为0.2～0.5 ℃和0.1～0.3 ℃。由此可见，随着墙体厚度的增加，蓄热保温能力也增加，但厚度由50 cm增至100 cm，增温明显，由100 cm增至150 cm，增温幅度不大，也就是实用意义不大。根据经验，单质土墙厚度可比当地冻土层厚度增加30 cm左右为宜。据北京地区生产实践证明：节能型温室的墙体厚度，土墙以70～80 cm为宜；砖墙以50～60 cm为宜，有中间保温隔层则更好。

（2）墙体的材料与构造。节能型日光温室墙体有单质墙体，如土墙、砖墙、石墙等，以及异质复合墙体（内层为砖，中间有保温夹层，外层为砖或加气混凝土砖）。异质复合墙体较为合理，保温蓄热性能更好。经研究表明，白天在温室内气温上升和太阳辐射的作用下，墙体成为吸热体，而当温室内气温下降时，墙体成为放热体。其中墙体内侧材料的蓄热和放热作用对温室内环境具有很大的作用。因此，墙体的构造应由3层不同的材料构成。内层采用蓄热能力高的材料，如红砖、干土等，在白天能吸收更多的热并储存起来，到夜晚即可放出更多的热。外层应由导热性能差的材料，如砖、加气混凝土砌块等，以加强保温。两层之间一般使用隔热材料填充，如珍珠岩、炉渣、木屑、干土和聚苯乙烯泡沫板等，阻隔室内热量向外流失。

墙体材料的吸热、蓄热和保温性能主要从其导热系数、比热容和蓄热系数等几个热工性能参数判断，导热系数小的材料保温性好，比热容和蓄热系数大的材料蓄热性能较好。表1-8列出了温室常用墙体材料的热工性能参数供参考。

表1-8 日光温室墙体材料的热工性能参数

材 料 名 称	密度 ρ (kg/m³)	导热系数 λ [W/(m·℃)]	蓄热系数 S_{24} [W/(m²·℃)]	比热容 c [kJ/(kg·℃)]
钢筋混凝土	2 500	1.74	17.20	0.92
碎石或卵石混凝土	2 100～2 300	1.28～1.51	13.50～15.36	0.92
粉煤灰陶粒混凝土	1 100～1 700	0.44～0.95	6.30～11.40	1.05
加气、泡沫混凝土	500～700	0.19～0.22	2.76～3.56	1.05
石灰水泥混合砂浆	1 700	0.87	10.79	1.05
砂浆黏土砖砌体	1 700～1 800	0.76～0.81	9.86～10.53	1.05
空心黏土砖砌体	1 400	0.58	7.52	1.05
夯实黏土墙或土坯墙*	2 000	1.1	13.3	1.1
石棉水泥板	1 800	0.52	8.57	1.05
水泥膨胀珍珠岩	400～800	0.16～0.26	2.35～4.16	1.17
聚苯乙烯泡沫塑料*	15～40	0.04	0.26～0.43	1.6
聚乙烯泡沫塑料	30～100	0.042～0.047	0.35～0.69	1.38
木材（松和云杉）*	550	0.175～0.350	3.9～5.5	2.2

（续）

材 料 名 称	密度 ρ （kg/m³）	导热系数 λ [W/(m·℃)]	蓄热系数 S_{24} [W/(m²·℃)]	比热容 c [kJ/(kg·℃)]
胶合板	600	0.17	4.36	2.51
纤维板	600	0.23	5.04	2.51
锅炉炉渣	1 000	0.29	4.40	0.92
膨胀珍珠岩	80～120	0.058～0.07	0.63～0.84	1.17
锯末屑	250	0.093	1.84	2.01
稻壳	120	0.06	1.02	2.01

除标注"*"者外，引自刘加平，2002。

2. 后屋面的结构与厚度　日光温室的后屋面结构与厚度也对日光温室的保温性能产生影响。一般由多层组成，有防水层、承重层和保温层。一般防水层在最顶层，承重层在最底层，中间为保温层。保温层的材料通常有秸秆、稻草、炉渣、珍珠岩、聚苯乙烯泡沫板等导热系数低的材料。此外，后屋面为保证有较好的保温性，应具有足够的厚度，在冬季较温暖的河南、山东和河北南部地区，厚度可在 30～40 cm，东北、华北北部、内蒙古寒冷地区，厚度为 60～70 cm。

3. 前屋面保温覆盖　前屋面是日光温室的主要散热面，散热量占温室总散热量的 73％～80％。所以前屋面的保温十分重要。节能型日光温室前屋面保温覆盖方式主要有 2 种。

一种是外覆盖，即在前屋面上覆盖轻型保温被、草苫、纸被等材料。外覆盖保温在日光温室中应用最多。草苫是最传统的覆盖物，是由芦苇、稻草等材料编织而成的，由于其导热系数小，加上材料疏松，中间有许多静止空气，保温效果良好，可减少 60％ 的热损失。在冬季寒冷地区，常常在草苫下附加 4～6 层牛皮纸缝合而成的纸被，这样不仅增加了覆盖层，而且弥补了草苫稀松导致缝隙透气散热的缺点，提高了保温性。但草苫等传统的覆盖材料较为笨重，易污染、损坏薄膜，易浸水、腐烂等。因而近十年来研制出了一类新型的称为保温被的外覆盖保温材料，这种材料轻便、洁净、防水而且保温性能不逊于草苫。保温被一般由 3 层或更多层组成，内、外层由塑料膜、防水布、无纺布（经防水处理）和镀铝膜等一些保温、防水和防老化材料组成，中间由针刺棉、泡沫塑料、纤维棉、废羊绒等保温材料组成。目前市场上出售的保温被，其保温性能一般能达到或超过传统材料的保温性能，但有的保温被的防水性和使用寿命等性能还有待提高。

另一种是内覆盖，即在室内张挂保温幕，又称二层幕、节能罩，白天揭晚上盖，可减少热损失 10％～20％。保温幕多采用无纺布、银灰色反光膜或聚乙烯膜、缀铝膜等材料。

4. 减少缝隙冷风渗透　在严寒冬季，日光温室的室内外温差很大，即使很小的缝隙，在大温差下也会形成强烈对流交换，导致大量散热。特别是靠门一侧，管理人员出入开闭过程中，难以避免冷风渗入，应设置缓冲间，室内靠门处张挂门帘。墙体、后屋面建造都要无缝隙，夯土墙、草泥垛墙，应避免分段构筑垂直衔接，应采取斜接的方式。后屋面与后墙交接处，前屋面薄膜与后屋面及端墙的交接处都应注意不留缝隙。前屋面覆盖薄膜不用铁丝穿孔，薄膜接缝处、后墙的通风口等，在冬季严寒时都应注意封闭严密。

5. 设置防寒沟 在温室四周设置防寒沟，沟内填入稻壳、麦秸等，可减少温室内热量通过土壤外传，阻止外面冻土对温室的影响，可使温室内土温提高 3 ℃以上。防寒沟设在距温室周边 0.5 m 以内，一般深 0.8～1.2 m，宽 0.3～0.5 m。也可在温室四周铺设聚苯泡沫板保温。

三、日光温室的建筑设计

（一）日光温室建筑设计要点

1. 实现适于作物生长发育的环境条件 为了满足作物生育的要求，日光温室建筑应保证白天能充分利用日光，获得大量光和热；夜间应良好密闭保温，条件好的日光温室应有补温设备。屋面形状应能充分透进阳光，骨架结构要简单，构件数量少，截面积小，以减少阴影遮光面积。屋面要求倾角合理，除满足采光的要求外，还应保证下雨时薄膜屋面上（尤其是屋脊附近）的水滴容易顺畅流下，不发生积水。随着作物生育阶段的不同和天气的变化，应便于调控温室内小气候，特别是春、夏季的高温、高湿和秋、冬季的低温、弱光，不仅影响作物的生育，还易诱发病虫害，所以要求日光温室能够较方便地调控室内环境。气温高或湿度高时应便于通风换气和降温，日照过强时应采取遮荫措施。此外，应设置方便的施肥、灌溉设施。

2. 良好的生产作业条件 日光温室内应适于劳动作业，保护劳动者的身体健康。室内要有足够大的空间，减少或取消立柱，便于室内的生产管理作业，但也不必过于高大，否则不方便放风和扣膜等作业，而且结构也不安全；为减轻草苫卷放作业的劳动强度，应考虑设置机械卷放机构；后墙上方应设有管理、维护人员安全进行草苫卷放作业或进行卷放机构维护作业的行走面积；采暖、灌水管道等设备配置应注意不影响耕地和其他生产作业；设施内高温、高湿，不仅容易使劳动者疲劳，降低劳动效率，而且因病虫害多，经常施农药，直接影响作业者的健康，其残毒会影响消费者的健康，室内环境应结合作物的需求适当调控。

3. 坚固的结构 日光温室使用中会承受风、雨、雪和室内生产、设施维护作业等产生的荷载作用，必须切实保证使用中的结构安全。尤其是日光温室使用中会遇到积雪、暴风、降雹等自然灾害，必须具有足够坚固的结构，保证日光温室使用中不发生破坏。

4. 透明覆盖材料的选用 覆盖材料对温室内的光照和温度等环境状况均有重要的影响。要求选用透光率高、保温性好的覆盖材料，此外，覆盖材料应不易污染，抗老化耐用，且防滴性好。玻璃和聚碳酸酯 PC 板材是理想的覆盖材料，保温透光性能良好，寿命高，但比较昂贵。目前聚乙烯薄膜在我国应用最多，其透光、保温性和防滴性等较差，寿命短，但价格便宜。覆盖材料的性能和选用更详细的内容可参见本章前一节的相关内容。

5. 建造成本不宜太高 尽量降低建筑费和运行管理费是关系日光温室能否实现经济效益的重要问题，这与坚固的结构、完备的环境调控功能等要求互相矛盾。因此，要根据当地的气候和经济情况合理考虑建筑规模和设计标准，选择适用的日光温室类型和结构、材料以及环境调控的设备。另外，日光温室是轻体结构，使用年限一般为 10～20 年，在结构设计的参数取值和建筑规模上应与一般建筑物有所不同。

6. 保护环境 应注意采取适当方式处理废旧薄膜和营养液栽培时的废液，避免造成对环境的污染。

（二）场地的选择

日光温室建筑场地的好坏与结构性能、环境调控、经营管理等方面关系很大，因此在建造前要慎重选择场地。

① 为了充分采光，要选择南面开阔、高燥向阳、无遮荫的平坦矩形地块。因坡地平整不仅费工增加费用，而且挖方处的土层遭到破坏，使填方处土层不实，容易被雨水冲刷和下沉。向南或东南有小于10°的缓坡地较好，利于设置排灌系统。

② 为了减少温室覆盖层的散热和风压对结构的影响，要选择避风地带，冬季有季候风的地方，最好选在上风向有丘陵、山地、防风林或高大建筑物等挡风的地方，但这些地方又往往形成风口或积雪过大，必须事先进行调查研究。另外，要求场地四周不要有障碍物，以利高温季节通风换气和促进作物的光合作用。所以要调查风向、风速的季节变化，结合布局选择地势。在农村宜将温室建在村南或村东，不宜与住宅区混建。为了利于保温和减少风沙的袭击，还要注意避开河谷、山川等造成风道、雪区的地段。

③ 应选择土壤肥沃疏松，有机质含量高，无盐渍化和其他污染源的地块，一般要求壤土或沙壤土，最好3～5年未种过瓜果、茄果类蔬菜，以减少病虫害发生。但用于无土栽培的日光温室，在建筑场地选择时，可不考虑土壤条件。为使基础牢固，要选择地基土质坚实的地方。否则，地基土质松软，如新填土的地方或沙丘地带，基础容易下沉。避免为加大基础或加固地基而增加造价。

④ 温室主要是利用人工灌水，需选择靠近水源，水量充足，水质好，pH 中性或微酸性，无有害元素污染，冬季水温高（最好是深井水）的地方。为保证地温，有利地温回升，要求地下水位低，排水良好。高地下水位不仅影响作物的生育，还易引发病害，也不利于建造锅炉房等附属设施。

⑤ 应选离公路、水源、电源等较近，交通运输便利的地方，以便于管理、运输。日光温室相对于连栋温室，虽然用电设备相对较少，但管理照明、保温被卷放、通风、临时加温、灌溉等用电设施有日益增多的趋势，因此建设地点的电力条件应该保证。

⑥ 温室区位置要避免建在有污染源的下风向，以减少对薄膜的污染和积尘。如果温室生产需要大量的有机肥（一般单位面积黄瓜或番茄年需有机肥 $10～15$ t/hm^2），温室群位置最好能靠近有大量有机肥供应的场所，如工厂化养鸡场、养猪场、养牛场和养羊场等。

（三）温室的间距

如果并排建造2栋以上温室，2栋之间距离要保证前栋温室不挡后栋温室光线（图1-52）。相邻两温室间隔距离 L_3 可用下式计算：

$$L_3 = (H + h_1)/\tan h - b \quad (\text{m}) \tag{1-37}$$

式中，H——日光温室高度，m；

h_1——卷起后的棉被（或草苫）高度，m；

h——当地冬至日正午太阳高度角，度；

b——日光温室后墙及后坡水平宽度，m。

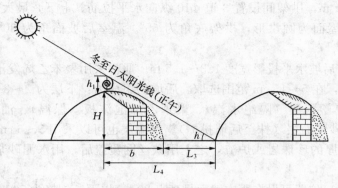

图 1-52 日光温室间距

（张晓东等，2002）

（四）温室内地面标高

为了防止室外雨水积水倒灌入温室，一般温室内地面比室外地面高 150 mm。但是，许多日光温室为了保温的需要，采取室内地面低于室外地面的做法，以提高地温和室内的气温。在北纬 43°~50°地区，宜将室内地面降低 0.3~0.5 m，即采用半地下式温室。

（五）温室面积

目前日光温室净跨度一般为 6.0~8.0 m，长度为 50~100 m，1 栋温室面积最好为 300~667 m²，这样基本上满足生产及管理上的需要。但有时受用地限制，面积也可适当减小，可根据具体情况确定，如庭院建造温室面积可小些，但不宜小于 50 m²。

四、日光温室的建造

（一）砖石钢骨架结构日光温室的建造

1. 温室基础 为防止土壤冻融的影响，温室基础的埋深应大于当地的冻土深度。在北纬 38°~42°地区，基础一般埋深 0.5~1.2 m；北纬 43°~46°地区，埋深 1.0~1.8 m；北纬 47°~48°地区，埋深 1.6~2.4 m；北纬 49°~50°地区，埋深 2.2~2.8 m。基础下部全部采用干沙垫层 30 cm，可防止由于冻融引起墙体开裂。

2. 墙体建造 传统温室墙体采用实心砖墙，但若想增加保温性能，单纯采用增加墙体厚度的方法是很不经济的。东农 98-Ⅰ型节能日光温室的墙体建造方法如下：温室前墙厚 24 cm，高出地平面 6 cm，上设预埋件；后墙的厚度可根据不同纬度来确定，一般内墙为 24~37 cm，外墙为 12~24 cm，中间为空心，内加聚苯乙烯泡沫板，两侧用塑料薄膜包紧；温室内墙里侧采取红砖勾缝，内墙也可采用蜂窝状墙体，便于贮热；温室外墙外侧采取水泥砂浆抹面，上留防水沿，防止雨水直接淋蚀温室后墙；内外墙间采用拉筋连接。

3. 前屋面的建造　温室前屋面钢筋拱架的上弦多采用 $\Phi14\sim16$，下弦 $\Phi12\sim14$，腹筋 $\Phi8\sim10$，拱架间距 $0.9\sim1$ m，拱架间设置 3 道 $\Phi10$ 纵向水平拉筋。上下弦最大间距 250 mm，拱高 $500\sim600$ mm。采光屋面为圆拱形，拱架底角为 65°。温室后坡面角为 $30°\sim34°$，脊高 $3.2\sim3.5$ m。

4. 后坡的建造　后坡水平投影宽度 $1.3\sim1.5$ m。通常采用聚苯乙烯发泡板做保温层，其厚度根据当地气温条件，在 $5\sim15$ cm 范围选取。后坡的组成为：下层为 $2\sim3$ cm 厚承重木板，往上依次为油毡纸或厚塑料膜（隔绝水汽）、聚苯乙烯泡沫板（保温）、油毡防水层（二毡三油）、40 mm 厚水泥砂浆面层（抹至后墙挑檐）。保温层也可以采用 $5\sim6$ cm 厚的聚苯乙烯发泡板，上铺 $10\sim20$ cm 厚的珍珠岩或炉渣，之上用铁丝网覆盖后，用水泥砂浆抹平，上面再做防水层。

5. 通风口　通风口位置可设在距内墙面最高点 20 cm 以下，规格为 500 mm×500 mm，间距 5 m，双层窗。墙体厚如果超过 1.5 m，通风口可设在后坡上，但要做好防水、防雨处理。

6. 加温设备　在北纬 43°以北地区，由于冬季寒冷，仅靠太阳热能是不能维持蔬菜生产的，特别是果菜类的生产，必须设有辅助热源进行临时加温。一般多采用砖砌炉加设烟道的加温方式。炉子由砖砌筑而成，烟道为缸瓦管，或由砖、瓦砌成，烟气经烟道由烟囱排走。有条件的地区可采用暖气统一供暖，或采用暖风机临时加温。

7. 防寒沟　高寒地区室外气温低，冰冻层深，为防止室内热量通过土壤传至室外而影响室内地温，可在温室外四周设置防寒沟。防寒沟在夏季还能起到排水的作用。一般防寒沟深 $0.8\sim1.2$ m，宽 $0.3\sim0.5$ m，内填松散绝热材料，如木刨花、锯末、禽粪、马粪、麦秸、麦糠和稻壳等。防寒效果较好，$1\sim2$ 年更换一次，起出的填充物用作腐熟的优质肥料。防寒沟上部用 100 mm 厚土覆盖至与室外地面平齐。也可不挖沟，而在四周铺设聚苯乙烯发泡板。

8. 前屋面覆盖　应选用耐低温、抗老化的长寿无滴膜。现在常用的有聚氯乙烯长寿无滴膜、聚乙烯长寿无滴膜、醋酸乙烯多功能薄膜等。按照前屋面的大小，长宽各多出 1 m 裁好，用电熨斗热熔黏结后，把棚膜卷成筒，从温室顶端先盖。顶端用架条卷上一段，固定在后屋面上，然后再放开棚膜，边放边把棚膜拉紧，直到全部棚膜放开、摆正，下缘埋在温室前沿的土里，再把棚膜向东、西拉紧，棚膜东西两边用架条卷一段，钉在两面山墙上，棚膜与山墙间的缝隙用泥抹严。盖好棚膜后用 8 号铁丝或压膜线压在两排拱架之间。

9. 工作室的建造　日光温室的工作室与农村普通民房建造方法基本相同。所使用的材料有土坯、人字梁、三道横梁、檩木、玉米秸秆或高粱秸秆以及部分立柱。具体建造方法是：首先，按画线将墙地基夯实，在夯实的地基上用普通红砖砌筑 6 层，在砖基础墙上加盖油毡纸，再使用土坯向上砌筑工作室的墙体；砌筑墙体时，将 4 根直径 0.1 m 的立柱砌筑在工作间 4 个墙角。墙体砌筑高度为 2.4 m，墙体砌成后，将人字梁安装在工作间的两侧墙体之上，固定在 4 根立柱上边；在前坡、后坡分别将上横梁、前横梁、后横梁固定在人字梁上，再每间隔 1.2 m 将一根檩木固定在横梁上；然后使用玉米秸秆或高粱秸秆捆绑在檩木上，秸秆之上用草泥抹平，再用草苫覆盖。

(二)土木结构塑料薄膜日光温室的建造

1. 平整地面、放线、夯实地基 建造温室应在秋季封冻之前进行，根据建造面积测好方位，平整地面，钉桩放线，确定出温室的后墙和两侧山墙的位置。

在砌墙的位置，用夯把三面墙基夯实，但土坯墙需用砖、石砌地基。

2. 温室土墙的建造 温室土墙有许多种，可根据当地土质和习惯选用。土墙厚度应比冻土层深度再加厚 20 cm。如冻土层 1.5 m，则土墙厚为 1.7 m，下面叙述中的温室土墙厚度只作建造时参考。

(1) 板夹墙。也叫干打垒，适宜土质较黏重或碱性较大的地区。在夯实的墙基上，把 4 根夹杠按照预定的位置埋好，再把 6 cm 厚、30 cm 宽的木板放进夹杠的内侧，中间填土。夹板两头用与土墙断面相同的梯子（墙底 1 m 宽、上面 0.5 m 宽），并挡上树条或高粱秸秆，挡住夹板两端，装上土后用脚踩实，再用塞角器（拐子）把四角和边缘塞实，防止边上漏土，然后用夯把土夯实，夯实一层（约 30 cm）后，抽出两侧的木板向上移，再继续向上填土。达到高度后，拔出后面的两根夹杠，移向前进方向埋好，另一端挡住，再填土夯实，依次砌成山墙和后墙。夹板墙要下宽上窄形成梯形，如底宽 0.8～1 m，墙上部宽 0.5 m，墙高 1.5～2 m，这种墙较牢固。

(2) 土坯墙。土坯墙下需有砖或石基础，深 30 cm，砌出地面 30 cm，顶面铺一层油毡纸或旧塑料薄膜，防止土坯受潮变粉，其上再用沙泥坐满，再砌干土坯。土坯墙厚与当地土墙厚度相同，墙高 1.5～2 m，墙内外用沙泥或黄泥掺草抹严。也可用草垡（塔头）代替土坯砌墙。

(3) 权土墙。在温室的外侧就地挖出深层黏土，掺进麦秸或稻草，用二齿钩加水翻泥用以权墙。砌土墙前先挖 30 cm 深，与墙同样宽（一般 1 m）的地沟，底部夯实。然后用四股叉向上垛泥，并踏实。如黑龙江省的做法为：墙下面宽 2 m，高 1.5～1.7 m，墙顶宽 1.5～1.6 m。由于草泥含水多，不能一次权完，权 0.5 m 高左右，太阳晒 3～4 d，待稍干后再向上权 0.5 m，再晒几天，直到墙体达到高度为止，权墙一定要下宽上窄，防止墙体变形歪倒。墙全部权完后，用铁锹把墙表面削平。

(4) 拉合辫墙。用稻草、谷草、小叶樟（苫房草）等均可。墙底先挖 30 cm 深地沟，沟底夯实，地沟中用砖、石砌筑，高出地面 30 cm，上面铺一层油毡纸，然后再筑墙，这样能防止雨后墙外向里渗水，延长温室使用年限。在温室旁挖一个坑，加入黄土和适量水搅拌成泥浆，把草编辫，蘸上黄泥浆。草辫粗 8～10 cm，从墙壁两边把带泥浆的草辫逐次编好，中间用搅上草的黄土填平压实。墙底部宽 0.8～1 m，墙顶宽 0.5 m。拉合辫墙也不能一次完成，应筑一段墙稍干后，再继续向上筑。拉合辫墙干后坚固，成本低。墙筑成后，外面用泥抹平，墙里侧抹草炭土或马粪泥，可在温室墙上种植叶菜，实现立体栽培。

3. 开设通风口 墙干后，在温室后墙距地面 1 m 处，每隔 3 m 挖一个通风口，每个通风口 0.5 m 见方，冬春寒冷季节用草堵严，高温季节打开通风。如墙厚超过 1.5 m，通风口应设在后坡上。

4. 挖门 墙干后，在温室东侧山墙，距温室后墙 1 m 处挖门，立上门框，安装门扇。门框周围用泥土封严。

5. 立屋架 温室屋架要求坚固耐久，又不能粗大遮光。屋架主要包括柱、檩、柁（梁）3 部分。所需建筑材料见表 1-9。

表 1-9　6.5 m 跨度土木结构日光温室所需材料

材　料	单位	规　格		数　量		
		长（m）	直径（cm）	66 m² 温室	100 m² 温室	150 m² 温室
檩子	根	6.5	12～15	15	22	33
立柱	根	3.5	20～25	15	22	33
立窗柱	根	0.7	20～25	12	18	26
立柱横担	根	3.2	20～25	12	18	26
后屋面板皮或架条	m³	1.6		2	3	4.5
压杆	根	6.5	2～3	11	16	24
砖	块			200	280	420
圆钉	kg			1.5～2.5	2.5～3	3～4
铁丝	kg			1～1.5	1.5～2	2.3～3
绳子	根	1.4	1.5～2	14	21	32
草	捆		100～110	20	30	45
抗老化长寿棚膜	kg			10～15	15～20	25～30
棉被或草苫	个	2 m×8 m		8	12	17
塑料绳	kg			1	1.5	2.3

引自陈友，1998

（1）立柱。立柱是支撑温室屋架的支柱，土木结构温室，主要用一定粗度的硬杂木，要求不烂、无虫蛀。安装立柱要高矮一致，排成一条直线，立柱包括中柱、腰柱和前柱 3 排。

中柱是支撑温室前后屋面的重要支柱，多用直径 12～15 cm 粗的圆木。中柱距后墙 1 m，中柱之间距离 2.4～3 m。为防止中柱下沉，柱下埋一个 38 cm×38 cm×38 cm 的砖基础。中柱长 3 m，埋入土中 0.5 m，埋在土里的部分涂沥青或其他防腐剂。埋立柱时可向后墙稍倾斜些，一般与地面成 80°角，以平衡后屋面的重量。

在温室的中部，立 1 排腰柱，腰柱用直径 10 cm 的圆木，腰柱下面也要埋基石，埋在土中的部分涂沥青防腐。埋入土中 40 cm，每隔 1.6～2.4 m 立 1 根腰柱。

在温室最前面，每隔 80 cm 立 1 根前柱，露在地面 45 cm，前柱用直径 8 cm 的硬杂木杆，或 6 cm×6 cm 的木方。

（2）桵（梁）。也叫脊檩，用直径 15～20 cm、长 3 m 或 6 m 的圆木，最好用松木，把桵搭在中柱上面的槽形口处。圆木相接时，要大头对大头，小头对小头，并用蚂蟥钉连接。中柱和桵再用扒钩子钉牢。小头处的中柱应高些，以保持桵处在同一水平上。桵应露出温室两侧山墙 20 cm，以便形成屋檐，防止雨水浇墙。

（3）土檩。土檩用于固定后屋面的椽子，也可不设，把椽子直接插到后墙上。土檩用直径 8～10 cm 的木杆，固定在温室后墙顶上，长出温室两侧各 20 cm。

6. 后屋面 后屋面是温室的主要保温部分，顶盖上还要放棉被、草苦等防寒物。

（1）钉椽子。椽子用直径 8～10 cm 的硬杂木或 8 cm×6 cm 木方，每隔 40～50 cm 钉 1 根。一头钉在柁上，另一头钉在墙上的土檩上或插到后墙里，但椽子需露出后墙外 20 cm，以形成屋檐。

（2）上房板、抹泥盖房板。可就地取材，用 2 cm 厚的木板、树皮、高粱秸、柳条、蒿秆、苇子等。房板上完后，上面抹两层麦秸泥或马粪泥，为了保温外面最好再盖苦草。

房盖上完后，距房脊 30 cm 处，东西固定 1 根 5～6 cm 粗的木杆，木杆上每隔 1.6 m 拧 1 根铁丝，露出接头，以便固定棚膜用。房盖也可用油毡纸涂沥青代替苦草。

7. 前屋面 前屋面有两种建造方法，一种是立窗式（图 1-53），另一种是半拱圆形（图 1-54）。

（1）立窗式前屋面的建造。如图 1-53 所示，先钉横杆，用直径 8 cm 的木杆或 8 cm×6 cm 木方，分别钉在柁、腰柱和前柱上，两端插在东西山墙里。然后钉前屋面窗框，用直径 6～8 cm 光滑的木杆，每隔 1～1.2 m 分别钉在柁、腰柱和前立柱上面的横杆上。前屋面与地平面成 25°以上夹角，小于 25°时可适当降低前立柱的高度。

（2）半拱圆形前屋面的建造。参考图 1-54，在腰柱横杆上和前柱横杆上分别钉一个相应高度的短木杆（立人），然后将直径 8 cm 的光滑木杆或竹竿（拱杆）上端与柁钉牢，在腰柱和前立柱横杆上的立人上围成拱形，下端插入土中，与地面成 50°夹角。前端也可用竹片围成，拱杆之间距离 1～1.2 m。

8. 盖塑料棚膜及挖防寒沟 参见前面"（一）砖石钢骨架结构日光温室的建造"的相应部分。

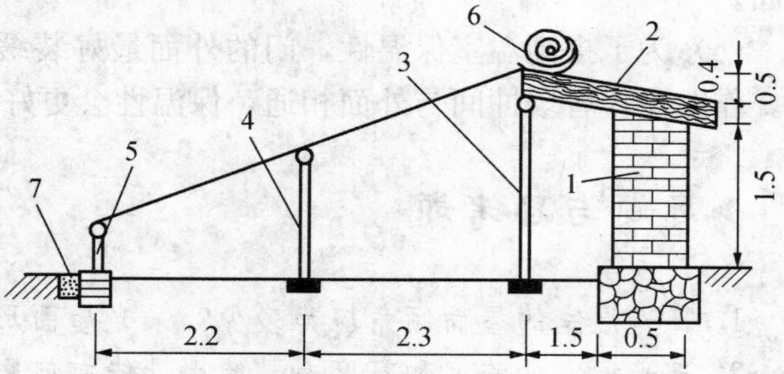

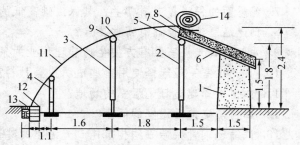

图 1-53 立窗式节能温室（单位：m）

1. 土坯墙 2. 后屋面 3. 中柱 4. 腰柱
5. 前柱 6. 草苦 7. 防寒沟
（陈友，1998）

图 1-54 半拱圆形节能温室（单位：m）

1. 后墙（土墙） 2. 中柱 3. 腰柱 4. 前柱 5. 柁 6. 房板
7. 泥 8. 草盖 9. 腰檩 10. 立人 11. 拱杆 12. 前墙基
13. 防寒沟 14. 草苦
（陈友，1998）

（三）节能日光温室建造时应注意的问题

（1）建造温室前，一定要根据当地条件、资金和材料等情况，确定要建造的温室类型和结构，然后画出温室断面图和平面图，以便准备材料和做到心中有数。

（2）建造温室的地方，地势要高。如果建庭院温室，地势低注要先垫土，地势加高后再建，防止温室内潮湿，造成土温过低而影响作物生长。

（3）地基要坚实牢固，防止墙壁变形倒塌。温室的墙不同于一般房屋的墙，它的重心总是偏向高度低的一侧，因此比一般房屋的墙要求严格，土墙应厚些，砖墙砌筑的砂浆水泥标号要高些。

（4）土木结构温室，凡埋入土里或砌入墙内的木料，在土里的部分必须涂沥青防腐；钢筋、铁管埋到土里或插入墙内的部分，要镀锌或涂防锈漆。

（5）土木结构温室各个连接部位，或木杆有节子的地方，要用铁角板、螺栓或铁钉连接加固。

（6）为了提高温室保温性，门的外面最好装缓冲间，如果温室面积超过 200 m^2，应设作业室。作业室代替缓冲间与外面相通，保温性会更好。

▶习题与思考题

1. 日光温室的屋面倾角应为多少？采光屋面形状如何确定？

2. 日光温室的跨度和高度对其使用性能有何影响？如何确定？

3. 合理的日光温室后坡面仰角和水平投影长度应为多少？为什么？

4. 应从哪些方面加强日光温室的保温性，提高其蓄热能力？

5. 墙体对于日光温室内的热环境有何作用？如何选择确定其材料、结构与厚度？

6. 后屋面对于日光温室内的光、热环境有何作用？如何选择确定其材料与结构？

7. 前屋面的保温覆盖有哪些？其保温性高低的评价指标是什么？

8. 日光温室建筑设计有哪些要点？

9. 如何使日光温室具有方便生产管理作业的条件？

10. 日光温室一般选择使用哪些透明覆盖材料？

11. 如何选择建造日光温室的场地？

12. 如何确定前后温室的间距？

13. 试简述钢骨架砖石结构节能日光温室的建造施工步骤。

14. 温室基础的埋深应为多少？

第二章 工厂化养殖设施

畜禽舍及其配套设备是现代化设施养殖业必备的主要生产设施,在其应用和发展中改革了传统畜禽养殖业沿用的养殖工艺、生产规模和经营管理模式,并综合应用多学科、多专业的高科技成果,使现代养殖业呈现勃勃生机和广阔、美好前景。

本章对鸡、猪、牛、羊的饲养场(舍)规划、选址、总体布置、平面设计、建筑结构、饲养设备等方面予以讲述。

第一节 类型与特点

一、设施养殖概述

设施养殖业与设施种植业是当代设施农业的重要组成部分,其发展改变了传统的畜禽养殖和作物种植生产,把农业生产从农业机械化时代向规模化、工厂化、专业化的农业现代化时代推进。与此同时,一门新兴的学科——农业设施工程与技术诞生并逐步发展和完善起来。农业设施工程与技术综合运用建筑设施及其配套的工程技术、设备,使之服务于农业,发展为规模化、工厂化生产的设施农业生产手段。其技术涉及建筑、材料、机械、物理、化学、环境、生物、栽培、养殖、自控、计算机等多学科专业,已形成综合的高新工程技术门类和新型产业。

设施养殖与设施种植的共同特点是利用一定的设施、设备和综合性工程技术手段,提供可控制的、优于自然环境条件的设施内部环境,使动、植物在最适宜的环境(如温度、湿度、光照、空气成分、营养等)条件下生长、发育、成熟、繁育,突破地域和自然环境条件的束缚,以最少资源投入,实现产量最大化、品质最优化和生产的连续稳定化。

(一)设施养殖业发展现状

1. 设施养鸡 我国设施养殖业与国外发达国家相比起步较晚。首先起始于集约化养鸡,其研究与起步可追溯到20世纪60年代中期,在上海建成了红旗机械化养鸡场。1975年,北京成立了机械化养鸡指挥部,当年自行设计建成了现代化种鸡场,并相继建成了20万~25万只规模的峪口、奉伯、东沙等多座大型工厂化蛋鸡场。此后近5年,北京、上海、广州、沈阳、南宁等大中城市机械化养鸡场如雨后春笋般兴建。1985年,北京已建成年产1 000万只肉鸡的生产联合企业。该时期我国集约化养鸡业已具相当规模,禽类产品供求得到缓解,但纵观全国,产品仍不能完全满足市场需求。

据统计,2001年我国设施养鸡的规模,商品蛋鸡饲养规模在500~2 000只小规模场户数,约占全国饲养总场户数的 82.24%，占总饲养量的 51.12%；商品肉鸡饲养规模在 2 000～10 000 只的小规模场户数占 85.21%，饲养量占据总饲养量的 50.4%，而 1 万只以上乃至 100 万只以上的场户比率虽只占 8.79%，但产量已接近全国总产量的 50%。

由此可见，当前小规模场户与 1 万～5 万只中小型以上直至大场户（50 万～100 万只）相比，在产量上基本平分秋色，但小规模场户数占绝对多数。肉鸡饲养存栏规模可以比蛋鸡存栏量大 1～2 倍，而经营管理难度不会有根本的区别。

2. 设施养猪 我国大约从 1970 年起较大批量兴建养猪场，并主要集中在北京、哈尔滨、沈阳、鞍山、天津、太原、广州、上海等大中城市郊区，且多为 1 000～10 000 头之间的小中规模，最大的设计规模 30 000 头。当时工艺流程和设备配套大多机械化程度不高，生产受自然气候条件影响较大，劳动生产率、商品率、饲料转化率的水平还比较低。

20 世纪 80 年代以来，随着中国改革开放和经济建设进程，沿海开放城市、经济特区引进国外先进技术，合资兴建了一些工厂化养猪场。如 1981 年深圳光明猪场、广三保猪场引进美国三得公司全套技术与设备；1984 年深圳康地猪场引进泰国全套设备等。到 1999 年以后，我国在广泛消化吸收各国现代化养猪技术、设备基础上，自行设计建成几十座工厂化养猪场，到目前，工厂化养猪场已发展更多。

3. 设施养牛 养牛业工厂化养殖场分为奶牛场和肉牛场两大类别，其工艺流程、饲养设施与设备有所差异。中国改革开放 20 多年以来，人民生活不断提高，对奶制品的需求与日俱增，尤其鲜奶的消费量激增，大大拉动了鲜牛奶和奶制品业的振兴和发展，对促进奶牛规模化、工厂化设施养殖有极大的推动作用。牛肉及牛肉制品的市场需求，更有逐年上升的趋势。因此，我国设施化养牛业近年也呈现出发展的态势。

在中国农村，多将退耕役牛（北方为黄牛、南方多为水牛）短期肥育后出栏屠宰上市，此种方式提供的牛肉及肉制品，其肉质无法保证，但却构成了我国牛肉市场供应的主体，是档次低、价格廉的大路货。而从局部或小范围观察，美国方式的异地肥育肉牛饲养模式，澳洲、南美式的以放牧为主的草原肉牛饲养模式，或欧洲式的集约化肉牛饲养模式，在中国也都有存在，并且逐步显现出向异地肥育发展的趋势。总体看，中国肉牛饲养大都处于养牛站式的落后状况，发展设施养牛业的前景广阔、任务繁重。

4. 设施养羊 我国养羊业分布面广，遍及包括台湾省在内的所有省（市）区，是世界养羊最多的国家，也是世界羊肉生产第一大国。据联合国粮农组织（FAO）年统计，2002 年我国绵羊存栏 1.4 亿只，山羊存栏 1.6 亿只，羊肉生产量 302.4 万 t（国内自行统计为 331.8 万 t），羊只存栏量、肉产量均排世界各国首位。

山羊以圈养为主，主要分布在中南、西南和华南地区。绵羊饲养主要分布在东北、华北和西部地区，以舍饲和放牧结合饲养为主。但羊舍大多设施简陋，设备配套很差。

目前，我国有草原、草坡面积约 4 亿 hm^2，但已有 50% 以上严重沙化、退化，载畜能力下降。许多传统牧区载畜量已达到饱和或超载，导致草地缺少休养生息、恢复和再生机会。长此下去势必造成草畜失去平衡，植被生态破坏，土地退化、沙化等不可逆转的严重后果。进入 21 世纪，伴随我国西部开发宏图的实施，保护生态、改良草地和实现畜牧业可持续发展的问题已受到高度重视，设施养羊已成为发展的趋势。

（二）设施养殖存在的问题

设施养殖近年来得到快速发展，它对国民经济发展和人民生活水平的提高贡献巨大。但随之而来，也产生了一些问题亟待解决。

1. 标准化程度不高 设施畜禽养殖工程工艺技术目前没有得到足够重视，相关部门的研究和开发投入不足。畜禽舍和畜禽养殖设备的设计、施工及工艺技术，只是有少数研究单位和企业各自进行研发、设计、生产和施工，技术力量有限，企业和单位内部自行采用各自的技术、工艺和设施方案。因此，畜禽养殖工程标准化、规范化程度不高，致使畜禽场建设设施、环境控制设备不配套，影响了养殖业现代化的进程。

2. 环境污染严重 无论禽或畜的设施养殖都需要适宜的生长环境，需要卫生防疫的条件。但规模化、集约化的养殖，畜禽的大量排泄物容易造成对环境的污染，此外畜禽产品加工或深加工过程，都会出现固、液、气体排放物。目前，畜禽养殖和加工业对环境的污染，已成为严重影响畜禽业持续发展、影响人民生活环境的重要问题。

3. 设施条件差 目前我国的畜禽设施普遍条件较差。土木、砖混结构的畜禽舍，尤其是未按卫生生产要求装修或处理的房舍，其表面粗糙，易于附着、隐藏或滋生有害物质和有害微生物，又不便消毒与彻底清洗，给舍内小环境的卫生、防疫造成一定的困难。一旦疫情发生，其设施内小环境做彻底消毒难度很大。其中以鸡舍问题最为严重。

（三）设施养殖业发展方向

预测与规划我国设施养殖业的发展方向，应从本国的国情以及中国与世界各国的贸易往来这两方面出发，总的目标应放在"以最低的能耗和最低的投入获取最高品质和最高产量的产品，使之在满足人民生活、物质丰富、水平提高的同时，出口创汇，在国际上互通有无"的发展原则。

① 设施养殖和规模化、集约化经营是鸡、猪、牛、羊等畜禽养殖业发展的必由之路。

② 各类畜禽小区养殖作为近期中国畜禽养殖业发展进程中的经营管理模式，是具有一定中国特色的过渡时期的产物。

③ 实施生态环境的保护与改善、畜禽品种的改良和更为科学、精细的饲养工艺，使肉、蛋、奶类直接产品质量提高；绿色无公害食品将形成产地环境、生产质量、包装储运、专用生产资料等环节的技术标准体系，整体水平达到发达国家食品安全标准，与国际接轨。

④ 畜禽养殖业对其养殖工艺、养殖设施以及配套设备的需求表现在性能、设备配套、新材料、新工艺、环境控制手段、操作与维护便捷以及相关的标准化、规格化、系列化等全面的要求都应有创新和提高。

二、主要养殖设施类型与特点

20世纪90年代中期以来，中国温室工程技术发展迅速，并逐步走向成熟，其大量新材料、新工艺、新技术的综合应用启示并带动了畜禽养殖设施的革新，出现了一批轻型、快速装配式的饲养建筑设施。

（一）鸡舍主要类型

按照鸡舍与外界的关系，鸡舍主要分为开敞式、有窗式和密闭式（封闭式）3 种形式，近年来新建鸡舍中密闭式鸡舍比例有所增加，江淮流域多用有窗式鸡舍。

1. 开放式鸡舍 开放式（也称开敞式）鸡舍有全开放式和半开放式两种形式。

（1）全开放式鸡舍。其两侧面下部侧墙为 500～600 mm 高度矮墙，其上至屋面板全部敞开，洞口采用钢丝网或尼龙塑料网等围栅围护（有的可再加双覆膜塑料纺织布或其他材质制成的卷帘，用以遮风、挡雨、保温和换气通风调节）。

（2）半开放式鸡舍。其两侧墙局部敞开，可以下半部设墙，上半部敞开，也可以间隔地上、下敞开；有的向阳面侧墙敞开面积大，背阴面敞开面积小，一般敞开部分也都设有围栅和卷帘。

开放式鸡舍主要特点：

① 以自然采光，自然通风为主，节省运行能耗。

② 鸡舍比较简易，土建施工量、耗材量较小，土建造价较低。

③ 所需管理水平不高，管理费用低。

④ 适用于夏季温度高、湿度大，冬季不太冷的我国南方地区，或作为其他地区季节性肉鸡饲养的简易鸡舍。适宜使用的地区冬季最冷月平均温度在 6 ℃以上，夏季最热月平均温度为 28 ℃左右。

2. 密闭式鸡舍 又称封闭式鸡舍。这种设施可视为一个人造小气候空间单元，以密闭的房舍构造与外部环境隔离，基本摆脱自然条件的影响；采用电力光照，机械通风，设备供暖。在此基础上，容易实现小气候环境调控自动化、智能化的现代设施饲养管理。

密闭式鸡舍主要特点：

① 与外部环境直接沟通的机会、频次、量值较开敞式鸡舍大大减少，并且沟通渠道（如物料、管理人员出入口）和接口（如机械通风的出入口）可控，为保持内部小气候环境（光照度、温湿度、空气洁净度等）处于适宜鸡群生长的状况和卫生防疫提供了便利。

② 可以完全按照畜禽生长要求，根据饲养工艺控制舍内环境，通过操作设备控制舍内光照、温度、湿度和空气成分，保持适宜饲养的人工小环境。这些操作可以人工进行，更适宜于实行自动化、智能化的管理，为工厂化的生产提供充分的条件。

③ 提高了生产率，较开敞式可提高产量 10%～15%。

④ 蚊、蝇、鼠、鸟等小昆虫、小动物不易进入舍内，减少传染性疾病发生与传播的机会，降低死亡率。

⑤ 可大幅度提高劳动生产率（国外先进管理水平下饲养员 1 人可管理 5 万只蛋鸡或 10 万只肉鸡），节省劳力和人工费用、降低成本。但对管理技术要求较高。

⑥ 密闭式鸡舍初期投资大，设备品种数量多，运行维护技术要求高，运行能耗大，对电力的依赖性强。必要时，密闭式鸡舍要配置备用发电机组，以应付临时停电急用。

⑦ 密闭式鸡舍适用地区较为广泛。在环境控制技术方面，无论何地区，均需注意全年的通风问题，此外在我国北方地区应侧重考虑冬季供暖，南方气温较高，应侧重考虑夏季降温的问题。

3. 有窗式鸡舍 有窗式鸡舍是由敞开式到密闭式之间的一种过渡形式，在侧墙上设置有可以开闭的窗扇，屋面可设置天窗，仍以自然采光和自然通风为主。但冬季保温性和环境控制功能较敞开式鸡舍有所提高。

有窗式鸡舍的主要特点：

① 采用合理的开窗数量、大小与布置方式，可以取得较理想的采光、通风效果。

② 利用窗的启闭机构，既可调节风量，开启通风换气，防止舍内温度过高，又可以关闭保温、防雨雪、抗风袭。

③ 有窗式鸡舍比敞开式较容易进行舍内环境的控制。

④ 比开敞式鸡舍土建造价高，但管理难度差距不大；比密闭式鸡舍节省运行能源和管理费用。

⑤ 适用于冬季最冷月平均温度 0 ℃左右，夏季最热月平均温度 26～29 ℃的我国黄河以南，淮南长江流域的中部地区。

（二）猪舍主要类型

猪舍的种类有多种，其分类方法也很多。根据猪舍的开放程度可分为开敞式、半开敞式和封闭式等；根据猪舍内猪栏的配置方式可分为单列式、双列式、三列式和四列式等；根据猪舍的除粪及处理方式可分为舍内除粪猪舍、舍外除粪猪舍、环保型猪舍等；根据猪舍的用途又可分为繁殖舍、妊娠舍、分娩舍、幼猪舍、生长舍、育肥舍等；根据猪舍有无窗户又可分为有窗式猪舍和无窗式猪舍。

1. 开敞式猪舍　开敞式猪舍三面有墙，南面无墙而完全敞开，或只有支柱和房顶，四面无墙，用运动场的围墙或围栏关拦猪群。这种猪舍的优点是猪舍内能获得充足的阳光和新鲜的空气，同时，猪能自由地到运动场活动，有益于猪的健康。但舍内昼夜温差较大，无法进行人工环境调控，保温防寒性能差，适用范围较窄。

2. 封闭式猪舍　封闭式猪舍四周均是墙壁，砌至屋檐，墙上有窗或无窗。封闭式猪舍的优点是冬季保暖性能好，受舍外气候变化的影响小，舍内气候可人工控制，有利于猪的生长和防疫。缺点是设备投资较大，对电的依赖性大，使用管理技术要求高。分娩舍和工厂化养猪场常用这种形式。

3. 半开敞式猪舍　半开敞式猪舍上有屋顶，东、西、北三面为满墙，南面为半截墙，高100～120 cm；或东西山墙为满墙，南北两侧为半墙，设运动场或不设运动场。半开敞式猪舍性能介于封闭式和开敞式猪舍之间。

4. 塑料大棚猪舍　我国东北和内蒙古等地，近年来在原有的半开敞式猪舍和简单棚舍上加盖农用塑料薄膜棚，形成了防风保温层，在外界气温为−24 ℃时，棚内温度能达到 10 ℃左右，即使夜间棚内气温也不低于 0 ℃，可达到有窗式猪舍的饲养效果。缺点是棚舍内湿度过高。

（三）牛舍主要类型

国外一些发达国家的奶牛舍建筑建设水平很高，已基本实现了装配化、标准化和定型化。我国过去牛舍建筑多采用砖混结构，主要参考工民建筑设计规范进行设计，而一些质轻、高强、高效的建筑材料产量小、价格高，不能得到利用，制约了我国牛舍建筑的发展。20 世纪 80 年代后期对牛舍建筑日益重视，研究开发并推广了节能开放型牛舍、半封闭型牛舍等，在节约资金和能源等方面获得了显著的效果。与此同时，在综合了密闭式和开放式牛舍各自的特点后，研制了开放型可封闭牛舍和屋顶可开启式自然采光的大型连栋牛舍等新建筑形式，使牛舍建筑的形式更加多样化，不仅综合了开放舍和密闭舍的特点，而且更有利于节约土地、资金，减少运行费用，更加适应了我国南北方气候差异大的特点。牛舍建筑的多样化在推动我国奶牛业发展中起到了积极作用。

1. 按饲养管理方式分类 牛舍分为拴系式牛舍和散栏式牛舍。

（1）拴系式（颈枷式）牛舍。是传统的饲养牛舍，历史悠久，应用广泛。舍内床位固定，互不干扰。牛只在各自床位采食、挤奶、休息。该方式常采用颈枷方式固定牛只。

（2）散栏式牛舍。是高度机械化、自动化的现代牛舍，在北美和西欧已推行 30 余年，我国目前尚未普及，仅在少数地区刚刚兴起。这种牛舍多用于奶牛养殖，利用计算机管理各饲养程序，奶牛按操作程序自动到自动喂料箱定量采食，挤奶在挤奶厅进行机械化作业，清粪也是机械自动化操作，对奶牛实行分区管理，分别建立牛只采食区、挤奶区和休息区，以适应奶牛生活、生态和生产所需的不同环境条件。

2. 按牛栏（床）排列数分类 舍内卧栏或卧床呈 1 列排列时，称单列式牛舍；如呈 2 列排列，称双列式牛舍；2 列以上排列，称多列式牛舍；

3. 按外围护结构封闭程度分类 分为封闭式和开放式 2 类。

（1）封闭舍。有屋顶遮盖和四周墙壁围护，舍内外空气环境差异大，具有冬暖夏凉的优点，便于牛群生活和生产管理。但通风换气能力差，炎热季节仍需采取通风防暑措施。成年奶牛舍多采用此种建筑形式。

（2）开放舍和半开放舍。这两种牛舍三面有墙，正面墙开小窗。其区别在于半开放舍前面筑有半截墙。这类牛舍通风采光性能好，但防寒能力差，寒冷季节不利于牛的生长发育。生产上常用于饲养青年牛和育成牛。

4. 按生产区分类 分为成奶牛舍、青年牛舍、育成牛舍、犊牛舍、产房及保育室、混合牛舍等。

（1）成年奶牛舍。是饲养成年奶牛的畜舍，舍内设双列通栏牛床，产奶牛的饲喂和挤奶均在舍内进行。

（2）青年牛和育成牛舍。青年牛舍饲养 18 月龄初配至分娩前的青年牛；育成牛舍饲养 6～18 月龄以内的育成牛。

（3）犊牛舍。饲养 7 日龄至 6 月龄的犊牛，舍内要求冬暖夏凉、光照充足、通风良好、无贼风。

（4）产房和保育室。产房是奶牛产犊的专用畜舍，要求功能多样，冬防寒，夏防暑，通风良好，光照充足，既要便于清洗消毒，还要便于助产、挤奶、饲喂。保育室是哺育 7 日龄以内的初生幼犊的畜舍，常和产房建在一处。

（5）混合式牛舍。是综合性多功能饲养牛舍，适用于饲养 50 头以下牛的小型牛场。

5. 按屋顶形式分类 分为单坡式、双坡式、联合式、半钟楼式、钟楼式和拱顶式等形式。

（1）双坡式牛舍。多为封闭舍，舍内床位常以双列或多列排列，以双列多见。

（2）单坡式牛舍。常以单列开放式或半开放式居多。

（3）钟楼式和半钟楼式牛舍。钟楼式牛舍即在双坡式牛舍顶上设置一个贯通牛舍横轴的"光楼"，这就增加了牛舍的通风透光性能，但天窗的启闭和擦洗不方便，不利于人工操作。两种牛舍的区别在于半钟楼式仅有 1 列与地面垂直的天窗。

（4）双列对尾式和双列对头式。双列对尾式牛舍，中间为清粪通道，两边各有一条饲喂通道。这种布局便于挤奶和清粪，也便于观察牛体后躯情况。双列对头式牛舍，中间为饲喂通道，便于饲喂操作和机械化作业，但不便于观察牛体后躯，不利于预防飞沫传播等疾病。

（四）羊舍主要类型

1. 封闭式羊舍 多见于北方寒冷地区，屋顶为双坡式，跨度大，保温性能好，羊舍宽 10 m，长度视养羊数量、羊场地形而定。舍内布置以双列式居多，又分为对头式和对尾式，走道分别位于中间或两侧（靠窗），地面有一定的坡度，便于清除粪便。在羊舍的一端还应建值班室和饲料间。封闭式羊舍的主体骨架为轻钢结构，屋顶覆盖材料为彩钢夹芯板，舍内环境很容易控制，为一些大型羊场所采用。

2. 半开放式羊舍 适合于较温暖地区，与封闭式羊舍相似，只是一侧墙（多为南墙）为矮墙，上部敞开。气候潮湿地区应建栅板式羊床。

（1）开放—半开放单坡式羊舍。适合于南方炎热地区，由开放舍和半开放舍呈拐角连接而成，羊可在两舍间自由活动。舍内应建栅板式羊床。

（2）棚舍结合式羊舍。在天气较暖的地区建羊舍时，可视具体情况在封闭式或半开放式羊舍外建羊棚，平时羊在运动场内活动，羊棚可以起到防止日光暴晒和雨淋的作用，冬春较冷时则可以进入舍内避寒。

（3）吊楼式羊舍。适于南方炎热、潮湿地区，为双坡式屋顶，栅板式羊床离地面高 2～2.5 m。夏秋季节炎热、潮湿，羊住楼上；冬春冷季，羊住楼下防寒，楼上可贮存干草。

▶习题与思考题

1. 设施养殖的内涵与特点是什么？

2. 结合你在社会实践中了解的情况，说明我国设施养殖业存在的主要问题和今后的主要发展方向。

3. 鸡舍的主要类型与特点有哪些？

4. 猪舍的主要类型与特点有哪些？

5. 牛舍的主要类型与特点有哪些？

6. 羊舍的主要类型与特点有哪些？

第二节 工厂化养鸡设施

一、场舍总体规划

（一）场址选择

养鸡场总体规划应注重选址，并充分论证后确定选址的区域和地点，报政府批准。选址应考虑自然条件、社会条件、法律法规与防疫要求和政府规划4个方面。

1. 自然条件 自然条件包括地势、地质、水文、土壤、区域气候等。

（1）地势、地质和土壤。鸡场地势应平坦或稍有坡度为宜。一般坡度宜为1‰～3‰，此种小坡度有利于场区排水和场区防疫。坡地坡度不宜大于20％，越大越不利于物流、产品的装载运输。

禁忌在山谷底部及低洼处建场，以保证安全、卫生与排污方便。避免在潜在或多发气候性与地质性自然灾害（如洪水、泥石流、山体滑坡、崩塌等危险地质结构）或有害微量元素（如铅、汞、放射性元素等）超标地区建场，以保证人员、设施和禽类安全。

鸡场的土壤应透气性良好（如沙质土壤），且未曾被有害微生物、病毒、传染病原体、有害垃圾、化工废弃物等污染，以保证场地干燥，无病源、无污染。

（2）水文、水质。一般要求场区地下最高水位位于室外地平线−2 m以下，且远离邻近小溪、河流300 m以上，以利于场区干燥和避免交叉感染。

鸡场应水源方便、水质良好无污染。最好采用地下20～30 m深层地下水。每只成鸡夏季最大饮水量为300 g左右，鸡场同时还有冲洗设备、车辆、清毒及其他（如绿化等）用水，总用水量为鸡群饮水量的2～3倍。即一个10万只鸡场最低耗水量为60 t/d。

（3）区域气候。选址气候应尽可能有利鸡的生长发育，满足大量集中饲养的卫生防疫要求，避免在长期阴湿、低温、少光照以及长期高温、高湿的地区建场，以利节能和防疫。

2. 社会条件

（1）交通与环境。鸡场应设在交通方便、但远离国道和省市级公路主干线的邻近县级公路的支线公路上，并应与支线公路保持200 m以上的距离，与县级以上主干线公路保持1 000 m以上的距离，距铁路也应大于300 m。养鸡场远离居民区，并保持2 000 m以上的距离。

不应在有污染物排放、贮存的单位和场所（如屠宰场、肉类加工厂、化工厂、垃圾场等）附近选址、建场，至少应远离有害污水、废弃物、废气、噪声等污染源2 000 m以上，并应在这些污染源的当地主风向的上风向规划建设。

（2）能源供应。能源主要用于鸡场的补光照明、机械通风与孵化器等生产用电和生活、办公用电。应尽量选址于电力充足的地区。据统计，主要采用自然通风、自然光照的开放式鸡舍，每只鸡年耗电量0.25～0.35 kW·h；机械通风、人工光照的密闭式鸡舍，每只鸡年耗电量为1.2～2.2 kW·h。一般密闭式鸡舍的鸡场应配置发电机组，以防停电影响生产。当按养鸡场规模计算发电容量时，应按每只鸡不少于3 kW·h/年设计。其他能源如燃油、燃煤等供应只能依靠运输，可不必列入选址要求。

3. 法律法规与防疫要求 应在符合法律法规要求的原则下，从社会大环境的角度和社会安全的立场上考虑环境保护和卫生防疫事项。既要能避免场内污染物或病原体向外扩散，又要能够防止外界不良环境因子的入侵，一般要通过环境影响评估来确认。为此，选址面积中应考虑加入废弃物无害化处理的面积，应确切掌握选址地的疫情史和现状，供选址参考。

4. 政府规划 选址应符合国家和地方政府的用地要求与规划。不要占用国家政府明令禁止使用的农田、森林、草场和规划内的禁止养殖区、控制养殖区。科技含量高的种禽生产和工厂化、集约化饲养，可在政府规划允许的适度养殖区内发展。应选择适当远离城镇销售地以外的条件适宜地点，最好是当地政府在养殖区布局规划中明确划定的区域。

饲养量不宜过大，否则会增大传染病爆发的危险。适度饲养规模可参照表2-1。

表2-1　禽类生产规模参考表

种群项目	种鸡场（套）	商品场（只）	养殖专业户（只）	农户饲养（只）
祖代种鸡场	5 000～30 000			
父母代种鸡场	10 000～50 000			
商品蛋鸡场		10 000～20 000	3 000～5 000	500～1 000
商品肉鸡场		200 000～1 000 000	25 000～50 000	5 000～10 000
水禽场		5 000～10 000	500～1 000	100～200

引自李保明，2003

（二）总体布置

1. 鸡舍栋数和辅助、生活、办公建筑

（1）鸡舍栋数。目前鸡群饲养较多采用"全进全出"（见后述"养鸡工艺流程"）的工艺，有利于分阶段饲养、转群，彻底清洗、消毒鸡舍，有利于均衡生产节拍和鸡群转舍的时间与空间组织，以便充分发挥机具设备的效率，提高土地利用率和鸡舍利用率。

不同鸡龄的鸡群，其生理特征、生理需求以及对活动空间、饲料、环境、福利和设备有不同要求。以此为根据，可将整个饲养周期划分为一阶段饲养、二阶段饲养和三阶段饲养3种阶段饲养方式，与此相应有3种鸡舍配置方式的鸡场。

肉仔鸡饲养周期最短，从雏鸡出壳经过50～56 d饲养，体重达1.5～2.0 kg即可上市，因此常采用一阶段饲养周期，而鸡舍也只有肉仔鸡舍一种。有的鸡场为更有效利用建筑空间和雏鸡采暖设备，采用二阶段饲养，即分为育雏和肉仔鸡2个阶段，鸡舍增加为肉仔鸡舍和育雏鸡舍两种。

蛋鸡的饲养一般分育雏、育成及蛋鸡3个阶段，饲养天数约分别为40、100和365 d。也有蛋鸡场采用育成和蛋鸡2个阶段饲养的。这样，鸡舍也就有育雏舍＋育成舍＋蛋鸡舍和育成舍＋蛋鸡舍两种配置方式。种鸡的饲养期也采用2个或3个阶段，多采用3个阶段的方式。

当每个饲养阶段完成后，鸡群必须转群并立即进入下一栋鸡舍，同时清理、消毒空出来的鸡舍。各个饲养阶段的时间加上转群、清理的20 d辅助时间合计为鸡舍的利用周期。则各种鸡舍的利用周期为：雏鸡舍60 d，育成鸡舍120 d，蛋鸡舍365 d。按全进全出饲养方式，每座育雏鸡舍每年可生产6批次，每座育成鸡舍每年可出3批次，每座蛋鸡舍每年1个批次。由此可以确定3阶段饲养方式各种鸡舍栋数的基本配置应为：1栋育雏鸡舍配备2栋育成鸡舍和6栋蛋鸡舍。

正常状况下，饲养过程中鸡群是有少数死亡或被淘汰的。一般雏鸡成活率约95％（死亡率为5％），育成鸡成活率约89％（死亡率3％，淘汰率8％），育成后转至蛋鸡舍饲养的数量即为鸡场的规模数。可通过规模数和成活率推算出各饲养阶段鸡群每个转群批次入住鸡舍时鸡位（鸡的个数）的总数量，进而，可根据饲养方式推算所需鸡舍面积。

（2）鸡场辅助、生活、办公建筑。鸡场的辅助设施选项应根据生产规模、生产工艺、生产需要、管理方便有效来确定，并力求节能、降耗。表2-2列举了通常运用的辅助设施项目，可供选择。

表2-2　养鸡场辅助生产、生活、办公建设项目表

辅助设施类别	设施项目名称
生产辅助设施	
卫生消毒	风淋消毒室、兽医化验配剂室、包装用品清洗消毒间、急宰间、焚烧室、洗衣间、更衣室
能源动力	深水井、自来水塔、变电室、发电机房、锅炉房、燃料库、空压机房
物资供应	饲料库、物资库、产品中转库、机电维修间
运输	车库、道路
排放处理	排污系统、粪便处理场、死鸡处理场
环境设施	绿化隔离带
办公管理设施	办公室、门卫室、围墙
生活设施	集体宿舍、餐厅、厕所卫生间

2. 场区的总体布置　布置原则是方便生产、便于管理、利于卫生防疫、运输畅通便捷、生活办公方便、体系简捷高效，重点服务鸡群。

（1）全面考虑、严格分区。鸡场应将管理区、生产区、隔离区、粪便处理（或埋放）区严格、合理地布局。应将生产区、隔离区和粪便处理区沿全年主风向依次向下布置，使生产区处于上风向，利于鸡群卫生与防疫。管理区一般设在生产区的侧面，与生产区同处上风向，各区之间应有绿化隔离带或围墙。饲养区是卫生防疫控制最严格的重点区域，与管理区之间应设立消毒门廊或风淋消毒室作为工作人员唯一通道。粪便处理区地势宜处于全场最低区域，且处于下风头，并以绿化隔离带或围墙与生产区隔离。

（2）鸡舍的位置和顺序。鸡舍位置和顺序应适合工艺流程和防疫要求。雏鸡生命力脆弱，对生存环境要求最高，故将雏鸡舍安排在上风向最前方，图2-1为某两个阶段蛋鸡场鸡舍及场区布置图。蛋鸡场的鸡舍沿全年主导风上风向的布置顺序为：育雏舍→育成舍→蛋鸡舍。

（3）鸡舍的朝向。开放式鸡舍朝向应兼顾采光、通风、防疫等方面，综合考虑。但密闭式鸡舍对采光一项可不必顾及。

（4）鸡舍的布置形式。常采用单、双列2种形式布置鸡舍。图2-2为单列式布置，鸡舍按合理间距依次排列，每舍可自设料塔、粪池，也可两舍共用。图2-3为双列式布置，特点是集中，可缩短列长，也可多列横向展开，且两列共用供料、供电、供热等线路，节省投资。

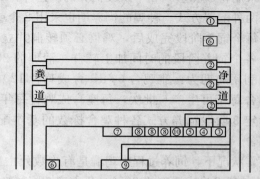

图2-1　综合性鸡场布局示意图

① 育雏、育成鸡舍　② 成年鸡舍　③ 更衣室　④ 蛋库　⑤ 料库
⑥ 厕所　⑦ 食堂　⑧ 宿舍　⑨ 饲料加工间　⑩ 办公室

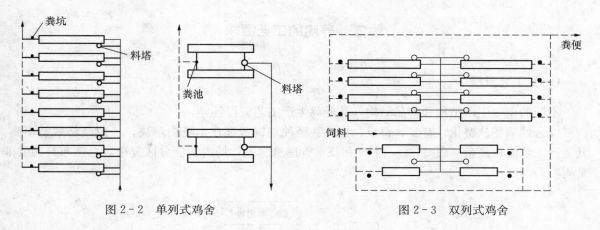

图 2-2　单列式鸡舍　　　　　　　　　　　　　　图 2-3　双列式鸡舍

（5）鸡舍的间距。我国国家专业标准《工厂化养鸡场建设标准》中规定了鸡舍防疫距离值（属法定标准），只要满足了表 2-3 中规定的标准值，通风、光照等其他方面要求均能满足。

表 2-3　鸡舍防疫间距（m）

类　别	同类鸡舍	不同类鸡舍	与孵化场间
祖代鸡场（种鸡舍/育雏、育成舍）	30～40/20～30	40～50	100/50 以上
父代鸡场（种鸡舍/育雏、育成舍）	15～20	30～40	100/50 以上
蛋鸡场，肉鸡场	12～15	20～25	300 以上

引自李保明，2003

（6）鸡场绿化。空地种草植树不留空闲余地，不种密生灌木有利于通风，宜种高大乔木，既有利通风，又有利改善环境和隔离防疫。

（7）场区道路。物料、产品走净道，鸡粪、污物走粪道（又称污道）；净、粪道路远离、分行，不允许交叉布置，不允许并排靠近或相通。

一般区主干路宽 5.5～6.0 m，中级路面；分支道路 3.0～4.0 m，中级或低级路面。

（8）鸡场防疫。鸡场卫生防疫是至关重要的生命线，应予以高度重视。

① 软件要求：鸡场防疫管理制度、操作规程、紧急应急预案、防疫网络图、监管制度健全，并设专岗，责任落实到人。

② 硬件要求：硬件应与软件相匹配、吻合，不应有漏项或存在安全隐患。重点有：生活、办公区通外界大门应设车辆、人员、物品消毒池、垫或喷淋消毒设备，通入生产或生产辅助区的出入口应设专门消毒走廊或喷淋消毒室，并专人检查、操作；物料、产品进出厂区应设专用通道和门廊，进行整车喷淋消毒和消毒池消毒；围墙外围应种植树木、灌木、草地绿化隔离带，以隔断外界的干扰或疫情威胁；一般有效绿化隔离带在 50 m 以上，宜在各大区分界处设置；鸡舍的进、出风口应设置防护网，防止鼠、鸟类及其他小动物进入鸡舍。

二、养鸡的工艺要求

(一) 工艺流程

不同的企业生产结构和产品结构，其养鸡生产工艺流程各异。

综合性鸡场从孵化、育雏、育成、蛋鸡甚至种鸡饲养都在本场内解决，一般经济效益不高。其生产工艺流程复杂（图2-4），生产和技术管理难度大，场内功能分区复杂，总体布局需要非常周密。

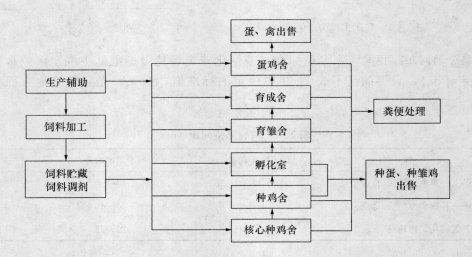

图 2-4　综合性鸡场生产工艺流程图

专业性鸡场是一种只养种鸡、蛋鸡或肉鸡的专业化养殖场。由于产品目标单一，其生产工艺流程较为简单，鸡舍类型不多，设备类型不多，喂饲工艺定型，技术容易掌握，既利于管理又利于防疫。一般可向孵化场订购雏鸡或可本场孵化。

(二) 鸡舍的气候环境要求

创造适宜和稳定的鸡舍小气候环境，为鸡（只）群正常的生长、发育提供最佳生活条件。这里小气候环境主要指舍内光照、温度、湿度、通风、环境卫生和防干扰等。

1. 光照

（1）光照度。鸡群不同的饲养阶段或饲养用途，对光照度的要求也各不相同。1周龄雏鸡适宜的光照度为10～20 lx；2～20周龄的雏鸡和育成鸡，为促进正常发育，防止过早性成熟，适宜的光照度降到2～10 lx；20周龄以上的产蛋鸡，适宜的光照度为5～20 lx。因此，开放式鸡舍夏日里有时需适当遮阳以降低光照度。光线过强会使鸡只感到不适，表现出易惊群、神经质，乃至引起啄羽、啄肛、啄趾和角斗等恶癖。

（2）光照时间和光照制度。光照时间过短会影响鸡只正常采食、饮水、活动，还会延迟种鸡的性成熟；光照时间过长，会使鸡只过早成熟，致使母鸡早开产、蛋重低、产蛋率低、缩短产蛋持续期。根据鸡的生理学要求，可将光照度、光照时间按鸡（只）群的周龄阶段科学、有效地编排、组织成为光照制度。执行合理的光照制度，有助于鸡（只）群的正常发育，达到更佳的生产性能，是饲养管理的重要内容之一。种鸡、蛋鸡与肉鸡，开放式鸡舍与密闭式鸡舍，光照制度是不相同的。

① 蛋鸡和种鸡常用的光照制度：对于蛋鸡和种鸡，1 周龄的雏鸡采用每日 23～24 h 的光照时间，目的是使雏鸡在明亮的光线下增加运动，熟悉环境，尽早饮水、开食。1 周龄以后，为防止过早性成熟，光照时间每周降低约 4 h，降到每日光照时间 8 h 后维持不变，直至 18 周。18 周以后每周增加 1 h 的光照时间，直至达到每日 16 h 光照时间，以后维持不变。

对于开放式鸡舍，育雏育成阶段的光照时间应由长变短或保持恒定，绝对不能由短变长，以防过早成熟，影响蛋重和以后的产蛋量。所以，如饲养的季节自然光照时间是在逐渐缩短，则可顺其自然时间，不用补光。如饲养的季节自然光照在逐渐延长，则预测出雏鸡长到 20 周龄时当地日照时间，20 周龄以前一直采用该光照时间，不足部分采用人工补光；或者在 20 周龄时当地日照时间基础上再增加 4 h，作为 1～4 周龄的光照时间，5～20 周龄期间每周平均减少 15 min，到 20 周龄时正好与自然光照时间长短相一致。

② 肉鸡常用的光照制度：合理的肉鸡光照制度应使鸡只最大限度地采食饲料，从而获得最高的生长速度，达到最大的出栏体重。时间不宜过长，光照不宜过强，只要能保证看到饲料、饮水和有足够的采食、饮水时间即可。

一种是传统的连续光照方法，适用于开放舍。一般是前 2 d 采用 24 h 光照，使雏鸡在明亮的光线下增加运动，熟悉环境，尽早饮水、开食。3 d 后 23 h 光照，1 h 黑暗，目的是适应突然停电，以免引起鸡群骚乱。从第 2 周起，白天利用自然光照，夜晚只在吃料和饮水时开灯。

另一种方法是间歇光照，适用于密闭舍，除 1 周龄时采用连续光照（同上）外，以后采用间歇光照，即 1 h 光照，3 h 黑暗。这种光照制度从体重上看，可使 28 日龄前的生长速度减缓，但由于 28 日龄后的补偿生长，使肉鸡在 49 日龄出栏时体重与连续光照肉鸡的体重一样；从采食量上看，49 日龄全程耗料量低于连续光照的耗料量，从而提高了饲料利用率；从疾病方面看，间歇光照可显著降低产热量和耗氧量，而缺氧是引起腹水症的主要原因，因而间歇光照可减少缺氧性疾病的发生。

2. 温度　不同饲养目的和饲养阶段的鸡（只）群对舍内温度要求有所差异。一般 0～2 周龄雏鸡适宜的温度为 30～24 ℃，2～3 周龄为 24～21 ℃，3～4 周龄 21～18 ℃，4 周龄以后 18～16 ℃。蛋鸡产蛋期适宜温度范围是 13～24 ℃，在此温度范围内产蛋水平最高。但冬季蛋鸡舍内气温只要不低于 8 ℃，也不会对产蛋有严重影响。夏季应通过通风换气等方法，使舍内气温控制在 30 ℃以下。

3. 湿度　雏鸡适宜的相对湿度，1～10 日龄为 60%～70%，应避免过于干燥，引起体内水分大量蒸发，产生腹内剩余蛋黄吸收不良，或饮水过多发生下痢、脚趾干瘪、羽毛生长缓慢等不良症状。10 日龄以后相对湿度应降为 50%～60%。产蛋鸡适宜的相对湿度为 55%～65%。

增湿的办法有喷雾增湿或地面喷水等，雾液中加消毒剂同时也可起到给鸡消毒的作用，但切忌用增加鸡粪含水量来为鸡舍增湿，并防止饮水系统弄湿鸡粪，以利卫生防疫。降湿的办法有适当通风、换气，或用过磷酸钙混拌料（切忌用生石灰）吸潮等。

4. 通风、换气　适当地通风、换气，可以降低舍内二氧化碳和氨气、硫化氢等有害气体的浓度，同时也具有排除湿气、臭味和降温作用。

开放式鸡舍基本依靠自然通风，并及时清除粪便，减低有害气体浓度。

密闭式鸡舍采用机械强制通风。通风量要求，一般每只鸡所需通风量，冬季 $0.03 \sim 0.06\ m^3/min$，夏季 $0.12\ m^3/min$。

在寒冷冬季，通风换气与保温、采暖会形成矛盾，通风设计要很好地处理这个矛盾。如采取新、旧（原舍内）风热交换、新风（量多）掺旧风（量少些）逐渐替换，或提前将舍内温度提高 $1 \sim 2\ ℃$ 后再开风机等办法来解决该矛盾。在春、秋和冬季，通风时间一般选在晴天中午前后平缓地进行。夏季温度高，可使用风机湿帘相结合的通风换气方式，降温效果非常有效，实践证明可使舍内温度达到较舍外温度低 $4 \sim 5\ ℃$。

5. 环境卫生　环境卫生是养殖工艺极为重视的环境条件，一般都列入管理规程，并严格执行。鸡舍的设计、施工应提供良好的条件。应采用便于清洗消毒、防渗透的内墙表面，便于定期清除粪便的清粪系统（包括除粪机、排粪渠道等），效果可靠的进、出消毒设备等。

6. 防干扰　主要是防止环境噪声、突发噪声、突发极强光照、突发超速大风等。

实验已证明，声强 $110\ dB$ 以上的噪声干扰会产生 1.6% 的软蛋，血蛋率也会增加 1.5%，每个蛋重平均下降 $1.4\ g$，平均产蛋率下降接近 5%。因此，应尽可能降低养鸡机械噪声，在选择喂饲、集蛋、除粪、通风、输送等机械时，应采用噪声低、性能好的。

鸡舍周围 $500\ m$ 内环境噪声应小于 $70\ dB$，风机风速不宜超过 $8\ m/s$。

开放式鸡舍较密闭式鸡舍防干扰能力差，应在管理上更加精心，可根据天气预报和实况及时关窗、闭帘等，以防电闪、雷鸣及大风对鸡群的突然惊吓。

三、鸡舍的平面与剖面设计

工艺平面设计应在事先已确定的鸡场性质、产品目标和生产规模的前提下，根据饲养的品种、饲养方式、饲养工艺、饲养指标、贮运方式、生产技术管理和自然条件、地形以及防疫和环保诸多方面的相关因素，综合分析。首先选择设备、机具和鸡舍类型，设计出鸡场场区总工艺平面布置图、鸡舍与辅助生产建筑物内的工艺设施和平面布置图。

（一）鸡舍的平面布置

单栋鸡舍是作为养鸡场内某一饲养阶段的单一饲养单元而建造的。其内部平面面积利用按功能区域划分，由饲养面积、工作管理面积和通道面积三大部分构成。因此，鸡舍的工艺平面布置方式最终体现在正确策划好以上三大部分面积的尺寸、形状、位置安排、功能划分，并联系设备选用及安装位置，以适应养殖工艺过程和管理的需要。

1. 工作管理间的平面布置　工作管理间为饲料间、贮藏室、值班更衣室、控制室等，其数量、位置与大小根据功能需要和便于管理来布置，布置方式有单端式和中间式布置两种。

单端式布置：将工作管理间设置在饲养间的一端，由隔墙将其与饲养间分隔开，饲养员只能通过隔墙的专设门进出（其他管理人员不得直接进入饲养间）。

中间式布置：将工作管理间设置在两饲养间之间，由两座隔墙和专用门与两饲养间隔离开，相当于一个工作管理间管理两座鸡舍，节省了建筑面积，但送料与运输道路布置困难，引起迂回交叉。因此大规模多栋鸡舍的情况不宜采用。

2. 饲养间的平面布置　饲养间（或称养殖间）可布置为无通道或有通道两类。

有通道饲养间内划分为饲养区和通道两种功能区域，饲养区是用以安装养鸡设备和形成鸡（只）群生活空间的区域，可以由1个或多个组成，单个饲养区横向平面宽度由养殖设备安装后最大横剖面外廓尺寸等因素确定。通道是饲养员巡视、集蛋、操作鸡群转场等通行的道路，可以为1条至多条，一般平（散）养每条道路宽度0.7~1.0 m，笼养道路宽度1.3~2.0 m。

（1）地面或网上平养鸡舍饲养间的平面布置。平养也称散养，是在鸡舍内地面铺设垫草或适当配比的沙、碎石、土等垫料，或在距地面一定高度的平网上饲养鸡禽的方式。

① 无通道式平养：养殖间内不设通道，养殖区的有效宽度等于养殖间的宽度。无通道式布置最适宜地面平养育雏，这是由于可以在地面上利用活动隔网（栅）任意分隔、围挡，可实现分小区饲养时，随着鸡只长大而逐步扩大小区，以适合其生长与活动。同时，喂饲设备、自动饮水器、保温伞等设备可以吊挂安装，伴随鸡只成长而调整吊挂高度，以便于啄食、饮水、取暖。由于无通道，节省了辅助生产面积，饲养密度提高较多。其不足之处是对空间的利用仍不理想，没有饲养员的工作通道。

肉鸡、蛋鸡育成和种鸡平养也可采用此种无通道式布置方案，但在设备选用上有所不同。应特别强调的是：地面平养如用作育雏舍，对地面的干燥、保温性能和便于清理与消毒方面要求较高，设计施工中应予特别重视。图2-5为各种无通道式平养布置，沿饲养区长度方向喂饲线的条数决定了养殖区的宽度大小。

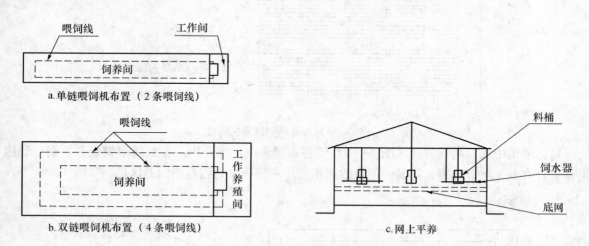

a.单链喂饲机布置（2条喂饲线）

b.双链喂饲机布置（4条喂饲线）

c.网上平养

图2-5　各种无通道式平养布置方式

网上平养时鸡粪可以通过网孔落在粪池中，容易实现较长周期集中清粪，有利于清扫、消毒。地面平养已有被网上平养取代的趋势。

② 有通道式平养：通道、养殖区并行排列布置。一般是用固定网（栅）将饲养区与通道分隔开，并采用横向隔网（栅）再将养殖大区分隔出若干小区。较大的鸡舍跨度可采用多通道和饲

养区域，但应注意自然通风是否能满足工艺要求，否则需要增加机械通风系统。

单通道单列饲养区（图2-6）：跨度较小，横向活动隔网处设有产蛋箱，便于集蛋与管理。如为敞开式鸡舍，则南侧可以设舍外运动场，多为种鸡舍采用。

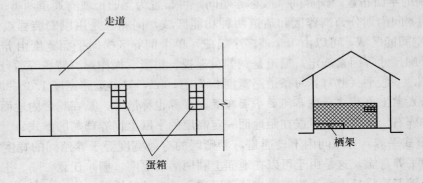

图2-6　单通道单列式平养鸡舍

中央通道两侧饲养区（图2-7）：两侧饲养区共用一条通道，可用增加跨度尺寸来提高建筑面积利用率的办法节省建筑投资，但跨度过大自然通风效果不良，必须增设机械通风系统。对有窗式鸡舍应考虑北侧养殖区的光照和机械开窗问题。各区设备必须单独配置，需装两套喂饲等设备，管理工作量相应增加。

图2-7　中央通道两侧饲养区鸡舍

两侧通道中央双列饲养区（图2-8）：设备布置集中，可合用一台双链喂饲设备。南、北通道靠墙，有利于鸡群防寒、防暑。但有效面积利用率较中央通道两侧饲养区低。

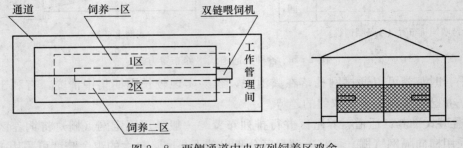

图2-8　两侧通道中央双列饲养区鸡舍

两通道中双、边单列饲养区（图2-9）：跨度需更大，建筑面积利用率较高。但自然通风效果不良，必须增设机械通风系统。设备多，管理工作量相应增加，4个饲养区使用3套喂饲设备。设计中应关注北侧养殖区的采光、防寒问题，必要时应以设备弥补。

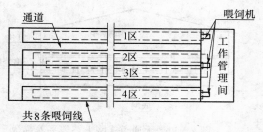

图2-9　两通道中双、边单列饲养鸡舍

（2）笼养鸡舍饲养间的平面布置。由于鸡笼既可以平面布置与排列，又适合叠摞起来，使底层鸡笼的顶部以上空间得到有效利用。叠层数越多，对鸡舍内空间的利用率越高，更适合大规模机械化饲养与管理。图2-10列举出部分鸡笼空间组配形式的横断面简图。

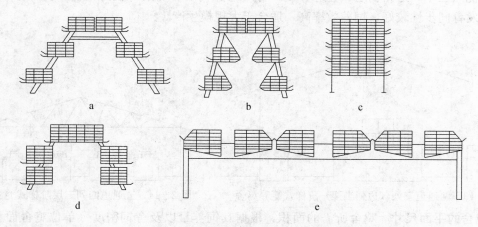

图2-10　鸡笼基本空间组配类型
a. 全阶梯式　b. 半阶梯式　c. 层叠式　d. 阶叠混合式　e. 平列式

笼养鸡舍养殖间平面布置形式，也分为无通道式和有通道式两大类。

① 无通道式笼养：无通道式笼养通常为网上饲养。两列鸡笼相向组合，两列笼内鸡只头对头啄食、饮水，共用一条食槽、水槽和集蛋带（图2-11）。饲养间养殖平面不留通道，舍内面积利用充分，但捉鸡、观察等操作都是通过鸡笼上方的行车往返完成。这种鸡舍虽然容易清粪，节省了通道面积、水槽和食槽用料，但是要求机械化程度高，对机、电的依赖性很大。

② 有通道式笼养：有通道平置式笼养：鸡舍跨间有较多立柱，鸡笼挂置在立柱上，鸡笼底距地面有一定的高度（图2-12）。鸡的食槽、集蛋带置于通道两侧，集蛋、运输、巡视、除粪等都在通道内完成，通风效果好，管理方便，许多工作可人工完成，对机、电的依赖性不高。但这种养殖方式舍内面积利用不充分，不是发展方向。

有通道立体式笼养：常用阶梯式、半阶梯式、叠层式、混合式等鸡笼组合，有时为了节省一条通道，采用半架鸡笼，靠南、北墙布置（图2-13），但易造成通风不良和靠外墙的鸡群受外界影响较大的情况，且喂饲机械多1台，也不便配套和安装，较少采用。

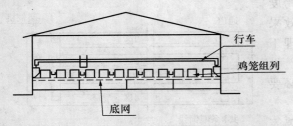

图 2-11　无通道式网上鸡笼平养鸡舍

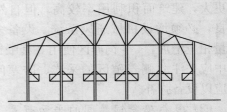

图 2-12　有通道平置式笼养鸡舍

有通道立体式笼养普遍采用的是通道数量比鸡笼列数多 1 条的布置方式，如三通道两列、四通道三列、五通道四列、六通道五列式等。图 2-14 为五通道四列三层全阶梯式布置图，该种布置形式的优点在于，道路畅通，管理方便，各列鸡群气候环境条件较为均衡，受外界影响较小，鸡群生长发育同步性较好，饲养效率高，适合于大规模生产。

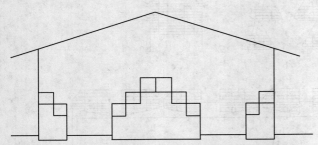

图 2-13　两通道三列（边列半架）阶梯式笼养鸡舍

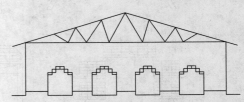

图 2-14　五通道四列三层阶梯式笼养鸡舍

3. 鸡舍的平面尺寸　鸡舍所需的面积，根据其饲养量以及舍饲密度（单位鸡舍面积饲养鸡只数量）即可计算求得。对于一般商品鸡，地面平养（垫草）的舍饲密度，0～4 周龄为 20～25 只/m²，5～8 周龄 10～12 只/m²，9～18 周龄 6～8 只/m²，18 周龄以上为 5～6 只/m²，如为网上平养，饲养密度可适当增大 30%～50%。笼养的舍饲密度比地面平养增加约 1 倍，例如三层全阶梯蛋鸡笼舍饲密度可达到 10～14 只/m²，叠层笼养的舍饲密度可更高。相同周龄种鸡舍的舍饲密度应比商品鸡舍舍饲密度低 10%～30%。以上是大致的数据，具体采用舍饲密度的大小应考虑鸡的品种、鸡舍类型、生产目的和养殖工艺，以及当地自然气候条件等因素综合确定。鸡舍的宽度，平养鸡舍为饲养区宽度与走道宽度之和，笼养鸡舍为鸡笼架宽度与走道宽度之和。鸡舍的长度为饲养间的长度加上管理间的长度，其中饲养间的长度根据鸡舍面积和跨度计算。一般鸡舍长 50～100 m，宽 7.2～18 m。

在上述计算基础上，考虑鸡舍建筑的结构尺寸（墙体厚度等），计算出鸡舍的建筑轴线尺寸（跨度、长度等），应注意圆整为建筑模数尺寸，可参见表 2-4。

（二）鸡舍的剖面设计

鸡舍横剖面尺寸主要包括跨度 B、屋架下弦至室内地面高度（净高）h 和脊高 H 等（图 2-15）。一般室内地坪要比室外地坪高 100～150 mm。

表 2-4　部分建筑模数一览表

模数名称	基本模数	扩大模数					
代号 导出模数基数	1 M₀	3 M₀	6 M₀	12 M₀	30 M₀	60 M₀	2 M₀
尺寸（mm）	100	300	600	1 200	3 000	6 000	200
尺寸范围及设限（mm）	100～1 200	300～4 800	600～7 200，竖向尺寸不限制	1 200～12 000，竖向尺寸不限制	3 000～18 000，竖向尺寸不限制	6 000～36 000，竖向尺寸不限制	200～4 200
应用范围	门窗洞口、构配件、建筑制品以及建筑物的跨度、间距、层高尺寸等			较大的跨度、间距、层高及构配件尺寸等			非装配或半装配式住宅的各种尺寸。嵌入砖（200 mm×115 mm×240 mm）砌体中门窗洞口及配件的尺寸

1. 平养鸡舍　地面平养鸡舍一般以不影响管理、操作人员便于通过的原则确定净高度 h，开放式鸡舍 h 为 2.4～2.8 m，密闭式鸡舍 h 为 1.9～2.5 m。

网上平养鸡舍为考虑网下通风或风机安装以及积粪高度，一般网上平面高于地坪 700～800 mm（图 2-16）。鸡舍净高度：开放式 h 为 3.1～3.5 m，密闭式 h 为 2.6～3.2 m。

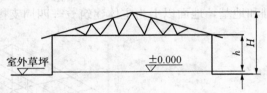

图 2-15　鸡舍的剖面尺寸

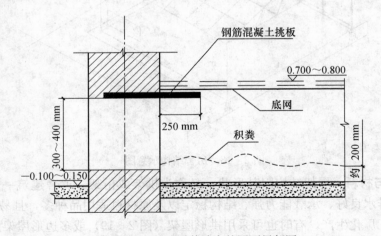

图 2-16　网上平养鸡舍的网下局部图

2. 笼养鸡舍　笼养鸡舍（图 2-17）的净空高度 h 主要取决于鸡舍笼架高度 h_1。而笼架高度又与集蛋方式、喂料机械等有关。一般为了考虑通风和空气容量的要求，无吊顶鸡舍笼顶至下弦高度 h_2 不小于 0.4 m，有吊顶鸡舍笼顶至吊顶距离不小于 0.8 m。

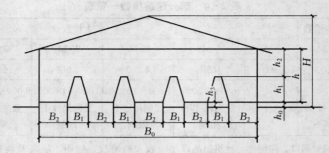

图 2-17 笼养鸡舍剖面（有清粪方式，无吊顶）

h_1——鸡笼架高度；h_2——笼顶空间；h_3——粪槽（仓）深度

四、鸡舍的建筑结构

鸡舍的建筑结构应满足功能需要，确保安全和使用寿命，同时应结构简单、方便施工，节能和节省费用。鸡舍建筑类似一般房舍，主要由地面以下和地面以上两大部分构成，地面以下是基础和地基，地面以上为主体建筑——四周支撑、围护和顶部屋盖（图 2-18）。

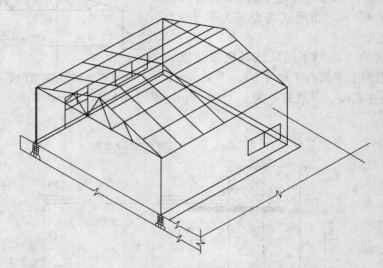

图 2-18 房舍结构示意图

1. 屋架结构与材料 屋架结构因其形状，又称为拱架或桁架。鸡舍建筑一般多采用三角形屋架，因其屋面排水良好、承载能力强、结构稳定以及原材料适用品种多，且易于规格化、标准化、系列化以及工厂化生产，有时也可采用拱形屋架（图 2-19）或多边形屋架。

屋架的跨度（即鸡舍的跨度）一般在 18 m 以下，一些养殖专家建议为 7～12 m，跨度太大不利于通风换气和夏季降温。

（1）钢筋混凝土屋架。一般在构件厂预制，然后组装而成。上弦为钢筋混凝土，下弦和腹杆为圆钢、钢管或角钢。以下介绍两种已经初步标准化的屋架。

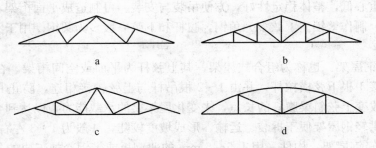

图 2-19　桁架式屋架结构示意

① 钢筋混凝土三铰拱组合屋架（图 2-20）：支座和顶部节点均为铰接，上弦为钢筋混凝土预制构件，无腹杆，下弦为钢制拉杆。构（杆）件基本构成单元数量少（三大件或两大件）。上弦坡度适中，为 1：4～1：5。

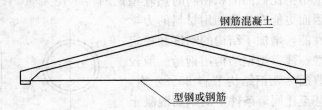

图 2-20　钢筋混凝土三铰拱组合屋架

② 下撑式五角形组合屋架（图 2-21）：各节点均为铰接，上弦为钢筋混凝土预制件，腹杆及下弦为钢材，下弦低于端部支点连线，使整体中心下降，增强了稳定性，改善了屋架受力性能。构（杆）件数量少，省材，上弦坡度小，一般 1：8～1：10，屋面覆盖用材较少（与同等跨度、大跨度屋架比较）。

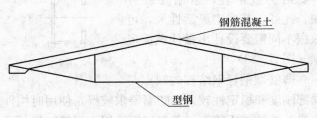

图 2-21　下撑式五角形组合屋架

（2）木制或钢木混装屋架。木屋架一般多为三角桁架式（图 2-19a、b），其节点处大多借助钢夹板和螺栓付连接，跨度 6～15 m，间距不宜大于 4 m。木屋架跨度越大，上、下弦用料越多，木材用量大，不利于防火和防虫蛀。下弦虽然可以用钢材替代，但木材用量仍较大。

（3）轻钢屋架。屋架构件主要由薄钢板经冷弯或冷轧成型的薄壁型钢，或小截面型钢如角钢、管钢、槽钢、扁钢和圆钢等制成，具有重量轻、耗钢少、造价低、安装和拆卸搬迁方便、施工周期短、节省基础、抗震性能好等优点，其制造工艺主要是机械加工和焊接，工艺技术要求较为严格，容易实现工厂化、标准化、专业化生产。

① 梭形轻钢屋架（图 2-22）：其外形类似横放的梭子，高度小，屋面坡度小（坡度为 1/10、

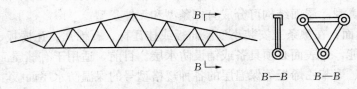

图 2-22　梭形轻钢屋架

1/12 或 1/15），重心低，整体稳定性好，方便吊装与安装。可制造成平面桁架，也可制成空间桁架，但杆件较多，制作繁锁。上弦多为角钢，腹杆和下弦一般多为圆钢。用于无檩屋面，覆盖加气混凝土板。

② 三铰拱轻钢屋架：也称为组合式屋架，其上弦杆为平面或空间桁架，在顶端铰接呈人字形，两端支座处接 1 根下弦横拉杆，并由 1~2 根吊杆与上弦铰接相连，防止其下垂。各杆件受力合理，可通过改变上弦斜梁腹杆的长短，来变化屋架梁的承载能力，以达到合理用材、节约用材的目标。三铰拱轻钢屋架便于拆装、运输，形成坡度较陡，一般为 1：3 左右。

③ 薄壁型钢轻钢屋架：构件采用 1.5~5 mm 的薄钢板或带钢冷加工成的各种截面型钢。薄壁型钢比截面面积相同的热轧型钢回转半径大 50%~60%，惯性矩和截面抵抗矩也大为加大，因而更能充分地利用材料的力学性能，增加了结构的刚度和稳定性。薄壁型钢结构用钢量一般较普通热轧钢结构节省 25% 左右，甚至比同等条件下的钢筋混凝土结构（如大型屋面板）的用钢量少，结构重量轻，运输安装方便。此外，其成型灵活性大，可根据不同需要设计出最佳截面形状（图 2-23）。

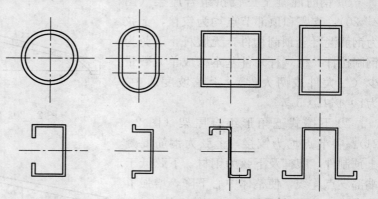

图 2-23　几种常用薄壁型钢截面

薄壁型钢轻钢结构的缺点是局部刚度和稳定性较差，防腐要求较严，使用时构件均需彻底除锈、镀锌或涂刷防腐性能良好的涂料，维护费用较高。薄壁型钢除用作屋架构件外，也可用于屋面板、幕墙结构等。

薄壁型钢轻钢结构屋架的形式也有三角形、梭形等多种。

近年来，屋面保温、防护用轻体覆盖材料发展很快，如金属面聚苯乙烯夹芯板（彩钢板）、金属面岩棉夹芯板屋面型材、玻璃钢面聚苯乙烯夹芯板等工厂化生产的轻型屋面建材的应用，大大减轻了屋面的自重和屋架承受的荷载。这类轻型屋面材料 100 mm 厚度的自重仅为 10~12 kg/m²，比普通轻钢屋架屋面自重下降 0.1~0.2 kg/m² 或更多。与其相适应的轻钢结构屋架是更为轻型的屋架，其用材上与一般轻型屋架又有所区别。

（4）其他结构屋架。其他结构形式的屋架，如门式钢屋架、混凝土门式屋架等由于耗材量大、结构复杂等原因，不提倡采用，可根据当地材料、资源、技术、经济和实施便利条件适当选用。

2. 屋面结构与材料　屋盖除了遮风、挡雨、保暖、遮荫等防护作用外，其造型式样、色彩变化使建筑物呈现多姿多彩的美感。屋盖由屋架和屋面结构两大部分组成。

（1）屋面结构类型。屋面结构可分成有檩条型和无檩条型。

① 有檩条型屋面：在檩条上安装小型屋面板或挂瓦材（石棉瓦、瓦楞板、机平瓦等），屋面材料应具备保温功能，外表面必须具备或铺设防水层。目前，适用于有檩屋面结构的金属面板内填充岩棉、珍珠岩、聚苯乙烯板等保温层的各种规格型号的保温防水屋面板，具有更好的使用性能，且施工方便，已发展起很多品种供生产应用。

②无檩条型屋面：利用大型屋面板（如加气混凝土、预应力挂瓦板等）沿开间方向与屋架连接，省去檩条，屋面刚性好。但构件较大，不便运输，安装时需用起吊设备。

（2）屋面建筑材料。屋面建筑材料选用适当，会给鸡舍的夏季隔热、冬季保温节能和持续保持适合鸡群生活、成长的舍内小环境创造条件。为此，甚至有的国家规定鸡舍围护结构的热阻要比民居的必要热阻大3～5倍，以达到冬季利用鸡禽自体发热量来维持室温，少加温或不加温，夏季隔绝太阳光热辐射，少设置通风机等节能的目的。

应根据各地区气候不同，选用不同的屋面结构和不同热阻的建筑材料，来满足当地鸡舍的技术要求。一般北方以冬季防寒为主，南方以防夏季太阳辐射热与通风散热为主，由此出发考虑屋面建材的选择。一些常见屋面构造、材料、做法见表2-5。

表2-5　屋面材料和构造

序号	构造名称	简图	总热阻（m²·K/W）	特点
1	加气混凝土板屋面	二毡三油／加气混凝土屋面板	1.37	屋顶构造简单，保温性能好，可根据气候条件选用不同厚度的面板，屋顶内部表面平整，不易积尘
2	挂瓦板机平瓦屋面	机平瓦／60厚矿棉／预应力挂瓦板	1.21	保温性能好，用材省，施工方便，造价低，屋顶内表面平整，不易积尘
3	预应力V形折板屋顶	二毡三油／70厚水泥珍珠岩／30厚折板	1.00	屋盖结构构件少，整体刚度好，立面效果较好，造价高
4	有檩系统机平瓦屋面	机平瓦／一层油毡／木基层／空气层／芦席一层／5层白灰	0.59	屋面构造简单，便于就地取材，保温隔热性能差

（续）

序号	构造名称	简 图	总热阻（m²·K/W）	特 点
5	石棉瓦木屑顶棚屋面	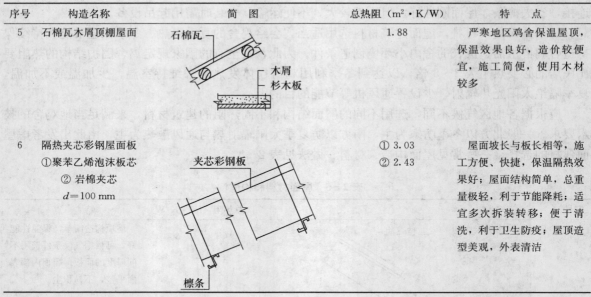	1.88	严寒地区鸡舍保温屋顶，保温效果良好，造价较便宜，施工简便，使用木材较多
6	隔热夹芯彩钢屋面板 ①聚苯乙烯泡沫板芯 ② 岩棉夹芯 $d=100$ mm		① 3.03 ② 2.43	屋面坡长与板长相等，施工方便、快捷，保温隔热效果好；屋面结构简单，总重量极轻，利于节能降耗；适宜多次拆装转移；便于清洗，利于卫生防疫；屋顶造型美观，外表清洁

序号 1～5 引自尚书旗，董右福，史岩，2001

3. 四周支撑及围护结构 鸡舍四周的支撑结构主要指立柱；围护结构主要指墙体和其他围护结构，如防虫网、幕帘等。

（1）立柱。屋盖结构是由立柱支承起来的，对立柱的安全性和稳定性要求应十分重视。立柱采用钢筋混凝土构件或钢结构构件均可。为确保抗风、抗震能力，某些地区应考虑设置柱顶水平纵向拉梁、剪刀撑或各种斜拉梁，以应对自然灾害的影响。

（2）围护结构。围护结构包括承重或自承重的墙体，或开放式鸡舍的围护网、帘幕等，此外门、窗等也可归为围护结构范畴，其主要作用是围挡、防护。围护结构必须满足安全性和热工方面要求，外观应平整、美观。

为满足围护结构热工要求，围护墙体可用砖、加气混凝土砌块砌筑，或砖加保温夹层，或使用金属面聚苯乙烯夹芯板（彩钢板）等。一般北方寒冷，墙体较厚，砖墙多为 370 mm 或 490 mm 厚；南方温润，多为 240 mm 厚墙体。其他材料的墙体结构厚度，应根据当地气候条件选用。

一些墙体材料和构造做法，可参见表 2-6。砌体构造的墙体，内墙皮应抹灰、赶光，在某些地区，应考虑在适当高度间隔一定距离埋置双道水平锚筋（如 $\phi6$ 钢筋），以提高抗风、抗震性能，保障安全和稳固。隔热彩钢板墙体的施工应腻缝，防止透漏。

4. 鸡舍的其他构造

（1）地面。地面平养育雏的鸡舍，一般选用干净、干燥、向下渗透性强的土质铺垫，避免使用混凝土地面（因传热较快），以保持地面干燥、贮热、防寒，防止因潮湿而引发的疫病。其他类型鸡舍，可采用混凝土或镶地砖等硬地面。一般混凝土标号为 C20，厚 80～100 mm。地面设计与施工应考虑到设备地脚、除粪机等设备安装以及鸡舍清洗物、污物地下排放及防臭味、防污染等多项要求，以及其自身的承载能力。

表 2-6　墙体材料和构造

序号	构造名称	简图	总热阻（m²·K/W）	特点
1	砌砖墙体		0.66 （370 mm 厚） 0.50 （240 mm 厚）	材料来源充足易取，具有保温隔热和承重双重功能，但自重大，手工砌筑，施工速度慢
2	加气混凝土块墙体		1.05	重量较轻，保温性能好，150 mm 厚相当于 370 mm 厚砖墙，125 mm 厚相当于 240 mm 厚砖墙。造价较黏土砖省 5%～7%，易吸潮，材料来源不足
3	空斗墙焦砟保温墙体		0.615	保温性能较好，施工速度慢，技术要求较高
4	空气间层砖砌墙体		0.80	保温隔热性能较好，施工技术要求较高
5	加气混凝土夹层砖墙		1.115	墙体构造复杂，保温性能好，造价偏高

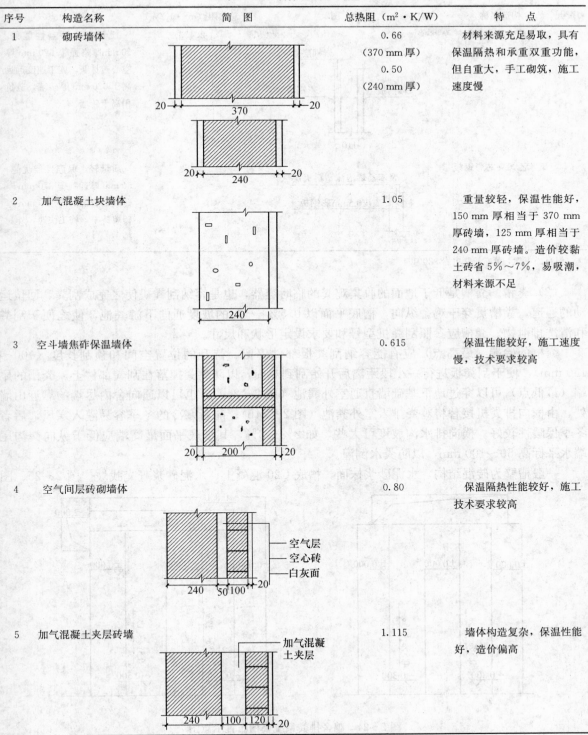

（续）

序号	构造名称	简　图	总热阻（m² · K/W）	特　点
6	岩棉夹芯彩钢板	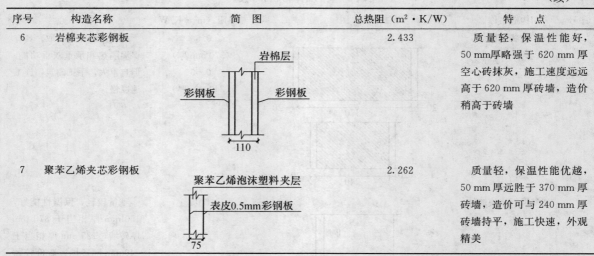	2.433	质量轻，保温性能好，50 mm厚略强于620 mm厚空心砖抹灰，施工速度远远高于620 mm厚砖墙，造价稍高于砖墙
7	聚苯乙烯夹芯彩钢板		2.262	质量轻，保温性能优越，50 mm厚远胜于370 mm厚砖墙，造价可与240 mm厚砖墙持平，施工快速，外观精美

引自尚书旗，董右福，史岩．2001

　　（2）粪槽。粪槽是低于地面的收集鸡粪的临时容器，也是容纳刮粪机使之完成刮粪、回位运动的通道。粪槽贯穿于鸡舍纵向，槽底平面以 0.5%～1% 的坡度通向下游粪池，使之便于刮粪和清洗排泄物。粪槽应参照刮粪机型号和要求设定形状和尺寸。

　　粪槽的始端（最高点）应有能容纳刮粪板部件停留、待刮的位置空间和预刮长度（100～150 mm），便于刮粪板进行一小段距离后开始刮到鸡粪，以防鸡粪掉落在刮粪部件上。粪槽的尾端（最低点）可以穿过地下基础墙直通室外粪池（图2-24a）；也可以通向舍内尽端的靠近山墙处，由横向排粪机接替将鸡粪排入室外粪池（图2-24b）。前者寒冷的冬季容易灌入寒风，后者冬季保暖性较好。横向排水沟坡度可大些，如 2%～3%，其坡底平面最高端应低于纵向粪沟尾端水平标高 50～100 mm，以防粪水倒灌。

　　一般槽壁为砖混结构，水泥砂浆抹面，槽底C20混凝土、水泥砂浆赶光找坡。图2-25、图

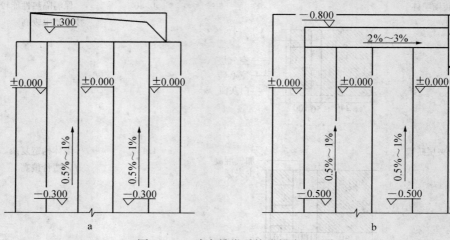

图2-24　鸡舍排粪系统粪槽布置示意图

2-26分别为牵引式刮粪机和自走式刮粪机的粪槽断面构造图。自走式刮粪机应加设C20混凝土轨基和C20钢筋混凝土悬挑板（防止鸡粪掉落在轨道上）。

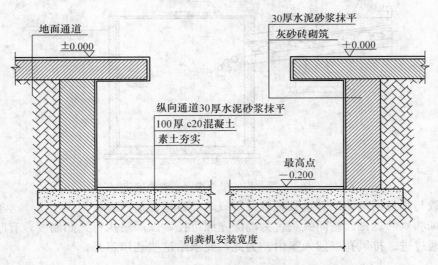

图2-25　牵引式刮粪机粪槽断面构造图

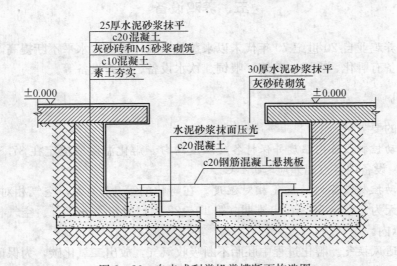

图2-26　自走式刮粪机粪槽断面构造图

（3）粪池。鸡粪池位于室外，与室内排粪沟出口相通。鸡粪池应有足够容纳一个周期鸡粪总排量的空间容积，防止粪污流失和气味扩散，防止污染地下水，应能封闭，防止掺入雨水、地下水或杂物，给后续无害化处理利用提供便利。应便于清粪操作，一舍一池。

粪池最好用C20防水钢筋混凝土整体现浇，$\phi 8$双向布筋，间隔$150\sim200$ mm，面层水泥砂浆找平压光。应有可开闭的池盖，防风雨，防臭气扩散（图2-27）。

鸡粪池容积根据清粪周期（一般为7 d）、鸡只满负荷饲养量以及每只鸡的日排粪量计算确定。一般排粪量，蛋鸡每只0.24×10^{-3} m³/d，肉鸡每只0.24×10^{-3} m³/d。鸡粪池有效容积为

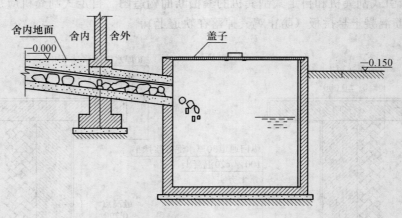

图 2-27　横向排粪沟——粪池构造

清粪周期日数与鸡只满负荷饲养量数量以及每只鸡的日排粪量三者乘积。

（4）通风孔口的遮光。密闭式鸡舍为确保光照可控，以严格执行光照制度，有时要尽可能防止室外光线通过进、排风孔口射入室内。为此，要求给这些孔口遮光。

五、养鸡设备

我国规模化养鸡业自 20 世纪 70 年代末以来蓬勃发展，机械化水平不断提高。在机械化养鸡场使用的主要设备有孵化、育雏、鸡笼、喂饲、饮水设备、清粪设备等。

（一）孵化机

对孵化设备的要求是：

（1）能够自动控制设备内温度并保持各处温度均匀。孵化温度应恒定在 37.8 ℃，变化范围在 ±0.4 ℃以内，设备内各点温差应≤0.4 ℃。

（2）能够自动控制设备内的空气相对湿度。在孵化的第 1～7 天，空气相对湿度为 60%～65%；第 8～18 天为 50%～55%；出雏期（第 19～22 天）为 65%～70%。空气相对湿度的误差应控制在 ±3%以内。

（3）能及时通风换气。孵化过程中胚胎不断吸收氧气，放出二氧化碳，为保证有充足的氧气并降低二氧化碳浓度，需及时通风换气，设备内二氧化碳浓度应控制在 0.3%以下。

（4）定期翻蛋。为使鸡蛋在孵化时受热均匀和避免胚胎与壳膜粘连，在第 1～15 天应每隔 2 h 左右翻蛋 1 次，翻蛋角度 45°～90°。

（5）孵化机箱体的保温性能要好。以便节省能量，降低孵化成本。

（6）便于消毒。设备内不能有消毒死角，以便在每次孵化结束后机内外彻底消毒。

大型孵化机一般分开为孵化机和出雏机，鸡蛋在孵化机中孵化 19 d 后移至出雏机，至 21 d 即可出壳。中小型孵化机将两部分合二为一，称为孵化出雏两用机。

孵化机一般由机体、承蛋和翻蛋装置、温度和湿度控制装置、通风换气装置和均温装置等组成。图 2-28 所示为一种孵化出雏两用孵化机。

图 2-28 9DFC-15360 型孵化出雏两用机

(二) 育雏设备

雏鸡从出壳到 6 周龄为育雏期。在此期间（特别是 1 周龄期间），雏鸡幼小体弱，其体温调节机能还没有形成，抗病抗低温能力较差，因此对温度、湿度、光照、空气质量和卫生等环境要求较高。对育雏设备的要求是：

① 具有加热设备和良好的温度控制系统，为雏鸡补充热量，并保持温度稳定。雏鸡的温度要求，1 周龄以内 32℃左右，以后每周降低约 2 ℃，直至第 6 周龄降至 20 ℃左右。

② 具有加湿装置，以保证雏鸡对湿度的要求。雏鸡要求的适宜空气相对湿度，1 周龄以内 70％左右，以后每周降低约 2％，直至第 6 周龄降至 60％左右。

③ 便于保持清洁和管理，以防止疾病的发生和传染。

与育雏饲养工艺相适应，育雏设备分为平养育雏设备和笼养育雏设备 2 类。

1. 平养育雏设备 平养育雏指在厚垫草或网上饲养雏鸡。平养育雏时主要用育雏伞为雏鸡加温。

2. 笼养育雏设备 通常采用叠层式鸡笼，远红外电加热器加热。鸡笼多用直径 2.0～2.2 mm 经防腐处理的钢丝。底网无倾斜，网眼尺寸多为 12 mm×15 mm；侧网和后网网眼 25 mm×25 mm。

电热育雏笼主要用于饲养 0～6 周龄的蛋鸡雏和 0～3 周龄的肉鸡雏。其结构简单，占地面积小，操作方便，耗电量小，热能消耗少，在国内外大中型养鸡场得到普遍采用。

图 2-29 是国产 9YCH 型电热育雏笼，为 4 层叠层式鸡笼。每层由 1 个加热笼、1 个保温笼和若干活动笼组成，每层各笼相通。

加热笼内配置有加热器、承粪盘、照明灯和加湿槽，三面封闭保温，一侧与保温笼相通。加热器和加湿槽保证笼内的温度和湿度，温度的控制由控温器完成。

保温笼前后封闭，笼内无热源，一侧与加热笼相连，另一侧与运动笼相连，以活动帘相隔，既保温又方便雏鸡进出运动笼，其功能是为雏鸡提供较温暖的休息场所。

活动笼的前后为网，食槽和饮水器分别安装在前后网上，由调节挡板上下调节，使雏鸡既能

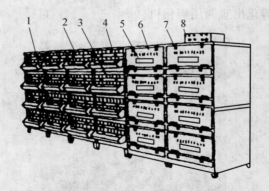

图 2-29 9YCH 型电热育雏笼

1. 食槽 2. 调节挡板 3. 承粪盘 4. 活动笼
5. 观察窗 6. 保温笼 7. 加热笼 8. 控温仪

（引自湖南湘西自治州农业学校，1994）

伸出头采食、饮水，又不能逃出。运动笼为雏鸡提供采食、饮水和活动的场所。

9YCH 型电热育雏笼每列笼子的尺寸（长×宽×高）为 4 404 mm×1 396 mm×1 735 mm，加热器功率为 1.6 kW，温度控制范围（20～40 ℃)±0.5 ℃，可育 0～2 周龄雏鸡 1 600～1 400 只，3～4 周龄 1 200～1 000 只，5～6 周龄 800～700 只。

（三）笼养设备

笼养设备由鸡笼和笼架等组成。根据笼内饲养鸡的种类，鸡笼可分成蛋鸡笼、育成鸡笼（青年鸡笼）、肉鸡笼和种鸡笼。鸡笼通常用直径 2.0～2.5 mm 经防腐处理的钢丝焊制，由前网、后网、底网和侧网构成。

蛋鸡笼的底网有 7°～11°的倾角（滚蛋角），底网伸出前网外作为集蛋槽（图 2-30）。其笼饲密度根据鸡的大小而定，一般为 20～26 只/m²，每只鸡应有的采食长度为 110～120 mm。图 2-31a 所示为全阶梯式的蛋鸡笼，每个鸡笼分成 4 格，每格内饲养 4 只蛋鸡。

育成鸡笼和肉鸡笼结构相似，底网为平网，没有倾角。底网一般采用塑料网，网面平整可避免肉鸡产生胸囊肿。笼饲密度 24～34 只/m²，每只鸡的采食长度 50～100 mm。多为半阶梯式或叠层式配置。图 2-31b 为半阶梯式育成鸡笼，每个鸡笼 2 格，每格饲养 10 只。

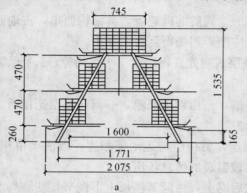

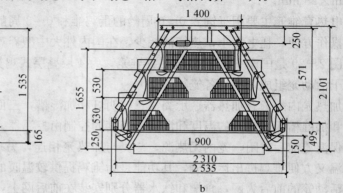

a

b

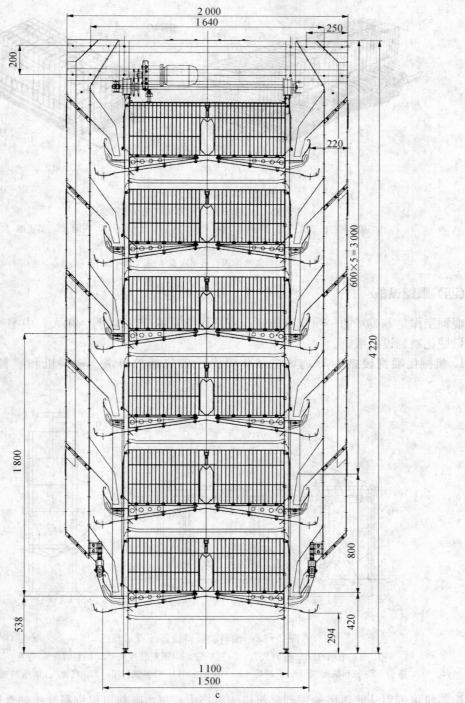

图 2-30 几种北方型号蛋鸡笼组合及其横剖面尺寸（单位：mm）
a. 9LDT-390 l=1 980 b. 9WCD-3120 l=1 975 c. 9LCDd-6300 l=2 108
全阶梯式蛋鸡笼 牵引式料车、阶梯式蛋鸡笼 全重叠式蛋鸡笼

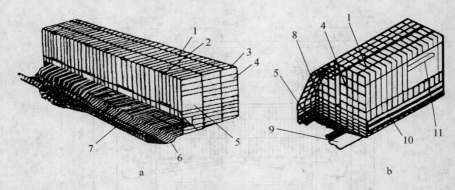

图 2-31 蛋鸡笼和育成鸡笼

a. 蛋鸡笼（全阶梯式） b. 育成鸡笼（半阶梯式）

1. 顶前网 2. 笼门 3. 笼卡 4. 侧（隔）网 5. 饮水口 6. 底网 7. 集蛋槽

8. 后网 9. 垫板 10. 调节挡板 11. 方水管

（引自湖南湘西自治州农业学校，1994）

（四）喂饲设备

喂饲工作是养鸡场的一项繁重作业，占总作业量的 25% 以上。在大、中型养鸡场，一般均采用机械化喂饲设备喂饲。

1. 机械化喂饲设备 养鸡场机械化喂饲设备包括贮料塔、输料机和喂料机等部分（图2-32）。

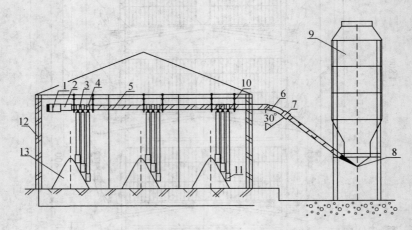

图 2-32 输料、喂料设备配置示意图

1. 输料电动机 2. 输料机头 3. 落料管 4. 落料管接头 5. 输料管 6. 弯管

7. 接头 8. 输料机尾端 9. 贮料塔 10. 钢丝绳 11. 喂料机料箱 12. 鸡舍 13. 喂料机头架

输料机将饲料从贮料塔输送到喂料机的料箱中，再由喂料机将饲料输送到食槽中。常用的输料机与猪场中的干饲料输送机相同，喂料机有链式、塞管式和螺旋弹簧式几种。

2. 食槽 鸡用的食槽有长食槽、盘筒式食槽和喂料筒等。

长食槽一般由镀锌钢板制成，其断面形状如图2-33所示，其中a、b、c图分别用于链式喂料机的平养育成、平养种鸡和笼养鸡，d图为塞盘式喂料机的平养鸡食槽。

盘筒式食槽是一个自动食槽，通常用无毒塑料制成。它由上盖、料筒、外圈和盘体组成（图2-34）。一般直接或通过落料管与喂料机的配料管相连，饲料通过配料管道的开口和料筒锥形部分与盘体尖锥体之间的空隙流到盘体中。通过转动外圈可以改变料筒与尖锥体的相对位置，从而调整进入盘体的饲料量，以适应不同日龄鸡的需要。栅架将盘体分隔成若干个采食区。

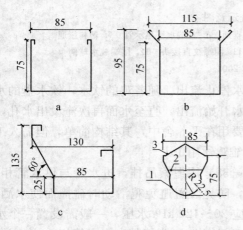

图2-33 鸡用长食槽（单位：mm）

1. 食槽 2. 限位钢丝 3. 防栖架

（引自湖南湘西自治州农业学校，1994）

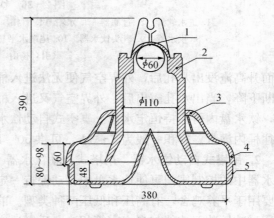

图2-34 盘筒式食槽（单位：mm）

1. 上盖 2. 料筒 3. 栅架 4. 外圈 5. 盘体

（引自湖南湘西自治州农业学校，1994）

盘筒式食槽通常用于平养鸡。图2-34所示的直径为380 mm的盘筒式食槽可供25～35只产蛋鸡或50～70只肉鸡自由采食。

喂料筒由料筒、调节机构和食盘组成（图2-35），其中料筒和食盘用无毒塑料制成。调节机构可以调节料筒与食盘之间的间隙，从而调节料筒中饲料的流出量，以满足不同日龄鸡的需要。喂料筒适用于平养鸡，一般采用人工喂饲。

（五）饮水设备

饮水设备通常由管路系统和自动饮水器组成（图2-36）。在养鸡场中常用的自动饮水器有以下几种。

1. 真空式自动饮水器 一般用无毒塑料制成，由贮水桶和饮水盘组成（图2-37）。贮水桶倒装在饮水盘中，桶下部的壁上有许多出水孔，在重力作用下，桶中水通过小孔流入饮水盘，当

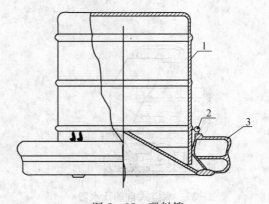

图2-35 喂料筒

1. 料筒 2. 调节机构 3. 食盘

（引自杨山，李辉等.2002）

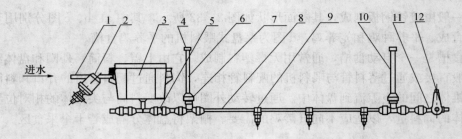

图 2-36 饮水系统示意图

1. 进水软管 2. 过滤器 3. 水箱 4. 管帽 5. 塑料直通 6. 首端水平显示管 7. 塑料三通
8. 供水管 9. 乳头饮水器 10. 尾端水平显示管 11. 阴螺纹直接头 12. 尾端放水球阀

(引自杨山，李辉等.2002)

水面升高淹没出水孔后，外界空气便无法进入桶中，水停止流出。随着鸡的饮水，饮水盘的水面不断下降，当出水孔露出后，外界空气又进入桶中，水开始流出，直至水面再次淹没出水孔，这样，饮水盘内可保持恒定水位。真空式自动饮水器主要用在平养舍中，其结构简单，但需人工定期往桶内灌水。容积一般为 1～3 L，可供 50～100 只雏鸡饮用 1 d。

2. 吊塔式自动饮水器 吊塔式自动饮水器（图 2-38）用绳索吊挂，进水管与供水管相连。饮水器中的控制阀门可使饮水盘中自动保持一定水量，防晃装置避免鸡活动时碰撞而使水洒出。主要用于平养鸡舍，有高压和低压两种类型。前者适应 20～120 kPa 水压，一般需设置一个水箱或通过减压装置才能与自来水管相连；后者适应 343 kPa 水压，可直接与自来水管相连。

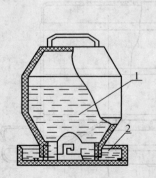

图 2-37 真空式自动饮水器

1. 贮水桶 2. 饮水盘

(引自杨山，李辉等.2002)

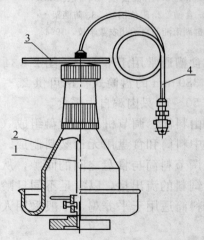

图 2-38 吊塔式自动饮水器

1. 防晃装置 2. 饮水盘 3. 攀吊 4. 进水管

(引自杨山，李辉等.2002)

3. 乳头式自动饮水器 乳头式自动饮水器因其形状似乳头而得名，结构形式与猪用乳头式自动饮水器基本相同，根据其密封形式的不同，分为锥面密封型、平面密封型和球面密封型三种（图 2-39）。乳头式自动饮水器的基本技术参数是：适用水压 2～6 kPa，流量 17～160 ml/min，开阀力（鸡啄阀杆所需要的力）0.07～18.5 N。由于毛细管的作用，阀杆底端经常保持 1 个水滴。当鸡啄水滴时，阀杆向内移动或歪斜，阀干与阀套之间出现间隙，水便沿着这个间隙流出供鸡继续饮用。鸡未啄及时，阀杆在重力或弹簧的弹力作用下向外移动，阀杆与阀套之间在水压的作用下被密封，水即停止流出。

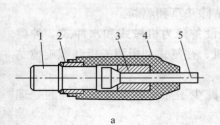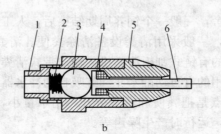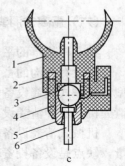

图 2-39 乳头式自动饮水器

a. 锥面密封型 1. 上阀杆 2. 上套 3. 下套 4. 座体 5. 下阀杆

b. 平面密封型 1. 上套 2. 压簧 3. 压球 4. 密封圈 5. 下套 6. 阀杆

c. 球面密封型 1. 连接座 2. 密封圈 3. 钢球 4. 阀座 5. 阀套 6. 顶杆

（引自杨山，李辉等.2002）

乳头式自动饮水器结构简单，能保证饮水的清洁，漏水少，日常维护容易。由于没有使水蒸发的敞开水面，用水节约且不增加舍内的空气相对湿度。乳头式自动饮水器对于平养鸡和笼养鸡均适合，每个饮水器可供 7～10 只成鸡使用。在用于笼养鸡时，为了适应鸡仰头饮水的习惯，一般安装在鸡笼的前上角，每个鸡笼安装 1 个。

4. 杯式自动饮水器（图 2-40） 当鸡啄动杯舌时，杯舌通过销轴带动顶杆顶开密封帽，使其离开杯体上的锥形阀座，进水管中的水便沿着顶杆和杯体之间的间隙流到杯中供鸡饮用。当鸡停止啄动杯舌后，密封帽在水压的作用下又紧贴在锥形阀座上，将进水间隙密封，水便停止流出。其适应水压比乳头式自动饮水器高，一般为 29.4～68.6 kPa，可以与减压阀配套直接安装在自来水管系统中。杯式自动饮水器对于平养鸡和笼养鸡都适用。但是在用于平养鸡时，应尽可能安装在靠墙或边网处，以免鸡站在水杯上，损坏水杯或鸡粪落到水杯中。平养时每个可供 10～14 只成鸡使用，笼养时每个鸡笼应安装 1 个。

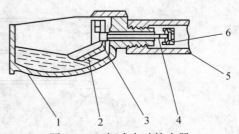

图 2-40 杯式自动饮水器

1. 杯体 2. 杯舌 3. 销轴 4. 顶杆
5. 进水管 6. 密封帽

5. 水槽自动饮水器 又称作饮水槽，断面呈 V 形或 U 形，槽宽 45～70 mm，槽深 40～50 mm，通常用镀锌钢板制成。根据保持槽内水面的方式，饮水槽分为常流水式和浮子式 2 种。

常流水式饮水槽就是在饮水槽始端有一个处于常流水状态的水龙头，末端有一个溢流塞和出水管。通过水溢流使饮水槽内始终保持恒定的水面，浪费水较为严重。

浮子式饮水槽就是在饮水槽始端用带有浮子开关的水箱供水。依靠浮子保持饮水槽内的水位，耗水量比流水式饮水槽小。

饮水槽结构简单，使用可靠，但因水槽敞开，水易被污染，另外敞开水面的水易蒸发，耗水多且增大舍内空气湿度。饮水槽目前在我国小型养鸡场和农村养鸡专业户中还有一定应用，但发展趋势是将被封闭式饮水系统取代。

（六）畜禽舍清粪设备

在有厚垫草的平养鸡舍，一般一个饲养周期结束后，人工清除垫草和鸡粪。

开设有粪沟的畜禽舍，一般采用清粪设备清除粪便。清粪设备分为机械式和水冲式 2 种类型。机械式清粪设备常用的有链式刮板清粪机、输送带式清粪机、往复式刮板清粪机和螺旋搅龙清粪机。水冲清粪设备常用的有自动翻水斗和虹吸自动冲水器。

机械式清粪设备的特点是把粪便和污水分开，用水量小，减少了后续污水处理工程的处理量，缺点是设备投资较大，运行时产生噪声等。

水冲清粪设备的优点是设备简单，投资少，工作可靠，故障少。其主要缺点是水量消耗大，粪便处理难度大。在缺水和没有足够的农田消纳污水的地方不宜采用。鸡舍内更不宜采用，因为容易湿度过高或有害微生物活体、有害物质随水蒸发污染舍内空气。

1. 输送带式清粪机 主要用于叠层笼养鸡舍，输送带安装在每层鸡笼下面，同时承担承粪和清粪的任务。清粪机主要由减速电机、链传动机构、主动和被动滚轮、输送带、刮板、张紧轮等组成（图 2-41）。定期开动电机，通过链传动机构同时带动各条输送带移动，将其上所承鸡粪输向鸡舍的横向粪沟，然后通过横向清粪机输送至舍外。

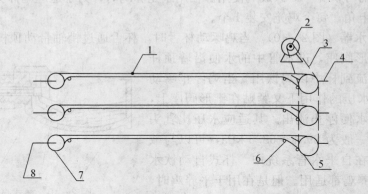

图 2-41 输送带式清粪机示意图

1. 输送带 2. 减速电机 3. 链传动机构 4. 刮粪板 5. 主动滚轮 6. 张紧轮 7. 被动滚轮 8. 调节丝杠

（引自湖南湘西自治州农业学校，1994）

2. 往复式刮板清粪机 由带刮粪板的滑架（两侧面和底面装有滚轮的小滑车）、传动装置、张紧机构和钢丝绳等构成（图 2-42）。刮粪板和滑架一般用不锈钢制造，各滑架的刮粪板间距为 $10\sim20$ m，滑架的往复行程要大于刮板间距（图 2-43）。往复式刮板清粪机安装在粪沟中，粪沟的宽度 W 为 $1.0\sim1.8$ m，深度 H 为 $0.3\sim0.4$ m（断面形状及尺寸要与滑架及刮板相适应）；排尿管直径 Φ 为 $0.1\sim0.2$ m。在排尿管上开有一通长的缝，尿及冲洗畜禽舍的废水从长缝中流入排尿管，然后流向舍外的排污管道中，粪则留在粪沟内。为避免缝隙被粪堵塞，刮粪板上焊有竖直钢板插入缝中，在刮粪的同时可疏通该缝隙。

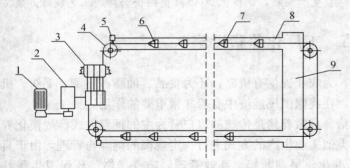

图 2-42 往复式刮板清粪机示意图
1. 电机 2. 减速器 3. 绕绳齿轮 4. 转向滑轮
5. 行程开关 6. 撞块 7. 刮粪板滑架 8. 粪沟 9. 横向粪沟

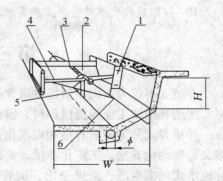

图 2-43 刮粪板滑架及粪沟结构
1. 宽度调节板 2. 刮粪板 3. 刮粪板起落架
4. 机架 5. 粪沟清扫板 6. 牵引钢丝绳

图 2-42 为双列往复式刮板清粪机。工作时，电机带动钢丝绳做直线运动，其中的一列刮粪板处于工作行程，另一列处于返回行程。工作行程的刮粪板在车架上呈垂直状态，向前移动时将粪沟内的粪便推向粪沟尾部；处于返回行程的刮粪板在滑架上呈水平状态，会让开遇到的粪堆，不会将其带回。当一行程达到位置时，撞块撞到行程开关，使电机反转，2 列刮粪板交换工作和返回行程，如此反复进行。单列往复式刮板清粪机工作过程与上述基本相同，只是 1 列刮粪板在粪沟内做往复运动。

3. 螺旋搅龙清粪机 利用螺旋搅龙输送粪便。一般仅用来横向将粪便运至舍外，安装在横向粪沟中，往往与往复式刮板清粪机或输送带式清粪机联合使用。

▶习题与思考题

1. 如何进行养鸡场选址？
2. 养鸡场总体规划应考虑哪些因素？
3. 现代养鸡生产有哪些主要工艺模式？
4. 鸡的饲养阶段如何划分？鸡的饲养方式有哪几种？
5. 鸡对养殖环境有哪些要求？如何进行合理的温度与光照管理？
6. 鸡舍进行通风有何作用？一般鸡舍都设置哪些形式的通风系统？
7. 如何进行鸡舍的平面与剖面设计？
8. 鸡舍的主要屋架结构形式与特点有哪些？屋面结构形式与特点有哪些？
9. 简述鸡舍的建筑结构设计的主要内容。
10. 孵化机的功能与主要性能要求有哪些？
11. 育雏设备有哪几种？各有何特点？
12. 现代化养鸡笼有哪几种？各有何特点？
13. 常用的养鸡饮水设备有哪几种？各有何特点？

14. 常用的养鸡场清粪设备有哪几种？各有何特点？

15. 按照现代化养鸡生产工艺要求，结合生产实际，试提出 20 万只商品蛋鸡场的工艺设计方案。

第三节　工厂化养猪设施

养猪业不仅为人们生活提供肉食品，为农业提供有机肥，还为食品、油脂、皮革、毛纺、机械、医药和国防工业等提供原料，因而，在我国国民经济中有着非常重要的作用。

养猪方式分为分散养猪和规模化养猪。分散养猪是传统的以户营为主的饲养方式。规模化养猪又称集约化养猪、工厂化养猪，是以类似工业生产的方式进行一定规模的饲养与管理，由于具有流水式均衡生产、全进全出、饲养标准化、早期断奶、高效管理、防疫严格、环保卫生等特点，所以可取得较高的生产效益。本节以工厂化养猪为讲述重点。

一、养猪对环境的要求

猪的健康和生产性能与环境密切相关。这里的环境是指构成猪生长、发育、繁殖的生活环境，包括物理环境（空气温度、湿度、光、空气流动等）、化学环境（空气中有害气体的含量等）、生物环境（微生物、体外寄生物、与同类间的关系）等。

1. 温度　一般地，猪所采食的能量除用于活动、维持消耗外，多余的部分才用于生长。猪作为恒温动物，温度对其影响随猪年龄、类型和品种的不同而异。首先，环境温度会影响其日增重，温度过高，会降低猪的采食量；过低，猪为维持体温要将部分食物转化为热能，均会使增重降低。同时研究证明，不同温度下猪的饲料转化率也不同，当猪获得最佳的日增重时，饲料转化率也达到最高。其次，初生仔猪因发育不全，体温调节能力差，抵抗寒冷的能力低，即仔猪怕冷。最后，气温对猪的繁殖也有影响，尤其是高温对公、母猪的产精、产卵都有不良影响，从而减低繁殖力。表 2-7 是不同龄和不同类型猪生长的适宜温度。

表 2-7　不同日龄和不同类型猪的适宜温度

日龄或类型	温度（℃）	日龄或类型	温度（℃）
0~3 d	28~30	幼猪（40 kg 以下）	18~20
4~7 d	25	育肥猪（40 kg 以上）	15~17
8~15 d	24	成年公、母猪	12~13
16~28 d	22	分娩母猪	18~22
29~56 d	20		

2. 湿度　湿度直接影响猪自身的热调节，进而影响其生产性能。在较高温度下，高湿度会使猪体散热困难；低温时，高湿度会使猪舍和猪体散热加剧，使猪感到寒冷，这都会降低猪的日增重和饲料转化率。另外，湿度过大，还可减弱猪肌体的抵抗力，使发病率提高。高湿度能促使致病性真菌、细菌和寄生虫的繁殖滋生，使猪易患疥癣、湿疹等皮肤病。密闭式无采暖设备猪舍

适宜的相对湿度见表2-8，有采暖设备的猪舍，其相对湿度应比表中数据低5%～8%。

表2-8　猪舍适宜的相对湿度

猪舍种类	适宜的相对湿度（%）	猪舍种类	适宜的相对湿度（%）
公猪舍	65～75	幼猪舍	65～75
母猪舍	65～75	肥猪舍	75～80

3. 光照　适宜的光照可增强猪的体质和抗病能力。对于种公猪，充足的光照可激发其旺盛的产精能力。但过度的光照对猪的生长有害。对育肥猪，适当减低光照强度，常可获得较高的日增重。猪舍的光照一般容易满足，除分娩舍的照度取20～30 lx外，其余5～10 lx即可。

4. 气流　气流主要影响猪体的散热、猪舍内温湿度的调节和舍内空气的质量。需要指出的是，由于猪是无汗腺的家畜，夏季单纯靠增强大气流量来帮助猪体散热，其作用是有限的，必须辅以喷淋等措施才可充分发挥气流的降温作用。常温下猪舍的气流速度一般0.2～0.5 m/s为宜，冬季可稍低，夏季可稍高；分娩舍和仔猪舍应低，其他舍可较高。

5. 圈养密度　合理的圈养密度不但可以降低生产成本，还可以减少因空间狭小而引发的猪恶癖，如随处排便、咬尾等。一般在气温偏低、密度稍小的情况下，猪的死亡率较低；而密度越大、气温越高，死亡率也越高。表2-9是推荐的饲养密度。

表2-9　不同猪群合理的饲养密度

猪群类型	每栏饲养头（头）	实体地面猪栏（m²/头）	漏缝地板猪栏（m²/头）
保育猪	10～20		0.2～0.4
生长猪	10～16	0.6～0.9	0.4～0.6
育肥猪	10～16	0.9～1.2	0.6～0.8

另外，噪声和舍内有害气体的浓度等因素对猪的生长也有一定的影响，设计和管理猪场时也需考虑。

二、工厂化养猪场的生产工艺

（一）猪场、猪群与猪场规模

养猪场根据生产任务不同，分为育种场、繁殖场和商品场。按照市场需求、专业技术水平和生产计划的不同，各个场猪的饲养类型及饲养数量也各异。随着饲养规模的不断扩大，也出现了不少饲养同一类型猪的专业化猪场，如母猪专业场、商品肉猪专业场、公猪专业场。将母猪和肉猪在同一猪场集约化饲养的叫自繁自养专业场。

不同年龄、体重、性别和用途的猪，对饲料、营养、环境、设备及管理等都有不同的要求。因此需将猪划分为不同类群，以便按照不同生理特点进行科学管理和组织生产。

猪群常划分为种公猪、种母猪、仔猪、育成育肥猪等。其中6月龄选种后的公猪称为后备公猪，8 月龄开始配种后称为成年公猪。种母猪 6 月龄选种后至 8 月龄开始配种，直至第一次分娩，称为后备母猪，第一次分娩后的母猪称为成年母猪。经产母猪又分为空怀期、妊娠期和哺乳期。仔猪分为哺乳仔猪（指初生至断奶，即 0～28 日龄或 0～35 日龄的仔猪）和培育仔猪（断奶至 70 日龄，又称断奶仔猪）。有些猪场将育成育肥期细分为育成期（71～126 日龄）和育肥期（127～180 日龄）。

根据我国工厂化猪场建设标准，猪场规模划分为大、中、小 3 种（表 2 - 10）。按照这一标准，目前我国大多数猪场属于小型猪场，大、中型猪场也发展很快，这些猪场基本集中在大、中城市的近郊。

表 2 - 10 养猪场规模划分表

类　型	年出栏商品猪（头）	年饲养种母猪（头）
小型场	≤5 000	≤300
中型场	5 000～10 000	300～600
大型场	>10 000	>600

（二）养猪生产工艺流程

不同年龄、体重、性别和用途的猪应采用不同的饲养管理方式。不同性质的猪场，猪群类别不同，其饲养工艺也不同。现代养猪生产一般采用分段饲养、全进全出的生产工艺。根据饲养周期和方法的不同，养猪生产常见的工艺流程有如下几种。

1. 限位—4 阶段饲养

空怀母猪

配种怀孕　　　　→分娩→保育→生长→育成

母猪单体限位饲养　4 周　5 周　5 周　11 周

工艺特点：①怀孕母猪单栏限位饲养，便于管理，母猪不抢食争斗，减少应激和流产，比怀孕母猪小群饲养节约建筑面积；②分娩栏按 6 周设计，分娩母猪提前 1 周进入分娩栏，分娩哺乳 4 周断奶，出栏后空栏 1 周对栏舍清洁消毒，有利于卫生防疫；③保育栏按 6 周设计，饲养 5 周，空栏 1 周清洁消毒。

2. 半限位—4 阶段饲养

空怀母猪

配种怀孕　　　→分娩→保育→生长→育成

空怀轻胎群养　4 周　5 周　　5 周　11 周

重胎限位饲养

工艺特点：与限位—4 阶段饲养的差别是，空怀和轻胎母猪采用每栏 4～5 头的小群饲养，产前 5 周转入单体限位饲养。采用这种饲养工艺，哺乳母猪断奶后转到配种怀孕舍小群饲养，母猪活动增强，对增强母猪体质和延长生育高峰期有一定好处，同时可节约设备投资；缺点是增加了管理工作量，有时母猪抢食争斗、增加应激，猪舍面积也有所增加。

3. 限位—5 阶段饲养

空怀母猪

配种怀孕　　　　　→分娩→保育→生长1→生长2→育成

母猪单体限位饲养　4周　5周　5周　5周　6周

工艺特点：它与限位—4阶段饲养的差别是从生长到育成分为3个阶段，优点是可减少猪舍面积，缺点是猪群多1次转栏，增加了应激。

4. 早期断奶隔离

二点式饲养：配种怀孕→分娩10～21日龄断奶（在第1个猪场完成2个工艺）→保育→生长→育成（在第2个猪场完成3个工艺）。

三点式饲养：配种怀孕→分娩10～21日龄断奶（在第1个猪场完成2个工艺）→保育20～25 kg→生长→育成（在第2、3个猪场分别完成3个工艺）。

工艺特点：早期断奶（10～21 d），隔离饲养是养猪新工艺，简称SEW（segregated early weaning），即根据猪群需预防的疾病，在10～21日龄内进行断奶，然后将仔猪送到距离分娩舍250～10 000 m的清净保育舍隔离饲养，这就是早期断奶二点式隔离饲养。为了更加安全，有条件的猪场还可以根据猪龄采用三点式隔离饲养。

（三）猪群结构与猪群周转流程

要组织工厂化流水线生产，不同饲养阶段的各类猪（种公猪、种母猪、仔猪、育成育肥猪等）的存栏数应具有一定比例，即猪群结构。不同规模猪场各类猪的数量可以根据选定的饲养工艺参考相关专业手册进行计算确定。

猪群周转方式和流程的确定，需考虑猪群的划分、各猪群间的功能关系以及防疫要求等因素。一般应使功能和生产上有联系的猪群（猪舍）相互靠近，并按风向和场区地势顺序排列配种猪（公猪、空怀母猪）、妊娠母猪、产猪、培育仔猪和育肥（待售）猪的猪舍。工艺流程和猪群结构确定后，即可绘制周转流程图，作为确定猪舍种类、数量、劳动组织、全场布局的依据。图2-44是10 000头商品猪的猪场周转流程图。

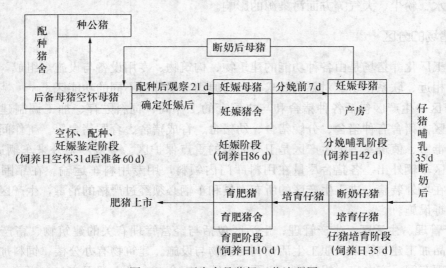

图2-44　万头商品猪场工艺流程图

三、养猪场建筑物

（一）场址的选择

场址选择和场区布局直接影响着养猪场的效率和生产安全，必须认真对待。场址选择的原则主要有：

① 场址应位于干燥，地势平坦或稍有斜坡，朝向南或东南方，背风向阳的地方。要既有利于排水，又有利于采光防寒。适合建立猪场的土质为排水性强，透气性好，毛细管作用弱，吸湿性和导热性小，质地均匀，耐压的沙质土壤。

② 保证水、电供应可靠方便。场址处要求水源水量充足，水质良好。比较理想的水源是地下水。而水面狭小的塘湾死水、旱井苦水，由于微生物、寄生虫和杂质较多，不宜作猪场水源。猪群饮水、猪舍和用具洗刷、职工生活、绿化灌溉等都需要大量的水。一个万头工厂化养猪场，日用水量达 150～250 t。猪场的照明和设备运行都需要用电，电力容量较大，所以场址应靠近输电线路，尽量缩短新线敷设距离。必要时，还应自备小型发电机作为备用电源。

③ 交通方便，便于饲料、肥猪运送。一个万头工厂化养猪场，每天进出的饲料、粪便、生猪等约 20 t，将猪场建在交通便利的地点，可减少运输成本。但为了满足防疫、卫生的要求，场址的选择必须遵循社会公共卫生准则，使猪场不致成为周围环境的污染源，同时也要注意不受周围环境的污染。因此，猪场应与交通干线、家畜交易市场、屠宰场和肉品加工厂等保持一定距离。与居民点之间应保持大于 500 m 的距离；与主要公路距离 300 m 以上；与一般公路距离 100 m 以上。猪场应选在公路下风方向，避开臭味，以保护环境卫生。如果有围墙、河流、林带等屏障，上述距离可适当缩短。

④ 靠近饲料产地或肉产品销售地，考虑建在大中城市周围。另外，尽量不占良田，少占耕地，避开用水、粉尘、大气等方面污染源的影响。

（二）猪场的分区

完善的工厂化养猪场是由各种功能的建筑物、构筑物、专用设备与设施等组成，通常按性质相同、功能相近、联系密切、对环境要求一致的原则，划分为不同的功能区。

1. 生产区 生产区包括各种猪舍和与之配套的工作间、饲料贮存、加工调制建筑物等，是猪场的核心区。猪舍有种猪舍、分娩猪舍、幼猪舍、育成猪舍、育肥猪舍等。工作间一般有人工授精室、消毒室、值班室等。生产区是卫生防疫的重点保护区。一般严禁外来车辆进入生产区，也禁止生产区车辆外出。各猪舍尽量在用料库门内领料，用专用料车运输。在靠围墙处设装猪台，运猪车在场外装猪。进入生产区的所有人员和车辆必须经过严格的消毒，生产区的入口必须设可靠的消毒设施。

2. 生产管理、生活区 生产管理、生活区包括与经营管理有关的建筑物、畜产品加工、贮存和农副产品加工建筑物以及职工生活福利建筑物与设施。建筑物有办公楼、饲料加工车间、饲料仓库、修理车间、变电室、锅炉房、水泵房、职工宿舍、食堂、门卫室、车库等。生活区应设在猪场上风向和地势较高的地方,避免生产区臭气、尘埃和污水的污染。生产管理区宜靠近生产区,但应处于猪场的上风向和地势较高的地方。饲料仓库应靠近进场道路。

3. 隔离区 隔离区包括兽医试验室、病猪隔离室、死猪处理设施、粪便污水处理设施等。应处于整个猪场的下风向和地势较低的地方,这是猪场卫生防疫的重点防范区。

猪场各功能区的布置要综合考虑各区的特点、生产工艺、卫生防疫等因素,然后确定布置方案。各个功能区要分开布置,各功能区之间的距离一般不少于50 m,并应设防疫隔离带(防疫沟、防护栏、隔离林带或墙)。图2-45为猪场的分区关系示意图。

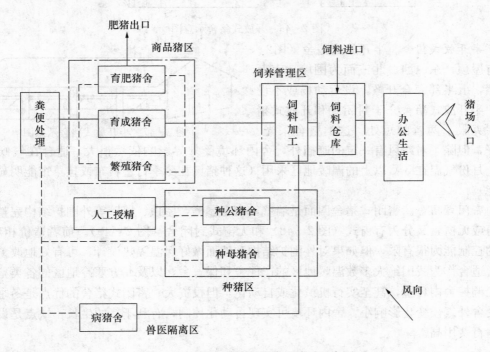

图2-45 综合性养猪场分区关系示意图

(三)猪舍建筑的类别

猪舍内是猪生存最直接的环境,猪舍建筑必须体现各类猪对环境的不同需求。理想的猪舍建筑应满足:符合猪的生物学特性,具有良好的室内环境条件;符合现代化养猪生产工艺要求;适应地区的气候和地理条件;具有牢固的结构,并且经济适用;便于实行科学饲养和生产管理。

猪舍建筑根据不同的标准划分为不同的类型。

1. 按建筑外围护结构特点划分 猪舍可分为开放式、半开放式、密闭式、组装式等4种类型。

(1)开放式猪舍。又称敞开式猪舍(图2-46)。三面有墙,南面无墙完全敞开,用运动场的围墙或围栏关拦猪群,或无任何围墙,只有屋顶和地面,外加一些栅栏或拴系设施。除对雨、雪、太阳辐射等有一定的遮拦外,几乎完全暴露于外界环境中。一般在气候炎热地区采用或作为炎热地区临时装配的简易猪舍。其优点是猪舍内能获得充分的光照和新鲜的空气,同时猪能自由地到运动场活动,有益于猪的健康,但舍内昼夜温差较大,保温防暑性能差。

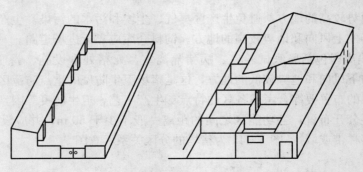

图 2-46 开放式猪舍示意图

（2）半开放式猪舍。半开放式猪舍（图2-47）上有屋顶，东、西、北三面为围墙，南面为半截墙，上半部完全开敞，设运动场或不设运动场。半开放式猪舍介于封闭式和开放式猪舍之间，克服了两者的短处。这类猪舍采光、

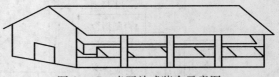

图 2-47 半开放式猪舍示意图

通风良好，但除了对冷风有一定的遮挡外，舍内环境受外界影响依然很大，适合在气候炎热地区，或1月份气温在5℃以上的温暖地区采用（这种猪场在冬季钉塑料布或挂草帘能明显提高其保温性能）。

（3）密闭式猪舍。密闭式猪舍四面是墙壁，砌至屋檐，屋顶、墙壁等外围护结构完整。根据墙上有窗或无窗，又分为有窗式（图2-48）和无窗式封闭舍（图2-49）。前者造价相对较小，对环境的控制能力很有限，但如果对外围护结构和地面做好保温隔热设计，可有效地改善环境控制功能，适合作为我国绝大多数温暖地区的产仔舍和保育舍，以及北方寒冷地区的各类猪舍。后者可人工调控舍内环境，甚至实行机械化或自动化，但投资大。密闭式猪舍的优点是冬季保温性能好，受舍外气候变化影响小，舍内环境可实现自动化控制，有利于猪的生长；缺点是设备投资较大，运行费用高。

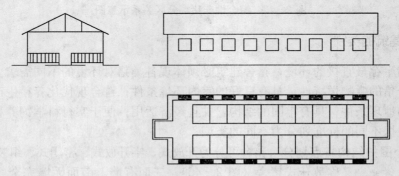

图 2-48 有窗式猪舍示意图

（4）组装式猪舍。组装式猪舍外围护结构可随时全部或部分拆卸和安装，还可以按照不同的气候特点，将猪舍改变成所需的类型。这有利于灵活地调控猪舍内环境，并易于实现猪舍建筑构件的商品化和规模化生产，有广阔的发展前景。

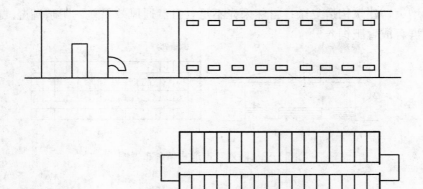

图 2-49 无窗式猪舍示意图

2. 按舍内猪栏配置划分 按舍内猪栏配置猪舍建筑可分为单列式、双列式和多列式。

（1）单列式。单列式猪舍猪栏排成 1 列（一般在舍内南侧），北侧有设走道与不设走道之分。该种猪舍通风和采光良好，舍内空气清新，能有效防潮。北侧设走道能起到保温防寒作用。

可以在舍外南侧设运动场，图 2-50 是单列舍的布置示意图。这种建筑跨度较小，构造简单；缺点是建筑利用率低，一般适于中、小型猪场建筑和公猪舍采用。

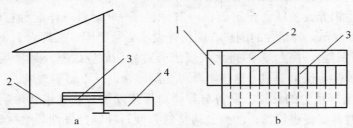

图 2-50 单列式猪舍布置图
a. 剖面图 b. 平面布置图
1. 工作间 2. 走道 3. 猪栏 4. 运动场

（2）双列式。双列式猪舍（图 2-51）在舍内将猪栏排成 2 列，中间设 1 个通道，一般没有室外活动场。主要优点是利于管理，便于实现机械化饲养，保温良好，建筑利用率高；缺点是采光、防潮不如单列式猪舍。育成、育肥猪舍一般采用此种形式。

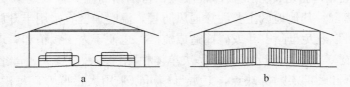

图 2-51 双列式猪舍剖面
a. 分娩舍 b. 育成育肥舍

（3）多列式。多列式猪舍（图 2-52）舍内猪栏排列在 3 排以上，一般以 4 排居多。多列式猪舍的栏位集中，运输线路短，生产工效高；建筑外围护结构散热面积少，冬季保温效果好。但建筑结构跨度增大，建筑构造复杂；自然采光不足，自然通风效果差，阴暗潮湿。此种猪舍适合寒冷地区的大群育成育肥饲养。

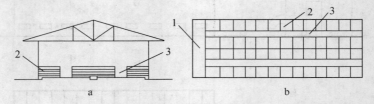

图 2-52　四列双走道式猪舍布置图

a. 剖面图　b. 平面布置图

1. 工作间　2. 走道　3. 猪栏

3. 按猪舍用途划分　猪舍按用途可分为配种猪舍（含公猪舍、空怀母猪舍和后备母猪舍）、妊娠母猪舍、分娩猪舍（产房）、仔猪保育舍和生长育肥舍。

（四）各类猪舍建筑设计要求

1. 公猪舍　公猪具有体格较高大、爱好运动、破坏力强、怕热不怕冷等特点。在 1 月份气温高于 5 ℃的地区，为利于防暑降温，多采用开放式或半开放式猪舍；通常采用小跨度单列式猪舍，净高较大为好。寒冷地区通常采用密闭舍。

公猪常采用单栏饲养。公猪舍建筑面积一般每栏 4～6 m²，兼作配种栏时每栏需 6～8 m²，栏的宽度不应小于 2.4 m。公猪舍的围栏、圈门等设施必须坚固，栏高为 1.2～1.4 m，栏门宽约 0.8 m。地面应坚实平整，并有 5%的排水坡度。公猪舍一般应设室外运动场，场地周围种植树木，去掉树干下部枝叶，仅留树冠。这样，既可遮荫防暑，又不影响通风。

2. 空怀猪舍　空怀猪舍的设施、设备与环境对母猪发情来临有重要影响，设计时应注意以下几方面问题：①群养能促进发情；②与公猪接触方便；③制造发泄机会（运动）；④舍内具有一定的光照度；⑤方便母猪转群。空怀母猪可以单养或群养。

空怀母猪的饲养按单元进行，猪舍平面布置可以采用单列、双列或多列。群养的规模为每栏 4～6 头，母猪需躺卧面积每头为 1 m²，排粪和活动区应不小于 1.5 m×1.9 m。单栏饲养母猪栏宽不小于 0.60 m，栏长不小于 1.90 m（包括饲槽），饲槽后坚硬地面约为 0.80 m，其余是漏缝地板地面。

3. 妊娠猪舍　妊娠母猪对冷热应激都较敏感，特别怕高温。寒冷地区要注意保温，宜采用大窗通风的封闭式猪舍。其他地区主要注意通风防暑，温暖地区宜采用半开放式。

单体栏位饲养可以避免母猪打斗或碰撞造成流产，也便于人工授精和管理，单体栏尺寸一般为长 2.1～2.2 m，宽 0.55～0.65 m。为了解决单体栏耗材多、投资大、母猪活动受限制导致运动量小、易产生腿部和蹄部疾病等缺点，妊娠母猪可以采用大栏群养，每栏 4～5 头，面积 7～9 m²，每头 1.5～1.8 m²，采用群体栏时的猪舍平面布置同空怀猪舍，只是需要在饲喂槽处加搁栏，防止母猪抢食争斗。无论单体栏还是群体栏都可以采用单列、双列和多列布置形式。

4. 分娩猪舍　母猪和仔猪对环境温度的要求不同，母猪的适宜温度为 15～18 ℃，而出生后几天的仔猪要求 30～32 ℃，所以分娩舍设计应着重于解决母猪、仔猪适宜环境温度问题。由于仔猪需要的环境温度较高，仔猪的环境设计重点在于保温设计，因此分娩舍宜采用封闭式，并做好屋顶、墙壁、地面等部位围护结构的保温设计，达到规定的绝热指标。对仔猪进行局部采暖也可解决母猪和仔猪环境温度要求不同的矛盾，局部采暖是用电热器、保温伞、红外灯等设备。哺乳仔猪一般采用红外线灯照射局部供热，故产仔栏设计应充分考虑后期的采暖设备安装和运行的方便。另外，针对仔猪抗病力差的特点，产仔舍内猪栏目前一般采用漏缝或半漏缝地面，以保证圈栏清洁干燥。

分娩猪舍可以采用单列、双列和多列布置。为防止仔猪被母猪压死，一般对母猪进行限位饲养，母猪限位栏宽度为 60～65 cm。在母猪和仔猪之间设一隔离带，使用护栏和栅栏围成一个与母猪分开的仔猪补饲区，补饲区面积至少为 1 m²。

5. 保育仔猪舍 保育仔猪初期对温度的要求仍然比较高，特别是实行早期断奶的保育仔猪，初期需要的适宜环境温度为 22～26 ℃，我国广大地区冬季气温都无法满足这种要求，所以保育舍仍以保温设计为重点。屋顶、墙壁、地面要达到一定的绝热性能，采用较大的跨度，适当降低净高，设置天花板，减少舍内热量损失。必要时采用辐射和加热地面的方法供热。寒冷地区舍门应有缓冲间，采用保温窗户，并设计专门的通风管道，以免冬季通风降低舍内温度。猪栏中的躺卧区设计保温猪床。

保育舍采用群体栏饲养，每栏最好是同一窝仔猪，即每圈栏小猪 8～12 头，每头仔猪需面积 0.3 m² 左右。分娩猪舍可以采用单列、双列和多列布置。

6. 育成育肥舍 育成猪和育肥猪对环境的适应能力已经比较强，适宜温度在 15～20 ℃，猪舍设计必须同时注意防暑和保温。在猪舍的类型选择上，在南方炎热地区一般采用半开放或开放式比较适宜，夏季炎热时屋顶隔热效果差的应采取降温措施，但冬季应适当封闭；而北方宜采用封闭式猪舍。

育成育肥舍可采用单列、双列和多列式布置。单列式布置不经济，一般只在小规模猪场使用。而双列式布置比较经济，实际中运用较多。中央为饲喂通道的单走道双列式，猪栏面积占全面积的比例最高，粪沟沿墙布置，也有利于排除臭气。两边为喂饲道的双走道对尾式布置，有利于减少机械清粪系统；而两边为清粪道的双走道对头式布置，有利于减少喂饲机械系统。双走道虽然增加走道面积，但利于在走道上开关窗户，在寒冷地区也利于防寒。在北方的大型猪场可以采用多列式布置，可减少散热面积，利于保温。

育成栏和肥育栏可以采用不同规格的圈栏。但在三段生产工艺中，生长和育肥不分开，所以生长栏和肥育栏合二为一。在育成和肥育阶段由于栏内群体较大，需要有足够栏位面积并保证排污道畅通。圈栏的设计可将粪尿沟设计为明沟，且位于走道旁而不是在猪栏下，目的是便于采用干清粪工艺，实现干稀分流，这样既有利于粪尿处理，也容易保持猪舍清洁干燥。

7. 舍内通道与辅助间布置 猪舍内的通道主要有饲料通道（清洁道）和清粪通道（污染道）。通道的布置与栏位的排列密切相关。送料道一般宽 0.9～1.2 m，清粪道 0.9 m，有漏缝地板时可不设清粪道。两者尽量分开布置，如必须合并，通道宽采用 1.5～1.8 m。有些猪舍采用排粪区作为临时清粪通道。

猪舍内有时需要设置辅助房间，一般有饲料间、值班室、锅炉房等。根据平面布置的要求，它们可以布置在猪舍的一端，也可以设在中间。辅助间一般占 1 个柱间。在采用水冲式清粪的猪舍，还要留出翻水斗的位置。

8. 猪舍的剖面设计 剖面设计反映猪舍竖向空间布置，主要解决房屋高度、天然采光与自然通风等问题。

猪舍的净高指由室内地面至屋架下弦或天棚的高度。净高的大小取决于当地的气候条件和建筑形式。一般净高 h 取 $2.4\sim2.7$ m，北方取大值，南方取小值。但以大梁为承重结构的猪舍，h 不宜小于 2.1 m。

猪舍设计的一个重要问题是通风问题。良好的通风，既可以保证舍内适宜的湿度和有害气体的浓度在规定范围内，又可以满足夏季的通风降温。猪舍的通风有 3 种方式：自然通风、机械通风和联合通风。

自然通风就是依靠窗户通风。对有天窗猪舍、钟楼式猪舍等，在屋脊最高处和侧墙上设窗户，因舍外风压和舍内热气上升的作用，由侧窗进气，天窗排气。冬季为保温，应关闭全部的北侧窗户，在白天外界气温高时，打开部分南侧窗户进行控制通风。对无天窗人字形屋顶或平顶猪舍，一般在南北墙设侧窗（有的在距舍内地面 30 cm 高处再设地窗），夏季全部打开，形成穿堂风。冬季封闭北窗，定时开南窗和地窗，进行热压通风。

机械通风是采用通风机械进行强制通风。一种是用轴流式风机将舍内污浊空气排除，造成舍内负压，在压力差作用下，舍外空气进入舍内，这种方式又叫负压通风或排气通风。另一种是采用鼓风机将舍外空气送入舍内，使舍内气压高于舍外，在压力差作用下，空气通过排风机或窗口排出舍外，这种方式又叫正压通风或进气通风。

对封闭式猪舍（无窗猪舍），机械通风可采用联合式。进风用鼓风机，排风用排风机。进风口设有空气调节器，根据舍温的需要通入冷风和热风。风机与定时器和恒温控制器相连，根据舍内温度变化自动开关，形成理想的通风自动控制系统。

由于机械通风费用高，一般优先考虑进行自然通风。猪舍建筑对采光要求不高，窗的面积，种猪舍可取舍面积的 $1/8\sim1/10$，肥猪舍 $1/15\sim1/20$。窗台高度可取 $0.9\sim1.2$ m，一般不低于猪栏高度。窗顶高度应考虑尽量利用屋顶圈梁作窗过梁。

雨棚设置要保证门灯的安置高度，一般高于门 $200\sim300$ mm。并应考虑用雨棚梁兼作门过梁。猪舍的门一般向外开。双列式猪舍中间采用双扇门，门宽不小于 1.5 m，门高 2.0 m 左右。单列式猪舍的门，门宽不小于 1.0 m，门高 $1.8\sim2.0$ m。寒冷地区，通道口可考虑加设门斗，以防外面冷气侵入猪舍。

猪舍内的附属房间地面应高于送饲料通道 20 mm，送饲料通道应比猪床高 $20\sim50$ mm。猪舍室内外高差，对潮湿地区可取 300 mm，一般地区取 $150\sim200$ mm。为了清理干净，猪床地面一般也向粪沟或排水沟方向放坡，坡度为 $1/30$。

（五）生产区附属设施规划设计要求

生产区附属设施主要包括猪台、出粪台、污水处理设施、饲料间（厂）、兽医室、人员消毒、车辆消毒设施及道路等。其规划设计主要应注意以下几点：①生产区最好只设 1 个出入口，并设有人员消毒、车辆消毒设施及值班室；②出猪台和集粪池置于围墙边，外来运猪、运粪车不必进入生产区即可操作；③饲料厂如果不在生产区内，可在围墙边设置饲料车间，外来车辆将饲料运至饲料间，再由生产区内车辆将饲料运至各猪舍；④生产区内的道路设置，按用途分类，区内道路可大致分为人行道、饲料道和运猪运粪道，其中运猪运粪道由于被污染，应尽量与其他道路分开且不相交，有利于猪场防疫；⑤隔离猪舍应远离生产猪舍，且处于常年下风向或侧风向；⑥水源、电源应靠近各猪舍，方便使用，减少浪费，同时，对水源应有切实的保护措施，避免被污染，电源应做到安全用电；⑦粪便污水处理应统一规划，结合实际条件，充分利用，并注意污水和雨水分开排放，减少污水处理量。

四、猪场设备

猪场除了建筑物外，还有很多配套的设备。主要包括各种猪栏、地板、喂饲设备、饮水设备、清粪设备、环境控制设备以及运输设备等。

1. 猪栏　猪栏的功能是限制猪只的活动范围并起防护作用，同时方便饲养人员管理。

根据饲养猪的类别，猪栏可分为公猪栏、配种栏、母猪栏、妊娠栏、分娩栏、保育栏、育成育肥栏等。根据栏内饲养猪的头数可分为单栏和群栏。单栏为1个栏内只饲养1头猪，而群栏通常在1个栏内饲养几头甚至十几头或更多的猪。如公猪栏、分娩栏以及定位饲养的妊娠栏为单栏，保育栏、育成育肥栏1个栏内一般饲养8～10头猪。有的妊娠猪或后备猪采用小群饲养方式，将3～5头母猪养在1个栏内。1个妊娠猪栏一般也可饲养10～12头母猪。表2-11是常用群栏的技术参数。

表 2-11　几种主要猪栏的主要技术参数

猪栏类别	长（mm）	宽（mm）	高（mm）	隔条间距（mm）	备　注
公猪栏	3 000	2 400	1 200	100～110	
后备母猪栏	3 000	2 400	1 000	100	
培育栏	1 800～2 000	1 600～1 700	700	≤70	饲养1窝猪
	2 500～3 000	2 400～3 500	700	≤70	饲养20～30头
育成栏	2 700～3 000	1 900～2 100	800	≤100	饲养1窝猪
	3 200～4 800	3 000～3 500	800	≤100	饲养20～30头
育肥栏	3 000～3 200	2 400～2 500	900	100	饲养1窝猪

根据构造形式的不同，猪栏分实体猪栏、栅栏式猪栏、综合式猪栏，见图2-53。图2-54是母猪的单体限位栏。常用的限位栏规格为2.1 m×0.6 m×1.0 m和2.0 m×0.55 m×0.95 m2种。根据栏门位置，单体限位栏分为后进前出和后进后出2种。

图2-55是母猪的分娩栏。分娩栏一般为长方形结构，长2.0～2.3 m，宽1.5～2 m。中间是母猪限位架，两侧是仔猪活动区，四周是仔猪围栏。母猪限位架的作用是限制母猪自由活动，使其在躺卧时只能以腹部着地伸出四肢，然后再躺下。这样就增加了躺卧动作的时间，使仔猪得以及时逃避，避免被压死或压伤。母猪限位架底部留有供仔猪进出的空间。母猪限位架长度与分娩栏等长，一般为2.0～2.3 m，宽度为0.6 m左右，高度为1.0 m。仔猪围栏的作用是使仔猪在栏内活动，防止其跑出。围栏的长宽尺寸与分娩栏一致，高度为0.45～0.6 m。围栏隔条的间距不大于40 mm，间距过大仔猪可能逃出。

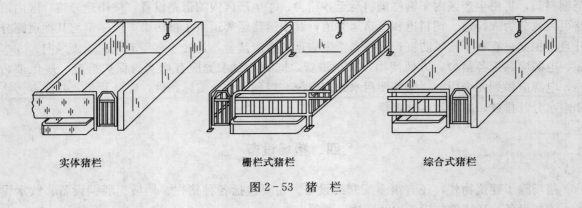

实体猪栏　　　　　栅栏式猪栏　　　　　综合式猪栏

图 2-53　猪　栏

图 2-54　单体限位栏

2. 地板　现代养猪生产中，为保持猪场栏内卫生，改善环境，普遍采用在粪沟上敷设漏缝地板的方式。猪尿直接通过漏缝地板流到地面上的尿沟内，粪便则经猪的踩踏落入地面或地面下的粪沟中，用水冲走，或用人工、机械方式清走。漏缝地板要求耐腐蚀、不变形、表面平、不滑、导热性小，坚固耐用，漏粪效果好，易冲洗消毒。地板缝隙宽度必须适合各年龄猪的行走站立、不卡猪蹄。常用的漏缝地板有钢筋编织网、铸铁地板、工程塑料地板、水泥混凝土地板等，如图 2-56。

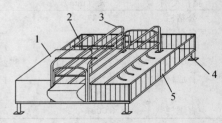

图 2-55　分娩栏
1. 保温箱　2. 仔猪围栏　3. 母猪限位架
4. 支腿　5. 地板

3. 喂饲设备　养猪生产中，饲料成本占 50%～70%，喂料工作量占 30%～40%，因此，饲喂设备的先进程度对饲料利用率、劳动强度、猪场经济效益有很大影响。国外猪场一般都采用机械化自动饲喂，我国只有少数猪场采用机械自动喂料系统，一般都用人工喂料。人工喂料设备比较简单，主要包括加料车、食槽等。自动喂饲系统由贮料塔、饲料输送机、输送管道、自动给料设备、计量设备、食槽等组成，整个工艺流程为：饲料厂加工好饲料后用专用运输车送入贮料塔（图 2-57），再通过螺旋或其他输送器将饲料直接输送到食槽或自动食箱。

饲料输送机主要用来将饲料从猪舍外的饲料塔输送到猪舍中，然后分送到饲料车、食槽或自动食槽。饲料输送机的形式较多，如卧式搅龙输送机、链式输送机、弹簧螺旋输送机和塞盘式输

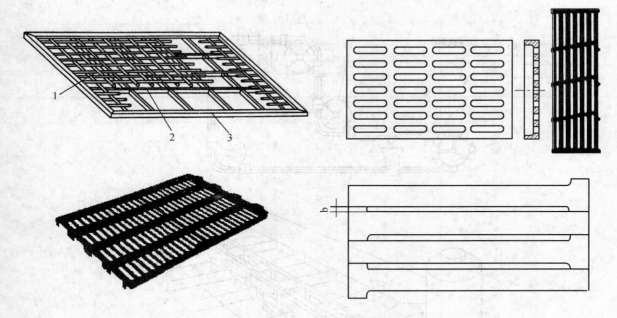

图 2-56　常用漏缝地板
1. 冷拔钢丝　2. 加强筋　3. 边框

送机等。图 2-58 是塞盘式饲料输送机示意图。

　　食槽（图 2-59）形式很多，按喂饲方式分为限量食槽和不限量食槽；按形状可分为长形食槽和圆形食槽；按组合形式又可分为单饲食槽和群饲食槽；此外，还有单边采食、双边采食之分。可根据猪只大小选择合适的规格。

　　4. 清粪设备　养猪生产中主要采用水冲清粪、水泡粪、人工清粪以及机械清粪等方式进行清粪。水冲清粪、水泡粪所配置的设备简易，工艺简单，操作方便，劳动强度很轻，但因用水量大，室内空气质量差，后期粪污处理难等原因，一般不提倡这种方式。机械清粪有固定式刮粪板和移动式清粪机械两种。

图 2-57　贮料塔

　　固定式刮粪板常用的有链刮板除粪装置和往复刮板除粪装置。链刮板除粪装置一般用在具有开式粪尿沟的猪舍。刮板装在环行布置的粪尿沟内，做环行回转，将粪便送至猪舍一端，再由另一倾斜放置的链板升运器装入运粪车，运到积粪场处理。往复刮板除粪装置常安装于猪舍的粪便通道、猪栏的排粪通道或猪栏的缝隙地板下。它逐次前移粪便，直到运至横向粪沟，再由横向粪沟的设备运到舍外。

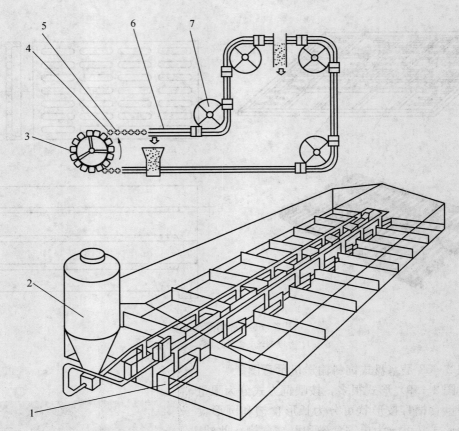

图 2-58 塞盘式饲料输送机示意图

1. 自动料箱 2. 贮料塔 3. 驱动装置 4. 钢丝绳 5. 塞盘 6. 输送管 7. 转角器

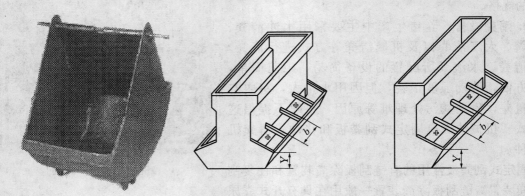

图 2-59 食 槽

移动式清粪机械（如清粪铲车），可以几个猪舍合用。清粪铲车可用手扶拖拉机改装而成，机动灵活，适于缺电少电地区使用。但机动清粪铲车工作时有噪声，所排废气会使猪舍内空气污浊，故只适宜在开放式、半开放式猪舍中使用。

五、猪场其他设施

（一）消毒与防疫设施

养猪场必须有严格的卫生防疫制度并配备相应的清洁消毒设施，才能保证安全生产。

1. 进场人员的消毒与配套设施　人员是猪的疾病传播中最危险、最常见、最难以防范的传播媒介，必须靠严格的制度并配合设施进行有效控制。在生产区入口处要设置更衣室与消毒室，更衣室内设置淋浴设备，消毒室内设置消毒池和紫外线消毒灯。工作人员进入畜禽生产区要淋浴，更换干净的工作服、工作靴，并通过消毒池对鞋进行消毒，同时要接受紫外线消毒灯照射5～10 min。常用的紫外线消毒灯规格为220 V/30 W。工作人员进入或离开每一栋舍要养成清洗双手、踏消毒池消毒鞋靴的习惯。尽可能减少不同功能区内工作人员交叉现象。主管技术人员在不同单元区之间来往应遵从清洁区至污染区，从日龄小的畜群到日龄大的畜群的顺序。有条件的场可采取封闭隔离制度，当工作人员进入隔离舍和检疫室时，还要换上另外一套专门的衣服和雨靴。尽可能谢绝外来人员进入生产区参观，经批准允许进入的人员要进行淋浴洗澡，更换生产区专用服装、靴帽。

2. 进场车辆的消毒与配套设施　猪场大门入口设置大消毒池，主要对进出车辆轮胎进行消毒。池宽应大于大卡车的轮距，一般与大门等宽；长度大于车轮的周长，一般为1.5～2.5倍。水深10～15 cm以上，最好达1/2车轮。消毒药使用2%烧碱液或1%菌毒敌等。

3. 场内消毒与消毒设备　猪场常用的场内消毒设备主要有高压清洗机、火焰消毒器、喷雾消毒器或将冲洗与消毒合在一起的冲洗喷雾消毒机。

（二）环境调控设施

猪舍环境控制主要是指对猪舍采暖、降温、通风及空气质量的控制，需要通过配置相应的环境调控设备来满足各种环境要求。

我国无论南方还是北方，对于哺乳仔猪舍、仔猪培育舍都需要考虑冬季保温与采暖，需要提高猪舍环境温度，满足猪对温度的要求。猪场常用的采暖方式主要有热水采暖系统、热风采暖系统及局部采暖系统。

我国大部分地区夏季炎热，猪舍内环境温度偏高。高温会导致妊娠母猪和哺乳母猪死胎、流产、中暑或产后综合症等，影响养猪生产。因此，需要采取一些行之有效的防暑降温措施。除通过进行合理的猪舍设计，利用遮阳、绿化等削弱太阳辐射，在一定程度上减轻高温危害外，还可采取通风降温、湿帘风机蒸发降温、喷雾降温等措施。对定位饲养的猪，滴水降温是一种经济有效的方法。即在定位饲养的猪的颈部上方安装滴水装置，水滴间隔性地滴到猪的颈部，由于猪颈部对温度比较敏感，猪会感到特别凉爽。将水滴在猪背部，也能起到蒸发降温效果。此外，在猪舍躺卧区地板下铺设一些管道，让冷风、冷水或其他冷源通过，使局部地板温度降低，也可达到降温的目的。

猪舍夏季通风一方面可起到降温作用，另一方面可以改善舍内空气环境质量，保持适宜的相对湿度。进行猪舍通风设计时，应注意：①夏季采用机械通风在一定程度上能够起到降温的作用，但过高的气流速度，会因气流与猪体表间的摩擦而使猪只感到不舒适，因此，猪舍夏季机械通风的风速不应超过 2 m/s；②猪舍通风一般要求风机有较大的通风量和较小的压力，宜采用轴流风机；③冬季通风需在维持适中的舍内温度下进行，且要求气流稳定、均匀，不形成贼风，无死角。

（三）粪污处理设施

养猪场在考虑粪便运输与贮存问题时大多遵循减量化原则，即清污分流、粪尿分离。一般将雨水和清洗粪便的废水利用不同管渠分别进行收集、贮存和处置，以减少污水数量。将固体粪便和液体粪污分别收集、输送、贮存，以减少处理成本。

猪场粪尿的处理包括粪尿收集、固液分离及无害化处理等工艺。需要建沉淀池、氧化池等构筑物，如果进一步利用，还可建沼气池等。一般处理有下列方式：

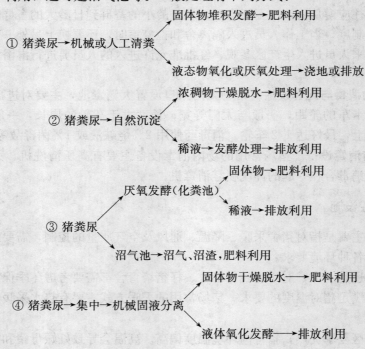

（四）死猪处理设施

在养猪场中，由于疾病或其他原因总会有猪的死亡现象发生。做好死猪的处理工作，不但可以防止污染环境，也是预防疾病流行与传播的保证。处理死猪的原则：对因烈性传染病而死的猪必须进行焚烧火化处理；对其他伤病而死的猪可用深埋法和高温分解法进行处理。下面对这几种处理方法和相关设备作以介绍。

1. 毁尸池　在远离猪场的下风向修建毁尸池。养猪场的毁尸池一般为圆柱形，直径 3 m 左右，深 10 m 左右，或者为方形，边长 3～4 m，深 6.5 m 左右。池底及四周用钢筋混凝土建造或用砖砌后抹水泥，并做防渗处理；顶部为预制板，留一入口，做好防水处理。入口处高出地面0.6～1.0m，平时用盖板盖严，以免散出的臭气污染空气。池内加氢氧化钠等杀菌消毒药物，放进尸体时也要喷洒消毒药后再放入池内。由于尸体在池内厌氧分解，产生高温，可以杀灭病原菌。

池底也可直接为土壤，周围墙体上还可开一些小孔，使尸体发酵后的成分直接进入土壤中。据国外对2 000多个这样的毁尸池的调查，没有发现环境污染问题。

2. 深埋法　在小型猪场中，若没有建毁尸池，对不是因为烈性传染病而死的猪可以采用深埋法进行处理。具体做法是，在远离猪场的地方挖2m以上的深坑，在坑底撒一层生石灰，放入死猪，在最上层死猪的上面再撒一层生石灰，最后用土埋实。

深埋法容易造成环境污染，并且有一定的隐患。因此，猪场要尽量少用深埋法。若临时采用时，也一定要选择远离水源、居民区的地方，且要在猪场的下风向，离猪场有一定距离。

3. 高温分解法　将死猪放入高温高压蒸汽消毒机中，高温高压的蒸汽使死猪中的脂肪熔化，蛋白质凝固，同时杀灭病菌和病毒。分离出的脂肪可作为工业原料，其他可作为肥料。这种方式投资大，适合于大型的猪场。

在中小型猪场比较集中的地区，也可建立专门处理厂，处理周围各个猪场的死猪，不仅能消除传染病隐患，而且猪场也节省了一笔投资，规模化生产也能给处理厂带来收益。

4. 焚烧法　焚烧法是采用焚化炉，通过燃烧器将死猪焚烧，使其成为灰烬。这种方法能彻底消灭病菌、病毒，处理迅速、卫生。

焚化炉由内衬耐火材料的炉体、燃油燃烧器、鼓风机和除尘除臭装置等组成。除尘除臭装置可除去焚化过程中产生的灰尘和臭气，减少处理过程中对环境造成的污染。但造价和运行费用均高。

➤习题与思考题

1. 影响猪生长发育的主要环境因素是什么？简述养猪对环境的一般要求。
2. 简述工厂化养猪的工艺，这些工艺与养猪场的设计有什么关系？
3. 养猪场为什么要分区布置？如何进行养猪场内的分区布置？
4. 养猪场场址选择有哪些基本要求？
5. 猪舍建筑按外围护结构特点划分为哪些类型？各种类型的特点及适用范围是什么？
6. 对猪舍内环境调控的措施一般有哪些？
7. 养猪场的通风有哪几种方式？设计时怎样选择？
8. 养猪场清粪方式有几种？各有何优缺点？
9. 简述设计不同猪群猪舍时的主要技术问题。
10. 养猪场的竖向布置一般遵循哪些原则？
11. 养猪场一般有哪些环境调控设施？
12. 养猪场有哪些防疫设施？如何设置？
13. 猪粪尿处理有哪些方式？

第四节　工厂化养牛设施

一、养牛场总体规划

养牛场通常分为奶牛场和肉牛场 2 类，本文只介绍奶牛场的相关知识。

（一）场址选择

奶牛场场址选择关系到本身的经营发展和周边的生态环境。进行选址和平面规划前应掌握详尽的基础资料，如气温、风向、风速、雨雪等气象资料，水文、地质、地形、地震、洪水等情况，当地生活和工农业建筑的分布和交通情况，水、电、暖、通信等与所在城镇的市政设施的接入口等。选址应遵循以下原则：

① 应符合当地城乡规划布局，不污染周围环境，同时也不受周围环境的污染。不要在化工厂、屠宰厂等容易污染环境的企业下风向处或附近建场，相距应在 1 500 m 以上。远离机场、铁路、车站等噪声较大的地方。应位于居民区及公共建筑常年主导风向的下风向，距离居民区的距离应在 1 000 m 以上，并避开居民区的排污口和排污道。

② 场址应交通便利、供水供电方便。但是交通干线往往又易造成疾病传播，所以要求距离交通干线一定的距离，以利卫生防疫。一般奶牛场距离公路直线距离不小于 1 000 m，奶牛场要有专用道路与公路相连。

③ 场址附近应有充足的青、粗饲料供应地。奶牛的饲料需求量非常大，尤其是青贮料，一般存栏量 1 000 头规模的奶牛场，每天的青贮需求量大约为 31.8 t，干草 9.3 t，精饲料 5.3 t。场区附近就近种植青贮原料可以大大节约运输成本和保证青贮质量。

④ 场址应地势较高，背风向阳，空气流通，土质良好，地下水位低，排水良好。

⑤ 场区水源条件符合《生活饮用水卫生标准》（GB 5749—2006）。家畜饮用水的质量指标为：镉 0.05 mg/L，铅 0.1 mg/L，汞 0.001 mg/L，砷 0.2 mg/L，亚硝酸盐 10 mg/L，盐分 300 mg/L，大肠杆菌 10 000 个/L。饮用水还应清亮透明，水中总固体含量不能超过 1.5%～1.7%。

⑥ 为保护环境和人文景观，在水资源保护区、旅游区、自然保护区、环境污染严重地区、家畜疫病常发区及山谷、洼地等易受洪涝威胁的地段等，不得建养牛场。

⑦ 场地面积应符合建场要求。一般奶牛场区的占地面积，可按每饲养 1 头种母牛占地面积 150～180 m² 来计算。

（二）养牛场总体布局

养牛场内的建筑和设施的总体布局应便于防火和卫生防疫，紧凑整齐，提高土地利用率和节省基建投资。根据生产功能，场内分为生产区、辅助区、行政管理区和隔离区。

生产区：包括产牛舍、犊牛舍、大犊牛舍、育成牛舍、青年牛舍、泌乳牛舍、干奶牛舍、挤奶厅、畜牧兽医室、场区厕所等。

辅助生产区：包括精饲料原料库、精饲料成品库、干草棚、饲料搅拌站、青贮窖、地中衡、装车台、TMR 车库、设备库、维修间、质检与化验室、消防设施等。

行政管理区：包括门卫值班室、车辆消毒池、办公用房、计算机管理室、档案资料室、消毒更衣室、供配电房、供水设施、锅炉房、宿舍、食堂、车棚、娱乐健身设施等。

隔离区：包括隔离舍、病死牛无害化处理间、堆粪大棚、污水处理设施等。

养牛场的总体布局应遵循以下几个原则：①满足生产工艺要求，结合当地气候条件、地形地势及周围环境特点，因地制宜，作好分区功能规划，合理布置各种建（构）筑物和设施；②充分利用场区原有的自然地形、地势，建筑物长轴尽可能顺场区的等高线布置，尽量减少土石方工程量和基础设施费用，最大限度地减少基本建设费用；③合理组织场内、外的人流和物流，创造最有利的环境条件和低劳动强度的生产联系，实现高效生产；④保证建筑物有良好的朝向，满足采光和自然通风条件，并有足够的防火间距；⑤利于粪尿、污水及其他废弃物的处理和利用，采用有效的粪污处理方案和方法，牛场废弃物排放达到《畜禽养殖业污染物排放标准》（GB 18596—2001）的要求；⑥在满足生产要求的前提下，建（构）筑物和设施布局紧凑，节约用地，少占或不占耕地，并应充分考虑今后的发展，留有余地；⑦行政管理区宜设在全场的上风向，一般靠近场部大门，以利于对外界联系及防疫，工作人员的办公与生活区应与生产区分开，保持适当的距离。

牛舍与挤奶厅是牛场的主要生产性建筑，牛舍中数量最多的是成乳牛舍，其次是青年牛舍、育成牛舍、犊牛舍等。依据各类牛舍的要求及其相互关系，结合现场条件、考虑光照和风向等因素进行合理布局。犊牛容易感染疾病，应设在生产区的上风向。产牛舍与病牛舍是排菌的集中场所，应设在生产区的下风向，距离其他牛舍稍微远一些。

1 头成乳牛所占牛舍面积一般为 8～10 m²，舍外奶牛运动场的面积一般为牛舍面积的 3 倍（即每头 25～30 m²）。运动场面积过小，场地干燥程度不好，奶牛创伤性病例会增多。运动场周围植树，应同围栏保持 1.3 m 以上的距离，否则树皮会被奶牛啃食。

二、牛舍建筑

（一）养牛工艺

为使牛场全年奶产量均衡，就要使各龄期的牛群保持一定的数量比例。对牛群的划分一般以月龄为准，而不同划分标准影响各龄期牛群的数量，也影响相应的牛舍面积。

1. 奶牛饲养期的划分

（1）0～3 月龄，哺乳犊牛。0～3 月龄的犊牛住犊牛栏，全部单独隔离喂饲，保证每头犊牛都互相不接触。牛舍应清洁、干燥、采光良好、空气好且无贼风，舍内冬季最低气温不低于 0 ℃。

（2）3～6 月龄，断乳犊牛（大犊牛）。3～4 月龄断奶后，采用小群栏饲养，每栏 5～6 头，有利于犊牛分群管理，便于观察，便于对犊牛的饲料采食情况进行记录。大犊牛舍应有防寒与防暑的设施，寒冷的地方要注意防寒，特别要防止穿堂风，保持空气清新和舍内干燥，舍内地面应防滑。

（3）7～12 月龄，育成牛。育成牛散栏饲养，自由采食，采用带卧栏的设施，保证其有充足干净的休息场所。

（4）13～20 月龄，青年牛。牛经过这一阶段的饲养，体重逐渐接近成年牛，性发育也逐渐成熟，可以进行初配种。此类牛群的体重个体差异较大。此阶段应抓好饲槽管理，保证牛舍内干净卫生。

（5）泌乳牛。产乳期 305 d。奶牛产后在产房休息 7～15 d，转入泌乳牛舍开始产奶。在距上次生产日 60 d 左右再次配种，直至又一次分娩前 60 d 停止泌乳。牛根据其产奶量多少，分为泌乳前期、盛期、后期 3 大群，分别安排在距挤奶厅远近不同的牛舍，以方便管理。

（6）干奶牛。即为了再次生产而停止泌乳的牛，干奶期约 2 个月，一般分为干奶前期、中期和后期。

（7）围产期牛及产牛。由临产前 15 d 的青年牛或干奶牛转入，住进产牛舍的单独产栏，产后 1 周出产房。产房应宽敞有围栏，安静舒适，无贼风，配备饲槽和饮水设备，母牛不上颈枷，不拴束。

奶牛的存栏量是根据成乳牛的数量来统计的。成乳牛包括泌乳牛、干奶牛和产牛。一般常年正常运转的奶牛场，其成年奶牛占 60%，犊牛、育成牛、青年牛各占 12%～15%。成年奶牛中产奶牛约占 80%，干奶牛约占 12%，产牛及病牛约占 8%。

（二）牛舍的平面设计

1. 牛舍的布置形式 牛舍应尽量布置成双列式，这种方式既能保证场区净污道路分流明确，又能缩短道路和工程管线的长度。小规模奶牛场或因场地狭窄，可以考虑采用单列布置。应考虑到奶牛挤奶和转群、防疫等的需要，尽量使各种牛舍的布置位置合理。①挤奶厅位置尽量布置在生产区边缘，便于奶车取奶和消毒防疫；②犊牛舍尽量靠近产牛舍，并位于生产区边缘，防止疫病的传播；③泌乳牛舍尽量围绕挤奶厅布置，缩短奶牛挤奶行走的距离。

2. 牛舍朝向 牛舍朝向的选择与当地的地理纬度、环境、局部气候及建筑用地条件等因素有关。适宜的朝向一方面可以合理利用太阳能，夏季避免过多热量进入舍内，冬季尽量让太阳辐射热量进入舍内以提高舍温；另一方面，可以合理利用主导风向，改善通风条件，以获得良好的畜舍环境。

光照是促进奶牛正常生长、发育、繁殖等不可缺少的环境因子。合理利用自然光照不仅可以改善舍内光温环境，还可起到很好的杀菌作用，利于舍内环境的净化。我国地处北纬 20°～50°，为确保冬季舍内获得较多的太阳辐射热，防止夏季太阳过分照射，牛舍宜采用东西走向或南偏东、偏西 15° 左右朝向较为合适。

牛舍布置与场区主导风向关系密切，主导风向直接影响冬季牛舍的热量损耗和夏季的舍内和场区的通风。从舍内通风效果看，若风向入射角（牛舍墙面法线与主导风向的夹角）为 0 时，舍内正对窗间墙的部位空气流速较低，有害空气容易滞留；风向入射角为 30°～60° 时，舍内气流死角面积减少，气流分布的均匀性改善，可提高通风效果。从整个场区的通风效果看，风向入射角为 0 时，牛舍背风面的涡流区较大，有害气体不易排除；风向入射角改为 30°～60° 时，有害气体能顺利排除。从冬季防寒要求看，若冬季主导风向与牛舍纵墙垂直，则会使牛舍的热损耗最大。

因此，牛舍朝向应兼顾通风和采光的要求，抓住主要矛盾，综合考虑当地的气象、地形等特点和其他因素来合理确定。

3. 牛舍间距 适宜的牛舍间距应根据采光、通风、防疫和消防等几点综合考虑。现在设计的牛舍一般都有运动场，在我国北方地区，出于冬季采光的考虑，一般运动场设在牛舍的南侧，其余大部分地区设置在牛舍南北两侧。采光间距应根据当地纬度、日照要求以及牛舍檐口高度 H 求得，一般为 $1.5 \sim 2$ 倍 H 可满足采光要求。纬度越高的地区，系数取值越大。

通风与防疫间距一般取 $3 \sim 5$ 倍 H，可避免前栋排出的有害气体对后栋的影响，减少互相影响的机会，各种牛舍经常排放有害气体，这些气体会随着通风气流影响相邻牛舍。

我国目前没有专门针对农业建筑的防火规范，但现代化牛舍的建造大多采用砖混结构、钢筋混凝土结构和新型建材围护结构，其耐火等级在二级至三级，可以参照民用建筑的标准设置。耐火等级为三级和四级的民用建筑间最小防火间距是 8 m 和 12 m，牛舍间距如在 $3 \sim 5$ 倍 H 之间，可以满足要求。一般情况下，牛舍间距的设计在 $15 \sim 25$ m 之间。

（三）牛舍建筑

牛舍的作用是为奶牛提供一个温度、湿度、通风换气、光照等适宜的环境。

国外一些发达国家的奶牛舍建筑已基本实现了装配化、标准化和定型化。我国过去牛舍多采用砖混结构，主要参考《混凝土结构设计规范》和《砌体结构设计规范》进行设计，而一些质轻、高强、高效的建筑材料产量小、价格高，制约了牛舍建筑的发展。20 世纪 80 年代后期，随着对牛舍建筑研究重视程度的提高，研究推广了节能开放型牛舍、半封闭型牛舍等，在节约资金和能源等方面获得了显著效果。同时，综合密闭式和开放式牛舍的特点，发展了开放型可封闭牛舍和屋顶可开启式自然采光的大型连栋牛舍等新型牛舍，使牛舍建筑的形式更加多样化，更有利于节约土地、资金，减少运行费用，更加适应我国南北方气候差异大的特点。

1. 有窗封闭舍 是指通过墙体、窗户、屋顶等围护结构形成全封闭状态的牛舍。四面有墙，纵墙上设窗，具有较好的保温隔热能力，便于人工控制舍内环境条件。建筑跨度小于 10 m 时，自然采光和开窗自然通风，侧窗配合牛舍顶部的通风帽或者通风机可以达到很好的通风排湿效果。由于关窗后封闭较好，供暖或降温的效果较半开放式好，耗能也较少。是世界各国和我国各地最为广泛采用的一种封闭式牛舍。

2. 开敞式牛舍 主要指三面有墙、前面敞开的牛舍，也称前敞舍，前面往往延伸形成运动场或栏圈。该类设施只能缓和某些环境因素的不良影响，如挡风、避雨雪、遮阳等，不能形成稳定的环境，受自然条件影响较大。依靠自然通风，光照是自然光照加人工补充光照。但由于其结构简单、用材少、施工方便、造价低，在世界各国气候温暖地区被广泛利用。这种牛舍虽然环境调控能力不高，但奶牛在舍内外活动自由，保留了奶牛的某些自然生态性状，并利用了奶牛应付天气变化调节的行为习性，所以在我国黄淮地区应用比较广泛。

3. 凉亭式牛舍 采用独立柱承重，不设墙，其自然通风、排湿和采光好，但保温性能差。舍内气候环境和舍外几乎相同，一般用作成年牛舍，这种牛舍需作好棚顶的隔热设计。一般在我国南方地区广泛使用。

4. 其他类型 除上述几种形式的牛舍外，还有大棚式牛舍、拱板结构牛舍、复合聚苯板组装式牛舍、被动式太阳能牛舍等多种形式。另外有一些新型牛舍，如大型连栋式牛舍，其优点是减少占地面积，缓解人畜争地的矛盾，降低畜禽场投资等。

目前新建的奶牛场，牛舍建筑结构大多采用热镀锌的轻钢结构材料、无焊口装配式工艺，将温室技术与养殖技术有机结合，研制出了一系列标准化的装配式牛舍，在降低建造成本和运行费用的同时，通过进行环境控制，实现优质、高效和低耗生产。总之，牛舍的形式是不断发展变化的，新材料、新技术不断应用于牛舍，使之越来越符合奶牛对环境条件的要求。牛舍样式的选择必须综合考虑牧场的性质和规模、当地气候条件、机械化程度、投资能力等，不可机械地照搬套用其他牧场的模式。图 2-60 为几种常见的牛舍形式。

有窗封闭式牛舍

开敞式牛舍

凉亭式牛舍

连栋式牛舍

图 2-60　几种常见的牛舍

三、养牛设施

（一）青贮设备

奶牛场需要的青贮饲料数量大，需要专门设备（青贮窖和青贮塔）贮存和调制。

青贮窖（图 2-61）可分为地下窖、半地下窖和地上窖，因建造容易，使用效果好，故被广泛采用。青贮地址应土质坚硬，地势高燥，地下水位低，底部必须高出地下水位 0.5 m 以上，防止地下水渗入青贮窖；应靠近牛舍，但远离粪污处理区。青贮窖一般采用砖石结构，底部和四壁要做防水隔层，内部要求光滑平坦，坚固结实，不透气，不漏水。

在地下水位较高的地方应采用青贮塔（图 2-62），青贮塔的造价和修建技术要求较高。

青贮窖及青贮塔的容积，主要根据饲养的奶牛数量、原料多少等确定，一般单位面积容积，青贮窖为 500～600 kg/m³，青贮塔为 650～750 kg/m³。

图 2-61　青贮窖

图 2-62　青贮塔

（二）卧床与牛颈枷

1. 卧床　卧床是牛舍饲养时牛休息的地方，各种饲养方式所用卧床形式有所差别。目前普遍使用的是自由式卧床，牛在舍内没有固定的床位，可在舍内和舍外运动场自由走动。卧床的尺寸（表 2-12）与牛的品种、体型有关，为了使牛能够舒适地休息，卧床要有合适的空间，但也不能过大，否则奶牛休息时容易使牛粪落到卧床上。各卧床之间用热镀锌钢管的卧栏隔开，保证每头牛都有一定的休息空间。卧床上的垫料有粗沙、橡胶板、废旧轮胎、稻草、麦秸等，可根据投资情况和牛舍内的情况合理选择。图 2-63 为两种卧床形式。

表 2-12　卧床的尺寸

牛的类型	卧床长度（mm）	卧床宽度（mm）
成乳牛	2 150～2 350	1 150～1 300
初孕牛	2 150～2 350	1 150～1 300
青年牛	2 050～2 250	900～1 200
育成牛	1 750～2 000	700～900
围产期牛	2 150～2 350	1 150～1 300

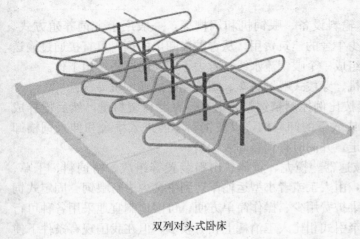

双列对头式卧床

单列沙质卧床

图 2-63　卧　床

2. 牛颈枷 牛颈枷是牛舍饲养中拴系牛的装置，其作用是限制牛在牛床内的活动范围，防止牛踏入饲槽内，并方便饲养管理。牛颈枷不应妨碍牛的正常站立、躺卧、采食和饮水。

直杆固定式牛颈枷（图2-64a）也称作串连颈枷，可同时操作多头牛或单独操作1头牛。其下部铰接固定，上部可左右移动，牛头入枷后，颈枷自锁合拢，使牛头无法脱出去。

软式牛颈枷（图2-64b）由2根长链和2根短链组成，长链端环套在牛床两边的支柱上，可上下自由移动，短链套在牛颈部。软式牛颈枷需每头牛单独操作，饲养员劳动强度大，但结构简单，牛也比较舒适，适用于小规模饲养场。

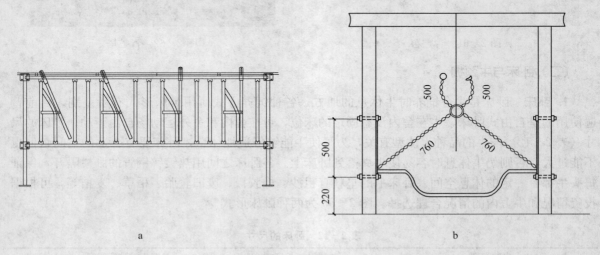

a   b

图2-64 牛颈枷
a. 直杆固定式牛颈枷　b. 软式牛劲枷（单位：mm）

（三）牛的饲喂设备

牛的喂饲设备有固定式喂饲设备和移动式喂料车。前者机械化程度高，易于实现自动化；后者机动性强，适用于规模较大的牧场。

1. 固定式喂饲设备 包括贮料塔、输料设备、喂饲机和饲槽等，一般用于舍饲养殖方式。其优点在于不需较宽的饲料通道，可减少牛舍的建筑费用。从青贮塔卸出的饲料可直接通过输送设备运往牛舍内或者运动场上的饲槽，组成一个喂饲流水线，省去了中间的饲料转运工作。

目前常用的喂饲机有输送带式喂饲机、穿梭式喂饲料车、螺旋搅龙式喂饲机等。

2. 移动式喂料车 由电子称重装置按比例控制精饲料、干草、青贮料装料量，然后搅拌成全价混合饲料。饲料箱一端铰接能折起或放下的卸料槽，以便饲料车能进入牛舍和伸入饲槽卸料。卸料时拖拉机带动喂饲车沿饲槽行走，并同时将饲料卸入饲槽。

3. 固定式饲料搅拌车 由电机、减速器、搅龙、箱体、出料装置等组成。精饲料、干草、青贮料按比例在固定的搅拌装置中搅拌，由人工或者小型运输车运到牛舍内进行喂饲。固定式饲料搅拌车的优势在于投入低、能耗小、维护费用少、操作简单方便、可因地制宜地采用各种可行方案，适用于我国各类型的奶牛场。与牵引式相比人工消耗上相对较多，但在我国现有条件下使用固定式饲料搅拌车是普及 TMR 技术的有效途径。

（四）饮水设备

牛的饮水量很大，牛场中必须配备可靠的饮水设备。目前在我国的牛场中被广泛采用的饮水设备有 3 种：饮水槽、杯式饮水器和集中饮水器。

饮水槽一般用混凝土浇筑或用钢管及钢板加工，内部装有控制水面高度的浮球阀，其长度根据牛的数量而定。特点是结构简单，造价低；其缺点是饮水易污染。饮水槽通常用在散放饲养的牛场中。

杯式饮水器（图 2-65）一般用铸铁加工。牛在杯里饮水时，嘴压下压板，克服弹簧的弹力将阀门推入，水管中的水便流到杯中。当牛离开后，弹簧推动阀门和压板恢复原位，水停止流出。牛用杯式饮水器可直接与自来水供水管网连接，适应水压≤196 kPa。这种饮水器一般安装在牛床的支柱上，杯面离地面高度 600 mm 左右，一般每头牛用 1 个。

集中式饮水器（图 2-66）可放置在舍内或运动场，一般 30 头牛用 1 套。其特点是安装简便，有保温隔热功能，有些还有电加热装置，特别适合于我国北方地区使用。

图 2-65 杯式饮水器

图 2-66 集中式饮水器

（五）犊牛栏

主要养殖 0～3 月龄的犊牛。新生犊牛由于个体差异，体质强弱不同，从消毒防疫和喂饲的要求考虑，一般单独喂养。犊牛栏分为 2 种形式：舍内犊牛栏和舍外犊牛岛。

舍内犊牛栏（图 2-67）每栏养殖 1 头犊牛，各栏用板隔开，减少了犊牛之间的接触。犊牛栏拆装方便，可整体移动，根据需要，夏季可置于室外凉棚下，冬季可置于室内。采用高强度塑料漏粪地板，既保护了犊牛幼嫩的肢蹄，又便于清粪，保持栏内干净。

犊牛岛（图 2-68）适用于全国大部分地区，置于舍外，每个犊牛岛喂饲一头犊牛。

图 2-67 舍内犊牛栏

图 2-68 犊牛岛

（六）乳牛挤奶设备

人工挤奶因达不到卫生标准，现在已经逐渐被淘汰。取而代之的是机械式挤奶，不仅使挤奶员从繁重的体力劳动中解放出来，还能提高劳动生产率，保证奶的卫生和质量。常用的挤奶设备有移动挤奶车、提桶式挤奶机、管道式挤奶机和厅式挤奶机等。

1. 移动挤奶车　真空发生系统和挤奶系统集中于一个可移动的小车上，结构简单、紧凑，移动方便灵活，便于操作和清洗，投资小，适用于30头以下成乳牛的小型奶牛场或者放牧牛群。单桶式挤奶车（图2-69）1次只能挤1头，1h挤5头左右；双桶式（图2-70）可同时挤2头，1h挤10头左右。

图2-69　单桶式挤奶车

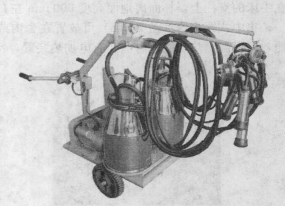

图2-70　双桶式挤奶车

2. 提桶式挤奶机　提桶式挤奶机（图2-71）由挤奶桶、真空管道和真空发生器等系统组成。真空管道和真空发生器固定在牛舍内，挤奶桶是可携带的。挤奶时挤奶员提着桶式挤奶器轮流到每头牛旁挤奶，然后人工将牛奶送往奶品间。其优点是饲养员对不同产奶习惯的奶牛能个别照料，对高产牛和低产牛皆能适应，并且结构简单，投资少。缺点是挤奶时需要较多辅助手工操作，而且牛奶需要临时转运，影响牛奶的质量。主要用在中、小型牛场的拴养牛舍中。

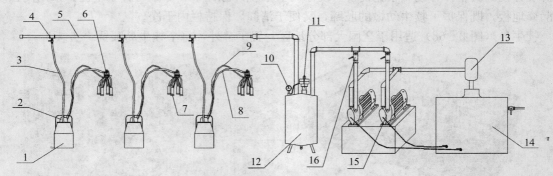

图2-71　提桶式挤奶机

1.奶桶　2.脉动器　3.长气管　4.球阀　5.主气管　6.集乳器　7.奶杯　8.长奶管　9.长脉动管　10.真空表　11.压力调节器　12.稳压罐　13.消音器　14.循环水槽　15.水环式真空泵　16.球阀

3. 管道式挤奶机 管道式挤奶机是由提桶式挤奶机发展而来的，主要由真空系统、真空管道和牛奶管道、挤奶杯组、牛奶收集系统和清洗消毒系统组成。其管道固定，挤奶杯组可通过真空插座快速流动连接，牛群为双列头对头排列，2头牛共用1组插座，配备有自动控制的快速清洗消毒系统。其劳动生产率高，牛奶在封闭的管道中输送，不与外界接触，能保证卫生，牛奶的输送和汇集均自动完成。管道式挤奶机适用于饲养场地分散的拴养牛舍中。

4. 厅式挤奶机 厅式挤奶机是将整个挤奶系统安装在专门的挤奶厅中，将牛赶到挤奶厅挤奶，效率很高。根据奶牛在挤奶台上的排列情况，可分为串联式、鱼骨式、并列式、转盘式等。

（1）串联式。挤奶栏排成2列，中间工作坑道宽1.2 m，深0.8～0.9 m，栏内牛头尾相接，各栏间插门供牛进出。挤奶时牛分批进入，冲洗乳房和套上奶杯挤奶，依次循环进行。其优点是操作有规律，但牛不能单独出入，适合于小型牛场。

（2）鱼骨式。与串联式相似，但挤奶栏为通栏，与工作坑道成30°～50°夹角，每列牛栏进出门各1个。其优点是结构紧凑，操作简单，应用最为广泛。

（3）并列式。挤奶栏排列与牛舍的卧床类似，挤奶栏与工作坑道成90°夹角，牛站立平面高出工作坑道92 cm，以改善工人劳动条件，其优点是奶牛进出速度快，生产率高。

（4）转盘式。挤奶栏安装在环形转台上，与转台径向成40°～50°或90°角，转台中央为深约70 cm的工作地坑。工作时转台缓慢旋转，转到进口处时，一头奶牛进入挤奶栏，并有一份精料落入饲槽内，位于进口处的工人用热水喷头清洗乳房，安装挤奶器。挤出的奶通过输奶管送往贮奶罐。当奶牛转到出口处时，挤奶结束，工人取下挤奶器，奶牛从出口处走出。其优点是挤奶生产率高；缺点是结构复杂，前期投资大，前后准备时间长。适合于饲养规模超过1 000头的大型奶牛场。

四、全群1 000头奶牛场规划设计举例

（一）工艺设计

以我国北方地区一牛场为例。本牛场饲养荷斯坦奶牛，规模为全群1 000头左右，泌乳牛、干奶牛、青年牛、育成牛采用散栏式舍饲，带卧栏颈枷，统一上槽，定时机械喂饲，饲料为TMR混合日粮，设搅拌站集中混合饲料，人工运输到每个牛舍。舍的南侧设运动场，泌乳牛定时集中到挤奶厅挤奶，0～3月龄小犊牛采用室内单栏隔离饲养，3～6月龄大犊牛采用小群栏饲养，每栏5～6头。

生产指标：全场规划饲养成年母牛600头，其中80%产奶，平均年单产6 500 kg。挤奶厅采用2×14位并列式挤奶设备。牛群结构和建筑物规划的初步安排见表2-13。

表2-13 牛群结构和建筑物规划表

牛种类	头数（头）	舍长（m）	舍宽（m）	栋数（栋）	总面积（m²）
泌乳牛	450	108	14	3	4 536
产牛	50	48	14	1	672
干奶牛	100	72	14	1	1 008

（续）

牛种类	头数（头）	舍长（m）	舍宽（m）	栋数（栋）	总面积（m²）
0～3 月龄犊牛	50	40	8	1	320
3～6 月龄犊牛	100	72	8	1	576
6～12 月龄犊牛	100	72	12	1	864
12～20 月龄犊牛	100	72	14	1	1 008
挤奶厅		52	14	1	728
总面积					9 712

（二）牛舍建筑设计

1. 青年牛及后备牛舍　采用半开放式，舍内只需设置卧床、饲槽即可，然后根据需要设置通道。

2. 产房　全场平均每月分娩牛约 50 头，每头产牛在产前 15 d 和产后 15 d 在产牛舍内饲养。产房内设待产间、产栏和产后间（图 2 - 72）。

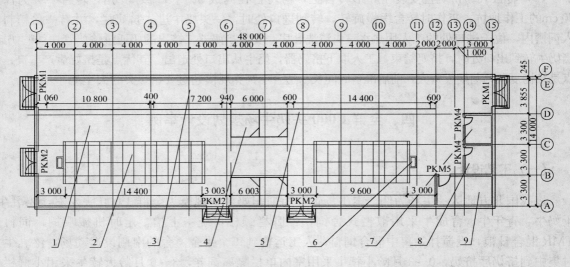

图 2 - 72　产房平面图（单位：mm）

1. 采食及清粪道　2. 卧栏　3. 喂饲通道　4. 产间　5. 颈枷　6. 饮水器　7. 锅炉房　8. 牛奶间　9. 保育间

3. 犊牛舍　主要用于犊牛单栏喂饲，犊牛舍的一端设置牛奶间、锅炉房、草料间和管理间（图 2 - 73）。

4. 泌乳牛舍　泌乳牛 450 头，建 3 栋牛舍，每栋饲养 150 头，舍内设 2 列卧栏，北侧为喂饲通道，挤奶在挤奶厅集中进行。

（三）总平面规划图

场区地势北高南低，常年主导风向西北风。总平面布置图见图 2 - 74、图 2 - 75。

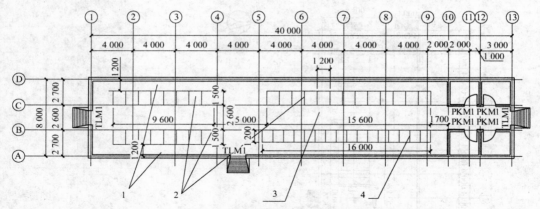

图 2-73　犊牛舍平面图（单位：mm）
1. 清粪道　2. 犊牛栏　3. 喂饲通道　4. 小犊牛栏

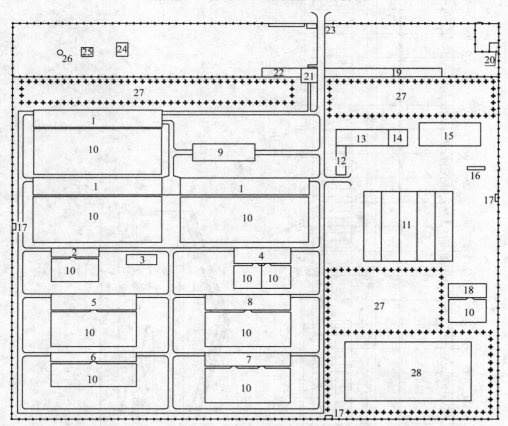

图 2-74　1 000 头泌乳牛场总平面规划图

1. 泌乳牛舍　2. 0～3 月龄犊牛舍　3. 兽医室及资料室　4. 产牛舍　5. 干奶牛舍　6. 3～6 月龄犊牛舍
7. 6～12 月龄育成牛舍　8. 12～20 月龄青年牛舍　9. 挤奶厅　10. 运动场　11. 青贮窖　12. 车库及维修间
13. 精料库　14. 搅拌站　15. 干草库　16. 地磅　17. 厕所　18. 隔离牛舍　19. 宿舍及食堂　20. 锅炉房
21. 更衣消毒室　22. 办公室　23. 门卫室　24. 变电站及发电机房　25. 供水间　26. 水井　27. 绿化带　28. 扩建预留地

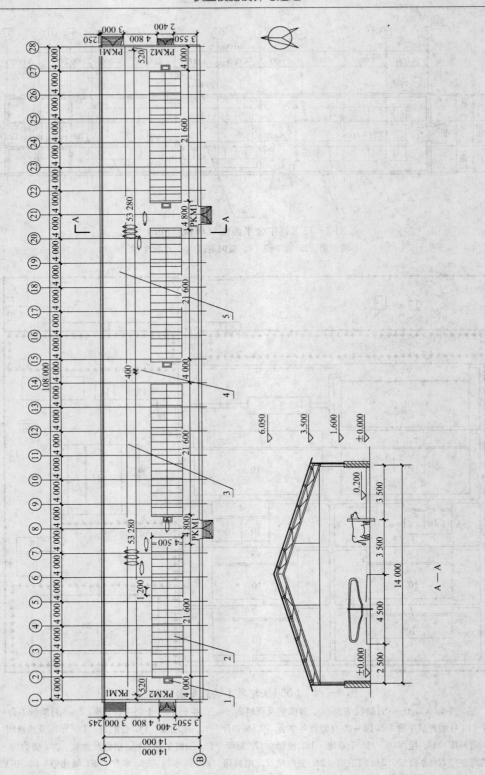

图 2-75　泌乳牛舍设计（单位：mm）

1. 饮水槽　2. 卧栏　3. 颈枷　4. 采饲及清粪通道　5. 喂饲通道

▶习题与思考题

1. 牛场选址应遵循哪些原则？
2. 牛场总体规划布局遵循哪些原则？
3. 奶牛的饲养期如何划分？
4. 影响奶牛生长发育和产奶生产的主要环境因素有哪些？简述牛舍对环境的一般要求。
5. 对牛舍内环境调控的措施一般有哪些？
6. 牛舍的建筑类型一般有哪些？各有何特点与适用范围？
7. 牛场的附属用房有哪些？养牛场内如何分区？
8. 奶牛场的生产工艺设计和工程配套设计的主要内容有哪些？
9. 奶牛场的青贮设备有哪些，各有何特点？
10. 牛的卧床设计应注意哪些问题？
11. 常用的牛饮水设备有哪几种？各有何特点？
12. 常用的牛喂饲设备有哪几种？各有何特点？
13. 常用的牛用挤奶设备有哪几种？各有何特点？
14. 按照现代化奶牛生产工艺要求，试进行 300 头成乳牛规模牛场的工艺设计和规划。

第五节　工厂化养羊设施

一、羊场总体规划

（一）概述

羊场按其生产任务和目的，分为中心育种场、种羊场和商品羊场。

中心育种场以选育和改进品种为目的，给种羊场和商品羊场提供高质量的种羊。

种羊场以繁殖种羊和提高羊品质为主要目的，使用的种公羊必须来源于特级和一级亲代，并经过后裔测定的特级个体。种羊场的基础母羊群主要由特级和一级羊组成，具有若干个各具特点的品系和品种，向外推广的羊应是特级和一级的。

商品羊场的任务是生产数量多、质量好、成本低的羊毛、羊皮、羊肉、羊奶及其他产品。有条件的商品羊场也可有自己的种羊群，但最好是引进种羊场的优秀种公羊。

羊场的规模依据羊场的性质、市场需求、技术水平、资金来源、当地条件来确定。羊场规模一般以年终存栏总数或繁殖母羊存栏数 2 种方法来表示。

（二）场址选择

对羊场选择时要仔细考查，长远规划。要调查当地的气候、环境、地势、地貌、饲草、水源、交通、防疫等自然条件，遵循羊不卧湿、热圈冷羊、冷圈热羊和圈暖三分膘的道理，综合分析选好场址。

1. 地势　应选择地势高、土壤干燥、平坦或略有坡度、排水及通风良好、阳光充足的地方，切忌在山洪水道、低洼涝地、冬季北风口等地建场。

2. 饲草水源　无论放牧还是圈养，都应充分考虑饲草、饲料条件。牧区及农牧结合区必须有足够的牧场或荒山草地，农区则必须有充足的草料来源或可供喂羊的农副产品。同时，羊舍附近要有清洁而充足的水源，供山羊饮水和羊舍清洗用水。羊舍附近应有足够的空地堆放草料，建氨化池、青贮窖。

3. 交通与防疫　羊场的交通应便捷，有利于人员、货物的进出。同时，为了减少干扰、防止污染以及防疫的需要，场址应至少远离铁路、公路 1 000 m 以上，并尽可能远离居民区、厂矿企业。在羊场与公路之间应修羊场专用通道，防止无关人员及车辆通行。场址在历史上应未发生过家畜烈性传染病和寄生虫病。此外，选址时还应考虑电力、草料加工及贮藏、技术管理配套用房及后续发展等。对于养羊数量较少的农户，羊舍可建在庭院内高而干燥、背风向阳，又不影响人员出入的地方，也可由旧房改造而成。

（三）总体布局

羊场的规划设计应遵循以下原则：

① 羊舍应按照生产工艺流程顺序排列布置，其朝向、间距合理。

② 办公室和宿舍位于羊舍的上方，兽医室和贮粪场位于羊舍的下方，以利于搞好环境卫生，保持羊群的健康。

③ 生产区与生活管理区和辅助生产区应设置围墙或树篱严格分开，在生产区入口处设置第二次更衣消毒室和车辆消毒设施。

④ 管理区必须布置在靠近场外道路的地方。

⑤ 青贮、干草等饲料的存放场地，应按照贮用合一的原则，布置在生产区内靠近羊舍的边缘地带，要求饲料贮存地排水良好，便于机械化装卸、加工和运输。干草应置于最大风向的下风向处，与周围建筑物的距离符合国家现行的防火规范要求。

⑥ 整个场区规划应符合消防规范要求。

二、羊舍建筑

（一）饲养阶段的划分

1. 种公羊　供配种用的 1.5～2.5 岁公绵羊或公山羊。种公羊有独立的羊舍，单独组群，舍饲为主，每天有足够的放牧运动量。配种期与母羊混群（本交），或隔离饲养实行人工授精。

2. 种母羊　指体重达成年母羊 70％ 左右而参加配种的 1.5 岁母绵羊或 10～12 月龄母山羊。种母羊最佳繁殖年龄为 2～6 岁，也叫繁殖母羊。其饲养分空怀期、妊娠期和哺乳期 3 个阶段。

3. 育成羊　指断奶后到第一次配种前的羊，年龄一般为 0.5～1.5 岁。从中选留出来准备作为种用的育成羊称为后备羊。

4. 羔羊　指出生至断乳前的幼龄羊，一般为 0～4 月龄。

5. 羯羊　不留作种用的公羔羊和淘汰的公羊，一律去势（阉割），称为羯羊。羯羊性温顺，易管理，生长增重快，省饲料，产毛产肉经济。商品羊场一般保留一定数量的羯羊。

（二）羊群的组成和周转

羊群发展以母羊为基础。育种场羊群的组成，2～5 岁繁殖母羊占 60％左右，0.5～1.5 岁后备母羊占 20％～25％，6 岁以上老龄羊占 5％～10％，种公羊占 2％，不留羯羊群。

商品羊场如以产毛、产奶为目的，为延长母羊利用年限和提高利用率，繁殖母羊比重一般在 45％左右。以产肥羔为目的的肉用羊场，繁殖母羊群比重可提高到 65％～70％。以生产羔皮为目的的羊场，繁殖母羊比例可高达 70％～80％。采用本交配种（包括人工辅助交配）时，公母羊比例为 1：30～40；采用人工授精时，公母羊比例为 1：500～600。商品羊场不保留育成公羊群，公羔羊完全作肥羔羊或去势作羯羊。为提高经济效益和加快羊群周转，应加大青年羊的比例。羊的淘汰年龄，公羊为 5～6 岁，母羊 5 岁，羯羊不超过 3 岁。

（三）建筑要求

建一个比较理想的、正规的羊舍，应考虑满足以下条件：

① 建筑面积要充足，使羊可以自由活动。拥挤、潮湿、不通风的羊舍有碍羊的健康生长，同时在管理上也不方便。一般每只羊最低占地面积为：种公羊 1.5～2 m²，成年母羊 0.8～1.6 m²，育成羊 0.6～0.8 m²，怀孕或哺乳羊 2.3～2.5 m²。

② 羊舍高度要根据羊舍类型和容纳羊群数量而定。羊数量较多时要相应提高羊舍高度，使舍内空气新鲜，一般屋檐高度在 2.5 m 左右为宜，潮湿地区可适当高些。

③ 羊进出舍门易拥挤，如门太窄，怀孕母羊会因受挤压而流产，所以门应适当宽些，一般宽 3 m，高 2 m 为宜。要特别注意，门要朝外开，或做成推拉门。

④ 羊舍内应有充足的光线，要求窗面积不少于地面面积的 1/15，窗下沿距地面高度 1 m 以上，防止贼风直接吹向羊体。

⑤ 羊舍地面应高出舍外地面 20～30 cm，铺成缓坡形，以利排水。羊舍地面可用三合土地面（石灰∶碎石∶黏土＝1∶2∶4）、砖砌地面、水泥地面和漏缝地板等。

⑥ 羊舍必须通风良好，空气新鲜，同时避免贼风侵袭。一般可在屋顶开通气孔，孔设活门，必要时可关闭。安装通气设备时，可按每只羊 3～4 m³/h 的通风量考虑。

⑦ 一个标准的羊场，除应建有羊舍、饲料间、休息室、兽医师、人工授精室、饲槽、草架、药浴池和青贮窖等设施外，还应有母子栏、羔羊短饲栏、分群栏、水井、磅秤和羊笼等设施。羊笼一般长 150 cm、宽 60 cm，两端设活门，底部可设 4 个轮子，活动自如，供称重或羔羊转群时使用。

三、养羊设备

（一）羊的饲喂设备

在舍饲的情况下，羊的饲料全部由人工供给，因此羊场必须配备完善的喂饲设备。在我国的羊场中常用的喂饲设备有饲槽和草架。

1. 饲槽 饲槽主要用来喂饲精料、颗粒饲料和切碎（或揉搓）后的草料、青贮饲料，一般用混凝土浇筑而成，小型羊场和农村养羊专业户也可用砖砌，或用木板、钢板等材料制作。

饲槽一般呈上宽下窄的斗状，上部宽 250～500 mm，下部宽 200～400 mm，槽深 250～400 mm。长度根据羊种类和数量而定，每只成年羊所需饲槽长度 300 mm，羔羊 200 mm。

2. 草架 草架是喂饲未经切碎或揉搓的青绿饲草、干草和青贮饲料的设备。饲草直接放在地上喂饲，羊采食的饲草仅为供给量的 40%～50%，采用草架既便于羊采食，又可避免草料被践踏浪费。常用的草架断面结构呈 V 形，有长条式和圆柱式等多种形式。长条式有单面式、双面式之分，可移动、悬挂或固定。其规格为长 300 cm，宽 80 cm，高 40～50 cm。侧栅栏以 15°角朝外倾斜，栏间距为 10～15 cm，可依是否允许羊头通过而适当缩小或加宽。圆柱形则为铁杆制成的上口大、下口小的圆栅。无论何种草架，其槽底距地面或羊床高度应适宜，一般为 25 cm，一般每只成年羊所需草架长度为 300～500 mm，羔羊 200～300 mm。

3. 联合饲架 将草架与饲槽结合起来，外上方为草架，内底部为饲槽。可参照上述草架与饲槽来设计。目前不少山羊场不设活动草架，而是将草架和饲槽合二为一，安置在羊舍走道或羊圈北侧，既可放草，又可承料。

（二）饮水设备

饮水对羊的生长非常重要，羊场应配备可靠的饮水设备。我国的羊场通常使用水槽为羊提供饮水。水槽一般用混凝土浇筑而成，与带有浮子开关的水箱相连通，由浮子开关自动控制水槽中的水面高度。水槽的长度根据羊的数量而定。水槽一般设置在运动场上。

比较先进的羊用饮水设备，是国外专门生产的羊用自动饮水器（图 2 - 76）。还有的地方有猪用鸭嘴式饮水器来给羊供水，也可以达到很好的效果。

图 2 - 76　羊用饮水器

（三）栅栏

1. 分羊栏 分羊栏是在分群、鉴定、防疫、驱虫、隔离、配种、出栏等生产技术活动时用于羊的分群，其作用是节省人力，提高速度。一般由许多栅板连接而成，入口处为喇叭形，连接一条仅容单只羊通过的细长通道，在其一侧或两侧可视需要设置一些可以向两边开门的小圈。

2. 活动围栏　供随时分割羊群之用，最主要的是分娩栏（母子栏），一般由宽 100 cm、长 120～150 cm 的两块栅栏板用合叶连接而成。随时可根据需要用活动围栏临时间隔为母子小圈，另有一些较大的围栏用于圈养产多羔的母羊及其羔羊。

（四）绵羊药浴设备

对绵羊进行药浴是消灭疥癣、蜱和虱子等体外寄生虫，防止外寄生虫病发生的有效措施。一般每年药浴 2 次。一次是春浴，在剪毛后 7～10 d 进行，1 周后重复药浴 1 次；另一次是秋浴，在过冬前进行，与春浴一样，浴后 1 周后也要重复 1 次。

目前我国的大型绵羊养殖场均采用药浴机械设备进行药浴，它可以免除抓羊的繁重体力劳动，并减少药浴时羊的伤亡。羊群药浴时，分批将羊群赶入圆形的淋浴场，开启水泵，将贮液池内的药液通过喷头喷出，对羊群进行药淋，约 3 min 后药液淋透毛根，关闭水泵，打开淋浴场的出口门，将羊群赶入滤液栏内使羊身上多余的药液落到地面上，汇集的药液可全部返回贮液池。羊身上的多余药液滤干后，打开滤液栏的出口门将羊群赶出。

在中、小型羊场也可用药浴池对绵羊进行浸泡式药浴。药浴池通常用混凝土浇筑而成，也可用砖、石砌筑。药浴池呈狭长形，长 10～12 m，池的宽度以羊能够通过而不能转身为宜，一般池顶宽 0.6～0.8 m，底宽 0.4～0.6 m，池深 1.0～1.2 m。药浴池的进口处设置漏斗形围栏，以便羊群顺序进入浴池。药浴池的进口和出口呈斜坡形，进口处的坡度较陡，使羊下滑入池中。出口处的坡度较缓并有防滑的台阶防止出浴后的羊滑倒，另外使羊在斜坡上停留一定的时间使身上残存的药液流回到药浴池。

（五）绵羊剪毛机

目前我国的大、中型羊场大多利用剪毛机为绵羊剪毛。采用机器剪毛不但能减轻工人的劳动强度，提高劳动生产率；而且还能够增加羊毛产量，提高羊毛的品质。

图 2－77 所示的是在我国应用较为普遍的挠性轴式剪毛机，由电机、挠性轴和剪头 3 部分组成。电机通过挠性轴将动力传递给剪头，带动剪头的传动轴、摆杆和活动刀片运动，并配合固定的梳状底板进行剪毛。

在大型羊场，通常使用剪毛机组进行剪毛。一台剪毛机组配备有几把乃至几十把剪头和挠性轴，可同时供许多工人进行剪毛。

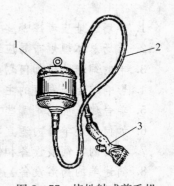

图 2－77　挠性轴式剪毛机
1. 电机　2. 挠性轴　3. 剪头

（六）羊毛压捆机

羊毛比较松散，为了便于贮存和运输，减少羊毛损失，一般用机器将羊毛压紧成捆。图 2－78所示的是在我国中、小型羊场广泛使用的 9SY 型手动羊毛压捆机，由加压与升降机构以及箱体总成 2 大部分组成。

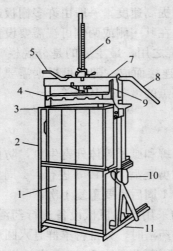

图 2-78 9SY 型手动羊毛压捆机
1. 前门 2. 门夹 3. 箱体总成 4. 箱盖总成 5. 绳轮摇把
6. 齿条轴总成 7. 横梁总成 8. 操作手杆 9、10. 限位销 11. 底板

工作时在箱体内装满羊毛，然后上下按动操作手杆，通过棘爪的作用，加压机构上的齿条和箱盖只能随操作手杆下压逐渐压进箱体把羊毛压实，而不能随操作手杆的抬起而返回，使压实的羊毛不能反弹。加压结束后，打开箱门，并用铁丝穿过箱盖和底板上的上下开槽进行捆扎，最后摇动摇把，使齿条和箱盖迅速升起，即可取出压好的羊毛捆。

▶习题与思考题

1. 羊场选址应考虑哪些方面的问题？
2. 羊场总体规划布局应遵循哪些原则？
3. 羊的饲养阶段如何划分？
4. 影响羊生长发育的主要环境因素有哪些？
5. 羊舍建筑应满足哪些方面的要求？
6. 如何满足羊舍内适宜羊生长发育的环境条件？
7. 常用的羊饲喂设备和饮水设备各有哪几种？各有何特点？
8. 简述羊的药浴设备、剪毛机及羊毛压捆机等设备的特点与工作过程。

第三章　贮藏保鲜设施

第一节　类型与特点

果蔬贮藏保鲜设施是利用工程措施，通过人为控制环境条件，使果蔬呼吸代谢活动强度降低到最低程度，减少其有机营养物质消耗，同时保持新鲜状态，从而延长贮藏时间、保证贮藏品质的设施。为了设计出适宜的贮藏保鲜设施，必须了解果蔬采后的生理特性与温度、湿度、气体条件及光照、振动等物理、化学因素的关系。

一、果蔬贮藏保鲜的环境条件

果蔬在采收以后，其同化作用基本停止，但以消耗其体内贮存的有机物为主要过程的呼吸代谢仍在进行，因此，果蔬在脱离母体植株以后仍然是活体。

（一）温度条件

1. 温度对果蔬采后的影响　温度是果蔬贮藏环境中最重要的因素，温度对果蔬成熟和衰老的影响，首先表现在对果蔬呼吸代谢速率的影响。在一定范围内果蔬的呼吸强度随温度的升高或降低而增强或减弱，据测定，温度每升高 10 ℃，呼吸代谢的速率将增大 1 倍左右。可以用温度系数 Q_{10} 来表示温度对果蔬呼吸代谢速率影响的大小，其定义为：

$$Q_{10} = (R_2/R_1) \cdot 10/(t_2 - t_1) \tag{3-1}$$

式中，R_1、R_2——分别为温度为 t_1 与 t_2 时的反应速率（以呼出 CO_2 的量表示），$mg/(kg \cdot h)$。

根据果蔬的种类、品种和所处温度范围的不同，Q_{10} 有差异。大量研究证实，对于跃变型果实，温度越高呼吸强度越大，呼吸高峰出现的时期越早。呼吸高峰之后，果实的色泽、风味、硬度等指标达到最佳食用品质，随后便进入衰老阶段。

非跃变型果蔬不出现呼吸高峰，但随温度升高，呼吸强度加大，更多地消耗果蔬中积累的有机营养成分，不利于贮藏保鲜。

贮藏温度发生波动也会引起呼吸强度增加而影响贮藏寿命。贮藏温度的经常波动还会导致空气中的水分在果蔬表面结露，易引起霉菌生长繁殖而导致腐烂发生。低温贮藏可以抑制病原微生物生长。但贮藏温度不仅作用于微生物，同样也作用于果蔬自身，当温度过低，影响果蔬正常代谢，甚至发生生理失调，就会削弱其抗病性，反而增加了腐烂率。

乙烯对大部分果实具有催熟作用。乙烯产生的速度和作用与温度密切相关，果实采收后快速降温（预冷）并维持在一个适宜的温度（冷藏），可以抑制乙烯促进衰老的作用。对大部分果蔬来说，温度在 16.6～21.1 ℃时乙烯的催熟效应最大。

此外，温度是决定水分蒸发快慢的因素之一，在一定的相对湿度下，温度低，水分蒸发慢，可减缓果蔬的萎蔫和衰老过程。

2. 果蔬贮藏对温度的要求　果蔬根据种类、品种、原产地、栽培成熟季节等的不同，最适宜的贮藏温度也不相同。

原产于热带、亚热带的果蔬，如香蕉、葡萄柚、橙、柑橘、鳄梨、番茄、菜豆等在温度低于12.5 ℃时就可能发生生理失调，葡萄柚处在低于10 ℃的温度下，香蕉处在低于11 ℃，绿熟期番茄在8 ℃以下的温度下即会遭受冷害，从而削弱果实抗病性，缩短了贮藏时间。原产于温带、亚温带的果蔬如苹果、白梨、大白菜、蒜薹、菠菜等对0 ℃左右的低温有较强的忍耐力，适宜在较低温度中贮藏。

同一种类不同品种的果蔬最适宜的贮藏温度也不尽相同。如甘薯中的'泽黄西'比'波多利哥'冷敏性强。品种间的冷敏性差异还与栽培地区气候条件有关，温暖地区栽培的产品比冷凉地区栽培的产品对冷更敏感，夏季生长的比秋季生长的冷敏性高。

另外，果蔬的成熟度也是确定适宜贮藏温度的考虑因素。有研究表明，将粉红色的番茄置于0 ℃下6 d，然后放在22 ℃中，果实仍然可以正常成熟，但是将绿熟番茄在0 ℃下贮藏12 d，则完全不能成熟并丧失风味。

（二）湿度条件

1. 湿度对果蔬采后的影响　新鲜果蔬的含水量高达85％～96％。产品采后的蒸腾作用引起组织失水萎蔫，造成失鲜、失重，严重的可破坏果蔬正常代谢过程，使组织内水解过程加快，细胞膨压下降造成机械结构特性改变，必然影响果蔬的耐贮性和抗病性。一般果蔬损失其原有重量5％的水分时，就明显呈萎蔫状态。因此，在果蔬贮运过程中防止水分蒸发是非常重要的。

果蔬的种类、品种、果型大小、形态结构、化学成分等是影响水分蒸发的内在因素。贮藏环境中空气流动速度、温度和相对湿度（RH）是影响果蔬失水的外界因素。

相对湿度是空气中的蒸汽压与饱和蒸汽压的比值。贮藏环境空气的水蒸气压低于果肉组织中的蒸汽压时，果肉组织中的水就会向空气中蒸发，由内向外流动，使果蔬组织失水。空气越干燥，相对湿度越低，空气的蒸汽压就越低，果蔬水分的蒸发就越快。

2. 果蔬贮藏对湿度的要求　果蔬细胞中含水量很高，由于渗透压作用，大部分游离水容易蒸发，小部分结合水不易蒸发。因为果蔬中的水溶解了不同的溶质，其内部的相对湿度小于100％。所以，新鲜果蔬不能使周围空气达到饱和，大部分果蔬与环境空气达到平衡的相对湿度为97％。

果蔬贮藏中的水分散发量 S 与各环境因素的相互关系可以用式（3-2）计算：

$$S = G(1 - RH/100)T_x/(M_a + M_b) \quad (g/s) \tag{3-2}$$

式中，G——果蔬表面积，m^2；

RH——相对湿度，％；

T_x——温度 T 时饱和蒸汽压换算成的绝对湿度，g/m^3；

M_a——果蔬表皮阻碍水分散发的抗值，s/m；

M_b——环境影响水分散发的抗值，s/m。

各种果蔬的 M_a 值不同，如桃的 M_a 为 600 s/m 左右，李的 M_a 为 2 300 s/m。而 M_b 值主要取决于贮藏环境的风速，风速小 M_b 值大。例如，在相对风速为 0.1 m/s 时，$M_b = 400$ s/m；相对风速为 0.5 m/s 时，$M_b = 100$ s/m。因 G、M_a 由果蔬自身特性决定，只有通过提高 RH、M_b 和降低 T_x 来减少果蔬水分的散失量。

（三）气体条件

1. O_2、CO_2 对果蔬生理活动的影响　在一定的温度下，通过调节贮藏环境的气体成分可以达到比单纯冷藏更好的贮藏效果。较低的 O_2 和较多的 CO_2 能有效地抑制果蔬的呼吸代谢速度，延缓成熟、衰老过程。同时，对某些病原微生物的生长发育也有显著的抑制作用。

2. 果蔬贮藏保鲜对 O_2、CO_2 的要求　果蔬采后贮藏中要进行呼吸代谢来维持其正常的生命活动，保持生鲜状态。呼吸作用吸入 O_2 放出 CO_2，消耗其体内贮存的有机营养物质，伴随着呼吸代谢，机体产生微量乙烯等物质加快成熟和衰老进程。所以，控制环境中 O_2 供给量，减弱果蔬的呼吸作用，又不致过分缺乏 O_2 造成无氧呼吸，不但可以减少果蔬有机营养物质的消耗，保持其正常的生命代谢，还能延缓成熟、衰老的时间。

环境中 O_2 及 CO_2 的浓度调节不当，容易引起无氧呼吸，严重时造成低氧和过高 CO_2 的伤害，使果蔬表皮组织局部塌陷、褐变、软化、不能正常成熟，产生酒精味和异味。产品种类、品种或贮藏温度不同时，造成伤害的 O_2 的临界浓度可能不同。1%～3% 的 O_2 浓度一般是安全浓度。据研究，当果蔬周围的 O_2 浓度为 1%～3% 时，细胞中溶解的 O_2 浓度可达到 5×10^{-6} mol/L，细胞色素 C 能够得到所利用的大部分 O_2，可维持正常的呼吸。各种果蔬对 CO_2 的敏感性差异很大，结球莴苣在 CO_2 浓度为 1%～2% 时短时间就可受害，而青花菜、洋葱、蒜薹等短时期内 CO_2 浓度超过 10% 也不致受害。

3. 乙烯对果蔬生理活动的影响　乙烯有促进果实成熟和衰老的作用，可以促进未成熟跃变型果实呼吸高峰提早出现，引起相应的成熟变化，在跃变型果实成熟以前，一旦经外源乙烯处理，果实内源乙烯便有自动催化作用，加速果实成熟，但乙烯浓度的大小对呼吸高峰的峰值没有影响。而对非跃变型果实进行外源乙烯处理时，在一定的浓度范围内，乙烯浓度与呼吸强度呈正比，而且在果实的整个发育过程中每施用一次乙烯都会有一个呼吸高峰出现。乙烯还可以加快叶绿素的分解，使果蔬由绿变黄，促进衰老和品质下降。例如，用气密性塑料薄膜包装青香蕉，在袋内放置用饱和高锰酸钾处理过的珍珠岩吸收乙烯，可以延缓香蕉成熟。

二、果蔬贮藏保鲜设施类型与特点

果蔬贮藏保鲜设施类型，按温度调控手段的不同，可分为自然冷却贮藏和人工冷却贮藏两种。自然冷却贮藏利用自然条件进行降温贮藏，如沟藏、窖藏、通风库贮藏等；人工冷却贮藏则利用机械制冷达到降温贮藏的目的，如冷藏库、气调库贮藏等。按气体成分的不同，可分为常态气体贮藏、自发气调贮藏（MA）和人工气调贮藏（CA）等。

（一）简易贮藏

简易贮藏是利用气候的寒暑变化和土壤层温度变化平稳缓慢的自然特性，在土壤中开沟挖窖进行贮藏，如沟藏、窖藏等。山东烟台的苹果贮藏沟、四川的吊金窖、西北黄土高原的窖藏等都属于简易贮藏。其优点是构造简单，投资少，贮藏效果较好，为我国农村一种经济适用的贮藏方式。缺点是占地多，费工，贮藏量少，受气候变化影响较大。简易贮藏的管理，在入贮初期需注意尽快降低品温和贮藏环境温度，中后期注意防冻保温。

（二）通风库贮藏

通风贮藏库是有较好隔热性能的永久性建筑，它利用库内外温度的差异和昼夜温度变化，以灵活的通风系统调节、维持库内温度。因其依然是靠自然温度调节库温，因此有一定的局限性，尤其是在冷藏库逐渐发展的情况下，通风库的库容量已日渐减小。但因其建筑相对简单、投资少，在北方是贮藏大白菜、马铃薯、苹果、梨等果蔬的常用设施。

（三）机械冷藏

机械冷藏是在有良好隔热性能的库房中装置冷冻机械设备，通过压缩机制冷等人工调控措施，控制库内的温度、湿度等环境条件。由于机械冷藏库的应用，使许多果蔬得以较长期贮藏和长途运输，实现不分寒暑、周年贮藏，尤其是在温暖的南方更具有广泛的应用价值。大力发展农业生产后期的冷藏、加工生产，对增加产品附加值，提高国际竞争力具有十分重要的意义。

（四）气调贮藏

气调贮藏是人为地调节或利用贮藏物自身呼吸作用来调节贮藏环境中 O_2、CO_2 的含量，降低贮藏物的代谢速度和乙烯的产生，抑制微生物的活动，进而达到延缓贮藏物衰老、延长贮藏时间、提高保鲜质量效果的贮藏方式。气调贮藏在具体方法上可分为自发气调贮藏法（MA storage）和人工气调贮藏法（CA storage）两大类。

自发气调贮藏是由于果蔬在封闭容器中的呼吸作用，不断消耗 O_2，释放 CO_2，使容器中 O_2 浓度降低，CO_2 浓度升高。当 CO_2 和 O_2 浓度达到一定比例时，构成适宜的气调贮藏环境。目前，生产中采用的自发气调容器多由各种类型的塑料薄膜材料构成，利用不同材料配方和厚度来控制膜的透气性，使其适用于不同的水果和蔬菜。常用的薄膜材料有聚乙烯和聚氯乙烯。用作小包装袋的，厚度在 0.02～0.06 mm 之间；用作大帐的，要求牢固，厚度需 0.2 mm 以上。硅橡胶（二甲基聚硅氧烷）涂布在织物上形成膜，其透气率比塑料膜大 200～300 倍，透 CO_2 性能又比透 O_2 高 3～4 倍。将硅橡胶膜镶嵌在塑料大帐上，比单纯用塑料薄膜制成的大帐进行气调贮藏有更好的气体调节效果。由于利用塑料薄膜小包装或大帐贮藏的方法简便易行，费用较低，在我国得到广泛应用。

人工调节气体贮藏是在密闭的冷藏库内，利用气体调节设备，根据贮藏产品的特性人为调节温度、湿度、O_2 和 CO_2 浓度，随时去除库内的乙烯，这是发达国家某些果品大量贮藏和保证长期供应的主要手段之一。这种方法比自发气调贮藏更能有效地控制贮藏环境中的气体成分，使贮藏期延长，贮藏质量提高。但设备和系统较复杂，投资较高。

（五）减压贮藏

减压贮藏（hypobaric storage），或称低压贮藏，是果蔬以及其他许多食品保藏的又一技术创新，是气调冷藏的进一步发展。减压贮藏是将气压降低，造成一定的真空度，一般降至 10 kPa，甚至更低，可使果蔬的贮藏期比常规冷藏延长几倍。减压处理最先用于番茄、香蕉等水果贮藏，效果明显，现已证明对其他许多蔬菜也很有效。

减压贮藏的原理是降低气压，空气中的各种气体组分的分压都相应降低。例如，气压降至正常值的 1/10，空气中的 O_2、CO_2、乙烯等的分压也都降至原来的 1/10。这时空气各组分的相对比例并未改变，但它们的绝对含量则都降为原来的 1/10，O_2 含量只相当于正常气压下的 1/10 即 2.1%。所以，减压贮藏也能创造一个低氧条件，从而起到类似气调贮藏的作用。不仅如此，减压处理能促进植物组织内乙烯向外扩散，减少内源乙烯的量，这是减压贮藏更重要的作用。

但减压贮藏要求贮藏室能承受 100 kPa 以上的压力，这在建筑上是很大的难题，限制了其推广应用。目前只有少数国家用于长途运输的拖车或集装箱内。

除以上贮藏方法以外，还有速冻贮藏、涂料及化学药剂处理、原子辐射处理、气体电离以及近年来出现的臭氧保鲜法、湿冷保鲜法、水温保鲜法等贮藏方法，这些方法在一定条件范围内对果蔬具有较好的保鲜效果。

（六）果蔬运输中的保鲜

运输中的环境条件与保持果蔬品质的关系十分密切，果蔬在运输中对环境温度、湿度、气体条件的要求与贮藏时相类似。但由于运输是运动状态，果蔬所受振动的影响也较大。一方面容易造成机械损伤，同时，振动会刺激呼吸急剧上升，内含物消耗增加，风味下降，加速品质变劣速度。果蔬运输中的保鲜措施涉及采后预冷、分级包装、温度与湿度及气体成分管理、堆码装卸技术、运输工具、道路选择等各个方面。

目前，发达国家普遍采用冷藏集装箱长途调运果蔬。如果在冷藏集装箱基础上加设气密层，调节车箱内的气体成分，就是冷藏气调集装箱，比冷藏集装箱的效果更好。但因技术要求及成本较高，目前尚未大规模应用。

▶习题与思考题

1. 果蔬采后有何生理特点？
2. 果蔬的呼吸强度与温度有何关系？
3. 果蔬组织失水有何危害？
4. O_2 的安全浓度是多少？浓度过低有何危害？
5. 乙烯对果蔬生理活动有哪些影响？
6. 果蔬简易贮藏有何特点？
7. 通风贮藏库如何实现库温调节？
8. 机械冷藏有何特点？
9. 简述气调贮藏的调节机理。
10. 简述减压贮藏原理。

第二节 制冷工艺

适宜而稳定的低温环境是延长果蔬贮藏期限、保持新鲜品质最重要的条件。在气温较高，缺乏自然降温的条件下，只有依靠人工制冷来获得必要的低温。人工冷藏可以是采集利用自然冰的冰藏，也可以是采用机械制冷的机械冷藏。机械冷藏不受外界条件的限制，可终年保证必要的低温。随着国民经济的发展，机械冷藏占有日益重要的地位。

一、机械制冷原理

机械制冷的原理是使经过压缩冷凝的制冷剂在蒸发器中蒸发，吸收蒸发潜热而使库温降低。汽化后的制冷剂流回压缩机被压缩，冷凝后再流向库内循环。机械制冷由于制冷剂及设备的不同，可分为蒸汽压缩、蒸汽喷射及吸收式制冷等不同形式。

（一）蒸汽压缩式制冷循环

以压缩机压缩制冷蒸汽作为补偿消耗功的制冷循环称为蒸汽压缩制冷循环。其主要热力设备有压缩机、冷凝器、节流阀及蒸发器等，如图3-1所示。这些设备之间用管道依次连接形成一个封闭系统，压缩机将来自蒸发器的低压低温制冷剂吸入汽缸内压缩，然后送入冷凝器。在冷凝器内，温度和压力较高的制冷剂蒸汽与温度比较低的冷却介质进行热交换而被冷凝为液体，液体再经过调节阀降压降温后进入蒸发器，在蒸发器内吸收被冷却物体的热量而汽化，重新被吸入压缩机而往复循环。

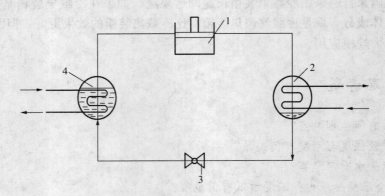

图3-1 蒸汽压缩式制冷循环
1.压缩机 2.冷凝器 3.调节器 4.蒸发器

（二）蒸汽喷射式制冷循环

利用喷射高温蒸汽，对制冷剂蒸汽进行压缩补偿的制冷循环称为喷射式制冷循环。其主要设备有引射器、冷凝器、节流阀、蒸发器及锅炉、水泵等。如图3-2所示，当一定的工作蒸汽通过喷管进行绝热膨胀时，所产生的高速蒸汽流在喷管出口处造成负压，将制冷蒸汽吸入混合室混合，然后经过扩压管升压，进入冷凝器冷凝为饱和液体，一部分液体经节流阀进入蒸发器吸热蒸发降低冷室温度，余下的液体由水泵返回锅炉。

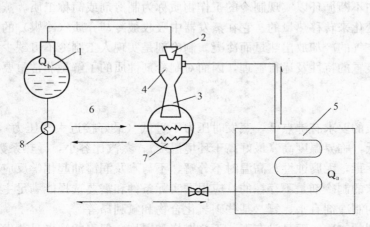

图 3-2　蒸汽喷射式制冷原理

1. 锅炉　2. 喷管　3. 扩压管　4. 引射器　5. 蒸发器　6. 冷却水　7. 冷凝器　8. 泵

　　蒸汽喷射式制冷循环用简单的喷射器替代压缩机，并用水蒸气为制冷剂，无毒、便宜、易得，但是它的热效率低，制冷温度只能在 0 ℃以上，一般只用于空调制冷。

（三）吸收式制冷循环

　　吸收式制冷装置采用两种能相互溶解但蒸发温度截然不同的液体作工质（制冷剂），其中低蒸发温度的为制冷剂，高蒸发温度的为吸收剂。常用工质有氨—水溶液、溴化锂—水溶液等。

　　如图 3-3 所示，在发生器中利用蒸汽通过管路对浓度较大的氨—水溶液加热时，由于氨的蒸发温度较水低而首先蒸发，形成一定压力和温度的氨蒸气，然后进入冷凝器中被冷却凝结成氨液，氨液经调节阀节流后压力和温度降低，再进入蒸发器中吸收被冷却介质的热量而汽化，汽化后的氨蒸气从蒸发器进入吸收器，在吸收器中被稀的氨—水溶液所吸收，吸收时所产生的吸收热由冷却水带走。吸收的结果使溶液的浓度增加，而发生器中由于氨不断汽化的结果，使溶液的含氨量不断减少。为了

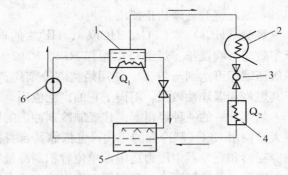

图 3-3　吸收式制冷原理

1. 发生器　2. 冷凝器　3. 节流阀　4. 蒸发器　5. 吸收器　6. 泵

使蒸发器不断工作，将发生器中的稀溶液经调节阀降低压力，使它进入吸收器中吸收来自蒸发器的氨蒸气而恢复其浓度，然后由溶液泵在低压下将吸收器里的溶液送入发生器，如此循环制冷。

　　吸收式制冷的热效率虽低，但却有结构简单，运动部件少，造价低，维修简单节省费用，对热源要求不高，便于综合利用余热、废热、低热能源等一系列优点。

二、制冷剂与冷媒

在制冷装置中不断循环以实现制冷的工作物质称为制冷剂或简称工质。蒸汽制冷装置就是利用制冷剂集态的变化来转移热量的。它在蒸发器中吸收被冷却介质（冷媒）的热量而汽化，在冷凝器中经过水或空气的冷却放出热量而冷凝。制冷剂是实现人工制冷不可缺少的物质，它的性质直接关系到制冷装置的特性及运行管理，因而对制冷剂性质的了解是非常重要的。

（一）制冷剂

对制冷剂性质的要求有沸点低，蒸发时压力不过低（最好接近大气压力），冷凝温度下压力不过高，凝固点低，临界温度高（最好高于环境温度）；蒸汽比容小，导热系数大，汽化潜热大；不易燃烧爆炸，无毒，无腐蚀性；高温时不分解，不与水及润滑油起化学反应；价格低廉等。能完全满足上述要求的制冷剂是不存在的，应根据实际条件和需要选择能满足主要要求的即可。

目前被应用的制冷剂有水、氨、某些碳氢化合物和氟利昂等。

水是易于得到的物质，而且没有毒，不会燃烧和爆炸。但水的缺点是蒸发温度较高，利用它只能制取 0 ℃以上的温度，而且在普通温度时，饱和蒸汽压力很低，蒸汽的比容很大，大大限制了它的应用。因而水只用于蒸发温度在 0 ℃以上的蒸汽喷射式和溴化锂水吸收式制冷装置中。

氟利昂是饱和碳氢化合物的卤（氟、氯、溴）代物的总称，过去使用最为广泛。用作制冷剂的主要是甲烷和乙烷的衍生物。其种类较多，常用的有 R717、R12、R22、R11 及 R13 等，其热力性质区别较大，可分别适应不同要求的制冷装置。氟利昂的一般特点是无色、无味、无毒，在制冷温度范围内不燃烧、不爆炸，热稳定性好，凝固点低，对金属的湿润性好。缺点是单位容积制冷量小，节流损失较大，导热系数较小，遇明火会分解为有毒的光气，泄漏时不易被发现，价格较高。更重要的是，氟利昂会破坏大气臭氧层，是引起全球温室效应的第三大因素，约占 11%，因此将被逐渐禁止使用。

烃类（HCs）与 CFCs、HCFCs、HFCs 的物理性质十分相似，不过它不会造成臭氧层破坏，温室效应影响很小。烃类可以用作 R12、R502、R22 的替代物，由于其优秀的制冷特性，采用单级压缩即可达到 -49 ℃。使用烃类制冷剂代替传统的卤代烃可以使能效得到很大提高。但由于其燃烧和爆炸性较强，阻碍了它的广泛应用。

氨是唯一的一种经得起卤代烃制冷剂冲击的制冷剂，已经在制冷工业应用了一百余年，并且在大量使用 CFCs 制冷剂的年代，也依靠其自身独特的优点被广泛使用。其主要优点是沸点低，在冷凝器和蒸发器中压力适中，单位容积制冷量大，导热系数大，汽化潜热大，节流损失小，价格低廉等。并且氨不会对臭氧层产生影响，不会产生温室效应。

但氨具有强烈的刺激性臭味，当达到一定浓度时会对人的眼睛、呼吸器官等产生刺激和损伤，甚至中毒。在空气中氨含量达到 11%～14% 时，即可燃，且可能引起爆炸。上述这些缺点使得在过去几十年内 CFCs 在许多制冷领域替代氨。但是随着 CFCs 的禁用，人们重新研究了氨的毒性等问题：氨确实具有强烈刺激臭味，但正由于这样，所以极容易被检验出来，反而成为安全保证；现在密封技术已能保证氨不被泄漏，氨系统用的是钢管，用电焊和法兰连接，其可靠性要比 CFCs 系统的铜管、钎焊和扩口连接要强得多。

CO_2 基本上不会引起环境问题，它无毒、不燃，具有氨和烃类制冷剂所不可及的一些优点。另外，它价廉，与一般的制冷设备和润滑系统都相容。它可以高度压缩，因此可以利用先进的设备及设计大大减小压缩机体积和管道直径。在高压下良好的传热效果是该制冷剂的另一个优点。CO_2 一个明显的缺点是其相对较低的临界温度，该温度为 31 ℃。因此，在大多数的使用情况下需要利用临界温度转移制冷系统（在 9～10 MPa 压力范围内被压缩）。但随着高新技术的发展，重新利用 CO_2 已为期不远。

（二）冷媒（载冷剂）

冷媒又称载冷剂，是被用来将制冷装置所产生的冷量传递给被冷却物体的媒介物质。常用的冷媒有空气、水和盐水等。选择冷媒时应考虑冰点低、比热大、对金属腐蚀性小、价格低、容易取得等因素。

用空气作冷媒有较多优点，但由于它的比热小，一般只有利用空气直接冷却时才采用。水虽然有比热大的优点，但它的冰点温度高，只能用作制取 0 ℃以上的冷媒。

盐水是传统的低温冷媒，可以配制不同浓度的盐水溶液来满足不同温度要求，但是在低于 -35 ℃的情况下其黏度很高，传热系数非常小，所需泵送能量很高。盐水还具有腐蚀性。此外，其吸水性很强，如果不经常检测其浓度，则会由于吸水稀释而结冰。

单丙烯乙二醇是一种性能优良的冷媒，没有腐蚀性，但在低于 -30 ℃的情况下，它的传热系数很小，并且黏度很高。

乙酸、水和盐的混合溶液通过刮板式蒸发器的表面时，即可在溶液中形成细小的冰晶体，温度可达 -40 ℃。溶液中大量的浮冰可以产生很大的冷却能力，并能保持温度的恒定。液态载冷剂的传热系数大，因此能量利用率高。

专用的有机盐，如曾被禁用的碱性乙酸盐溶液，现在也可以用作载冷剂，它既有无机盐溶液传热系数高的特点，又与单丙烯乙二醇一样没有腐蚀性。其黏度比传统载冷剂低得多，因此泵送能量低。它可以在 -55 ℃的制冷系统中使用。

三、制冷系统

在我国目前的食品冷藏库中，应用最广泛的是氨制冷系统和氟利昂制冷系统。制冷循环包括压缩、冷凝、膨胀、蒸发 4 个工作过程。在冷库制冷系统中，只有蒸发是在库房内完成的，其他过程都是在库房绝热建筑以外的机房或设备间完成的。所以整个制冷系统包括库房系统与机房系统两个部分。

（一）氨制冷系统

根据向蒸发器供液方式的不同可分为以下 3 种不同的形式。

1. 直流供液系统　在直流供液系统中，氨液通过膨胀阀后直接进入蒸发器进行蒸发。此种形式虽然结构简单，但通过节流膨胀后的氨液为气液两态混合物，在多组并联的蒸发盘管间易造成氨液分配不均。供液不足会造成制冷降温效能过低，供液过多会造成氨液不能完全蒸发，未蒸发的氨液被带入压缩机后易造成液击事故，故冷库制冷系统极少采用直流供液系统。

2. 重力供液系统　重力供液是利用制冷剂液柱的重力来向蒸发器输送低温氨液的。这种系统是将经过调节阀（膨胀阀）的制冷剂先经过氨液分离器，将其中蒸汽分离后，借助氨液柱的重力，使氨液自氨液分离器经液体调节站进入蒸发器，可保证对多组并联排管的均匀供液。为了保证压缩机的安全运转，防止湿冲程，使流出蒸发器的氨蒸气先经过氨液分离器，以便将所携带的氨液分离出来，再进入压缩机。

重力供液系统（图 3-4）主要由压缩机、氨油分离器、冷凝器、高压贮液桶、调节阀、氨液分离器、蒸发排管、排液桶、集油器、空气分离器所组成。整个系统，从制冷压缩机的排汽部分至调节阀以前属于高压（高温）部分，自调节阀后到压缩机的吸汽部分属于低压（低温）部分，所以，调节阀是制冷系统高低压部分的分界线。重力供液系统的工作过程是，制冷剂蒸汽经压缩机、油分离器进入冷凝器，冷凝后的制冷剂液体进入高压贮液桶；高压贮液桶中氨液经管路送至调节阀降压降温后送入氨液分离器，在氨液分离器中，将节流所产生的氨蒸气分离后，氨液经液体调节站进入蒸发排管，氨液在蒸发排管中吸收了被冷却物体的热量而汽化，汽化后的氨蒸气经过氨液分离器，在分离器中，由于流速降低，使它所携带的液滴分离出来，然后进入压缩机。这样不但防止了压缩机的湿冲程，也使氨蒸气中的液体制冷剂得到利用。在低温系统中，为了对蒸发排管进行热氨冲霜，除了设有高压贮液桶外还设有排液桶。排液桶的构造和高压贮液桶的构造相似，只是管路和管接头较多，它的作用是在对蒸发排管进行热氨冲霜时，将蒸发排管中的氨液收集贮存起来。

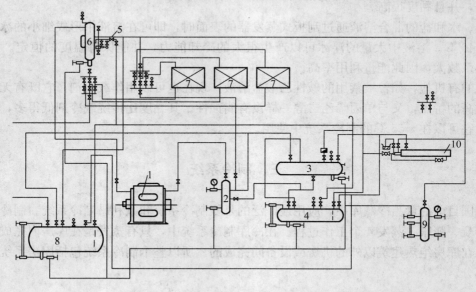

图 3-4　重力供液制冷系统
1. 压缩机　2. 氨油分离器　3. 卧式冷凝器　4. 高压贮液桶　5. 调节阀
6. 氨液分离器　7. 蒸发器　8. 排液桶　9. 集油器　10. 空气分离器

图例　节流（调节）阀　　直通式截止阀　　角式截止阀　　安全阀　　压力表

重力供液系统的特点是供液均匀，是我国中、小型冷库所广泛采用的供液形式。但这种供液方式还存在着下列一些问题。

① 氨液在蒸发排管中流动不是强迫流动，传热系数较低。

② 如果几个库房、多组排管共用一个氨液分离器供液时，将会产生排管供液量的不均匀，因而不能完全发挥蒸发排管的冷却效能。

③ 重力供液要将氨液分离器装置在一定的高度。为了保证供液，一般要求氨液分离器的设置高度（系指其中液面高）应高于冷间最高层的蒸发排管（系指顶排管）0.5～2.0 m，最好是1～2 m之间。

3. 氨泵供液系统　氨泵供液制冷系统，是利用氨泵向蒸发排管输送低温氨液，它与重力供液制冷系统的组成和工作过程基本相同，主要差别是：重力供液是利用液柱的压差来克服管路系统的阻力进行供液，而氨泵供液的制冷系统是利用氨泵的机械作用克服管路阻力来输送氨液。至于设备和工作原理，也与重力供液基本相同。

氨泵供液系统具有下列优点：①由于依靠氨泵的机械作用来输送氨液，因而氨液分离器的高度可降低；②氨液在蒸发排管中是强迫流动，因而提高了蒸发排管的传热效果；③向蒸发排管供液时，经过调节后容易达到均匀供液；④可以实现系统的自动化。

氨泵供液系统对蒸发器的供液有上进下出和下进上出两种形式。下进上出式供液易于均匀，低压循环贮液桶的容积、氨液再循环的倍率及氨泵均可小些，在停止向蒸发器供液后管内存氨还能继续蒸发，所具有的冷惰性有利于稳定库温，蒸发器与低压循环贮液桶的相对位置不受限制。由于上述优点，目前下进上出式供液法采用最多。

当蒸发器位置高于低压循环贮液桶时，也可采用上进下出式。其主要优点是：蒸发温度不受蒸发器本身高度所形成的液柱静压力影响，蒸发器的传热效率较高，可提高压缩机的制冷能力；蒸发器内充氨量较小（一般只有排管容积的25％～40％）；在停止供液后排管内的氨液及润滑油可自行排出等。其主要缺点是供液不易均匀，需用容积较大的低压循环贮液桶以容纳停运后排管中返回的液氨，所需的氨再循环倍率及氨泵容量均较大。

（二）氟利昂制冷系统

与氨制冷系统显著不同之处是采用热力膨胀阀代替调节阀，并装有气液热交换器、干燥过滤器，氟利昂液体由蒸发器的上部进入，蒸汽由下部排出。图3-5为小型氟利昂制冷系统。压缩机由电机带动，将氟利昂制冷剂蒸汽在其中进行压缩。高压气体经油分离器将所携带的润滑油进行分离，然后进入水冷式冷凝器，在其中被冷凝为液体，液体制冷剂由冷凝器下部出液管经干燥过滤器、电磁阀，流经气液热交换器，在其中被来自蒸发器的低温蒸汽进一步冷却后，进入热力膨胀阀节流减压，然后经分液头送入蒸发器，在其中吸热汽化，汽化后的低温制冷剂气体经热交换器提高过热度后被压缩机吸去重新加压。

为了保证制冷系统运行时高压的压力不致过高和低压的压力不致过低，在系统中还装有高低压力继电器，其高压控制部分与压缩机排气管相连接，低压部分和吸气管道相连接，当排气压力超过调定值时可使压缩机自动停转，以免发生事故；当吸气压力低于调定值时也可使压缩机停转，以免压缩机在不必要的低温下工作而浪费电能。

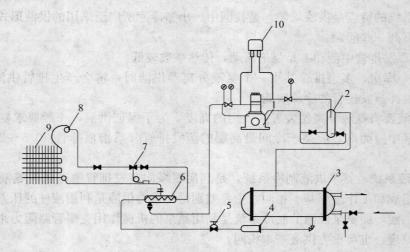

图 3-5　氟利昂制冷系统
1. 压缩机　2. 油分离器　3. 水冷式冷凝器　4. 干燥过滤器　5. 电磁阀
6. 气液热交换器　7. 热力膨胀阀　8. 分液头　9. 蒸发器　10. 高低压力继电器

装置在系统中的热交换器用来提高制冷剂蒸汽的过热度和制冷剂液体的过冷度，这样，一方面可以防止压缩机走潮车，同时还可提高制冷装置的效率。

氟利昂系统中的热力膨胀阀前一般都装有干燥过滤器，其中装有过滤网，滤网中装有硅胶或氯化钙等吸湿剂，用来吸收氟利昂中的水分。这样，在蒸发温度低于 0 ℃的工况运行时，不至于热力膨胀阀狭小断面处产生冰塞，同时可以减少系统中钢制设备及管道的腐蚀。此外，在封闭式压缩机中，也不致因制冷剂中混有水分而造成电机烧毁。为了能较好地吸收水分，制冷剂液体通过干燥剂的流速应小于 0.03 m/s。

在冷凝器与蒸发器之间的管路上还装有电磁阀，可控制液体管路的启闭。压缩机启动时电磁阀自动打开，液体制冷剂进入蒸发器；压缩机停转时电磁阀自动关闭，防止大量液体制冷剂流入蒸发器，以免压缩机再次启动时液体被抽入压缩机而造成冲缸事故。

热力膨胀阀装置在蒸发器之前的液体管路上（其感温泡紧扎在靠近蒸发器出口的气体管路上），用来自动调节进入蒸发器的液体制冷剂量，并使制冷剂节流减压，由冷凝压力降低到蒸发压力。冷凝器冷却水进水管路上有的还装有水量调节阀，它可根据冷凝器工况的变化，自动调节进入冷凝器的冷却水量，使冷凝压力和温度保持大致不变。

▶习题与思考题

1. 简述蒸汽压缩式制冷循环的工作原理。
2. 蒸汽喷射式制冷系统的基本组成有哪些？
3. 吸收式制冷有何优缺点？
4. 常用的制冷剂有哪些？
5. 选择冷媒时应考虑哪些因素？

6. 氨制冷系统有哪几种形式？

7. 氨泵供液系统有何优点？

8. 制冷系统包括哪些部分？

9. 氟利昂制冷系统中干燥过滤器有何作用？

10. 氟利昂制冷系统与氨制冷系统的最大不同点是什么？

第三节 通 风 库

通风贮藏库根据立体布置的不同可分为地上式、半地下式和地下式 3 种不同形式，可根据地区气候条件和地下水位高低选择采用。地上式是将库体建于地面之上，通风条件较好，但受气温影响较大，对建筑隔热保温要求较高。地下式的库体全部埋于地下，只有库顶露出地面，保温性能较好，但通风性能较差。为了便于温度管理，我国东北适于采用地下式，华北多用半地下式，南方温暖地区宜用地上式。

大型通风库群按平面布置可分为分列式和连接式两种形式。分列式（图 3-6a）按排分开排列，进气口设在每排的前后墙上，通气效果好，但占地多，外墙建筑费高。连接式（图 3-6b）建筑费用低，保温好，节省土地，但通风较差。

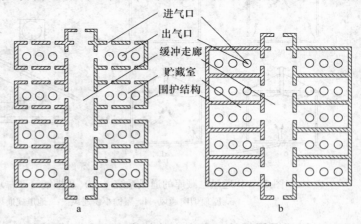

进气口
出气口
缓冲走廊
贮藏室
围护结构

a
b

图 3-6 通风贮藏库的排列方式

一、通风系统的设置

通风系统是通风贮藏库的重要组成部分。其作用是排除果蔬呼吸作用产生的呼吸热，使库内维持较低的温度，并调节库内气体成分。通风主要是靠冷热空气的对流作用完成的，所以要求设置有足够面积的进气口和出气口，使库内形成冷热空气的顺畅对流。通风贮藏库的通风系统可以根据地区气候条件、风向和风速设置成不同的形式。

（一）通风系统的类型（图 3-7）

1. 屋顶烟囱式通风系统 在通风库顶部每隔一定距离（5～6 m）开设一个高出库顶 1 m 以上的烟囱式出气口，排除库内热空气，在库内最低位置即库墙的基部设进气口或导气窗，与库外安置的进气筒连接，导入冷空气（图 3-7a）。这种通风系统是利用热空气密度低于冷空气而在库顶聚积的物理现象，通风顺畅，效率较高。需在烟囱口处设置防雨罩和百叶窗，以防止飞鸟和雨雪进入库内和阳光直射库内，在烟囱基部设置任意开闭的活动门，不同季节和外界温度变化时对通风进行调节。北方寒冷地区还应对烟囱筒周围加设保温层，防止湿热空气在烟筒内壁凝结成水滴入库内。

2. 屋檐小窗式通风系统　在库墙顶部屋檐处开设小窗（一般沿纵向每隔 5 m 开设一处）。小窗大小一般为 25 cm×25 cm 或 35 cm×35 cm，它同时兼有进气和出气的功能（图 3−7b）这种通风系统通风效率较低，适合于入库时间较晚，呼吸强度较低的果蔬贮藏。小窗外侧应设置防鸟网和活动门，以随时调节通风量。

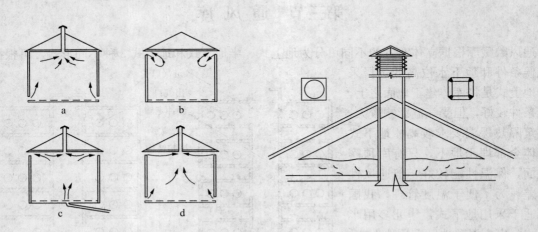

图 3−7　通风贮藏库的通风系统（左）及排气筒（右）的构造（上角为横剖面）
a. 屋顶烟囱通风　b. 屋檐小窗通风　c. 地道式通风　d. 混合式通风

3. 地道式通风系统　在库房基部或库房底部设置经过地下道的进气口，在库顶设置出气口（图 3−7c）。地下通风道越深，温度波动幅度越小，温度波极值出现时间越延迟。夏季地下通风道中的温度低于同期地面的温度，冬季则相反。因此，使库外空气通过地下一定深度的通道进入库内，可避免库温大幅度波动。所以，其通风性能和维持相对稳定库温的性能较其他通风系统好。但是，地道的建筑费用较高，而且只有地面库才方便修建。

4. 混合式通风系统　混合式通风系统（图 3−7d）是以上几种通风方式的混合运用，以提高通风效率。另外，还可设置活动的风罩门，利用风向器改变风罩方向，借助风力来加大进、排气口的风压。

（二）通风系统的选择

通风系统的选择要根据通风库的类型（地上式、地下式、半地下式）和所处地区气温、风向、风速以及贮藏库主要用途确定。

一般而言，昼夜温差小、平均气温较高的地区适宜选用通风效率较高的通风系统，如果条件允许应尽量修建地道式通风系统。而昼夜温差较大、平均气温较高的地区可以采用通风效率稍差的通风系统以减少投资。同时，还应当考虑通风库的贮藏产品的种类。例如，贮藏大白菜的通风库要比贮藏马铃薯或洋葱的通风库对通风系统的效率要求更高。

除了通风系统类型外，通风面积的设定和调节也是通风库建设管理当中的重要问题。

二、必要通风量与通风断面

(一) 必要通风量

通风库虽可周年使用，但主要入库时间为秋季收获期。果蔬产品入库初期，带有大量的田间热和很高的呼吸热，必要通风量应满足排除多余热量，以保证较快地降低库温。排除多余热量的必要通风量完全可以满足排除有害气体。必要通气量以库内全天的热量平衡为依据。

必要通风量 L_Q 为：

$$L_Q = \frac{Q}{3\ 600\tau\rho_a(h_i - h_o)} \quad (\mathrm{m^3/s}) \qquad (3-3)$$

式中，h_i、h_o——分别为库内、外空气的比焓，J/kg；

$\quad\quad \rho_a$——库外空气的密度，$\mathrm{kg/m^3}$；

$\quad\quad \tau$——每昼夜可用于通风的时间，h/d；

$\quad\quad Q$——设计条件下一昼夜应排除的热量，J/d。

应排除的热量 Q 由果蔬的田间热 Q_1、呼吸热 Q_2、外围护结构的传热 Q_3（传入为正，传出为负）及其他热量 Q_4 组成，即：

$$Q = Q_1 + Q_2 + Q_3 + Q_4 \quad (\mathrm{J/d}) \qquad (3-4)$$

① 田间热：是产品由入库温度 t_1 下降到贮藏温度 t_2 所放出的热量。一般田间热量很大，需要很多天方能排尽，具体需要的天数应按技术经济条件合理确定。由入库温度下降到贮藏温度时间内每天应排除的田间热 Q_1 由下式计算：

$$Q_1 = \frac{GC(t_1 - t_2)}{\tau_1} \quad (\mathrm{J/d}) \qquad (3-5)$$

式中，G——入库果蔬重量，kg；

$\quad\quad t_1$、t_2——入库温度及设计贮藏温度，℃；

$\quad\quad C$——产品的比热容，$\mathrm{J/(kg \cdot ℃)}$；

$\quad\quad \tau_1$——从入库温度降低到设计贮藏温度所需的时间，d。

② 呼吸热：一般理论计算可按入库初期的平均呼吸强度计算，即：

$$Q_2 = 24 \times 1.068 \times 10^{-2} fG \quad (\mathrm{J/d}) \qquad (3-6)$$

式中，f——果蔬入库期间的平均呼吸强度（以呼出 CO_2 的量表示），$\mathrm{mg/(kg \cdot h)}$；

1.068×10^{-2}——果蔬进行有氧呼吸所放出的热量，J/mg。

③ 围护结构传热：

$$Q_3 = 24 \times 3\ 600 \times (q_g + q_f) \quad (\mathrm{J/d}) \qquad (3-7)$$

式中，q_g——通过墙体及库顶的传热量，J/s；

$\quad\quad q_f$——通过地坪的传热量，J/s。

④ 其他散热量 Q_4：包括库内工作人员散热、照明散热及动力散热等。这些热量的计算可以参照冷库设计的相关内容进行。

（二）通风断面

如前所述，为了使通风库内通风均匀，清除死角，通风口间的间距不宜过大，以 5～6 m 为宜。进出口的断面积可按 5～6 m 开间为一个计算单元来计算通风量。一般计算通风量时仅考虑热压而不考虑风压的作用。设计通风量（自然通风量）由下式确定：

$$L = k\sqrt{\frac{2gh\,\Delta t}{T_i}} \qquad (\text{m}^3/\text{s}) \tag{3-8}$$

式中，h——进出风口垂直高度差，m；

T_i——库内绝对气温，K；

Δt——库内外温度差，K。

$$k = \frac{1}{\sqrt{\dfrac{1}{\mu_a^2 A_a^2} + \dfrac{1}{\mu_b^2 A_b^2}}} \tag{3-9}$$

式中，A_a、A_b——进、出风口断面积，m^2；

μ_a、μ_b——进、出风口或风管道流量系数。

当进出风口为孔口出流时，流量系数为：

$$\mu = \varepsilon \cdot \sqrt{\frac{1}{1+\xi}} \tag{3-10}$$

式中，ε——孔口出流侧收缩系数；

ξ——孔口局部阻力系数。

一般孔口出流流量系数由孔口结构、形状确定，可由有关手册资料查得。

当进风口为管嘴出流，除了要克服相当于孔口的局部阻力外，还要克服渐扩的局部阻力和管嘴的沿程阻力，即：

$$\mu = \frac{1}{\sqrt{1+\xi_z+\lambda \cdot \dfrac{l}{d}}} \tag{3-11}$$

式中，ξ_z——整个管嘴的总局部阻力系数，由试验测得 $\xi_z = 0.5$；

λ——管段沿程阻力系数；

l、d——分别是管段长度和直径，m。

当 $l < (3～4)d$ 时，λ、l 可忽略不计，$\mu = 0.82$。

当进出风口为管道出流时，流量系数为：

$$\mu = \frac{1}{\sqrt{\xi_0}} \tag{3-12}$$

当管段为一简单管路时，其总阻力系数为沿程阻力与局部阻力系数之和，即：

$$\xi_0 = \lambda \cdot \frac{1}{d} + \sum \xi_i \tag{3-13}$$

式中，$\sum \xi_i$——整个进口或出口管道上的局部阻力系数。

通风断面的确定应使得按上述计算方法计算的设计自然通风量大于或等于由式（3-3）确定

的必要通风量。

▶习题与思考题

1. 通风贮藏库有哪几种形式?
2. 通风贮藏库的通风系统有何作用?
3. 通风贮藏库的通风系统类型有哪些?
4. 如何选择通风贮藏库的通风系统?
5. 通风进、排气口设置的原则是什么?
6. 必要通风量的含义是什么?
7. 通风需排除的热量包括哪些?
8. 在计算通风量时为何仅考虑热压作用?
9. 计算通风量与必要通风量有何关系?
10. 孔口出流流量系数与孔口形状有何关系?

第四节 冷 藏 库

冷藏库是用人工制冷的方法对果蔬进行贮藏,以保持果蔬食用价值的建筑物,而要达到冷藏库内要求的低温环境,必须要进行正确的设计。

一、库址选择

库址选择的原则有:①库址不宜选在居住集中地区。经城市规划、环保部门批准,可建在城镇适当地点;②库址应选择在城市居住区夏季最大频率风向的上风向;③库址周围应有良好的卫生条件,必须避开和远离有害气体、灰沙烟雾、粉尘及其他有污染源的地段;④库址应选择在交通运输方便的地方;⑤库址必须具备可靠的水源和电源;⑥库址宜选在地势较高、干燥和地质条件良好的地方。

二、总平面设计

总平面设计原则有:①应满足生产工艺流程、生产运输和设备管线布置合理等综合要求;②应沿铁路专用线或靠近水运码头布置;③肉类、水产类等加工厂的冷库应布置在厂内牲畜、家禽、水产等原料区和锅炉房、煤场、污物、污水处理场地夏季最大频率风向的上风向;④总平面布置应近、远期结合,以近期为主,兼顾今后可能的扩建,对于设有铁路专用线或水运码头的新建冷库,其扩建冷库位置宜预留在铁路专用线的两侧或水运码头附近;⑤冷库与其他建(构)筑物的卫生防护距离应符合当地环保部门有关规定;⑥氨压缩机房的位置应靠近冷负荷最大的冷间,并应有良好的自然通风环境;⑦厂区绿化应符合当地规划部门要求。

三、库房设计

（一）设计要求

设计要求包括：①应满足生产工艺流程要求，运输线路要短，避免迂回和交叉；②冷藏间平面柱网尺寸和层高应根据贮藏货物的包装规格、托盘大小、堆码方式以及堆码高度等使用功能确定，并应综合考虑建筑模数及结构选型的合理；③冷间应按不同的设计温度分区、分层布置；④冷间建筑的设计应尽量减少其隔热围护结构的外表面积。

（二）设计规模的确定

冷库计算吨位可按下式计算：

$$G = \frac{\sum V_1 \rho_s \eta}{1\,000} \quad (\text{t}) \tag{3-14}$$

式中，V_1——冷藏间或冰库的公称体积，m^3；

η——冷藏间或冰库的体积利用系数，见表 3-1；

ρ_s——食品的计算密度，kg/m^3，见表 3-2。

表 3-1　冷藏间体积利用系数

公称体积（m^3）	体积利用系数 η	公称体积（m^3）	体积利用系数 η
500～1 000	0.40		
1 001～2 000	0.50	10 001～15 000	0.60
2 001～10 000	0.55	＞15 000	0.62

注：① 引自徐维，余锡阁，沈家鹏等 .2001

　　② 蔬菜冷库的体积利用系数应按表内数值乘以 0.8 的修正系数确定。

表 3-2　食品计算密度

食品类别	密度（kg/m^3）	食品类别	密度（kg/m^3）
冻肉	400	鲜水果	230
冻鱼	470	冰蛋	600
鲜蛋	260	机制冰	750
鲜蔬菜	230	其他	按实际密度采用

注：① 引自徐维，余锡阁，沈家鹏等 .2001

　　② 同时存放猪、牛、羊肉时，按 400 kg/m^3 计；只存冻羊腔时，按 250 kg/m^3 计；只存冻牛、羊肉时，按 330 kg/m^3 计。

（三）围护结构的隔热与隔汽防潮

为了减少冷库的冷负荷，必须保证围护结构具有较大的热阻，需设置隔热层。要求设置隔热层后围护结构的总热阻必须大于式（3-15）计算出的最小总热阻，否则应加强隔热层。

$$R_{\min} = \frac{t_g - t_d}{t_g - t_1} b R_0 \quad [(\text{m}^2 \cdot \text{℃}) / \text{W}] \tag{3-15}$$

式中，t_g、t_d——分别为围护结构高温侧、低温侧的气温，℃；

t_1——围护结构高温侧空气的露点温度，℃；

b——热阻修正系数，围护结构热惰性指标 $D \leqslant 4$ 时，$b = 1.2$，其他围护结构时，$b = 1.0$；

R_0——围护结构外表面热阻，一般为 $0.05(\text{m}^2 \cdot \text{℃})/\text{W}$。

围护结构两侧设计温差等于或大于 5 ℃时，应在温度较高的一侧设置隔汽层防潮。

四、冷藏库耗冷量的计算

耗冷量是制冷工艺设计的基础资料。计算冷库耗冷量的目的是为了正确合理地确定各库房冷分配设备的负荷及冷库制冷机的负荷。冷库实际耗冷量将随室外气温、冷冻或冷却货物的情况及进货量以及操作管理等因素的不断变化而变化。设计时耗冷量的计算方法是先算出各种耗冷量的最大值，然后再确定库房冷分配设备的负荷及冷库制冷机负荷，再根据不同情况对某些耗冷量进行必要的修正。

（一）冷间冷却设备负荷

冷藏库中每一个独立冷藏间可称为冷间。冷间冷分配设备负荷即某一冷间内所必需的制冷量，是选择该冷间冷却排管、冷风机等冷分配设备的依据。根据热平衡原理，冷间冷分配设备负荷 Q_S 由下式确定。

$$Q_S = Q_1 + P Q_2 + Q_3 + Q_4 + Q_5 \quad (\text{W}) \tag{3-16}$$

式中，Q_1——围护结构传热量，W；

　　　Q_2——货物热流量，W；

　　　Q_3——通风换气热流量，W；

　　　Q_4——电动机运转热流量，W；

　　　Q_5——操作热流量，W；

　　　P——货物热流量系数，冷却间、冻结间和货物不经冷却而进入冷却物冷藏间的货物热流量系数 P 应取 1.3，其他冷间取 1。

1. 围护结构传热量 Q_1　围护结构耗冷量包括通过墙体、楼板、屋盖与通过地坪的热流量。

$$Q_1 = K_w A_w a (t_o - t_i) \quad (\text{W}) \tag{3-17}$$

式中，K_w——围护结构的传热系数，$\text{W}/(\text{m}^2 \cdot \text{℃})$；

　　　A_w——围护结构的传热面积，m^2；

　　　a——围护结构两侧温差修正系数，见表 3-3；

　　　t_o——围护结构外侧的计算温度，℃，根据有关资料确定；

　　　t_i——围护结构内侧的计算温度，℃。

表 3-3　围护结构两侧温差修正系数 a 值

序号	围护结构部位	a
1	D>4 的外墙：冻结间、冻结物冷藏间	1.05
	冷却间、冷却物冷藏间、冰库	1.10
2	D>4 相邻有常温房间的外墙：冻结间、冻结物冷藏间	1.00
	冷却间、冷却物冷藏间、冰库	1.00
3	D>4 冷间顶棚，上为通风阁楼，屋面有隔热或通风层：冻结间、冻结物冷藏间	1.15
	冷却间、冷却物冷藏间、冰库	1.20
4	D>4 冷间顶棚，上为不通风阁楼，屋面有隔热层通风层：冻结间、冻结物冷藏间	1.20
	冷却间、冷却物冷藏间、冰库	1.30
5	D>4 的无阁楼屋面，屋面有通风层：冻结间、冻结物冷藏间	1.20
	冷却间、冷却物冷藏间、冰库	1.30
6	D≤4 的外墙：冻结物冷藏间	1.30
7	D≤4 的无阁楼屋面：冻结物冷藏间	1.60
8	半地下室外墙外侧为土壤时	0.20
9	冷间地面下部无通风等加热设备时	0.20
10	冷间地面隔热层下有通风等加热设备时	0.60
11	冷间地面隔热层下为通风架空层时	0.70
12	两侧均为冷间时	1.00

注：① 引自徐维，余锡阁，沈家鹏等．2001

② D 为围护结构热惰性指标。

③ 负温穿堂可按冻结物冷藏间选用 a 值。

④ 表内未列的其他室温等于或高于 0 ℃的冷间可参照各项中冷却间的 a 值选用。

　　围护结构传热系数 K_w 是冷藏库建筑的重要技术经济指标之一。如何确定 K_w 值的大小，要综合围护结构建筑、制冷设备折旧和运行费用及货物的干耗损失等方面来考虑。具体数值可按 GB 50072—2001 取值。在进行耗冷量计算时，围护结构已经确定，故传热系数可根据围护结构的材料和具体构造按下式计算：

$$K_w = \cfrac{1}{\cfrac{1}{\alpha_o} + \sum \cfrac{\delta_j}{\lambda_j} + \cfrac{1}{\alpha_i}} \qquad (3-18)$$

式中，α_i、α_o——温室覆盖层内表面及外表面换热系数，一般 $\alpha_i=8.7$ W/(m²·℃)，对于外表面换热系数，冬季 $\alpha_o=23$ W/(m²·℃)，夏季 $\alpha_o=19$ W/(m²·℃)；

δ_j——各层材料的厚度，m；

λ_j——各层材料的导热系数，W/(m·℃)。

　　2. 货物热流量 Q_2　货物热流量包括货物由入库温度降至贮藏温度的热流量及货物（如果蔬）的呼吸热流量等。计算式如下，但只有鲜果蔬冷藏间才计算呼吸热流量。如冻结过程中需加水时，应把水的热流量加入计算式。

$$Q_2 = \frac{1}{3.6}\left[\frac{m(h_1-h_2)}{\tau} + mB_b\frac{C_b(t_1-t_2)}{\tau}\right] + \frac{m(q_1+q_2)}{2} + (m_z-m)q_2 \quad \text{(W)}$$

$$(3-19)$$

式中，m_z——冷却物冷藏间的冷藏量，kg；

$\quad m$——冷间每日进货量［冷加工间按设计能力计，冷藏间按（0.05～0.08）m_z计］，kg；

h_1、h_2——货物进入冷间初始温度时以及终止降温时的比焓，kJ/kg；

$\quad\tau$——货物冷加工时间（冷藏间取 24 h，冷却间、冻结间取设计冷加工时间），h；

$\quad B_b$——货物包装材料或运载工具质量系数，见表 3-4；

$\quad C_b$——包装材料或运载工具的比热容，kJ/(kg·℃)；

t_1、t_2——包装材料或运载工具进入冷间时以及冷却终止时的温度，℃；

q_1、q_2——货物冷却初始温度时以及冷却终止温度时单位质量的呼吸热流量，W/kg。

表 3-4 货物包装材料和运载工具质量系数 B_b

序号	食品类别	质 量 系 数 B_b	
1	肉类、鱼类、冰蛋类	冷藏	0.1
		肉类冷却或冻结（猪单轨叉档式）	0.1
		肉类冷却或冻结（猪双轨叉档式）	0.3
		肉类、鱼类、冰蛋类（搁架式）	0.3
		肉类、鱼类、冰蛋类（吊笼式或架子式手推车）	0.6
2	鲜蛋类	0.25	
3	鲜水果	0.25	
4	鲜蔬菜	0.35	

引自徐维，余锡阁，沈家鹏等.2001

3. 通风换气热流量Q_3 为了保持果蔬等活性物质在冷藏期间的有氧呼吸以及操作人员需要的新鲜空气，需进行一定量的通风换气，通风换气热流量采用下式计算。

$$Q_3 = \frac{1}{3.6}\left[\frac{nV_i\rho_i(h_o-h_i)}{24} + 30n_r\rho_i(h_o-h_i)\right] \quad \text{(W)} \quad (3-20)$$

式中，h_i、h_o——分别为冷间内、外空气的比焓，kJ/kg；

$\quad n$——每日换气次数，可采用 2～3 次；

$\quad V_i$——冷间内净体积，m^3；

$\quad \rho_i$——冷间内空气密度，kg/m^3；

$\quad n_r$——操作人员数量。

上式适用于贮存有呼吸的食品的冷间，中括号内第二项，即 $30n_r\rho_i(h_o-h_i)$ 是操作人员所需要新鲜空气通风量产生的热流量，按每人需要的空气量 30 m^3/h 计算，无操作人员停留的冷间可不计。

4. 电动机运转热流量Q_4 包括库房内各种电动设备，如风机、电瓶车等运转时由电能转化为热能的热流量。

$$Q_4 = 1\,000 \sum b\xi P_d \quad \text{(W)} \tag{3-21}$$

式中，P_d——电动机额定功率，kW；

ξ——热转化系数，电动机在冷间内时取 1，电动机在冷间外时取 0.75；

b——电动机运转时间系数，对空气冷却器配用的电动机取 1，对冷间内其他设备配用的电动机可按实际情况取值，如按每昼夜操作 8 h 计，则 $b=8/24$。

5. 操作热流量 Q_5 冷库由于操作管理上的需要，不可避免地存在着各种操作带来附加的热流量。一般包括开门热流量、操作人员热流量、室内照明热流量等。

$$Q_5 = Q_f \cdot A_f + \frac{1}{3.6} \times \frac{n_m n_k V_i M \rho_i (h_o - h_i)}{24} + \frac{3}{24} n_r Q_r \quad \text{(W)} \tag{3-22}$$

式中，Q_f——地板单位面积照明热流量，冷却间、冻结间、冷藏间、冰库和冷间内穿堂为 2.3 W/m²；操作人员长时间停留的加工间、包装间等为 4.7 W/m²；

A_f——冷间地面面积，m²；

n_m——门樘数；

n_k——每日开门换气次数，可按图 3-8 取值，对需经常开门的冷间，每日开门换气次数可按实际情况采用；

M——空气幕效率修正系数，可取 0.5；如不设空气幕时，应取 1；

Q_r——每个操作人员产生的热流量（按每日操作 3 h 计），冷间设计温度高于或等于 -5 ℃时，宜取 279 W；冷间设计温度低于 -5 ℃时，宜取 395 W。但冷却间、冻结间不计操作人员热流量。

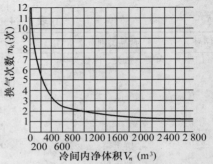

图 3-8 冷间开门换气次数图
（引自徐维，余锡阁，沈家鹏等. 2001)

（二）制冷机机械负荷 Q_j

制冷机的机械负荷是制冷机选用的依据，应满足全年生产的需求，特别是能满足冷库生产高峰负荷的需要，同时还应考虑如何提高制冷机的利用率。当加工旺季并非在夏季时，则应对 Q_j 进行修正；库内不同温度的冷间之间的热交换，对冷分配设备是作为负荷计算的，而在同一蒸发系统中作为制冷机负荷是相互抵消的。另外，考虑到各库房操作管理的不同期性以及制冷管道热流量等因素，制冷机机械负荷 Q_j 按下式计算：

$$Q_j = \left(n_1 \sum Q_1 + n_2 \sum Q_2 + n_3 \sum Q_3 + n_4 \sum Q_4 + n_5 \sum Q_5\right)R \quad \text{(W)} \tag{3-23}$$

式中，n_1——围护结构热流量的季节修正系数，一般宜取 1；

n_2——货物热流量折减系数，根据冷间的性质确定，冷却物冷藏间宜取 0.3～0.6（冷藏间公称体积大时取小值），冻结物冷藏间宜取 0.5～0.8（冷藏间公称体积大时取大值），冷加工间和其他冷间应取 1；

n_3——同期换气系数，宜取 0.5～1.0；

n_4——冷间用的电动机同期运转系数，按表 3-5 规定采用；

n_5——冷间同期操作系数，按表 3-5 规定采用；

R——制冷装置和管道等冷损耗补偿系数，直接冷却系统宜取 1.07，间接冷却系统宜取 1.12。

表 3-5　冷间用电动机同期运转系数 n_4 和冷间同期操作系数 n_5

冷间总间数（间）	1	2~4	≥5
n_4 或 n_5	1	0.5	0.4

注：① 引自徐维，余锡阁，沈家鹏等.2001

② 冷却间、冷却物冷藏间、冻结间 n_4 取 1；其他冷间按本表取值。

③ 冷间总间数应按同一蒸发温度且用途相同的冷间数计算。

五、制冷压缩机类型及选择计算

制冷压缩机是压缩式制冷装置的主机，用来对制冷工质压缩作功，增加其能量，以便循环制冷。制冷压缩机有活塞式、离心式、螺杆式和刮片式。了解各类压缩机的工作原理及适用范围，能更好进行冷负荷计算与设备选配。

（一）制冷压缩机类型

1. 活塞式制冷压缩机　活塞式压缩机是由机体、曲轴、连杆、汽缸、活塞、吸排气阀等构件组成，其工作原理如图 3-9 所示。压缩机工作时 4 个过程不断循环进行，不但增加了工质气体的压力，还能将工质从蒸发器输送到冷凝器，完成对制冷工质压缩及输送双重任务。

按制冷剂蒸汽在汽缸中的运动分类，有直流（顺流）式和非直流（逆流）式。所谓直流式，即制冷剂蒸汽的运动从吸气到排气都沿同一个方向进行，而非直流式制冷剂蒸汽在汽缸内运动的方向是变化的。

按汽缸中心线位置分类有卧式压缩机、立式压缩机、V 形、W 形和 S 形（扇形）压缩机等。

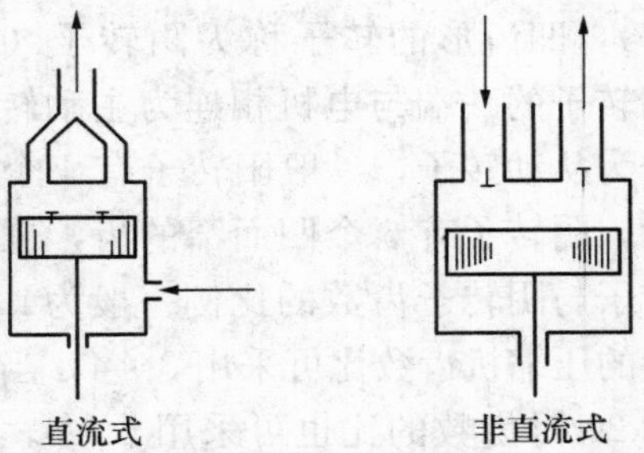

我国中小型活塞式制冷压缩机系列型号通常用 4 个部

直流式　　　非直流式

图 3-9　活塞式压缩机工作原理

分来表示。第 1 部分用数字表示汽缸数；第 2 部分为一个字母表示制冷剂种类，如 A 代表氨；第 3 部分用一字母表示汽缸布置形式，如 S 代表扇形；第 4 部分用一组数字表示汽缸直径。如 8AS12.5 代表 8 缸，用氨作制冷剂，汽缸扇形布置，汽缸直径为 125 mm。

冷库中常用的中小型活塞式制冷压缩机汽缸数为 2~8 个，汽缸直径有 70 mm、100 mm、125 mm、170 mm 等，相应标准产冷量为 $5.51 \times 10^4 \sim 22.02 \times 10^4$ kJ/h、$9.76 \times 10^4 \sim 39.02 \times 10^4$ kJ/h、$21.98 \times 10^4 \sim 87.92 \times 10^4$ kJ/h、$46.05 \times 10^4 \sim 184.22 \times 10^4$ kJ/h。

2. 离心式制冷压缩机　离心式制冷压缩机的构造和工作原理与离心式鼓风机极为相似。它的工作原理与活塞式压缩机有根本的区别，它不是利用汽缸容积减小的方式来提高气体的压力，而是依靠动能的变化来提高气体压力。离心式压缩机具有带叶片的工作轮，当工作轮转动时，叶片就带动气体运动或者使气体得到动能，然后使部分动能转化为压力能从而提高气体的压力。这种压缩机由于工作时不断地将制冷剂蒸汽吸入，又不断地沿半径方向被甩出去，所以称这种形式的压缩机为离心式压缩机。如果它只有一个工作轮，就称为单级离心式压缩机，如果由几个工作轮串联组成，就称为多级离心式压缩机。在空调中，由于压力增高较少，所以一般都是采用单级，其他方面所用的离心式制冷压缩机大都是多级的。

离心式制冷压缩机与活塞式制冷压缩机相比较，具有单机制冷量大、工作可靠、维护费用低、制冷量调节经济方便等优点。

3. 螺杆式制冷压缩机 螺杆式制冷压缩机是回转式压缩机的一种。回转式压缩机是借助于与轴直接连接（或间接传动）的转子的旋转运动而使工作容积发生变化来压缩气体。

和往复式压缩机比较，由于它的运动部件只作旋转运动，因而没有往复式压缩机的往复惯性力，机器的动平衡性好，运行时几乎没有振动。同时，除了滚动转子式压缩机外，这类压缩机不需要气阀，可以提高转速，这样就能使回转式压缩机具有重量轻、体积小的优点。此外，由于它的零件数量少、结构简单，不但适用于固定式的制冷装置中，还特别适用于移动式的制冷装置中，但是由于它的转速提高后，对汽缸和转子运动表面的加工和装配精度要求较高，因此加工制造就比较复杂，在高压下漏气量也较大，致使效率降低。不过在常用制冷剂的工作压力下，密封问题还是较易解决的，因此它的效率并不低于往复式制冷压缩机，仍能使回转式压缩机得到广泛使用。

如图 3-10 所示，它由汽缸体（壳体）和转子组成，汽缸体的内部制成横∞字形，在内部平行放置着 2 个彼此啮合的螺旋形转子，其中凸齿形的转子称为阳转子（阳螺杆），凹齿形的转子称为阴转子（阴螺杆）。阳转子的一端与电机相连为主动转子，阴转子为从动转子，一般阳转子有 4 个凸而宽的齿，阴转子有 6 个凹而窄的齿，也就是说阳转子与阴转子齿数的比例一般为 4：6，大流量的压缩机齿数比可采用 3：4，当压缩比高达 20 时齿数的比也可采用 6：8。当转子转

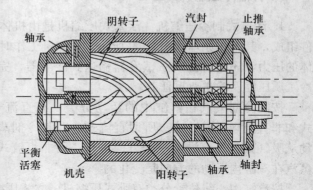

图 3-10 螺杆式制冷压缩机

动时，阴阳转子的一对齿相互啮合，当转子的一对齿槽容积（也称基元容积）与吸气孔相通时，气体便进入到这一对基元容积里，转子继续旋转，基元容积继续扩大，进气量增加，转子再继续转动，当转到一定角度，转子吸气端面的齿面积越过吸气孔，即该基元容积离开吸气孔时，则吸气过程结束。当转子继续旋转，基元容积中的气体就被压缩。由于旋转时阳转子的齿峰连续向阴转子的齿槽中挤入，基元容积便逐渐变小，气体被压缩，压力逐渐升高。当转子旋转到该基元容积和排气孔相通时，压缩过程结束，基元容积里被压缩的气体通过排气孔进入排气管，完成一次循环。

它与往复式压缩机比较，具有体积小、部件运行寿命长、制冷量可在 10%～100% 范围内实现连续无级调节等特点。

（二）制冷压缩机的选择计算

压缩机的选择计算主要是根据生产工艺总的耗冷量（包括设备管路的冷量损失），即制冷机机械负荷 Q_j，以及设计运行工况等条件确定制冷压缩机的台数、型号和每台压缩机的制冷量及所需功率。

1. 制冷压缩机及其数量的选择　当设计工况的冷凝压力与蒸发压力之比，以氨为制剂小于或等于8、以氟利昂为制剂小于或等于10时，应采用单级压缩机，超过该比值应选择双级压缩机。

制冷压缩机的台数根据制冷机机械负荷 Q_j 进行选择，使各台压缩机总制冷量大于 Q_j 即可。但应注意制冷压缩机台数不宜过多，其制冷量应大小搭配，一般不考虑备用机。压缩机一般不宜少于2台，并应选相同系列的压缩机，其备件可以通用。

2. 确定压缩机设计工况及制冷量　首先合理确定压缩机设计工况参数，这是制冷机安全经济运行的基础。设计工况主要包括蒸发温度与冷凝温度。蒸发温度一般取比冷间设计温度低6～10℃，冷凝温度一般应比压缩机所允许的最高冷凝温度低1～2℃以上，可按比进水温度增加6～10℃计算，一般不高于40℃。

确定压缩机在设计工况下的制冷量有3种方法：①根据设计工况在特性曲线图上查得该工况下的制冷量；②根据压缩机理论输汽量和单位容积制冷量等参数计算；③将标准工况制冷量换算为实际工况下的制冷量。具体可根据厂家的技术资料或有关资料确定。

六、附属设备选择

制冷装置辅助设备应按制冷装置的制冷量配套进行选择。

（一）冷凝器

冷凝器用来将压缩机送出的高压、高温蒸汽用水或空气进行冷却使其凝结液化。它应具备足够的强度与冷却面积、较高的传热系数、可靠的气密性等性能。

1. 冷凝器类型的选择　冷凝器的选择取决于当地的水温、水质、气候条件以及压缩机房布置要求等因素。一般在冷却水水质较差、水温较高和水量充裕的地区宜采用立式冷凝器；水质较好且水温较低的地区宜采用卧式冷凝器或组合式冷凝器；在水量供应不足但通风良好、气候干燥的地区宜采用淋激式冷凝器；在缺乏水源或夏季室外空气湿球温度较低的地区可采用蒸发式冷凝器（图3-11）。

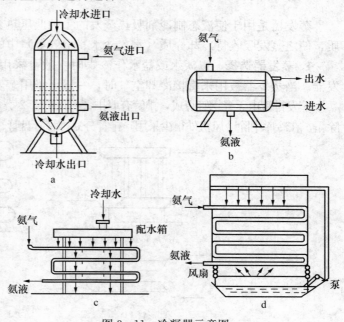

图3-11　冷凝器示意图
a. 管壳立式　b. 管壳卧式　c. 淋激式　d. 蒸发式

2. 冷凝器的传热面积 A_L

$$A_L = \frac{Q_L}{K_L \Delta t_L} = \frac{Q_L}{q_L} \quad (m^2) \tag{3-24}$$

式中，Q_L——冷凝器的负荷，为压缩机的制冷量和压缩机消耗功率之和，W；

$\quad\quad K_L$——冷凝器的传热系数，根据其类型及水质情况一般为 $700 \sim 1\,000$ W/(m²·℃)；

$\quad\quad \Delta t_L$——冷凝器内对数平均温差，℃，$\Delta t_L = \dfrac{t_{L_2} - t_{L_1}}{2.3 \lg \dfrac{t_L - t_{L_1}}{t_L - t_{L_2}}}$；

t_L、t_{L_1}、t_{L_2}——冷凝温度、冷却水进口及出口温度，℃；

$\quad\quad q_L$——冷凝器的热流密度，W/m²。

3. 冷却水量　冷凝器采用直流水冷却时，冷却用水量按下式计算：

$$W = \frac{3.6 Q_L}{C \cdot \rho \cdot \Delta t} \quad (m^3/h) \tag{3-25}$$

式中，C——冷却水比热容，$C = 4.186\,8$ kJ/(kg·℃)；

$\quad\quad \rho$——冷却水的密度，淡水取 $\rho = 1\,000$ kg/m³；

$\quad\quad \Delta t$——冷却水温升，℃。

冷凝器采用混合循环水冷却时，其补充水量 W_b 按下式计算：

$$W_b = W \cdot \frac{t_{L_2} - t_{L_1}}{t_{L_2} - t_{L_0}} \quad (m^3/h) \tag{3-26}$$

式中，t_{L_0}——补充水温度，℃。

(二) 蒸发器

蒸发器是用于使液态制冷剂吸热蒸发的一种低压热交换器。它接受来自节流阀的液态制冷工质，使之蒸发吸收待冷却介质（水、盐水、空气等）中的热量，介质被冷却降温。

1. 蒸发器选择　以淡水或盐水作冷媒时一般可采用直立管式、双头螺旋式或卧式壳管式蒸发器。当蒸发器被用来直接冷却空气时，一般可采用蒸发排管（墙排管和顶排管）或冷风机。

蒸发排管由无缝钢管焊成，排管有墙排管和顶排管 2 类，管外光滑或带有翅片。翅片管不易加工和除霜，在冷库中除冷风机外很少采用。排管分立排管、盘管、U 形管和搁架式排管等结构形式(图 3-12)。

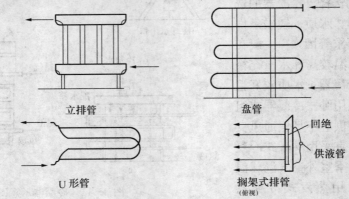

图 3-12　蒸发排管的种类

冷风机是依靠风机强制空气通过机内蒸发管组或喷淋的载冷剂而进行热交换。其中，干式冷风机使空气流经机内的蒸发管而被冷却，无加湿作用，主要用于冻结室和果蔬等的冷藏间；湿式冷风机使空气与机内喷出的载冷剂进行热交换，载冷剂一般用水，故这种冷风机可调温调湿，主要用于空调系统。

2. 蒸发器的传热面积 A_S

$$A_S = \frac{Q_S}{K_S \cdot \Delta t_S} \quad (\text{m}^2) \tag{3-27}$$

式中，Q_S——冷间冷却设备负荷，W；

K_S——冷却设备的传热系数，$\text{W}/(\text{m}^2 \cdot \text{℃})$；

Δt_S——冷间温度与蒸发温度的计算温度差，℃。

（三）其他辅助设备

冷库制冷系统还包括油分离器、贮液器、排液桶等辅助设备。其形式及选用可参考有关资料。

七、管道与设备布置

（一）管道选择布置

氨制冷系统应采用无缝钢管，采用专用阀门和配件，其公称压力均不应小于 2.5 MPa（表压），并不得有铜质和镀锌、镀锡的零配件。

制冷系统管道的管径影响着系统各部分的压力降。在正常运行工况下，蒸发压力和冷凝压力是一定的，而压力的降低会引起运行工况的改变。压力的降低值与管径的大小有关，管径越小，为保证一定的制冷剂流量，制冷剂流速将越大，压力降越大，故应选择合适的管径，保证压力降在允许范围内。管径可根据制冷剂流量、流速进行计算，制冷剂流速一般为：回气管 10～16 m/s，排气管 12～25 m/s，冷凝器到高压贮液桶小于 0.6 m/s。

管道布置应符合下列要求：①各种管道的挠度不应大于 1/400；②低压管道直线段超过 100 m，高压管道直线段超过 50 m 时，应采用补偿装置，如伸缩弯等；③管道穿过建筑物的沉降缝、伸缩缝、墙及楼板时，应采取相应的措施；④排液桶、集油器和不凝性气体分离器等的降压管应接在气液分离装置的回气入口之前，不应直接接在压缩机的吸气管上；⑤融霜用热氨管应连接在除油装置以后，其起端应装设截止阀和压力表；⑥氨压缩机的吸气管、排气管应从上面与总管连接，这样可避免润滑油和氨液积聚在管道中；⑦在管道系统中，应考虑可以从任何一个设备（容器）中将氨抽走；⑧连接氨压缩机的管道不应与建筑物结构刚性连接；⑨连接氨压缩机和设备的管道应有足够补偿变形的弯头；⑩供液管应避免气囊，吸气管应避免液囊；⑪系统管道的坡度为 0.1%～0.5%，注意坡向。

（二）机器设备的布置

（1）设备布置应符合工艺流程、安全规程以及操作方便等要求，并需要有适当的空间，以便设备部件的拆卸和检修。同时应考虑到尽可能布置紧凑，充分利用机房空间，以节省建筑面积。

（2）机器间内主要操作通道的宽度应为 1.5～2.5 m，压缩机突出部分到其他设备或分配站之间的距离不应小于 1.5 m。两台压缩机突出部位之间的距离不应小于 1 m，并有抽出曲轴的可能。非主要通道的宽度不小于 0.8 m。

（3）设备间内主要通道的宽度不应小于 1.5 m，非主要通道的宽度不应小于 0.8 m。

（4）水泵和油处理设备不宜布置在机器间或设备间内。

▶习题与思考题

1. 冷藏库库房设计的要求有哪些？

2. 设置隔汽层防潮有何作用？

3. 冷间冷分配设备负荷由哪几部分组成？

4. 如何确定围护结构的传热系数 K_w 的大小？

5. 制冷压缩机有哪几种类型？

6. 离心式制冷压缩机有何优点？

7. 制冷压缩机及其数量的选择有何要求？

8. 在设计工况下压缩机的制冷量如何确定？

9. 冷凝器的作用及类型选择有哪些？

10. 蒸发器的作用及类型选择有哪些？

11. 制冷系统管道布置应符合什么要求？

第五节　气　调　库

一、气调库的建筑特点

果蔬气调贮藏库是进行人工气调贮藏的设施。在其建筑结构上与普通果蔬冷藏库相比，具有以下两个方面的特点：①库体、库门有良好的气密性；②装备有 O_2、CO_2 气体的调控设备和湿度调节装置。

气调库的库体结构既要满足保温隔热的要求，又要具有良好的气密性。与普通果蔬冷藏库相比增加了一个气密层。气密层与隔热隔汽层结构在一起的称为一体式结构，气密层与隔热隔汽层分开设置的为夹套式结构，两种气调库结构类型见图 3-13。

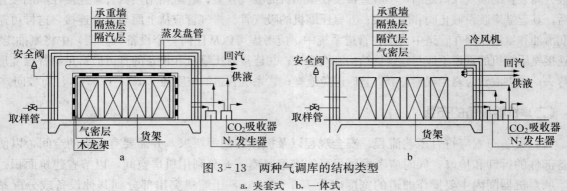

图 3-13　两种气调库的结构类型

a. 夹套式　b. 一体式

1. 一体式气调库 可分成以下 4 种类型：

（1）半地下砖混结构库体外壳，内喷聚氨酯绝热气密层式。这是一种节能型库体结构，非常适合在北方寒冷地区建造，也可以由原来的半地下果蔬冷藏库改造而成。由于是半地下式，其保温性能好，减少了制冷系统的工作时间，节约用电，可节省费用；但因气密性处理技术较复杂，在施工和维护时比较复杂。

（2）砖混结构外壳，内喷聚氨酯绝热气密层式。这种库体结构造价较低，库体内壁需喷涂聚氨酯作气密性处理，并铺设围板加以保护，以防机械损伤，影响气密性。

（3）砖混结构外壳，内贴单面夹芯绝热库板式。夹芯绝热库板有装配式和装嵌组合式两种，它是将单面库板按预埋的装配螺栓，一张一张地装嵌上去，然后再用密封胶涂抹接缝；另一种是先将单面库板组合成片，然后在库板和砖墙之间灌充聚氨酯使两者牢固结合。

（4）钢结构、夹芯绝热库板组合式。这种库体结构建库周期短、性能优异、施工维护方便，与国外新型气调库库体的性能完全相同。但其造价比前几种高出很多。

2. 夹套式气调库 是用蒸发盘管或冷风机来冷却气密层与墙体之间的"夹套"，通过气密层来间接冷却贮藏物。夹套式库房内相对湿度较大，易在气密层内侧结露，顶板滴水到果实上易引起霉变，地面积水则易引起木箱霉烂。应控制夹套层内的温度与库温相差不大，并使货物较慢地冷却，货物应预冷后入库。夹套库多用于冷藏库改建成气调库，如青岛的山东外贸气调库。此外，法国有许多大型冷藏库采用尼龙等坚固织物，涂敷不透气的塑料，制成厚约 1 cm 的大帐，挂在库房内作为气密层，也是一种简便的改良气调库。

气调库的容量一般有 100～500 t，但从管理效果看，库容不宜过小，否则不易保持气密性。外库的开间太多，会增加库门数，既不利于密封，也将增加建库的费用。

气调库宜建在果蔬产地附近，以便及时采收适宜成熟度的优良产品进行贮藏，并能迅速构成适宜的贮藏温度和气体条件，更易达到理想的气调贮藏效果。此外，气调库一般每年要长期占用达 7～8 个月甚至更长，建库的土地价格必须低廉才能更经济合理。

二、气体调节装置

气调设备是创造气调环境条件的主要手段。通常是制造高浓度氮，通入气调库内置换其中的普通空气，获得含氧浓度低于普通空气的环境。库内二氧化碳浓度超过要求的指标时，用清除二氧化碳的设备清除。经过人为调节或自动控制，构成贮藏果蔬的适宜气体环境，即适宜的二氧化碳与氧的浓度比。气调方法和设备有多种形式，分述如下。

1. 液氮 液氮是制氧厂的副产品，与液氮来源邻近的气调库，采用液氮降氧是简便易行的方法。将安装在气调库或薄膜帐内的喷嘴与液氮罐连接，打开阀门，液氮即行汽化进入库内降氧，当氧浓度达到要求时，停止供氮。在工业发达国家的液氮价格低廉，常被中小型气调库采用。我国液氮价格偏高，目前只见于小型实验室使用。

2. 烃类化合物燃烧系统 利用烃类化合物如丙烷等在氮气发生器中经催化剂作用，将空气中氧燃烧，获得高浓度氮充入气调库中降氧，或将库内空气引入氮气发生器中燃烧，再送入气调库中循环，使气调库内氧浓度降低。经过燃烧的空气，由原来含氧 21%、含氮 78% 和含二氧化碳 0.03%变成含氧 1%～3%、含氮 80%～90%和含二氧化碳 10%～12%的气体，经冷却后送入气调库（图 3-14），这是当前气调库使用比较普遍的方法。虽然气体发生器型号很多，但在产气量和氮、氧等浓度上基本相同，基本结构和工作原理也大体相同。国外制造的氮气发生器多以铂为催化剂，用丙烷作燃料，在我国尚难于采用。中国科学院山西煤炭化学研究所经过改进，采用铬作催化剂，以液化石油气为燃料，比较适合我国当前实际。

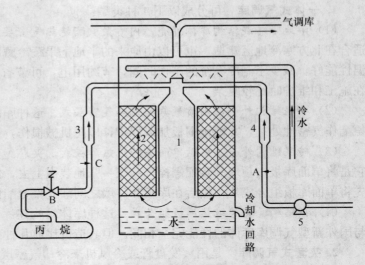

图 3-14　燃烧式制氮设备（氮气发生器）
1. 燃烧室　2. 气体冷却室　3. 丙烷流量计　4. 空气流量计　5. 风机

3. 氨裂解系统　以无水氨作燃料代替烃类气体，经催化裂解生成氢和氮，氢与空气中氧作用生成水。其优点是降氧快，不产生二氧化碳，无需另设清除二氧化碳的装置。多余的水蒸气被凝结排除，氮被送入气调库中降低氧浓度。在操作时，裂解温度和氧与燃料之比要求严格控制，使氨充分裂解，否则，过量的氨进入库内，对果蔬产品将产生伤害作用。

4. 变压吸附系统　也称为碳分子筛气调机或制氮机。碳分子筛由精煤粉经过精炼、成形成孔和活化等多步工艺制成，是一种具有发达微孔的非极性吸附剂，它是根据气体分子直径不同，向其微孔扩散速度的差异而将氧氮分开。碳分子筛填充在两个密封的吸附塔内，连接空气压缩机和真空泵成为变压吸附系统，再用管道与气调库连接。其装置流程见图 3-15。

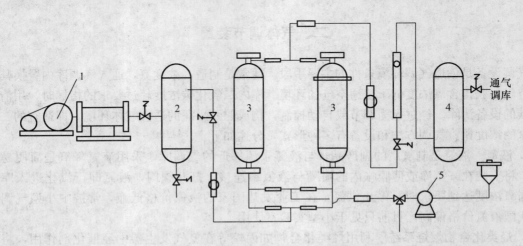

图 3-15　碳分子筛制氮机装置流程
1. 空气压缩机　2. 除油塔　3. 吸附塔　4. 贮气塔　5. 真空泵

系统工作时，经空气压缩机的加压和抽吸作用，使来自气调库、气调帐或库外的空气进入一个吸附塔中，在高压下氧分子被吸附在碳分子筛中，空气变成高浓度氮气，然后被送入库内或帐内降低氧浓度。当一个塔内的碳分子筛吸附氧达到饱和后，机器自动切换至另一个吸附塔继续工作供氮。原塔内吸附氧饱和的碳分子筛经真空泵降压再生，又可以吸附氧分子，如此反复工作，不断获得高浓度氮。

碳分子筛气调机中的碳分子筛在吸附氧分子的同时，也吸附二氧化碳和乙烯。因此，无需另设清除二氧化碳和乙烯的装置，且不需燃料运转，便于在我国农村和果蔬产地使用，并且也有利于气调贮藏技术的推广。

5. 膜分离系统　这是当前高新技术的产物之一。利用具有特殊结构的膜，对不同大小的气体分子进行有选择性的分离，将压缩空气中的氮与氧分开。据美国杜威化学公司介绍，商品名为"Gemeron"的空气分离系统，在25℃时将压力为13 kg/cm² 的压缩空气通过后，可获得浓度为95％的氮气。该装置是由管道和外套组成，类似热交换器，有数百万根极小的中空半透性纤维膜束安装在管

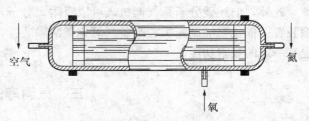

图 3-16　膜分离制氮设备（美 Permea 公司）

道中（图 3-16），向管套的两端开口，高压空气进入管内，氧分子很活跃，即透过膜进入套管，氮分子穿透力较小留在膜外，从而将氧和氮分开。这种膜分离的制氮制氧装置更加简便，不污染环境，很有发展前景。

6. 二氧化碳清除装置　催化燃烧制氮设备在燃烧空气时，会同时产生二氧化碳，同时果蔬呼吸也释放二氧化碳，都需要及时清除。否则，气调环境中二氧化碳浓度过高，对果蔬将产生伤害。通常的清除装置是通过化学或物理的方法脱除二氧化碳。生产中采用以下几种形式。

（1）消石灰脱除装置。将气调库内空气通过循环泵引入装有消石灰的消除塔内，二氧化碳被吸收后回到气调库中，几次循环后使二氧化碳浓度控制在需要的水平上。也可以用织物袋装消石灰，放在气调库内吸收二氧化碳。

（2）水清除装置。二氧化碳易溶于水，其溶解量与二氧化碳浓度和温度及水的温度有关。当空气中二氧化碳浓度高、温度低、水温低时，水吸收的二氧化碳则多。也可以在水中加氢氧化钠或碳酸钠，增加清除二氧化碳的效果。

（3）活性炭清除装置。活性炭有较强的吸附力，装填在吸附塔内，用循环泵引入气调库内的空气，在塔内循环吸附其中二氧化碳，吸附饱和后，向吸附床鼓入新鲜空气，使活性炭脱附，恢复吸附性能。此方法比较经济，是当前气调库脱除二氧化碳普遍采用的装置。

（4）硅橡胶膜清除装置。硅橡胶膜对氧和二氧化碳的透性不同。用硅橡胶膜构成的大面积气体交换装置，用空气循环泵，使气调库中空气在其中循环通过，由于硅橡胶膜透二氧化碳性能高于透氧性能，空气中二氧化碳浓度即可逐渐降低。

7. 乙烯脱除装置　为了提高气调库的贮藏效果，许多研究证明，加用乙烯脱除装置排除气调库内乙烯气体，更能延缓果实衰老进程。脱除方法与脱除二氧化碳相似。在清洗装置中充填乙烯吸收剂，常用的乙烯吸收剂是将饱和高锰酸钾溶液吸附在碎砖块、蛭石或沸石分

子筛等多孔材料上，乙烯与高锰酸钾接触被氧化而清除。美国的商品乙烯吸收剂名为"Purafil"，是将饱和高锰酸钾溶液用氧化铝吸附，做成干燥颗粒，填充在乙烯脱除装置中，用封闭式鼓风机使库内空气通过吸收装置循环，达到清除乙烯的目的。澳大利亚 Scott 等报道了用紫外线代替过去用臭氧清除乙烯的方法。将乙烯清除器内紫外线灯波长调节在 185 nm 和 254 nm，产生的原子氧（O）代替臭氧（O_3），与乙烯反应将乙烯清除(图 3-17)，而过多的原子氧迅速转变为分子氧（O_2）。

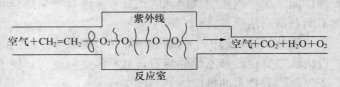

图 3-17　紫外线乙烯清除装置示意图（Scott 等）

此外，前述碳分子筛气调机既可以吸附氧分子，也可以吸附二氧化碳分子，兼作二氧化碳清除装置。催化燃烧制氮机需配备二氧化碳清除装置，其中活性炭在脱除二氧化碳的同时，对乙烯也有一定的吸附功能。

三、气调库的绝缘

气调库围护结构的绝缘包括隔热、隔水汽和防止漏气 3 个方面。隔热性能的好坏，不仅关系到耗冷量，而且直接影响到库温与库内气压的稳定性。一般说来，气调库的隔热标准应较冷库为高。按照国外的经验，果蔬气调库围护结构传热系数 K 的控制标准，外墙与屋顶为 $0.41 \sim 0.35$ W/(m²·℃)，地板为 $0.58 \sim 0.46$ W/(m²·℃)，由技术经济水平来确定。目前我国气调库的隔热标准可参照现行冷库标准确定。

与冷库一样，气调库在运行中围护结构两侧存在着蒸汽分压差，蒸汽将渗透进入绝热层，使之受潮而大大降低热阻。对于夹套式气调库，隔汽层的设置仍按普通冷库的隔热层内不凝结及难进易出原则。但对于一体式气调库，为了便于对气密层进行查漏检修，一般将气密层设在隔热层内侧，如图 3-18a 所示。这样在隔热层外即使另设渗透阻力大的隔气层，结构仍存在着易进难出的缺陷。为了解决这个问题，国外广泛采用预制框架嵌板装配式结构。用钢筋混凝土或钢架做成框架承重，嵌入高热阻的聚氨酯板作隔热层，其 K 值仅为 $0.022 \sim 0.029$ W/(m²·℃)，在其内外两侧均用金属板作隔汽层及气密层，如图 3-18b。这种结构性能良好，施工方便，耐用美观，

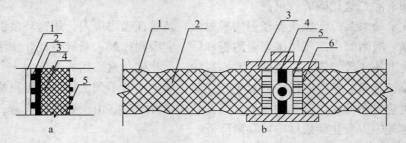

图 3-18　金属板隔汽、隔气预制装配式围护墙板
a. 热侧金属板式　1. 木龙骨　2. 镀锌板或铝板　3. 木板条　4. 隔热层　5. 木板条
b. 冷热两侧金属板式　1. 镀锌板或铝板　2. 隔热层　3. 聚乙烯外罩　4. 连接螺栓　5. 镀锌钢板　6. 封口玛碲酯

但一次性投资高。

气调库内既已设置良好的隔水汽层，为何还要设气密层呢？因为一般气调库内需要稳定地维持一个比库外低得多的氧分压和高得多的库内二氧化碳分压。在这种分压差的作用下，强烈的扩散作用将破坏库内设定的气体组合环境。据实验，一个 $60 m^3$ 库容的气调库，只要有 $1 cm^2$ 的漏洞，就足以阻止库内氧浓度的降低。因此，需要在隔汽层的基础上增设一层专门隔离空气扩散的气密层。

气调库的适宜气体一般用气体发生器供应，其运转费用与漏气程度成正比。根据对库房渗漏所进行的多年观察和对照测定，法国巴黎国家科研中心建议，气密性应符合图 3 - 19 标准。

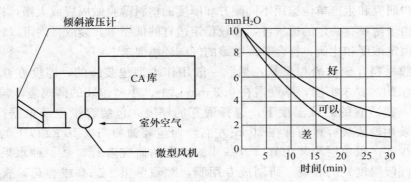

图 3 - 19　气密性试验标准图解

四、气调库的制冷

适宜而稳定的低温是气调贮藏环境的基本条件。气调库的制冷装置一般采用顶盘管系统或强制通风系统。

顶盘管系统是将焊好的盘管挂在屋顶天花板下。盘管备有滴水盘以收集融霜时融化下来的水和冰块。一般在出库后或进库前冲霜 1 次。为使库温均匀一致，盘管应均匀布满整个天花板。顶盘管平均温度沿长度方向也要均匀。应采用足够的冷却盘管表面。据经验每 20 t 贮藏需配备光滑管面积 $23 m^2$。盘管冷却系统制作费工，但运行操作简单，运转费用较低。在永久性气调库内使用较为经济。

强制通风系统由风机和翅片冷却管系统组成。风机应采用高效能的双速型，以适应负荷的变化。冷却表面必须充裕，以保证管温与库温相差值小于 3 ℃。为了维持库温稳定，需常用水冲霜。

由于气密的原因，库温降低时即在库内形成一个负压，库内的负压会导致库外空气的渗透而进入库内。水果的水分损失常因库温变化的幅度和频率增加而增加，结果造成水果细胞壁老损而降低贮藏质量。

在气调库内，库温的周期性变化使库内气压产生正负交替的一种类似呼吸的作用，结果使库内的氧浓度增高。如库温控制幅度为 1.0 ℃，库温由 3.5 ℃下降到 2.5 ℃时，会使库内造成 $373 Pa$ 的负压。为了保证库房安全，通常采用设置安全阀来控制过高的正负压。一般正负压超过

100 Pa 时安全阀打开，自动通气平衡。因此气调库不仅要求制冷系统备有精确度较高的温度控制装置，而且要求具有灵活的能量调节系统，以便使制冷系统随时匹配冷负荷的变化，减少温度变化幅度和频率。能量调节可由压力控制器自动控制投入工作的制冷机组台数、每台机组投入运行的汽缸数，或用改变压缩机的吸入压力来完成。

五、塑料薄膜帐与硅窗气调贮藏

随着塑料工业的兴起和发展，果蔬自发气调贮藏的容器已被各种类型塑料薄膜代替，并得到迅速推广。不少研究和生产单位选用不同配方和厚度的塑料薄膜做成袋或大帐，将果蔬封闭在袋或帐中贮藏。由于薄膜有一定的透气性，在较稳定适宜的低温下，袋或帐内可以较长期地保持二氧化碳和氧的恒定浓度和比例，符合果蔬贮藏的气调环境要求。

常用的薄膜材料有聚乙烯和聚氯乙烯。一般用作小型包装袋的，厚度在 0.02～0.06 mm 之间，用作大帐的，要求牢固，厚度需在 0.2 mm 以上。小型包装的薄膜袋，需根据不同种类的水果或蔬菜，在适宜的贮藏温度下，选择适宜的厚度。包装容量也需根据产品种类确定，例如，苹果包装用薄膜袋容量通常在 20 kg 左右，而包装葡萄则以 10 kg 以下为宜，包装猕猴桃或桃则宜更少些，以单层箱装为好。近些年来，有的研究者针对某一种水果或蔬菜的生理特征（主要是呼吸强度）的表现，研制成专用膜，贮藏苹果、蒜薹或香蕉，获得比较好的效果。在适宜的贮藏温度下，一定量的水果或蔬菜包装在专用薄膜袋内密封，依靠薄膜有选择的透气性，使袋内保持二氧化碳和氧较适宜的浓度比。法国 Marcellin 等采用硅橡胶膜嵌镶在塑料薄膜袋或帐上，构成硅橡胶窗，使二氧化碳通过硅窗向外扩散或使氧气进入袋内，比单纯用塑料薄膜更能准确地维持袋或帐内二氧化碳和氧气的浓度。硅橡胶为二甲基聚硅氧烷，涂布在织物上形成膜，其透二氧化碳率比相同厚度的聚乙烯膜大 200～300 倍，比聚氯乙烯膜大 20 000 倍，透二氧化碳性能又比透氧高 3～4 倍，比氮高 8～12 倍。水果或蔬菜贮藏在镶有硅橡胶窗的聚乙烯薄膜袋内，由于呼吸消耗氧气，袋内氧气浓度降低，氧气不足时可通过硅窗膜补充，过多的二氧化碳由硅窗膜排出袋外。大量贮藏果蔬可以采用较厚的聚乙烯膜或聚氯乙烯膜（0.20～0.25 mm）做成密封大帐，在帐的一侧或两侧嵌镶一定面积的硅橡胶膜贮藏果蔬，帐内的氧和二氧化碳浓度在一定程度上得到调节。

总之，应用塑料薄膜或配合硅橡胶窗进行果蔬自发气调贮藏，需要在贮藏温度、产品数量、膜的性质和厚度等多方面进行综合选择，才能获得比较理想的效果。法国科学研究中心冷藏研究所研制成功的 AC500 及 AC1 000 型硅窗大帐，用来贮藏苹果和西洋梨，在 2～4 ℃贮藏温度下，可以获得 3％氧和 5％二氧化碳的气体环境（图 3-20）。由于利用薄膜小包装或大帐贮藏的方法简便易行，因而已经在我国得到广泛应用。

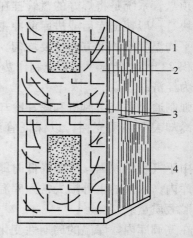

图 3-20 堆在库内的硅窗薄膜封闭集装袋
1. 硅窗 2. 装箱产品 3. 内外垫板 4. 封闭薄膜

➤习题与思考题

1. 气调库在建筑上有何特点？
2. 气调库有哪些结构类型？
3. 一体式气调库可分为哪几种类型？
4. 常用的制氮方法有哪些？
5. 如何清除二氧化碳？
6. 气调库围护结构隔热、隔水汽和防止漏气如何实现？
7. 如何防止库内压力波动过大？
8. 简述硅橡胶的气调机理。
9. 常用塑料薄膜帐的材质、厚度及透气性有何特点？
10. 气调库的容量如何选择？

第四章 农业建筑结构分析

第一节 荷 载

一、荷载分类与取值

荷载是指施加在建筑结构上的各种作用。结构上的作用是指能使结构产生效应（结构或构件的内力、应力、位移、应变、裂缝等）的各种原因的总称。由于常见的能使结构产生效应的原因多数可归结为直接作用在结构上的力集（包括集中力和分布力），因此习惯上都将结构上的各种作用统称为荷载（也有称为载荷或负荷）。但如温度变化、材料的收缩和徐变、地基变形、地面运动等作用不是直接以力集的形式出现，而习惯上也以"荷载"一词来概括，称之为温度荷载、地震荷载等，这就混淆了两种不同性质的作用。为了区别这两种不同性质的作用，根据《建筑结构设计统一标准》中的术语，将这两类作用分别称为直接作用和间接作用。这里讲的荷载仅等同于直接作用。在建筑结构设计中，除了考虑直接作用外，也要根据实际可能出现的情况考虑间接作用。

直接作用的荷载分为永久荷载、可变荷载和偶然荷载 3 类。永久荷载指结构使用期间，其值不随时间变化，或其变化与平均值相比可忽略不计，或其变化是单调的并能趋于极限的荷载，主要有结构自重、土压力、水压力、预应力等。可变荷载是指结构使用期间，其值随时间变化，且其变化与平均值相比不可忽略的荷载，主要有风荷载、雪荷载、作物荷载、楼面活荷载、屋面活荷载和积灰荷载、吊车荷载等。偶然荷载是指结构使用期间不一定出现，一旦出现，其值很大且持续时间很短的荷载，如爆炸力、撞击力、地震力等。

土压力和预应力作为永久荷载是因其均随时间单调变化且能趋于极限，其标准值为其可能出现的最大值。对于水压力，水位不变时为永久荷载，水位变化时为可变荷载。

农业建筑多为单层建筑，本身不产生积灰，规划中也不应安排在产生大量粉尘的工业建筑附近，所以，楼面活荷载和屋面积灰荷载基本不出现。

建筑结构设计时，对不同荷载应采用不同的代表值。永久荷载应采用标准值作为代表值；可变荷载应根据设计要求采用标准值、组合值、频遇值或准永久值作为代表值；偶然荷载应按建筑结构使用的特点确定其代表值。

标准值为设计基准期内最大荷载统计分析的特征值，如均值、众值、中值或某个分位值。标准值是荷载的基本代表值。组合值为荷载组合后，其效应在设计基准期内的超越概率，能与该荷载单独出现时的相应概率趋于一致的荷载值，或使组合后的结构具有统一规定的可靠指标的荷载值。频遇荷载是设计基准期内，荷载超越的总时间为规定的较小比率或超越频率为规定频率的荷载值。准永久值是设计基准期内，荷载超越的总时间约为设计基准期一半的荷载值。

上述设计基准期是指为确定可变荷载代表值而选用的时间参数，一般工业与民用建筑为 50 年或 100 年，温室 10～20 年，畜禽舍 20～30 年。

荷载设计值是荷载代表值与荷载分项系数的乘积。

二、永久荷载

永久荷载包括建筑结构或非结构元件自重、永久设备荷载等。

1. 结构或非结构构件自重 根据构件设计尺寸和材料密度计算确定。对自重变异较大的材料和构件（如现场制作的保温材料、混凝土薄壁构件等），自重的标准值应根据对结构的不利状态，取上限值或下限值。

2. 永久设备荷载 指诸如加热、通风、降温、补光、遮阳、灌溉等永久性设备的荷载。

加热系统和灌溉系统主供回水管如悬挂于结构时，其荷载标准值取水管装满水的自重。遮阳保温系统的荷载按材料自重计算竖直荷载，并按压/托幕线或驱动线数量计算水平拉力。荷载计算中还要考虑遮阳保温幕展开和收拢两种状态的组合荷载。喷灌系统采用水平钢丝绳悬挂时要考虑每根钢丝水平方向作用力，当采用自行走式喷灌车灌溉时要考虑每台车的运动荷载。补光系统、通风及降温系统设备的自重由供货商提供。

温室内永久设备荷载难以确定时，可以按照 70 N/m² 的竖向均布采用。

3. 作物荷载 作物荷载是温室的特有荷载。当悬挂在温室结构上的作物荷载持续时间超过 30 d，则作物荷载应按照永久荷载考虑，表 4－1 给出了不同品种作物的吊挂荷载。结构计算中应明确作物荷载的吊挂位置和荷载作用的杆件。

表 4－1 作物荷载标准值

作物种类	番茄、黄瓜	轻质容器中的作物	重质容器中的作物
荷载标准值（kN/m²）	0.15	0.30	1.00

三、屋面可变荷载

1. 屋面活荷载 房屋建筑的屋面，其水平投影面上的屋面均布活荷载及其荷载分项系数，按表 4－2 采用。屋面均布活荷载不应与雪荷载同时组合。

表 4－2 屋面均布活荷载

项次	类 别	标准值（kN/m²）	组合值系数 Ψ_c	频遇值系数 Ψ_f	准永久值系数 Ψ_q
1	不上人屋面	0.5	0.7	0.5	0
2	上人屋面	2.0	0.7	0.5	0.4
3	屋顶花园	3.0	0.7	0.6	0.5

不上人屋面，当施工或维修荷载较大时，应按实际情况采用；对不同结构应按有关设计规范

的规定，将标准值作 0.2 kN/m² 的增减。上人的屋面，当兼作其他用途时，应按相应用途楼面活荷载计算。对于因屋面排水不畅、堵塞等引起的积水荷载，应采用构造措施加以防止；必要时，应按积水的可能深度确定屋面活荷载。屋顶花园活荷载不包括花圃土石等材料自重。

2. 施工和检修荷载 设计屋面板、檩条、天沟、钢筋混凝土挑檐、雨篷和预制小梁时，施工或检修荷载（人和小工具的自重）应取 1.0 kN，并应在最不利位置处进行验算。对于轻型构件，当施工荷载超过上述荷载时，应按实际情况验算，或采用加垫板、支撑等临时设施承受。

当计算挑檐、雨篷等结构的承载力时，应沿板宽每隔 1.0 m 取一个集中荷载；在验算挑檐、雨篷倾覆时，应沿板宽每隔 2.5～3.0 m 取一个集中荷载。

当采用荷载准永久组合时，可不考虑施工和检修荷载。

四、吊车荷载

吊车竖向荷载标准值，应采用吊车最大轮压或最小轮压。

吊车纵向水平荷载标准值，应按作用在一边轨道上所有刹车轮的最大轮压之和的 10% 采用。该项荷载的作用点位于刹车轮与轨道的接触点，方向与轨道方向一致。

吊车横向水平荷载标准值，应取横行小车重量与额定起重量之和的 8%～20%，并乘以重力加速度确定。横向水平荷载应等分于桥架的两端，分别由轨道上的车轮平均传到轨道，其方向与轨道垂直，并考虑正反两个方向的刹车情况。

悬挂吊车的水平荷载应由支撑系统承受，可不计算。手动吊车及电动葫芦可不考虑水平荷载。

多台吊车时的竖向和水平荷载计算，应根据不同情况乘以 0.8～0.95 的折减系数。

当计算吊车梁及其连接的强度时，吊车竖向荷载应乘以动力系数。对悬挂吊车（包括电动葫芦）及工作级别为 A1～A5 的软钩吊车，动力系数可用 1.05；对工作级别为 A6～A8 的软钩吊车、硬钩吊车和其他特种吊车，动力系数可取为 1.1。

吊车荷载的组合值、频遇值及准永久值系数可按表 4-3 的规定采用。

表 4-3 吊车荷载的组合值、频遇值及准永久值系数

吊车工作级别		组合值系数 Ψ_c	频遇值系数 Ψ_f	准永久值系数 ψ_q
软钩吊车	A1～A3	0.7	0.6	0.5
	A4、A5	0.7	0.7	0.6
	A6、A7	0.7	0.7	0.7
	A8	0.95	0.95	0.95
硬钩吊车		0.95	0.95	0.95

厂房排架设计时，在荷载准永久组合中不考虑吊车荷载，当在吊车梁按正常使用极限状态设计时，可采用吊车荷载的准永久值。

五、风 荷 载

垂直于建筑物表面的风荷载标准值，当计算主要承重结构时，按式（4-1）计算，当计算围护结构时，按式（4-2）计算。

$$W_k = \beta_z \mu_s \mu_z W_0 \tag{4-1}$$

$$W_k = \beta_{gz} \mu_s \mu_z W_0 \tag{4-2}$$

式中，W_k——风荷载标准值，kN/m^2；

$\quad\quad \beta_z$——高度 z 处的风振系数；

$\quad\quad \beta_{gz}$——高度 z 处的阵风系数；

$\quad\quad \mu_z$——风压高度变化系数；

$\quad\quad \mu_s$——风荷载体形系数；

$\quad\quad W_0$——基本风压，kN/m^2。

1. 基本风压　基本风压按下式计算：

$$W_0 = V^2 / 1\,600 \tag{4-3}$$

式中，V——基本设计风速，m/s。

我国 GB 50009—2001 给出了全国各气象台站在不考虑结构重要性系数条件下，重现期分别为 10 年、50 年和 100 年 10 m 高空处时距为 10 min 平均风速下的基本风压值。农业建筑设计中可根据其实际设计使用寿命，按式（4-4）换算出计算结构的设计基本风压。

$$x_R = x_{10} + (x_{100} - x_{10}) \left(\frac{\ln R}{\ln 10} - 1 \right) \tag{4-4}$$

式中，R——重现期，年；

x_R、x_{10}、x_{100}——分别代表重现期为 R 年、10 年和 100 年的基本风压值。

不同类型温室的设计重现期可按表 4-4 采用。

表 4-4　温室结构设计基本风压计算重现期

温室类型	塑料大棚	日光温室	塑料温室	玻璃温室	PC 板温室
计算重现期（年）	5~10	15~20	15~20	25~30	25~30

2. 风压高度变化系数　风压高度变化系数根据建设地区的地形和距离地面或海平面的高度确定。对于拱屋面或坡屋面建筑，建筑物主体结构强度计算中，屋面风压高度变化系数按建筑物平均高度（指地面到建筑物屋面中点的高度，即檐高与屋面矢高一半的和）计算；在计算围护结构构件强度时的风压高度变化系数，墙面构件按屋檐高度计算，屋面构件按屋脊高度计算。

（1）对于平坦或稍有起伏的地形，风压高度变化系数根据地面粗糙度类型按表 4-5 确定。地面粗糙度是风在到达建筑物以前吹越过 2 km 范围内的地面时，描述该地面上不规则障碍物分布状况的等级，分为 A、B、C、D 4 类；A 类指近海海面和海岛、海岸、湖岸及沙漠地区；B 类指田野、乡村、丛林、丘陵以及房屋比较稀疏的乡镇和城市郊区；C 类指有密集建筑群的城市市区；D 类指有密集建筑群且房屋较高的城市市区。

表 4-5　风压高度变化系数

离地面或海平面高度（m）	地面粗糙度类别				离地面或海平面高度（m）	地面粗糙度类别			
	A	B	C	D		A	B	C	D
5	1.17	1.00	0.74	0.62	50	2.03	1.67	1.25	0.84
10	1.38	1.00	0.74	0.62	60	2.12	1.77	1.35	0.93
15	1.52	1.14	0.74	0.62	70	2.20	1.86	1.45	1.02
20	1.63	1.25	0.84	0.62	80	2.27	1.95	1.54	1.11
30	1.80	1.42	1.00	0.62	90	2.34	2.02	1.62	1.19
40	1.92	1.56	1.13	0.73	100	2.40	2.09	1.70	1.27

　　（2）对于山区地形，如图 4-1，风压高度变化系数可在平坦地面粗糙度类别的基础上，考虑地形条件修正。

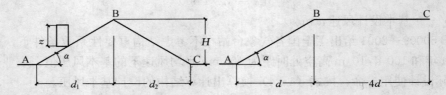

图 4-1　山峰和山坡的示意图

　　山峰处（图 4-1 的 B 点）修正系数为：

$$\eta_{B} = \left[1 + k\tan\alpha\left(1 - \frac{z}{2.5H}\right) \right]^{2} \qquad (4-5)$$

　　式中，α——山峰或山坡在迎风面一侧的坡度，当 $\tan\alpha > 0.3$ 时，取 $\tan\alpha = 0.3$；

　　　　　k——系数，对山峰取 3.2，对山坡取 1.4；

　　　　　H——山顶或山坡全高，m；

　　　　　z——结构风荷载计算位置离建筑物地面的高度，m。

　　山峰或山坡的其他部位，A、C 两点修正系数 η 取 1，其他部位在 A（C）、B 间插值。

　　（3）对山间盆地、谷底等闭塞地形，风压高度变化系数为平坦地面粗糙度类别的基础上附加 0.75~0.85 的修正系数，而与风向一致的谷口或山口，附加修正系数取 1.20~1.50。

　　（4）对于建设在远海海面或海岛的建筑物，风压高度变化系数在平坦地面 A 类粗糙度的基础上，再附加海岛修正系数如表 4-6。

表 4-6　远海海面或海岛建筑物风压高度变化系数的修正系数

距海岸距离（km）	<40	40~60	60~100
修正系数 η	1.0	1.0~1.1	1.1~1.2

3. 风荷载体形系数　建筑物主体结构强度和稳定性计算时，不同外形建筑物的风荷载体形系数按表 4 - 7 采用。

表 4 - 7　建筑物风荷载体形系数

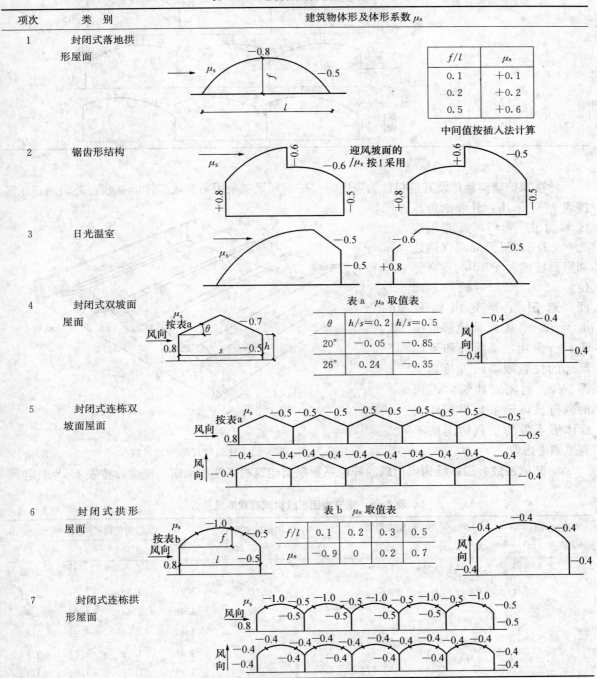

（续）

项次	类别	建筑物体形及体形系数 μ_s
8	封闭式连栋锯齿形屋面	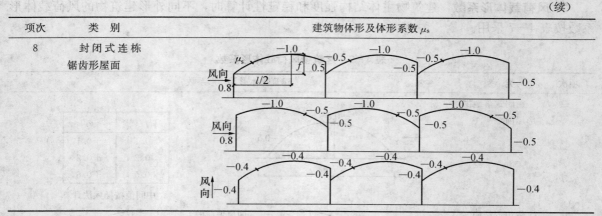

计算围护结构构件及其连接件的强度时，按下列规定采用局部风压体形系数：外表面正压区按表4-7采用，外表面负压区墙面 $\mu_s=-1.0$，墙角边 $\mu_s=-1.8$，屋面局部（周边和屋面坡度大于 $10°$ 的屋脊部位）$\mu_s=-2.2$，檐口、雨棚、遮阳板等突出构件 $\mu_s=-2.0$，屋面其他部位按表4-7采用，墙角边和屋面局部的位置取 2 m 宽度，见图4-2；封闭式建筑内表面的风荷载体形系数根据外表面体形系数的正负情况按不利原则考虑取 $\mu_s=\pm0.2$。

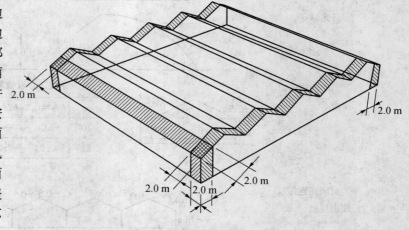

图4-2 建筑物局部附加风载

4. 阵风系数 围护结构风荷载的阵风系数根据建筑物高度和地面粗糙度，按表4-8确定。

表4-8 建筑物围护结构风荷载阵风系数

离地面或海平面高度（m）	地面粗糙度类别				离地面或海平面高度（m）	地面粗糙度类别			
	A	B	C	D		A	B	C	D
5	1.69	1.88	2.30	3.21	50	1.51	1.58	1.73	2.01
10	1.63	1.78	2.10	2.76	60	1.49	1.56	1.69	1.94
15	1.60	1.72	1.99	2.54	70	1.48	1.54	1.66	1.89
20	1.58	1.69	1.92	2.39	80	1.47	1.53	1.64	1.85
30	1.54	1.64	1.83	2.21	90	1.47	1.52	1.62	1.81
40	1.52	1.60	1.77	2.09	100	1.46	1.51	1.60	1.78

5. 风振系数　单层农业建筑一般高度小于 10 m，风振系数 β_z 取 1.0，即不考虑风振的影响。

6. 风荷载的荷载分项系数　风荷载的荷载分项系数如表 4 - 9。

表 4 - 9　风荷载的分项系数

组合类型	组合值系数 Ψ_c	频遇值系数 Ψ_f	准永久值系数 Ψ_q
分项系数	0.6	0.4	0

六、雪　荷　载

雪荷载就是作用在建筑结构屋面水平投影面上的雪压，其标准值计算如下：

$$S_k = S_0 \times \mu_r \times C_t \tag{4-6}$$

式中，S_0——基本雪压标准值，kN/m^2；

　　　C_t——加热影响系数；

　　　μ_r——屋面积雪分布系数。

1. 基本雪压　GB 50009—2001 给出了全国各气象台站测定的 10 年、50 年和 100 年一遇的基本雪压。当建设地点的基本雪压在规范中没有给出时，可根据当地年最大降雪深度计算：

$$S_0 = \rho g h \tag{4-7}$$

式中，ρ——积雪密度，t/m^3；

　　　g——重力加速度，$9.8\ m/s^2$；

　　　h——积雪深度，指从积雪表面到地面的垂直深度，m。

我国各地积雪平均密度按下述取用：东北及新疆北部 150 kg/m^3；华北及西北 130 kg/m^3，其中青海 120 kg/m^3；淮河、秦岭以南一般 150 kg/m^3，其中江西、浙江 200 kg/m^3。

当地没有积雪深度的气象资料时，可根据附近地区规定的基本雪压和长期资料，通过气象和地形条件的对比分析确定。山区的雪荷载应通过实际调查后确定，当无实测资料时，可按当地邻近空旷地面的雪荷载乘以系数 1.2 采用。

农业建筑设计中应根据建筑结构的使用年限（表 4 - 4）按公式（4 - 4）换算可得到相应的设计用基本雪压值。

2. 加热影响系数　加热影响系数是针对屋面结构热阻很小的温室建筑提出的，对其他类型的保温屋面 C_t 取为 1。温室由于透光覆盖材料的热阻较小，当室内温度较高时，热量会很快从透光覆盖材料传出，促使屋面积雪融化，进而造成屋面积雪分布的不同和数值变化。因此，温室加温方式对屋面雪载的影响必须加以考虑，并且加温方式的选择应该能代表温室整个使用寿命期内的实际发生状况。如不能确认其整个寿命期内的加温方式，则需按间歇加温方式选择采用。表 4 - 10 列出了不同透光覆盖材料温室屋面的加温影响系数。

表 4 - 10　不同屋面覆盖材料的加热影响系数 C_t

屋面覆盖材料类型	加热影响系数 C_t		屋面覆盖材料类型	加热影响系数 C_t	
	加热温室	不加热温室		加热温室	不加热温室
单层玻璃	0.6	1.0	多层塑料板	0.7	1.0
双层密封玻璃板	0.7	1.0	单层塑料薄膜	0.6	1.0
单层塑料板	0.6	1.0	双层充气塑料薄膜	0.9	1.0

3. 积雪分布系数　积雪分布系数根据建筑结构的屋面类型按表 4 - 11 选取。

表 4 - 11　屋面积雪分布系数

项次	类　别	屋面形式及积雪分布系数
1	单跨单坡屋面	
2	单跨双坡屋面	
3	拱形屋面	
4	连跨双坡屋面	
5	连跨拱形屋面	

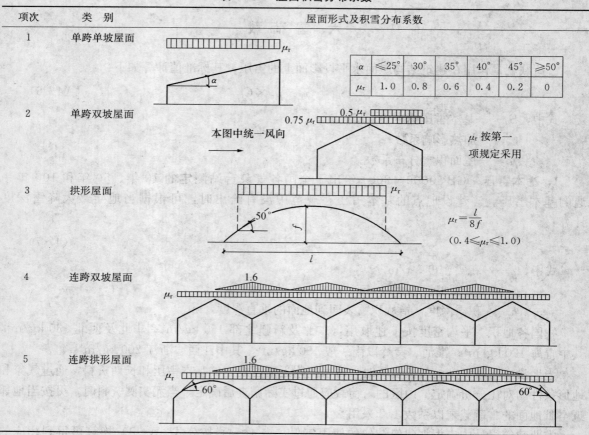

4. 雪荷载的荷载分项系数　雪荷载的荷载分项系数按表 4 - 12 采用。

表 4 - 12　雪荷载的分项系数

组合类型	组合值系数 Ψ_c	频遇值系数 Ψ_f	准永久值系数 Ψ_q	
分项系数	0.7	0.6	Ⅰ 类区	0.5
			Ⅱ 类区	0.2
			Ⅲ 类区	0

注：全国雪荷载的分区参见《建筑结构荷载规范》GB 50009—2001。

七、荷载组合

1. 荷载组合的要求 当结构上有两种或两种以上的可变荷载时，由于所有可变荷载同时达到其单独出现时可能达到的最大值的概率极小，因此，除主导荷载（产生最大效应的荷载）仍以其标准值为代表值外，其他伴随荷载均应采用小于其标准值的组合值为荷载代表值。

当整个结构或结构的一部分超过某一特定状态，不能满足设计规定的某一功能要求时，则称此特定状态为结构对该功能的极限状态。设计中的极限状态往往以结构的某种荷载效应，如内力、应力、变形、裂缝等超过相应规定的标志为依据。结构的极限状态在总体上分为承载能力极限状态和正常使用极限状态两大类。承载能力极限状态一般以结构的内力超过其承载能力为依据，正常使用极限状态一般以结构的变形、裂缝、振动参数超过设计允许的极限值为依据。

建筑结构设计应根据使用过程中可能出现的荷载，按承载能力极限状态和正常使用极限状态分别进行荷载（效应）组合，并应取各自的最不利的效应组合进行设计。

承载能力极限状态采用荷载效应的基本组合或偶然组合，其表达式为：

$$\gamma_0 S \leqslant R \tag{4-8}$$

式中，γ_0——结构重要性系数；

S——荷载效应组合的设计值；

R——结构构件抗力的设计值，应按各有关建筑结构设计规范的规定确定。

结构重要性系数 γ_0 主要反映结构在产生破坏的情况下对人身安全、经济损失和社会造成影响的程度，温室的结构重要性系数取值参照表 4-13，对沿海 160 km 以内的地区，可采用线性内插法。

表 4-13 温室结构重要性系数 γ_0

温室类型	距海岸线 160 km 以上	沿海台风多发地区
允许公众进入的零售温室	1.00	1.05
其他温室	0.95	1.00

对于正常使用极限状态，应根据不同的设计要求，采用荷载的标准组合、频遇组合或准永久组合，并按下列设计表达式进行计算：

$$S \leqslant C \tag{4-9}$$

式中，C——结构或构件达到正常使用要求的规定限值，例如变形、裂缝、振幅、加速度、应力等的限值，按各有关建筑结构设计规范规定采用。

2. 荷载组合的方式

（1）基本组合。永久荷载和可变荷载的组合称为基本组合。荷载基本组合用于强度及稳定计算。

对于基本组合，荷载效应组合的设计值 S 应从下列组合中取最不利值确定：

① 由可变荷载效应控制的组合：

$$S = \gamma_G S_{G_K} + \gamma_{Q_1} S_{Q_{1K}} + \sum_{i=2}^{n} \gamma_{Q_i} \psi_{c_i} S_{Q_{iK}} \qquad (4-10)$$

式中，S——荷载效应组合的设计值；

    γ_G——永久荷载的分项系数，其效应对结构有利时取 1.0，反之取 1.2；

    γ_{Q_i}——第 i 个可变荷载的分项系数，其中 γ_{Q_1} 为可变荷载 Q_1 的分项系数，一般取 1.4；

    S_{G_K}——按永久荷载标准值 G_K 计算的荷载效应值；

    $S_{Q_{iK}}$——按可变荷载标准值 Q_{iK} 计算的荷载效应值，其中 $S_{Q_{1K}}$ 为诸可变荷载效应中起控制作用者；

    ψ_{c_i}——可变荷载 Q_i 的组合值系数，按不同种类可变荷载分别采用；

    n——参与组合的可变荷载数。

式中 $S_{Q_{1K}}$ 为诸可变荷载效应中其设计值为控制其组合的最不利者，当设计者无法判断时，可依次以各可变荷载效应 $S_{Q_{iK}}$ 为 $S_{Q_{1K}}$，选其中最不利的荷载效应组合为设计依据。

② 由永久荷载效应控制的组合：

$$S = \gamma_G S_{G_K} + \sum_{i=1}^{n} \gamma_{Q_i} \psi_{c_i} S_{Q_{iK}} \qquad (4-11)$$

式中各参数含义与式（4-10）相同，其中 γ_G 取值 1.35。

对于一般排架、框架结构，可采用简化规则，按式（4-12）和式（4-13）组合中的最不利条件确定：

$$S = \gamma_G S_{G_K} + 0.9 \sum_{i=1}^{n} \gamma_{Q_i} S_{Q_{iK}} \qquad (4-12)$$

$$S = \gamma_G S_{G_K} + 0.9 \sum_{i=1}^{n} \gamma_{Q_i} S_{Q_{iK}} \qquad (4-13)$$

（2）标准组合。采用标准值或其组合值为荷载代表值的组合称为标准组合。荷载的标准组合用于变形计算，组合原则与基本组合相同，但在计算式中所有分项系数均取 1.0。即有：

$$S = S_{G_K} + S_{Q_{1K}} + \sum_{i=2}^{n} \psi_{c_i} S_{Q_{iK}} \qquad (4-14)$$

（3）频遇组合。对可变荷载采用频遇值或准永久值为荷载代表值的组合称为频遇组合。它是永久荷载标准值、主导可变荷载的频遇值与伴随可变荷载的准永久值的效应组合。其荷载效应组合的设计值 S 按下式计算：

$$S = S_{GK} + \psi_{f_1} S_{Q_{1K}} + \sum_{i=2}^{n} \psi_{q_i} S_{Q_{iK}} \qquad (4-15)$$

式中，Ψ_{f_1}——可变荷载 Q_1 的频遇值系数；

    Ψ_{q_i}——可变荷载 Q_i 的准永久值系数。

频遇组合主要用于正常使用极限状态设计时检验荷载的短期效应。

（4）准永久组合。对可变荷载采用准永久值为荷载代表值的组合称为准永久组合。其荷载效应组合的设计值 S 按下式计算：

$$S = S_{G_K} + \sum_{i=1}^{n} \psi_{q_i} S_{Q_{iK}} \qquad (4-16)$$

（5）偶然组合。由永久荷载、可变荷载和一个偶然荷载作用的组合称为偶然组合。对于偶然设计状况（包括撞击、爆炸、火灾事故的发生），均应采用偶然组合进行设计。由于偶然荷载的出现是罕遇事件，它本身发生的概率极小，因此，对偶然设计状况，允许结构丧失承载能力的概率比持久和短暂状态大些。考虑到不同偶然荷载的性质差别较大，目前还难以给出具体统一的设计表达式，设计中应由专门的标准规范规定。

▶习题与思考题

1. 作用在建筑结构上的荷载有几种？分别是什么？
2. 结构的热胀冷缩在结构内力计算中如何考虑？
3. 温室中灌溉系统和作物吊重的水平分力的作用位置和作用力大小是多少？
4. 风振系数和阵风系数有什么区别？分别用在什么场合？
5. 北京怀柔深山区要建造一座养猪场，常年积雪深度达到 0.5 m，试计算该地区猪舍设计的基本雪压。采用标准的轻钢结构厂房结构时，如何考虑屋面加热影响系数？
6. 荷载的组合方式有几种？分别是什么？
7. 什么是荷载的分项系数？如何取值？
8. 建筑结构强度计算时，采用哪种荷载组合效应？
9. 什么条件下采用频遇组合？
10. 北京地区建设 10 连跨标准 Venlo 型玻璃温室，温室跨度 6.4 m、檐高 4 m、脊高 4.8 m，温室室内种植黄瓜，配套室内遮阳系统，灌溉系统为滴灌，加温系统为 2″标准管光管散热器，分别布置在作物垄间和悬挂在温室下弦杆上，其中悬挂的布置间距为 500 mm，请列出该温室承受的各种可能的荷载。

第二节　钢 结 构

一、钢结构的连接

钢结构是以钢材（钢板、型钢）为主的制作结构。制作时，一般需将钢材通过连接手段先组合成共同工作的构件（柱、梁、屋架等），然后再进一步用连接手段将各种构件组成整体结构。因此，连接是钢结构的重要组成部分，故应给予高度重视。

（一）钢结构的连接方法及其应用

钢结构的连接方法一般可分为焊接、栓接、铆接和轻型钢结构中的紧固件连接等。

焊接方法是通过电弧产生热量使焊条和局部焊件熔化，然后经冷却凝结成焊缝，将焊件连接成一体。螺栓连接方法是通过螺栓这种紧固件产生紧固力，使被连接件连接成一体，根据螺栓使用材料又分为普通螺栓和高强螺栓连接。铆接是类似于栓接的连接方法，不同的是用铆钉作为紧固件。轻钢结构中的紧固件连接是采用自攻螺钉、钢拉铆钉（环槽铆钉）、射钉等进行连接。

（二）焊接方法、焊缝连接形式和标注方法

1. 焊接方法　焊接方法较多，钢结构一般采用电弧焊，包括手工电弧焊、自动或半自动埋弧焊。

手工电弧焊是最常用的焊接方法，其设备简单，操作灵活，适于任意空间位置的焊接。但其生产效率低，劳动强度大，焊缝质量受焊工技术水平等限制。

埋弧焊（自动或半自动）生产率高，化学成分均匀，焊缝质量好。但焊件边缘的处理要求比手工焊高。

2. 焊缝连接形式　焊缝连接形式依连接钢材的相对位置分为对接、搭接、T形连接和角接（图 4 - 3）。图中 a、b 都为对接连接，a 为采用对接焊缝的对接连接；b 为采用双层盖板和角焊缝的对接连接。d、e 都为 T 形连接，d 为采用角焊缝的 T 形连接（顶接）；e 为采用对接焊缝的 T 形连接（顶接）。

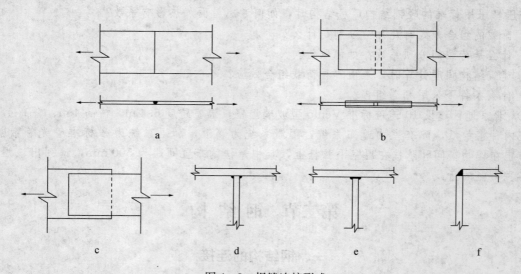

图 4 - 3　焊缝连接形式

a. 对接连接　b. 对接连接　c. 搭接连接　d. T形连接（顶接）　e. T形连接（顶接）　f. 角接

3. 焊缝的标注方法　按《焊缝符号表示方法》（GB 324—88）和《建筑结构制图标准》（GBJ 105—87）的规定，在钢结构施工图中，焊缝符号由引出线、图形符号和辅助符号组成。引出线由横线和带箭头的斜线组成，其中箭头指向焊缝处，横线的上、下面标注图形符号和焊缝尺寸。部分角焊缝标注例子如图 4 - 4。

（三）对接焊缝的结构和计算

对接焊缝（图 4 - 3a、e）可视为焊件截面的延续部分，焊缝中的应力分布情况基本与被连接钢材相同，故计算时可利用《材料力学》中各种受力状态下构件强度的计算公式，但对应的设计强度应采用对接焊缝的设计强度（表 4 - 14）。

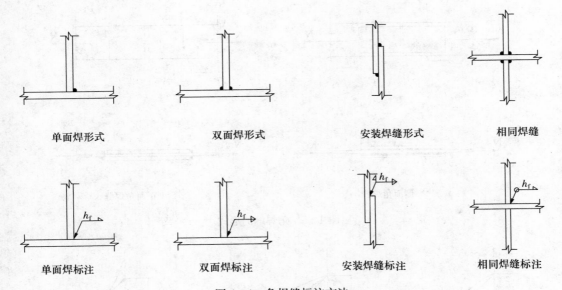

单面焊形式　　　　双面焊形式　　　　安装焊缝形式　　　　相同焊缝

单面焊标注　　　　双面焊标注　　　　安装焊缝标注　　　　相同焊缝标注

图 4-4　角焊缝标注方法

表 4-14　焊缝的强度设计值

构件钢材		对接焊缝				角焊缝
牌号	厚度或直径（mm）	抗压 f_c^w （N/mm²）	抗拉 f_t^w（N/mm²）		抗剪 f_v^w （N/mm²）	抗拉、抗压和抗剪 f_f^w （N/mm²）
			一级、二级	三级		
Q235	≤16	215	215	185	125	160
	16～40	205	205	175	120	
	40～60	200	200	170	115	
	60～100	190	190	160	110	
Q345	≤16	310	310	265	180	200
	16～35	295	295	250	170	
	35～50	265	265	225	155	
	50～100	250	250	210	145	

（四）角焊缝的构造和计算

1. 角焊缝的形式　角焊缝按其长度方向和外力作用方向的不同可分为平行于力作用方向的侧面角焊缝、垂直于力作用方向的正面角焊缝（图 4-5）和与力作用方向成斜角的斜向角焊缝。角焊缝的截面形式可分为普通型、平坦型和凹面型 3 种（图 4-6）。

角焊缝的有效面积为焊缝有效厚度 h_e 与计算长度（有效长度）l_w 的乘积。$h_e = 0.7 h_f$，h_f 为焊脚尺寸（图 4-6）。l_w 等于焊缝实际长度减去起灭弧缺陷，每个缺陷按一个 h_f 考虑。

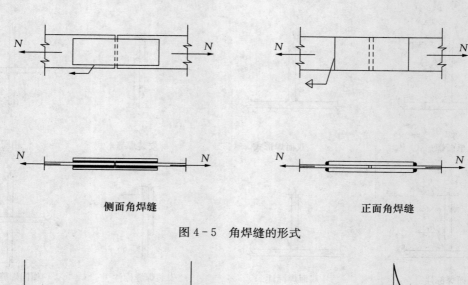

侧面角焊缝 正面角焊缝

图 4-5　角焊缝的形式

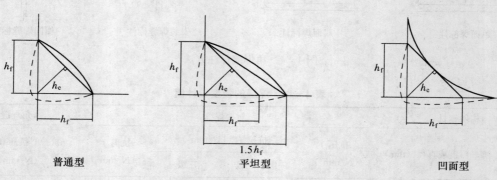

普通型　　　　　　　　平坦型　　　　　　　　凹面型

$1.5h_f$

图 4-6　直角角焊缝截面形式

2. 角焊缝的尺寸要求

（1）最小焊脚尺寸。

$$h_{fmin} \geqslant 1.5\sqrt{t_{max}} \quad (mm) \tag{4-17}$$

式中，t_{max}——较厚焊件的厚度，mm。

自动焊因热量集中，熔深较大，h_{fmin} 可减少 1 mm；T 形接头的单面角焊缝的性能较差，h_{fmin} 应增大 1 mm；当焊件厚度等于或小于 4 mm 时，h_{fmin} 应与焊件厚度相同。

（2）最大焊脚尺寸。

$$h_{fmax} \leqslant 1.2t_{min} \quad (mm) \tag{4-18}$$

式中，t_{min}——较薄焊件的厚度，mm。

钢管结构不受此限制。

对焊件边缘的角焊缝，当焊件厚度 $t > 6$ mm 时，

$$h_{fmax} \leqslant t-(1\sim2) \quad (mm) \tag{4-19}$$

当 $t \leqslant 6$ mm 时，

$$h_{fmax} \leqslant t \tag{4-20}$$

圆孔或槽孔内的角焊缝焊脚尺寸不宜大于圆孔直径或槽孔短径的 1/3。

（3）最小计算长度。角焊缝的计算长度不得小于 $8h_f$ 和 40 mm。

（4）最大计算长度。侧面角焊缝的计算长度不宜大于 $60h_f$（承受静力荷载或间接承受动力荷载时），当大于上述数值时，其超过部分在计算中不予考虑。若内力沿侧面角焊缝全长分布时，其计算长度不受此限，如工字形截面柱或梁的翼缘与腹板连接等。

3. 角焊缝的计算　当作用力 N(N) 垂直于焊缝长度方向时（图 4 - 5b），相当于正面角焊缝受力。

$$\sigma_f = \frac{N}{0.7h_f \sum l_w} \leqslant \beta_f f_f^w \quad (\text{N/mm}^2) \tag{4-21}$$

式中，l_w——角焊缝计算长度，mm；

　　　f_f^w——角焊缝的强度设计值，N/mm^2；

　　　β_f——正面角焊缝的强度放大系数。

对承受静力荷载和间接承受动力荷载的结构，取 $\beta_f = 1.22$；对直接承受动力荷载的结构，考虑到正面角焊缝强度虽高，但刚度较大，同时应力集中也较严重，故应取 $\beta_f = 1.0$。

当作用力平行于焊缝长度方向时（图 4 - 5a），相当于侧面焊缝受力。

$$\tau_f = \frac{N}{0.7h_f \sum l_w} \leqslant f_f^w \quad (\text{N/mm}^2) \tag{4-22}$$

当两方向力综合作用时：

$$\sqrt{\left(\frac{\sigma_f}{\beta_f}\right)^2 + \tau_f^2} \leqslant f_f^w \quad (\text{N/mm}^2) \tag{4-23}$$

下面以承受轴心力的角钢端部连接为例，说明正面角焊缝和侧面角焊缝计算公式的应用。在由双角钢作为腹杆的钢桁架中，角钢与节点板的连接一般采用两面侧焊（图 4 - 7b），也可采用三面围焊（图 4 - 7a），但特殊情况也可采用 L 形围焊（图 4 - 7c）。当角钢承受轴心力 N 作用时，各焊缝所承担的力计算如下。

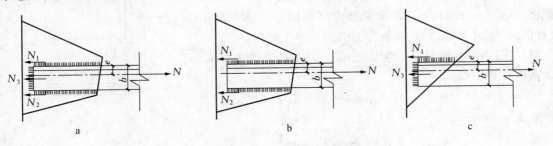

图 4 - 7　桁架腹杆端部连接
a. 三面围焊　b. 两面侧焊　c. L 形围焊

三面围焊：根据角焊缝尺寸的构造要求，确定出角焊缝的焊脚尺寸 h_f，求出长度为 b 的正面角焊缝所承担的轴心力 N_3。

$$N_3 = 2 \times 0.7h_f b \beta_f f_f^w \quad (\text{N}) \tag{4-24}$$

由平衡条件可求得：

$$N_1 = \frac{N(b-e)}{b} - \frac{N_3}{2} = K_1 N - \frac{N_3}{2} \quad (\text{N}) \tag{4-25}$$

$$N_2 = \frac{Ne}{b} - \frac{N_3}{2} = K_2 N - \frac{N_3}{2} \quad (\text{N}) \tag{4-26}$$

式中，N_1、N_2——分别为角钢肢背和肢尖焊缝所承担的轴心力，N；

e——角钢肢背的重心距，mm；

K_1、K_2——角钢肢背和肢尖的内力分配系数，等肢角钢与节点板连接时，$K_1 = 0.7$，$K_2 = 0.3$；不等肢角钢以短肢与节点板连接时，$K_1 = 0.75$，$K_2 = 0.25$；不等肢角钢以长肢与节点板连接时，$K_1 = 0.65$，$K_2 = 0.35$。

两面侧焊：两面侧焊与围焊缝对比，$N_3 = 0$，则有：

$$N_1 = K_1 N \quad (\text{N}) \tag{4-27}$$
$$N_2 = K_2 N \quad (\text{N}) \tag{4-28}$$

L形围焊：L形围焊与三面围焊相比，$N_2 = 0$，则有：

$$N_3 = 2K_2 N \quad (\text{N}) \tag{4-29}$$
$$N_1 = N - N_3 \quad (\text{N}) \tag{4-30}$$

桁架腹杆的端部连接计算主要是确定角钢在节点板上的搭接长度（焊缝长度）。

当肢背和肢间焊缝所承担的力求出后，由构造要求确定肢背和肢间的焊脚尺寸 h_{f_1}、h_{f_2}。则所需的肢背和肢间的计算长度分别为：

$$l_{w_1} = \frac{N_1}{2 \times 0.7 h_{f_1} f_f^w} \quad (\text{mm}) \tag{4-31}$$

$$l_{w_2} = \frac{N_2}{2 \times 0.7 h_{f_2} f_f^w} \quad (\text{mm}) \tag{4-32}$$

计算长度分别加上起灭弧缺陷，则得出角钢肢背和肢尖在节点板上的实际搭接长度（焊缝长度）。

[例4-1] 试设计一双盖板的平接连接（图4-8）。已知钢板截面为 300 mm×14 mm，承受静力荷载轴心力 $N = 800$ kN（设计值）。钢材为 Q235，焊条为 E43 型，手工焊接。

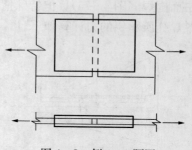

图 4-8 例 4-1 题图

解： 采用两块截面尺寸为 260 mm×8 mm 的盖板，Q235钢，截面积为：

$$A = 2 \times 26 \times 0.8 = 41.6 \text{ cm}^2 \approx 30 \times 1.4 = 42 \text{ cm}^2$$

取 $h_f = 6 \text{ mm} \leqslant h_{fmax} = 8 - (1 \sim 2) = 6 \sim 7 \text{ mm}$

$$> h_{fmin} = 1.5\sqrt{14} = 5.6 \text{ mm}$$

采用三面围焊，正面角焊缝能承受的内力为：

$$\begin{aligned}
N_3 &= 2 \times 0.7 h_f b \beta_f f_f^w \\
&= 2 \times 0.7 \times 6 \times 260 \times 1.22 \times 160 \approx 426\,000 (\text{N})
\end{aligned}$$

需要侧面角焊缝长度为：

$$l_w = \frac{N - N_3}{4 \times 0.7 h_f f_f^w} = \frac{800\,000 - 426\,000}{4 \times 0.7 \times 6 \times 160} = 139 (\text{mm})$$

所需盖板总长 = （139 + 6）×2 + 10 = 300 mm，取为 310 mm。式中 10 mm 是被连接的两钢板之间缝隙的宽度，6 mm 是焊接起落弧缺陷（等于焊脚尺寸），因三面围焊在连续施焊时，可按一条焊缝考虑焊接起落弧缺陷，故仅在一端减去 6 mm。

[**例 4 - 2**] 试设计角钢与连接板的连接角焊缝（图4-9）。静力荷载轴心力设计值 $N=830$ kN，角钢为 $2\llcorner 125\times80\times8$（长肢相连），连接板厚 $t=12$ mm，钢材为 Q235，焊条为 E43 型，手工焊接。

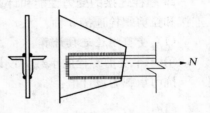

图 4 - 9　例 4 - 2 题图

解： 取 $h_{\mathrm{f}}=8$ mm $\leqslant h_{\mathrm{fmax}}=10-(1\sim2)=8\sim9$ mm

$$> h_{\mathrm{fmin}}=1.5\sqrt{12}=5.2 \text{ mm}$$

采用三面围焊。正面角焊缝能承受的内力为：

$$N_3 = 2\times0.7h_{\mathrm{f}}b\beta_{\mathrm{f}}f_{\mathrm{f}}^{\mathrm{w}} = 2\times0.7\times8\times125\times1.22\times160 \approx 273\,000 \text{ (N)}$$

肢背和肢尖焊缝分担的内力分别为：

$$N_1 = K_1N - \frac{N_3}{2} = 0.65\times830\,000 - \frac{273\,000}{2} = 403\,000 \text{ (N)}$$

$$N_2 = K_2N - \frac{N_3}{2} = 0.35\times830\,000 - \frac{273\,000}{2} = 154\,000 \text{ (N)}$$

肢背和肢尖焊缝需要的焊缝实际长度为：

$$l_{\mathrm{w}_1} = \frac{N_1}{2\times0.7h_{\mathrm{f}}f_{\mathrm{f}}^{\mathrm{w}}} + 8 = \frac{403\,000}{2\times0.7\times8\times160} + 8 \approx 233 \text{ (mm)}，取 240 mm。$$

$$l_{\mathrm{w}_2} = \frac{N_2}{2\times0.7h_{\mathrm{f}}f_{\mathrm{f}}^{\mathrm{w}}} + 8 = \frac{154\,000}{2\times0.7\times8\times160} + 8 \approx 94 \text{ (mm)}，取 100 mm。$$

（五）普通螺栓连接的构造和计算

铆钉连接由于构造复杂，费钢费工，现已少用。这里只介绍螺栓连接的构造和计算。

1. 螺栓的排列　通常采用并列和错列两种形式。《规范》规定的螺栓最大、最小容许距离见表 4 - 15。

表 4 - 15　螺栓的最大、最小容许距离

名　称	位置和方向			最大容许距离（取两者中较小值）	最小容许距离
中心距离	外排（垂直内力方向或顺内力方向）			$8d_0$ 或 $12t$	$3d_0$
	中间排	垂直内力方向		$16d_0$ 或 $24t$	
		顺内力方向	压力	$12d_0$ 或 $18t$	
			拉力	$16d_0$ 或 $24t$	
		沿对角线方向		一	
中心至构件边缘距离	顺内力方向（端距）			$4d_0$ 或 $8t$	$2d_0$
	垂直内力方向（边距）	剪切边或手工割边			$1.5d_0$
		轧制边或自动气割或锯割边	高强度螺栓		$1.5d_0$
			其他螺栓		$1.2d_0$

注：① d_0 为螺栓孔或铆钉孔的孔径，t 为外层较薄板的厚度。
　　② 钢板边缘与刚性构件（如角钢、槽钢等）相连的螺栓或铆钉的最大间距，可按中间排的数值采用。

2. 螺栓连接的受力性能和计算 普通螺栓连接按传力方式可分为受剪螺栓连接、受拉螺栓连接和拉剪螺栓连接 3 种。

(1) 受剪螺栓连接计算。

① 单个受剪螺栓的承载力设计值：

抗剪承载力设计值：

$$N_v^b = n_v \frac{\pi d^2}{4} f_v^b \quad (\text{N}) \tag{4-33}$$

式中，n_v——受剪面数，单剪 $n_v = 1$，双剪 $n_v = 2$，四剪 $n_v = 4$；

d——螺栓杆直径，mm；

f_v^b——螺栓的抗剪强度设计值，N/mm²，见表 4-16。

承压承载力设计值：

$$N_c^b = d \sum t f_c^b \quad (\text{N}) \tag{4-34}$$

式中，$\sum t$——在同一受力方向的承压构件的较小总厚度，mm；

f_c^b——螺栓的（孔壁）承压强度设计值，与构件的钢号有关，见表 4-16。

表 4-16 螺栓连接的强度设计值

螺栓的性能等级及构件钢材的牌号	普通螺栓（N/mm²）						承压型连接高强螺栓（N/mm²）		
	C 级螺栓			A 级、B 级螺栓					
	抗拉 f_t^b	抗剪 f_v^b	承压 f_c^b	抗拉 f_t^b	抗剪 f_v^b	承压 f_c^b	抗拉 f_t^b	抗剪 f_v^b	承压 f_c^b
普通螺栓 4.6、4.8 级	170	140	——	——	——	——	——	——	——
5.6 级	——	——	——	210	190	——	——	——	——
8.8 级	——	——	——	400	320	——	——	——	——
承压型连接 8.8 级	——	——	——	——	——	——	400	250	——
高强螺栓 10.9 级	——	——	——	——	——	——	500	310	——
构件 Q235	——	——	305	——	——	405	——	——	470
Q345	——	——	385	——	——	510	——	——	590
Q390	——	——	400	——	——	530	——	——	615
Q420	——	——	425	——	——	560	——	——	655

单个受剪螺栓的承载力设计值 $N_{\min}^b$ 应取 N_v^b 和 N_c^b 的较小者。

② 螺栓群受轴心力作用时的受剪螺栓计算：

a. 确定螺栓需要的数目：

$$n = \frac{N}{N_{\min}^b} \tag{4-35}$$

式中，N——螺栓群承受的轴心力，N。

当螺栓沿受力方向的连接长度 l_1 过大时，各螺栓受力不均匀，承载力设计值 N_v^b 和 N_c^b 乘以下列折减系数给予降低，即：

当 $l_1 > 15d_0$ 时，$\qquad\qquad\qquad\beta = 1.1 - \dfrac{l_1}{150d_0}$ $\qquad\qquad$ (4-36)

当 $l_1 \geqslant 60d_0$ 时，$\qquad\qquad\qquad\beta = 0.7$ $\qquad\qquad\qquad$ (4-37)

b. 螺栓群受偏心力作用时的受剪螺栓（图4-10）计算：

螺栓群受偏心力作用时最不利受剪的螺栓"1"所承受的合力和应满足的强度条件为：

$$N_1 = \sqrt{(N_{1x}^T)^2 + (N_{1y}^N + N_{1y}^T)^2} \leqslant N_{\min}^b \quad (\text{N}) \qquad (4-38)$$

式中，N_1——螺栓群中最不利受剪螺栓"1"所承受的合力，N；

$\qquad N_{1x}^T$——螺栓群中最不利受剪螺栓"1"在扭矩 T 作用下产生的水平方向剪力，N；

$\qquad N_{1y}^T$——螺栓群中最不利受剪螺栓"1"在扭矩 T 作用下产生的竖直方向剪力，N；

$\qquad N_{1y}^N$——螺栓群承受轴心剪力时，每个螺栓所承受的竖直剪力，$N_{1y}^N = \dfrac{N}{n}$，N。

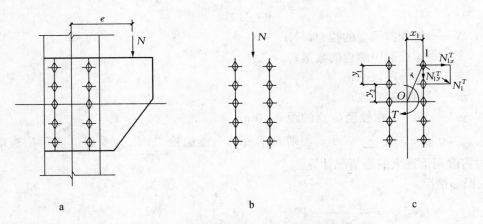

图4-10　螺栓群受偏心力作用时的受剪螺栓

（2）受拉螺栓连接计算。

① 单个受拉螺栓的承载力设计值：

$$N_t^b = A_e f_t^b \quad (\text{N}) \qquad (4-39)$$

式中，A_e——螺栓净截面面积（有效截面面积），mm^2；取值见表4-17。

$\qquad f_t^b$——螺栓的抗拉强度设计值，N/mm^2；取值见表4-16。

表4-17　普通螺栓规格

公称直径（mm）	12	14	16	18	20	22	24	27	30
计算净截面面积（cm²）	0.84	1.15	1.57	1.92	2.45	3.03	3.53	4.59	5.61

② 螺栓群受轴心力作用时的受拉螺栓计算：

$$n = \dfrac{N}{N_t^b} \qquad (4-40)$$

式中，N——螺栓群承受的轴心拉力，N。

③ 螺栓群受偏心力作用时的受拉螺栓计算：螺栓群偏心受拉如图 4-11 所示。螺栓群承受轴心拉力 N 和弯矩 $M = N \cdot e$ 的联合作用。按弹性设计法，根据偏心距的大小会出现小偏心或大偏心受拉 2 种情况。

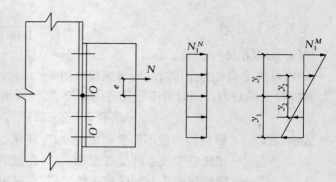

图 4-11 螺栓群偏心受拉

a. 小偏心情况：

当偏心较小时，所有螺栓均承受拉力作用，最大、最小受力螺栓的拉力为：

$$\begin{array}{c} N_{1\max} \\ N_{1'\min} \end{array} = \frac{N}{n} \pm \frac{N e y_1}{m \sum y_i^2} \begin{array}{c} \leqslant N_t^b \\ \geqslant 0 \end{array} \text{(N)} \qquad (4-41)$$

式中，N——螺栓群承受的拉力，N；

$\quad\quad n$——螺栓群中螺栓的数量；

$\quad\quad e$——偏心距，mm；

$\quad\quad m$——螺栓的列数；

$\quad\quad y_i$——第 i 个螺栓至 O 点的距离，mm。

若 $N_{1'\min} < 0$ 或 $e > m \sum y_i^2 / n y_1$，则表示最下一排螺栓"1'"为受压（实际是板端底部受压），此时需改用下述大偏心情况计算。

b. 大偏心情况：

$$N_{1\max} = \frac{F e' y_1'}{m \sum y_1'^2} \leqslant N_t^b \qquad (4-42)$$

式中，e'、y_i'——自轴心 O' 计算的偏心距及至螺栓 i 的距离。

(3) 拉剪螺栓连接计算。

《规范》规定，同时承受剪力和杆轴方向拉力的普通螺栓，应分别符合下列公式的要求：

验算剪-拉作用：

$$\sqrt{(N_v / N_v^b)^2 + (N_t / N_t^b)^2} \leqslant 1 \qquad (4-43)$$

验算孔壁承压：

$$N_v \leqslant N_c^b \qquad (4-44)$$

式中，N_v、N_t——一个螺栓所承受的剪力和拉力设计值，N。

[例 4-3] 试设计一普通螺栓连接（图 4-12）。偏心力 $F = 230$ kN（设计值），偏心距 $e = 300$ mm。钢材为 Q235，板厚 $t = 10$ mm。

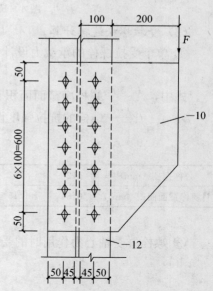

图 4-12 例 4-3 题图（单位：mm）

解：采用 M20 螺栓，排列尺寸如图。

单个螺栓的设计承载力为：

$$N_v^b = n_v \frac{\pi d^2}{4} f_v^b = 1 \times \frac{\pi \times 20^2}{4} \times 140 = 43\,982 \quad (\text{N})$$

$$N_c^b = d \sum t f_c^b = 20 \times 10 \times 305 = 61\,000 \quad (\text{N})$$

因此，$N_{min}^b = N_v^b = 43\,982$（N）

因螺栓在竖直（y）方向的分布尺寸为 600 mm，远大于在水平（x）方向的分布尺寸 100 mm，两方向相差 3 倍以上，近似地有：

$$N_{1y}^T \approx 0 \quad N_{1x}^T = \frac{Ty_1}{\sum y_i^2} = \frac{Fey_1}{4 \times (y_3^2 + y_2^2 + y_1^2)} = \frac{230 \times 300 \times 300}{4 \times (100^2 + 200^2 + 300^2)} = 37 \quad (\text{kN})$$

$$N_{1y}^N = \frac{F}{n} = \frac{230}{14} = 16.4 \quad (\text{kN})$$

$$N_1 = \sqrt{(N_{1x}^T)^2 + (N_{1y}^N + N_{1y}^T)^2} = \sqrt{37^2 + (16.4 + 0)^2} = 40.5 \text{kN} \leqslant N_{min}^b = N_v^b = 43.982 \quad (\text{kN})$$

满足要求。

[例 4-4] 钢梁和钢柱的连接如图4-13，连接处承受弯矩设计值 $M = 70$ kN·m，剪力设计值 $V = 360$ kN。剪力由设在柱翼缘上的支托承受，试设计梁柱间的连接螺栓。

解：选用 M20 螺栓，排列尺寸如图。

单个螺栓的抗拉设计承载力为：

$N_t^b = A_e f_t^b = 245 \times 170 = 41\,650$（N）

本例螺栓群不承受轴心方向拉力 N，属大偏心情况，则最上螺栓 1 承受的最大拉力为：

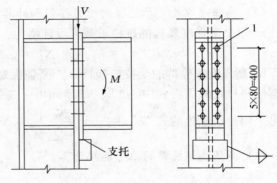

图 4-13　例 4-4 题图

$$N_{1max} = \frac{My_1'}{m \sum y_1'^2} = \frac{7\,000 \times 40}{2 \times (8^2 + 16^2 + 24^2 + 32^2 + 40^2)} = 39.8 \text{ kN} \leqslant N_t^b = 41.65 \quad (\text{kN})$$

满足要求。

（六）高强度螺栓连接的受力性能和计算

高强度螺栓连接和普通螺栓一样，也按传力方式分为受剪、受拉和拉剪螺栓连接 3 种。

1. 摩擦型高强度螺栓连接计算方法

（1）单个高强度螺栓的抗剪承载力设计值。单个高强度螺栓的抗剪承载力与螺栓的预拉力 P（表 4-18）、摩擦面抗滑移系数 μ（表 4-19）和传力摩擦面数 n_f 成正比。

$$N_v^b = 0.9 n_f \mu P \quad (\text{N}) \tag{4-45}$$

（2）高强度螺栓群的受剪连接计算。高强度螺栓群受轴心力作用或受偏心力作用时的受剪连接受力分析方法和普通螺栓一样，只需将式中 N_{min}^b 改成为单个摩擦型高强度螺栓的抗剪承载力设计值 N_v^b。

表 4 - 18　一个高强螺栓的设计预拉力 P（kN）

螺栓的性能等级	螺栓公称直径（mm）					
	M16	M20	M22	M24	M27	M30
8.8 级	80	125	150	175	230	280
10.9 级	100	155	190	225	290	355

表 4 - 19　摩擦面的抗滑移系数 μ 值

在连接处构件接触面的处理方法	构件的钢号		
	Q235	Q345、Q390	Q420
喷砂	0.45	0.50	0.50
喷砂后涂无机富锌漆	0.35	0.40	0.40
喷砂后生赤锈	0.45	0.50	0.50
钢丝刷清除浮锈或未经处理的干净轧制表面	0.30	0.35	0.40

（3）高强度螺栓受拉连接的受力性能和计算。

a. 单个高强度螺栓的抗拉承载力设计值为：

$$N_t^b = 0.8P \quad (N) \tag{4-46}$$

b. 高强度螺栓群的受拉连接计算：高强度螺栓受轴心拉力作用时，其受力的分析方法与普通螺栓一样，只需将式中 N_t^b 取 $0.8P$ 即可。高强度螺栓受偏心拉力作用时，不论偏心距大小，均可采用普通螺栓的式 $N_{1max} = \dfrac{N}{n} + \dfrac{Ney_1}{m\sum y_i^2} \leqslant N_t^b$ 计算，但式中 $N_t^b = 0.8P$。

（4）高强度螺栓群的拉剪连接计算。

$$V \leqslant \sum_{i=1}^{n} N_{vi}^b = 0.9 n_f \mu \sum_{i=1}^{n} (P - 1.25 N_{ti}) \tag{4-47}$$

且 $N_{ti} \leqslant 0.8P$。

式中，N_{ti}——第 i 个螺栓所承受的拉力，N。

2. 承压型高强度螺栓连接计算方法

（1）受剪连接。承压型高强螺栓受剪连接计算方法与普通螺栓相同，仍可用式（4-33）和式（4-34）计算单个螺栓的抗剪承载力设计值，只是应采用承压型连接高强螺栓的强度设计值。当剪切面在螺纹处时，承压型高强螺栓抗剪承载力应按螺纹处的有效截面计算。

（2）受拉连接。承压型高强螺栓沿杆轴方向受拉时，抗拉承载力的计算公式与普通螺栓相同，只是抗拉强度设计值不同。

（3）拉剪连接。同时承受剪力和杆轴方向拉力的承压型高强螺栓的计算方法与普通螺栓相同，即：

$$\sqrt{(N_v/N_v^b)^2 + (N_t/N_t^b)^2} \leqslant 1 \tag{4-48}$$

$$N_v \leqslant N_c^b/1.2 \tag{4-49}$$

式中，N_v、N_t——一个高强螺栓所承受的剪力和拉力设计值，N；

N_v^b、N_t^b、N_c^b——一个高强螺栓受剪、受拉和承压承载力设计值，N。

二、型钢梁的设计

（一）单向弯曲型钢梁

型钢梁的设计包括截面的选择和验算两个内容，可按下列步骤设计：

1. 截面的选择　根据梁的荷载、跨度和支承情况，计算梁的最大弯矩设计值 M_{max}（N·mm），并按所选的钢号确定抗弯强度设计值 f（表 4-20）。

表 4-20　钢材的强度设计值

钢材		抗拉、抗压和抗弯 f	抗剪 f_v	端面承压（刨平顶紧）f_{ce}
牌号	厚度或直径（mm）			
Q235	≤16	215	125	325
	16～40	205	120	
	40～60	200	115	
	60～100	190	110	
Q345	≤16	310	180	400
	16～35	295	170	
	35～50	265	155	
	50～100	250	145	

注：表中厚度系指计算点的钢材厚度，对轴心受拉和轴心受压构件系指截面中较厚板件的厚度。

按抗弯强度或整体稳定性要求计算型钢需要的净截面抵抗矩：

$$W_{nxreq} = \frac{M_{max}}{\gamma_x f} \quad 或 \quad W_{nxreq} = \frac{M_{max}}{\varphi_b f} \quad (mm^3) \tag{4-50}$$

然后由 W_{nxreq} 查型钢表。

2. 截面验算

（1）强度验算。抗弯强度：

$$\frac{M_x}{\gamma_x W_{nx}} \leqslant f \tag{4-51}$$

其中 M_x 应包括自重产生的弯矩。

式中，W_{nx}——对 x 轴的净截面抵抗矩，mm^3；

γ_x——截面塑性发展系数，工字形截面和箱形截面 $\gamma_x = 1.05$；

f——钢材的抗弯强度设计值，N/mm^2。

抗剪强度：

$$\tau = \frac{VS}{It_w} \leqslant f_v \tag{4-52}$$

式中，V——计算截面沿腹板平面作用的剪力，N；

I——毛截面惯性矩，mm^4；

S——计算剪应力处以上毛截面对中和轴的面积矩，mm^3；

t_w——腹板厚度，mm；

f_v——钢材的抗剪强度设计值，N/mm^2。

局部承压强度：当梁上翼缘受有沿腹板平面作用的集中荷载，且该荷载处又未设置支承加劲肋时，腹板计算高度边缘的局部承压强度应满足：

$$\sigma_c = \frac{\Psi F}{t_w l_z} \leqslant f \qquad (4-53)$$

式中，F——集中荷载，对动力荷载应考虑动力系数，N；

Ψ——集中荷载增大系数；对重级工作制吊车梁 $\Psi=1.35$；对其他梁 $\Psi=1.0$；

l_z——集中荷载按 45°扩散在腹板计算高度上边缘的假定分布长度，mm，按下式计算：

$$l_z = a + 2h_y \qquad (4-54)$$

a——集中荷载沿梁跨度方向的支承长度，mm，对吊车梁可取 50 mm；

h_y——自吊车梁轨道顶或其他梁顶面至腹板计算高度上边缘的距离，mm。

折算应力：在组合梁的腹板计算高度边缘处，若同时受有较大的正应力、剪应力和局部压应力，或同时受有较大的正应力和剪应力（如连续梁中部支座处或梁的翼缘截面改变处等），应验算折算应力。

$$\sigma_z = \sqrt{\sigma^2 + \sigma_c^2 - \sigma\sigma_c + 3\tau^2} \leqslant \beta_1 f \qquad (4-55)$$

式中，σ、τ、σ_c——分别为腹板计算高度边缘同一点上同时产生的正应力、剪应力和局部压应力，σ 和 σ_c 以拉应力为正，压应力为负，N/mm^2。

β_1——计算折算应力时的强度设计值增大系数。当 σ 和 σ_c 异号时，取 $\beta_1=1.2$；当 σ 和 σ_c 同号或 $\sigma_c=0$ 时，取 $\beta_1=1.1$。

（2）整体稳定验算。若没有能阻止梁受压翼缘侧向位移的铺板，且受压翼缘的自由长度 l_1 与其宽度 b 之比超过表 4-21 规定的数值时，应按下式计算整体稳定性：

$$\frac{M_x}{\varphi_b W_x} \leqslant f \qquad (4-56)$$

式中，W_x——按受压纤维确定的对 x 轴毛截面抵抗矩，mm^3；

φ_b——梁的整体稳定系数。

表 4-21 H 型钢或工字形截面简支梁不需计算整体稳定的最大 l_1/b 值

钢 号	跨中无侧向支承点梁		跨中受压翼缘有侧向支承点的梁，无论荷载作用于何处
	荷载作用于上翼缘	荷载作用于下翼缘	
Q235	13.0	20.0	16.0
Q345	10.5	16.5	13.0
Q390	10.0	15.5	12.5
Q420	9.5	15.0	12.0

（3）刚度验算。梁的刚度用标准荷载作用下的挠度来度量。梁的刚度不足将影响正常使用或外观。

$$v \leqslant [v] \tag{4-57}$$

式中，v——由荷载的标准值（不考虑荷载分项系数和动力系数）引起的梁中最大挠度；

　　　　$[v]$——梁的容许挠度，见表 4-22。

表 4-22　受弯构件挠度容许值

构　件　类　别		挠度容许值	
		$[v_T]$	$[v_Q]$
吊车梁和吊车桁架（按自重和起重量最大的一台吊车计算挠度）	（1）手动吊车和单梁吊车	$l/500$	——
	（2）轻级工作制桥式吊车	$l/800$	
	（3）中级工作制桥式吊车	$l/1\,000$	
	（4）重级工作制桥式吊车	$l/1\,200$	
手动或电动葫芦的轨道梁		$l/400$	——
有重轨（重量等于或大于 38 kg/m）轨道的工作平台梁		$l/600$	——
有轻轨（重量等于或大于 24 kg/m）轨道的工作平台梁		$l/400$	
楼（屋）盖梁或桁架、工作平台梁（第 3 项除外）和平台板	（1）主梁或桁架（包括有悬挂起重设备的梁和桁架）	$l/400$	$l/500$
	（2）抹灰顶棚的次梁	$l/250$	$l/350$
	（3）除（1）、（2）款外的其他梁（包括楼梯梁）	$l/250$	$l/300$
	（4）屋盖檩条 　支承无积灰的瓦楞铁和石棉瓦屋面者 　支承压型金属板、有积灰的瓦楞铁和石棉瓦等屋面者 　支承其他屋面材料者	$l/150$ $l/200$ $l/200$	
	（5）平台板	$l/150$	
墙架构件（风荷载不考虑阵风系数）	（1）支柱	——	$l/400$
	（2）抗风桁架（作为连续支柱的支承时）	——	$l/1\,000$
	（3）砌体墙的横梁（水平方向）	——	$l/300$
	（4）支承压型钢板、瓦楞铁和石棉瓦墙面的横梁（水平方向）	——	$l/200$
	（5）带有玻璃窗的横梁（竖直和水平方向）	$l/200$	$l/200$

注：① l 为受弯构件的跨度（对悬壁梁和伸壁梁为悬伸长度的 2 倍）。

② $[v_T]$ 为永久和可变荷载标准值产生的挠度（如有起拱应减去拱度）的容许值；$[v_Q]$ 为可变荷载标准值产生的挠度的容许值。

[例 4-5] 有一承受静力荷载的简支钢梁，其上为密铺的预制钢筋混凝土铺板，焊接于钢梁上。作用的永久荷载（不包括梁自重）和可变荷载标准值为 46 kN/m，设计值为 60 kN/m。跨度为 5 m，钢材为 Q345，试选择其截面。

解： 钢梁采用热轧工字型钢，由于其上焊接有密铺的预制钢筋混凝土铺板，可保证整体稳定，只验算强度和刚度即可。梁上无集中荷载作用，可不验算局部承压强度。对于型钢梁，在截面无削弱的情况下，腹板的抗剪强度一般均能满足要求，可不进行抗剪强度验算。

跨中最大设计弯矩为：

$$M_{max} = \frac{1}{8}ql^2 = \frac{1}{8} \times 60 \times 5^2 = 187.5(\text{kN} \cdot \text{m})$$

需要的截面抵抗矩为：

$$W_{nxreq} = \frac{M_{max}}{\gamma_x f} = \frac{187\,500\,000}{1.05 \times 310} = 576\,000(\text{mm}^3)$$

由设计资料，选用 I32a，自重 516 N/m，$W_x = 692\,\text{cm}^3$，$I_x = 11\,080\,\text{cm}^4$

加上梁自重的跨中最大设计弯矩为：

$$M_{max} = \frac{1}{8}ql^2 = \frac{1}{8} \times (60 + 1.2 \times 0.516) \times 5^2 = 189.4\,(\text{kN} \cdot \text{m})$$

验算抗弯强度：

$$\frac{M_x}{\gamma_x W_{nx}} = \frac{189\,400\,000}{1.05 \times 692\,000\,000} = 261\,\text{N/mm}^2 \leqslant f = 310\,\text{N/mm}^2$$

验算刚度，按荷载标准值计算：

$$v_{max} = \frac{5q_k l^4}{384EI_x} = \frac{5 \times (46 + 0.516) \times 5\,000^4}{384 \times 206\,000 \times 110\,800\,000} = 16.6\,\text{mm} \leqslant [v] = \frac{l}{250} = \frac{5\,000}{250} = 20\,\text{mm}$$

抗弯强度及刚度均满足要求。

（二）双向弯曲型钢梁

双向弯曲型钢梁采用下式进行强度验算：

$$\frac{M_x}{\gamma_x W_{nx}} + \frac{M_y}{\gamma_y W_{ny}} \leqslant f \tag{4-58}$$

式中，W_{nx}、W_{ny}——分别为对 x 轴、y 轴的净截面抵抗矩，mm^3；

γ_x——截面塑性发展系数，工字形截面 $\gamma_x = 1.05$，$\gamma_y = 1.2$；箱形截面 $\gamma_x = \gamma_y = 1.05$。

双向弯曲型钢梁的稳定性验算采用下式进行：

$$\frac{M_x}{\varphi_b W_x} + \frac{M_y}{\gamma_y W_y} \leqslant f \tag{4-59}$$

式中，W_x、W_y——分别为按受压纤维确定的对 x 轴、y 轴的毛截面抵抗矩，mm^3；

φ_b——绕强轴弯曲所确定的梁的整体稳定系数。

[例 4-6] 一玻璃温室，屋面布置形式如图 4-14 所示。屋面倾角为 20.23°，桁架间距为 6 m，檩条跨中设一道拉条，水平檩距为 1.126 m，沿坡向檩距为 1.2 m，钢材为 Q235，雪荷载为 0.4 kN/m²，要求设计槽钢檩条。

解：

1. 截面选择

（1）荷载（对水平投影面）。玻璃及椽条：0.185 kN/m；檩条（包括拉条）：0.1 kN/m；雪荷载：0.4×1.126＝0.45 kN/m；草帘：0.055 kN/m。

荷载标准值：$q_k = 0.185 + 0.1 + 0.45 + 0.055 = 0.79$（kN/m）

荷载设计值：$q = 1.2 \times (0.185 + 0.1 + 0.055) + 1.4 \times 0.45 = 1.038$ （kN/m）

式中，1.2——永久荷载的分项系数；

　　　　1.4——可变荷载的分项系数。

q 在截面主轴方向的两个分力（图 4-15）如下：

$$q_y = q\cos \alpha = 1.038 \times \cos 20.23° = 0.974 \text{(kN/m)}$$

$$q_x = q\sin \alpha = 1.038 \times \sin 20.23° = 0.359 \text{(kN/m)}$$

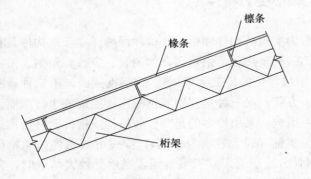

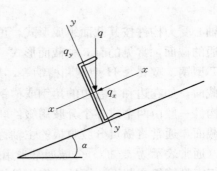

图 4-14　温室屋面布置示意图　　　　图 4-15　檩条截面受力图

（2）截面最大内力。分别计算在 2 个方向檩条中部作用的弯矩，M_x 按简支梁中部计算，有：

$$M_x = \frac{q_y l_o^2}{8} = \frac{1}{8} \times 0.974 \times 6^2 = 4.383 \text{(kN} \cdot \text{m)}$$

M_y 按连续梁中间支座计算，有：

$$M_y = \frac{q_x l_o^2}{32} = \frac{1}{32} \times 0.395 \times 6^2 = 0.444 \text{(kN} \cdot \text{m)}$$

（3）截面选择。檩条截面试选 [10，其截面特性为：$W_x = 39.7 \text{ cm}^3$，$W_y = 7.8 \text{ cm}^3$，$I_x = 198 \text{ cm}^4$，$h = 100 \text{ mm}$，$b = 48 \text{ mm}$，$t = 8.5 \text{ mm}$。

2. 截面验算

（1）弯应力验算。

$$\sigma = \frac{M_x}{\gamma_x W_{nx}} + \frac{M_y}{\gamma_y W_{ny}}$$

$$= \frac{4.383 \times 10^6}{1.05 \times 39.7 \times 10^3} + \frac{0.444 \times 10^6}{1.2 \times 7.8 \times 10^3} = 152.58 \text{ N/mm}^2 < 215 \text{ N/mm}^2$$

（2）整体稳定验算。整体稳定系数：

$$\varphi_b = \frac{570bt}{l_1 h} \cdot \frac{235}{f_y} = 570 \times \frac{4.8 \times 0.85}{10 \times 300} \times \frac{235}{235} = 0.775 > 0.6$$

整体稳定系数需进行非弹性修正，由钢结构设计规范得：

$$\varphi'_b = 0.6865$$

$$\frac{M_x}{\varphi_b W_x} + \frac{M_y}{\gamma_y W_y} = \frac{4.383 \times 10^6}{0.6865 \times 39.7 \times 10^3} + \frac{0.444 \times 10^6}{1.2 \times 7.8 \times 10^3} = 208.26 \text{ N/mm}^2 < 215 \text{ N/mm}^2$$

（3）刚度验算。验算垂直于屋面的挠度，垂直于屋面的荷载标准值：

$$q_{yk} = q_k \cos \alpha = 0.79 \times \cos 20.23° = 0.74 \text{ kN/m}$$

$$\frac{w}{l} = \frac{5 q_{yk} l^3}{384 EI} = \frac{5 \times 0.74 \times 6\,000^3}{384 \times 206 \times 10^3 \times 198 \times 10^4} = 0.005\,1 \approx \frac{1}{200}$$

由以上计算可知，采用 [10 作为檩条满足要求。

三、轴心受力构件

轴心受力构件按其截面组成形式，可分为实腹式构件和格构式构件两种。实腹式构件具有整体连通的截面，常见的有 3 种截面形式。第一种是热轧型钢截面，如圆管、方管、角钢、工字型钢、T 型钢、宽翼缘 H 型钢和槽钢等，其中最常见的是工字型钢或 H 型钢截面；第二种是冷弯型钢截面，如卷边和不卷边的角钢或槽钢、方管；第三种是型钢或钢板连接而成的组合截面。格构式构件一般由两个或多个分肢用缀件联系组成，采用较多的是两分肢格构式构件。对格构式双肢柱截面，通常将横贯分肢腹板的主轴称为实轴（通常表示为 y 轴），穿过分肢缀件的主轴称为虚轴（通常表示为 x 轴）。分肢通常采用钢管、轧制槽钢或工字型钢，当承受较大荷载时，采用焊接工字型钢组合截面。缀件的作用是将各分肢连成整体，使其共同受力，并承受绕虚轴弯曲时产生的剪力。缀件有缀条或缀板两种，所组成的格构柱分别称为缀条柱或缀板柱。缀条常采用单角钢，一般与构件轴线成 40°～70°夹角斜放，也可同时增设与构件轴线垂直的横缀条。缀板用钢板制造，一律按等距离垂直于构件轴线横放。实腹式构件比格构式构件构造简单，制造方便，整体受力和抗剪性能好，但截面尺寸较大时钢材用量较多；格构式截面由于材料集中于分肢，故与实腹式截面相比，在用料相同的条件下可增大截面惯性矩，提高刚度，节约用钢，但制造比较费工。当受力不大但却较长的构件，为提高刚度，可采用三肢或四肢组成较宽大的格构式截面。

（一）实腹式轴心受力构件的截面设计

轴心受力构件包括轴心受拉和轴心受压构件。

轴心受拉构件只需满足强度和刚度的要求，其设计方法较简单，只需由强度条件确定所需截面，并限制长细比满足刚度的要求。对于只承受静荷载和间接承受动荷载的拉杆，只需在其自重产生弯曲的竖向平面内限制其长细比小于 350，而直接承受动荷载的拉杆，需限制其任何平面内的长细比均小于 250。

而轴心受压构件除满足强度和刚度要求外，还需满足整体稳定以及对焊接组合截面的局部稳定要求。下面以型钢截面为例介绍实腹式轴心受压构件的设计原则及方法。

1. 设计原则 实腹式轴心受压构件的截面形式一般选用双轴对称的型钢截面或实腹式组合截面。设计时参照下述规则：

① 等稳定性：使杆件在两个主轴方向的稳定承载力相同，以充分发挥其承载能力。

② 肢宽壁薄：在满足板件宽厚比限值的条件下使截面面积分布尽量远离形心轴，以增大截面的惯性矩和回转半径，提高杆件的整体稳定承载力和刚度，达到用料合理。

③ 制造省工：尽可能构造简单，加工方便，取材容易。

④ 连接方便：杆件与其他构件连接方便。

2. 设计方法　根据截面设计原则、使用要求、轴心压力数值、两个方向的计算长度等条件确定截面形式和钢号，然后按照下述步骤试选型钢型号。

（1）初选截面。

① 确定截面需要的面积：假定构件长细比 $\lambda=50\sim100$，当压力大而计算长度小时取较小值，反之，取较大值。按照等稳定原则选择截面，则应使 $\lambda_x=\lambda_y=\lambda$。根据 λ、截面分类和钢材级别可查得整体稳定系数 φ_x、φ_y 值，则所需要的截面面积为：

$$A_{\text{req}}=\frac{N}{\varphi_{\min}f}\quad(\text{mm}^2) \tag{4-60}$$

式中，$\varphi_{\min}$——轴心受压构件截面两主轴稳定系数较小值。

② 确定两个主轴所需要的回转半径：

$$i_{x\text{req}}=\frac{l_{\text{ox}}}{\lambda};\ i_{y\text{req}}=\frac{l_{\text{oy}}}{\lambda} \tag{4-61}$$

式中，l_{ox}、l_{oy}——分别为构件相对于 x、y 轴的计算长度，m。

③ 初选型钢截面：根据所需要的截面面积和所需要的回转半径选择型钢的型号。

（2）验算截面。

① 强度验算：

$$\sigma=\frac{N}{A_{\text{n}}}\leqslant f \tag{4-62}$$

式中，N——轴心压力，N；

A_{n}——构件的净截面面积，mm^2；

f——钢材的抗压强度设计值，N/mm^2。

② 刚度验算：

$$\lambda=\frac{l_0}{i}\leqslant[\lambda] \tag{4-63}$$

式中，λ——构件最不利方向的长细比，一般为两主轴方向长细比的较大值；

l_0——相应方向的构件计算长度，按构件尺寸及支承情况取值，m；

i——相应方向的截面回转半径，m；

$[\lambda]$——受压构件的容许长细比，表 4-23。

③ 整体稳定验算：

$$\frac{N}{\varphi_{\min}A}\leqslant f \tag{4-64}$$

式中，N——轴心压力，N；

A——构件截面毛面积，mm^2；

$\varphi_{\min}$——轴心受压构件截面两主轴稳定系数较小值；

f——钢材的抗压强度设计值，N/mm^2。

表 4 - 23　受压构件的容许长细比

项次	构件名称	[λ]
1	柱、桁架和天窗架中的杆件，柱的缀条、吊车梁或吊车桁架以下的柱间支撑	150
2	支撑（吊车梁或吊车桁架以下的柱间支撑除外），用以减少受压构件长细比的杆件	200

注：① 桁架（包括空间桁架）的受压腹杆，当其内力等于或小于承载能力的50%时，容许长细比可取为200。

② 计算单角钢受压构件的长细比时，应采用角钢的最小回转半径；但在计算单角钢交叉受压杆件平面外的长细比时，应采用与角钢肢边平行轴的回转半径。

[**例 4 - 7**] 一轴心受压柱，承受设计轴心压力 $N = 1\,000$ kN。柱在 x 与 y 方向的计算长度分别为 $l_{ox} = 560$ cm，$l_{oy} = 350$ cm。采用 Q235 钢材，试设计该柱截面。

解：采用实腹式组合截面如图 4 - 16。

① 截面几何特征计算：

$$A = 0.6 \times 20 + 2 \times 1.0 \times 26 = 64 (\text{cm}^2)$$

$$I_x = \frac{1}{12} \times 0.6 \times 20^3 + 2 \times 26 \times 1.0 \times 10.5^2 = 6\,133 (\text{cm}^4)$$

$$I_y = 2 \times \frac{1}{12} \times 1.0 \times 26^3 = 2\,929 (\text{cm}^4)$$

$$i_x = \sqrt{I_x/A} = \sqrt{6\,133/64} = 9.79 (\text{cm})$$

$$i_y = \sqrt{I_y/A} = \sqrt{2\,929/64} = 6.77 (\text{cm})$$

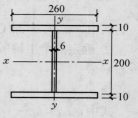

图 4 - 16　例 4 - 7 题图

② 刚度验算：

$$\lambda_x = l_{ox}/i_x = 560/9.79 = 57.2 < [\lambda] = 150$$

$$\lambda_y = l_{oy}/i_y = 350/6.77 = 51.7 < [\lambda] = 150$$

③ 强度验算：

$$\sigma = \frac{N}{A_n} = \frac{1\,000\,000}{6\,400} = 156.25 \text{ N/mm}^2 \leqslant f = 215 \text{ N/mm}^2$$

④整体稳定性验算：由有关手册查得 $\varphi_x = 0.822$，$\varphi_y = 0.848$，则 $\varphi_{min} = \varphi_x = 0.822$，有：

$$\frac{N}{\varphi_{min}A} = \frac{1\,000\,000}{0.822 \times 6\,400} = 190 \text{ N/mm}^2 < f = 215 \text{ N/mm}^2$$

还应进行局部稳定等验算，可参见其他资料，此处略。

（二）格构式轴心受压构件的截面设计

首先根据使用要求、材料供应、轴心压力的大小和两个方向计算长度等条件确定构件形式（中小型柱常用缀板柱，大型柱宜用缀条柱）和钢号，然后按下述步骤设计。

1. 截面选择　采用与实腹式轴心受压构件截面设计相同的方法，以槽钢或工字钢双肢格构柱为例。

（1）按对实轴（y 轴）的稳定条件试选分肢截面。

① 确定截面需要的面积。假定构件的长细比 λ，则 $\lambda_y = \lambda$。根据 λ、截面分类和钢材级别可查得整体稳定系数 φ_y 值，并由此求出所需要的截面面积 A_{req}。

② 确定绕实轴所需的回转半径 i_{yreq}。

③ 根据所需 A_{req}、i_{yreq} 初选分肢截面。

（2）验算截面。分别按照式（4-62）、（4-63）及（4-64）进行强度、刚度及整体稳定验算，若验算时不满足要求，应重新假定 λ，再试选截面，直至满意为止。

2. 肢间距的确定

（1）按对虚轴（x 轴）与实轴等稳定原则确定两分肢间距。格构柱绕虚轴弯曲时，由于缀件的抗剪刚度弱，构件在微弯平衡状态下，除弯曲变形外，还需考虑剪切变形的影响。此时若采用与实腹式轴心受压构件相同的公式计算格构柱绕虚轴的稳定性，则需引入换算长细比（通常表示为 $\lambda_{\alpha x}$），《规范》规定：

双肢缀条柱：

$$\lambda_{\alpha x} = \sqrt{\lambda_x^2 + 27A/A_1} \qquad (4-65)$$

双肢缀板柱：

$$\lambda_{\alpha x} = \sqrt{\lambda_x^2 + \lambda_1^2} \qquad (4-66)$$

式中，λ_x——整个构件对 x 轴的长细比；

A——分肢毛截面面积之和，mm^2；

A_1——构件截面中垂直于 x 轴的各斜缀条毛截面面积之和，mm^2；

$\lambda_1 = l_{o1}/i_1$——分肢对最小刚度轴的长细比，计算长度 l_{o1} 取：焊接时为相邻两缀板的净距离；螺栓连接时为相邻两缀板边缘螺栓的距离；

i_1——为分肢对最小刚度轴的回转半径，m。

确定肢间距离时，按试选分肢截面计算 λ_y，由等稳定条件 $\lambda_{\alpha x} = \lambda_y$，求得所需 λ_{xreq}：

对缀条柱：

$$\lambda_{xreq} = \sqrt{\lambda_y^2 - 27A/A_1} \qquad (4-67)$$

对缀板柱：

$$\lambda_{xreq} = \sqrt{\lambda_y^2 - \lambda_1^2} \qquad (4-68)$$

由此可求出所需回转半径：

$$i_{xreq} = l_{ox}/\lambda_{xreq} \qquad (4-69)$$

最后，由回转半径与肢间距的对应关系，确定两分肢间距，一般应为 10 mm 的倍数，且两肢净距宜大于 100 mm，以便内部油漆。

（2）验算截面。

① 刚度验算：按公式（4-63）计算，式中 λ 要用换算长细比。

② 整体稳定性验算：按公式（4-64）计算，式中整体稳定系数由 $\lambda_{\alpha x}$ 和 λ_y 中较大值查表。

③ 分肢稳定性验算：

缀条柱：

$$\lambda_1 < 0.7\lambda_{max} \qquad (4-70)$$

缀板柱：

$$\lambda_1 < 0.5\lambda_{max} \text{ 且 } \lambda_1 \leqslant 40 \qquad (4-71)$$

式中，λ_{max}——构件两个方向长细比（对虚轴取换算长细比）的较大值，当 $\lambda<50$ 时，取 $\lambda_{max}=50$。

3. 缀件（缀条、缀板）的计算

（1）缀件面的剪力。

$$V=\frac{Af}{85}\sqrt{\frac{f_y}{235}}(\mathrm{N}) \tag{4-72}$$

剪力值沿构件的全长不变。格构柱绕虚轴弯曲时，上述剪力由缀件承受。对双肢构件，此剪力由双侧缀件面平均承担 $V_1=V/2$。

（2）缀条计算。按铰接桁架计算斜缀条的内力 N_1 为：

$$N_1=\frac{V_1}{\sin\alpha} \tag{4-73}$$

式中，α——斜缀条与构件轴线的夹角。

单角钢单面连接在分肢上，故规定将钢材和连接材料的强度设计值乘以下面的折减系数 γ_R 来考虑偏心受力的不利影响：

计算稳定时：

等边角钢：

$$\gamma_R=0.6+0.0015\lambda，但 r_R\leqslant1.0。 \tag{4-74}$$

式中，λ——对最小刚度轴的长细比。

短肢相连的不等边角钢：

$$\gamma_R=0.5+0.0025\lambda，但 r_R\leqslant1.0。 \tag{4-75}$$

长肢相连的不等边角钢：

$$\gamma_R=0.70 \tag{4-76}$$

计算强度和连接时：

$$\gamma_R=0.85 \tag{4-77}$$

横缀条主要用于减少分肢的计算长度，一般不作计算，可取和斜缀条相同的截面。

（3）缀板计算。缀板的尺寸由刚度条件确定，为了保证缀板的刚度，《规范》规定在同一截面处各缀板的线刚度（缀板截面惯性矩与分肢轴线间距离的比值）之和不得小于构件较大分肢线刚度（分肢截面惯性矩和相邻两缀板轴线间距离的比值）的 6 倍。若取缀板的宽度 $h_b\geqslant2c/3$，厚度 $t_b\geqslant c/40$ 和 6 mm（c 为分肢轴线间的距离），一般可满足上述线刚度比、受力和连接等要求。

四、偏心受力构件

构件同时承受轴心压力（或拉力）和绕截面形心主轴的弯矩作用，称为压弯（或拉弯）构件。拉弯和压弯构件按其截面形式分为实腹式构件和格构式构件 2 种。常用的实腹式构件截面形式有热轧型钢截面、冷弯薄壁型钢截面和组合截面。当受力较小时，可选用热轧型钢或冷弯薄壁型钢。当受力较大时，可选用钢板焊接组合截面或型钢与型钢、型钢与钢板的组合截面。当构件计算长度较大且受力较大时，需采用格构式截面。

在进行设计时，压弯和拉弯构件应同时满足正常使用极限状态和承载能力极限状态的要求。压弯和拉弯构件通过限制构件长细比来保证刚度要求，容许长细比与轴心受力构件相同。压弯构件承载能力极限状态的计算，包括强度、整体稳定和局部稳定计算，其中整体稳定计算包括弯矩作用平面内稳定和弯矩作用外稳定的计算。拉弯构件承载能力极限状态的计算通常仅需要计算其强度，但是，当构件所承受的弯矩较大时，需按受弯构件进行整体稳定和局部稳定计算。下面介绍实腹式型钢截面单向压弯构件的设计。

（一）设计原则

设计时要遵照等稳定性（弯矩作用平面内和平面外的整体稳定性尽量接近）、宽肢薄壁、制造省工和连接简便等设计原则。

（二）设计方法

1. 试选截面　压弯构件的截面尺寸通常取决于整体稳定性能，整体稳定计算公式中许多量值均与截面尺寸有关，故很难根据内力直接选择截面，因此，一般需根据经验和参照已有资料先试选截面，然后进行验算，经过多次截面调整和重复验算，直到满意为止。

2. 验算截面

（1）强度验算。

$$\frac{N}{A_{\mathrm{n}}} + \frac{M_x}{\gamma_x W_{\mathrm{n}x}} \leqslant f \tag{4-78}$$

式中，N——所验算截面处的轴力，N；

$\qquad M_x$——所验算截面处的弯矩，N·mm；

$\qquad A_{\mathrm{n}}$——构件验算截面净截面面积，mm²；

$\qquad W_{\mathrm{n}x}$——构件验算截面对 x 轴的净截面模量，mm³；

$\qquad \gamma_x$——对 x 轴的截面塑性发展系数。

（2）刚度验算。同样按照轴心受力构件，式（4-63）计算。

（3）整体稳定性验算。弯矩作用平面内的稳定性：

$$\frac{N}{\varphi_x A} + \frac{\beta_{\mathrm{m}x} M_x}{\gamma_x W_{1x}(1-0.8N/N_{\mathrm{E}x})} \leqslant f \tag{4-79}$$

式中，N——所计算段范围内的轴心压力，N；

$\qquad N_{\mathrm{E}x}$——参数，$N_{\mathrm{E}x}=\pi^2 EA/\ (1.1\lambda_x^2)$，N；

$\qquad \varphi_x$——弯矩作用平面内的轴心受压构件稳定系数；

$\qquad M_x$——所计算构件段范围内的最大弯矩，N·mm；

$\qquad W_{1x}$——在弯矩作用平面内对较大受压纤维的毛截面模量，mm³；

$\qquad \beta_{\mathrm{m}x}$——等效弯矩系数。

弯矩作用平面外的稳定性：

$$\frac{N}{\varphi_y A} + \frac{\beta_{\mathrm{t}x} M_x}{\varphi_{\mathrm{b}} W_{1x}} \leqslant f \tag{4-80}$$

式中，φ_y——弯矩作用平面外的轴心受压构件稳定系数；

　　　φ_b——均匀弯曲的受弯构件整体稳定系数；

　　　β_{tx}——等效弯矩系数，按《规范》规定采用。

➤习题与思考题

1. 钢结构常采用的连接有几种？各有何特点？

2. 有哪些常见的焊接连接形式与焊缝形式？

3. 普通螺栓连接的传力方式有哪些？其可能产生的破坏形式有哪些？

4. 如何确定单个螺栓的承载力？如何进行螺栓受剪、受拉与拉剪连接的计算？

5. 钢梁截面为什么常用工字形而不用矩形截面？

6. 轴心受拉构件和轴心受压构件的截面设计计算分别有哪些内容？两者有哪些不同？

7. 角钢与节点板的连接如图所示。节点板厚 10 mm，双角钢截面为 2 ∟75×8，钢材为 Q235，焊条为 E43 系列型，角钢所承受的轴心拉力为 450 kN（静载，设计值）。试设计此连接的焊缝尺寸。

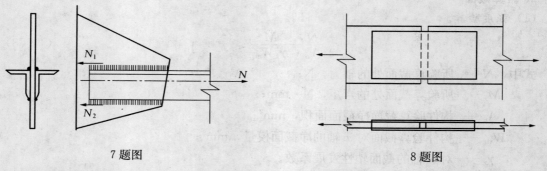

7 题图　　　　　　　　　　　　　　　　8 题图

8. 拼接盖板连接如图所示。已知钢板宽 500 mm，厚 10 mm，轴心拉力为 1 500 kN（静载，设计值），钢材为 Q235，焊条为 E43 系列型。试设计盖板的尺寸。

9. 验算如图所示的普通螺栓连接是否安全。柱翼缘厚度为 10 mm，连接板厚度为 8 mm，钢材为 Q235B，荷载设计值 $N=150$ kN，偏心距 $e=200$ mm，粗制螺栓 M22，竖直方向螺栓间距为 80 mm，水平方向螺栓间距为 120 mm。

10. 如图所示牛腿连接。已知 $N=250$ kN，$e=100$ mm，螺栓为 C 级、M20，竖直方向螺栓间距为 100 mm，钢材为 Q235。翼缘板厚 18 mm，端板厚 20 mm。验算此连接是否安全。

11. 按简支梁设计工作平台的次梁。已知：计算跨度为 6 m，次梁间距为 3 m，梁上恒荷载标准值为 3.0 kN/m²，活荷载标准值为 3.5 kN/m²，钢材为 Q235。平台板为刚性，并与次梁牢固相连。

12. 一双坡屋面玻璃温室，屋架间距为 4 m，屋面倾角为 23°，采用檩条承受屋面荷载，檩条坡向间距为 1.2 m，钢材为 Q235。屋面恒载（按屋面坡向计算，不含檩条）标准值为 0.15 kN/m²，雪荷载（按水平面计算）标准值为 0.4 kN/m²，试设计槽钢檩条。

13. 一轴心受压柱，承受设计轴心压力 $N=500$ kN。柱在水平与竖直方向的计算长度分别为

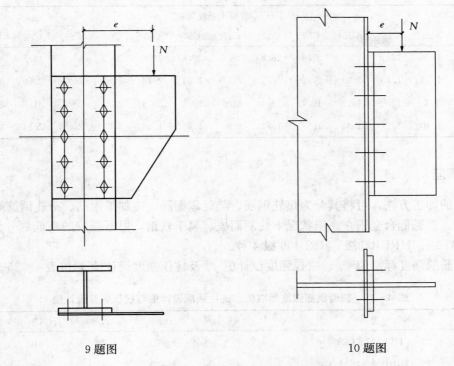

9 题图　　　　　　　　　　　　　　10 题图

$l_{ox}=640$ cm，$l_{oy}=400$ cm。采用 Q235 钢材，试按实腹式组合截面设计该柱。

14. 设计一轴心受压柱截面（采用轧制工字钢截面）。轴心受压柱两端简支，柱高 3 m，截面无削弱，轴心压力 $N=300$ kN（设计值，含自重），钢材为 Q235。

第三节　钢筋混凝土结构

一、钢筋混凝土结构的材料

（一）混凝土

混凝土强度等级按立方体抗压强度标准值 f_{cuk} 确定，例如，C35 表示立方体抗压强度标准值为 35 N/mm²。有 C15、C20、C25、C30、C35、C40、C45、C50、C55、C60、C65、C70、C75、C80 共 14 个等级，其中 C50 及以上属高强混凝土。

钢筋混凝土结构的混凝土强度等级不应低于 C15；当采用 HRB335 级钢筋时，不宜低于 C20；当采用 HRB 400 和 RRB 400 级钢筋以及承受重复荷载的构件，不得低于 C20。

预应力混凝土结构的混凝土强度等级不应低于 C30；当采用钢绞线、钢丝、热处理钢筋作预应力钢筋时，混凝土强度等级不宜低于 C40。

混凝土轴心抗压、轴心抗拉强度标准值 f_{ck}、f_{tk}，设计值 f_c，f_t 按表 4-24 采用。

表 4 - 24　混凝土轴心抗压、轴心抗拉强度标准值与设计值（N/mm²）

	混凝土强度等级													
	C15	C20	C25	C30	C35	C40	C45	C50	C55	C60	C65	C70	C75	C80
f_{ck}	10.0	13.4	16.7	20.1	23.4	26.8	29.6	32.4	35.5	38.5	41.5	44.5	47.4	50.2
f_{tk}	1.27	1.54	1.78	2.01	2.20	2.39	2.51	2.64	2.74	2.85	2.93	2.99	3.05	3.11
f_c	7.2	9.6	11.9	14.3	16.7	19.1	21.1	23.1	25.3	27.5	29.7	31.8	33.8	35.9
f_t	0.91	1.10	1.27	1.43	1.57	1.71	1.80	1.89	1.96	2.04	2.09	2.14	2.18	2.22

（二）钢筋

以钢筋的加工方法，可将其分为热轧钢筋、热处理钢筋、冷加工钢筋、冷轧钢筋等。热轧钢筋是低碳钢、普通低合金钢在高温状况下轧制而成，属于软钢，根据强度的高低划分为 HPB235级、HRB335 级、HRB400 级、RRB400 级 4 种。

普通钢筋的强度标准值 f_{yk}、抗拉强度设计值 f_y 及抗压强度设计值 f_y' 按表 4 - 25 采用。

表 4 - 25　普通钢筋强度标准值、抗拉强度设计值与抗压强度设计值

种　类		符号	d(mm)	f_{yk}(N/mm²)	f_y(N/mm²)	f_y'(N/mm²)
热轧钢筋	HPB235（Q235）	φ	8～20	235	210	210
	HRB335（20MnSi）	Φ	6～50	335	300	300
	HRB400（20MnSiV、20MnSiNb、20MnTi）	Φ	6～50	400	360	360
	RRB400（K20MnSi）	Φ	8～40	400	360	360

注：① 热轧钢筋直径 d 指公称直径。
② 当采用直径大于 40 mm 的钢筋时，应有可靠的工程经验。
③ 在钢筋混凝土结构中，轴心受拉和小偏心受拉构件的钢筋抗拉强度设计值大于 300 N/mm² 时，仍按 300 N/mm² 取用。

（三）钢筋混凝土构件基本构造要求

1. 混凝土保护层厚度　纵向受力的普通钢筋及预应力钢筋，其混凝土保护层厚度（钢筋外边缘至混凝土表面的距离）不应小于钢筋的公称直径，且应符合表 4 - 26 规定的数值。

表 4 - 26　纵向受力钢筋的混凝土保护层最小厚度（mm）

环境类别		板、墙、壳			梁			柱		
		≤C20	C25～C45	≥C50	≤C20	C25～C45	≥C50	≤C20	C25～C45	≥C50
一		20	15	15	30	25	25	30	30	30
二	a	——	20	20	——	30	30	——	30	30
	b	——	25	20	——	35	30	——	35	30

（续）

环境类别	板、墙、壳			梁			柱		
	≤C20	C25～C45	≥C50	≤C20	C25～C45	≥C50	≤C20	C25～C45	≥C50
三	—	30	25	—	40	35	—	40	35

注：① 环境类别：一类环境——室内正常环境。二类环境——a. 室内潮湿环境，非严寒和非寒冷地区的露天环境，与无侵蚀的水或土壤直接接触的环境，b. 严寒和寒冷地区的露天环境，与无侵蚀的水或土壤直接接触的环境。三类环境——使用除冰盐的环境；严寒和寒冷地区冬季水位变动的环境；滨海室外环境。

② 基础中纵向受力钢筋的混凝土保护层厚度不应小于 40 mm；当无垫层时不应小于 70 mm。

③ 预制钢筋混凝土受弯构件钢筋端头保护层厚度应大于 10 mm；预制肋形板主肋钢筋保护层厚度按梁的数值取用。

④ 板、墙、壳中分布钢筋的保护层厚度不应小于本表中相应数值减 10 mm，且不应小于 10 mm；梁、柱中箍筋和构造钢筋的保护层厚度不应小于 15 mm。

⑤ 当梁、柱中纵向受力钢筋的混凝土保护层厚度大于 40 mm 时，应对保护层采取有效的防裂构造措施。处于二、三类环境中的悬臂板，其上表面应采取有效的保护措施。

2. 纵向受力钢筋的最小配筋率　钢筋混凝土结构构件中纵向受力钢筋的配筋百分率不应小于表 4 - 27 规定的数值。

表 4 - 27　钢筋混凝土结构构件中纵向受力钢筋的最小配筋百分率

受力类型		最小配筋百分率（%）
受压构件	全部纵向钢筋	0.6
	一侧纵向钢筋	0.2
受弯构件、偏心受拉、轴心受拉构件一侧的受拉钢筋		0.2 和 $45f_t/f_y$ 中的较大值

注：① 受压构件全部纵向钢筋最小配筋百分率，当采用 HRB400 级、RRB400 级钢筋时，应按表中规定减小 0.1；当混凝土强度等级为 C60 及以上时，应按表中规定增大 0.1。

② 偏心受拉构件中的受压钢筋，应按受压构件一侧纵向钢筋考虑。

③ 受压构件的全部纵向钢筋和一侧纵向钢筋的配筋率以及轴心受拉构件和小偏心受拉构件一侧受拉钢筋的配筋率应按构件的全截面面积计算；受弯构件、大偏心受拉构件一侧受拉钢筋的配筋率应按全截面面积扣除受压翼缘面积 $(b'f-b)\ h'f$ 后的截面面积计算。

④ 当钢筋沿构件截面周边布置时，一侧纵向钢筋指沿受力方向 2 个对边中的一边布置的纵向钢筋。

⑤ 对卧置于地基上的混凝土板，板中受拉钢筋的最小配筋率可适当降低，但不应小于 0.15%。

二、钢筋混凝土轴心受力构件承载力

在结构构件的截面上作用有与其形心相重合的力时，该构件称为轴心受力构件。当其轴心力为压力、拉力时分别称为轴心受压构件、轴心受拉构件。

（一）轴心受拉构件

轴心受拉构件达到承载力极限状态时，裂缝截面的混凝土已完全退出工作，只有钢筋受力且达到屈服。由截面平衡条件（图 4 - 17），可以得到其正截面受拉承载力的公式：

$$N \leqslant f_y A_s \tag{4-81}$$

式中，N——轴心拉力设计值；

A_s——纵向受拉钢筋的截面面积；

f_y——纵向受拉钢筋的抗拉强度设计值。

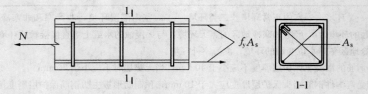

图 4-17　轴心受拉构件计算图式

[**例 4-8**] 某钢筋混凝土屋架下弦，其节间最大轴心拉力设计值 $N = 200$ kN，截面尺寸 $bh = 150$ mm $\times 150$ mm，混凝土强度等级 C30，HRB335 级钢筋，试确定所需纵筋数量 A_s。

解：查得 HRB335 级钢筋 $f_y = 300$ N/mm^2，由计算公式 $N \leqslant f_y A_s$，得：

$$A_s = \frac{N}{f_y} = \frac{200\ 000}{300} = 666.7\ \text{mm}^2$$

选用 4 16 $\oplus$（$A_s = 804$ mm^2）。

（二）轴心受压构件

1. 轴心受压构件承载力计算方法　在轴心受压承载力极限状态下（图 4-18），根据轴向力的平衡，混凝土轴心受压构件的正截面承载力计算公式为：

$$N \leqslant 0.9\varphi(f_c A + f_y' A_s') \quad (4-82)$$

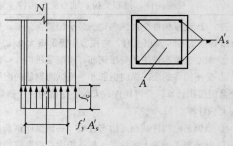

式中，N——轴向压力设计值；

φ——稳定系数，按表 4-28 采用；

A——构件截面面积，当纵向钢筋配筋率大于 0.03 时，式中 A 应改用 $A_c = A - A_s'$。

A_s'——全部纵向钢筋的截面面积；

0.9——系数，其目的是保持与偏心受压构件正截面承载力具有相近的可靠度。

图 4-18　轴心受压极限承载力状态

表 4-28　钢筋混凝土轴心受压构件的稳定系数 φ

l_0/b	≤8	10	12	14	16	18	20	22	24	26	28
l_0/d	≤7	8.5	10.5	12	14	15.5	17	19	21	22.5	24
l_0/i	≤28	34	42	48	55	62	69	76	83	90	97
φ	1.0	0.98	0.95	0.92	0.87	0.81	0.75	0.70	0.65	0.60	0.56

（续）

l_0/b	30	32	34	36	38	40	42	44	46	48	50
l_0/d	26	28	29.5	31	33	34.5	36.5	38	40	41.5	43
l_0/i	104	111	118	125	132	139	146	153	160	167	174
φ	0.52	0.48	0.44	0.40	0.36	0.32	0.29	0.26	0.23	0.21	0.19

注：① 表中 l_0 为构件计算长度；b 为矩形截面的短边尺寸；d 为圆形截面的直径；i 为截面最小回转半径。

② 构件计算长度 l_0，当构件两端为固定时取 $0.5l$；当一端固定一端为不移动的铰时取 $0.7l$；当两端均为不移动的铰时取 l；当一端固定一端自由时取 $2l$；l 为构件支点间长度。

[例 4-9] 某现浇框架结构的底层内柱，轴向力设计值 $N=1\,300$ kN，基顶至二楼楼面的高度 $H=4.8$ m，混凝土强度等级为 C30，钢筋 HRB335 级。试确定柱截面尺寸及纵筋面积。

解： 查得 C30 混凝土 $f_c=14.3$ N/mm²，HRB335 级钢 $f'_y=300$ N/mm²，根据构造要求，先假定柱截面尺寸为 300 mm×300 mm，按两端均为不移动的铰，计算长度 $l_0=1.0H=1.0\times4.8=4.8$ m。

确定 φ：由 $l_0/b=4\,800/300=16$，查得 $\varphi=0.87$。

计算 A'_s，由 $N\leqslant0.9\varphi\,(f_cA+f'_yA'_s)$，可得：

$$A'_s=\frac{\dfrac{N}{0.9\varphi}-f_cA}{f'_y}=\frac{\dfrac{1\,300\,000}{0.9\times0.87}-14.3\times300\times300}{300}=1244.3\ \text{mm}^2$$

$\rho'=A'_s/A=1244.3/\,(300\times300)=1.38\%>\rho'_{min}=0.6\%$，满足最小配筋率的要求。

选用 4Φ20（$A_s=1256$ mm²），箍筋按构造要求可取 $\phi6@300$。

2. 轴心受压构件的构造要求

（1）**材料选用**。为了减小柱截面尺寸，节约钢筋，应采用强度等级较高的混凝土，一般不宜低于 C20。但不宜选用高强度钢筋，因为受混凝土压应变的控制，当混凝土被压碎时，高强度钢筋的强度得不到充分利用，一般选用 HPB235（Q235）、HRB335、HRB400 及 KL400 级钢筋。

（2）**截面形式及尺寸模数**。轴心受压构件一般采用正方形或矩形截面，只是在建筑上有美观要求或桥梁结构中的桥墩可采用圆形截面。为施工方便，截面尺寸一般不小于 250 mm×250 mm，而且要符合相应模数，800 mm 以下的采用 50 mm 的倍数，800 mm 以上则采用 100 mm 的倍数。

（3）**纵筋的直径及配筋率**。为方便施工和保证钢筋骨架有足够刚度，纵筋直径不宜小于 12 mm，通常选用 16～28 mm。纵筋要沿截面周边均匀布置，不少于 4 根（矩形）或 6 根（圆形）。全部受压钢筋的最小配筋率为 0.6%，但最大一般不宜大于 5%。纵筋的净距一般不小于 50 mm。

（4）**箍筋的直径与间距**。箍筋与纵筋组成骨架，同时防止纵筋在构件破坏前压屈，所以箍筋除沿构件截面周边设置外，还应保证纵筋至少每隔一根位于箍筋的转角处，故有时还需设置附加箍筋。

对于普通钢箍柱，箍筋间距应满足：不大于构件截面的短边尺寸；不大于 $15d$，d 为纵筋的最小直径；不大于 400 mm。当柱中全部纵向受力钢筋配筋率超过 3% 时，则箍筋直径不宜小于 8 mm，且应焊接成封闭环式，其间距不应大于 $10d$，且不应大于 200 mm。

截面形状复杂的柱，不可采用有内折角的箍筋（图 4-19a）；被同一箍筋所箍的纵向钢筋根数，构件的角边上应不多于 3 根；若多于 3 根，应设置附加箍筋（图 4 - 19b）。

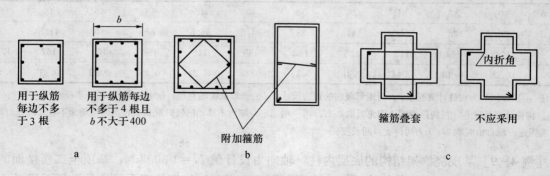

用于纵筋　　　　用于纵筋每边　　　　　　附加箍筋　　　　　　箍筋叠套　　　不应采用
每边不多　　　不多于 4 根且
于 3 根　　　　b 不大于 400
　　a　　　　　　　　　　　　　　　b　　　　　　　　　　　　　　c

图 4 - 19　箍筋的构造

三、钢筋混凝土受弯构件承载力

（一）钢筋混凝土受弯构件正截面承载力

1. 概述　梁和板是典型的受弯构件，是土木工程中数量最多、使用面最广的一类构件。梁和板的区别在于：梁的截面高度一般大于其宽度，而板的截面高度则远小于其宽度。

受弯构件常用的截面形式如图 4 - 20 所示。

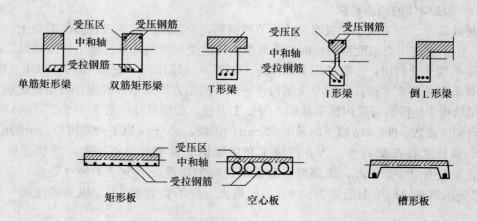

单筋矩形梁　　双筋矩形梁　　　T 形梁　　　　I 形梁　　　　倒 L 形梁

矩形板　　　　　　　空心板　　　　　　　槽形板

图 4 - 20　建筑工程中受弯构件的截面形式

钢筋混凝土现浇梁、板的形式也很多。当板与梁一起浇筑时，板不但将其上的荷载传递给梁，而且和梁一起构成 T 形或倒 L 形截面共同承受荷载（图 4 - 21）。

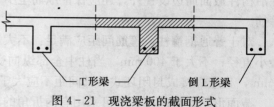

T 形梁　　　　倒 L 形梁

图 4 - 21　现浇梁板的截面形式

2. 受弯构件正截面承载力计算方法

（1）单筋矩形截面承载力计算。矩形截面

通常分为单筋矩形截面和双筋矩形截面两类。只在截面受拉区配有纵向受力钢筋时，称为单筋矩形截面（图 4-22）；在受拉区和受压区都配有纵向受力钢筋的，称为双筋矩形截面。需说明的是，因构造上的原因（例如为形成钢筋骨架），单筋矩形截面受压区通常也配置纵向钢筋，称为架立钢筋，通常其直径较细，根数较少，一般忽略其承受的力，不将其看作受力筋，因此不是双筋截面。这里只列举单筋矩形截面的计算。

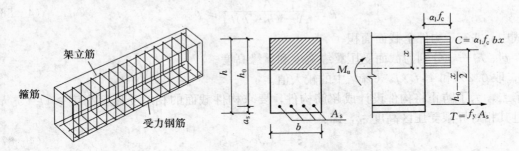

图 4-22 单筋矩形截面及计算简图

① 基本计算公式：单筋矩形截面计算简图如图 4-22 所示。由力的平衡关系，有：

$$\sum X = 0 \quad \alpha_1 f_c b x = f_y A_s \tag{4-83}$$

式中，b——矩形截面宽度；

$\quad x$——混凝土受压区高度；

$\quad A_s$——受拉区纵向受力钢筋的截面面积；

$\quad \alpha_1$——受压区混凝土矩形应力图的应力值与混凝土轴心抗压强度设计值之比，混凝土强度等级 $\leqslant$ C50 时，$\alpha_1 = 1.00$，混凝土强度等级为 C55、C60、C65、C70、C75、C80 时的 α_1 分别为 0.99、0.98、0.97、0.96、0.95、0.94。

分别对受拉区纵向受力钢筋合力作用点和受压区混凝土压应力合力作用点取矩，有：

$$\sum M_s = 0 \quad M \leqslant \alpha_1 f_c b x \left(h_0 - \frac{x}{2} \right) \tag{4-84}$$

$$\sum M_c = 0 \quad M \leqslant f_y A_s \left(h_0 - \frac{x}{2} \right) \tag{4-85}$$

式中，M——荷载在该截面上产生的弯矩设计值；

$\quad h_0$——截面的有效高度，$h_0 = h - a_s$；

$\quad h$——矩形截面高度；

$\quad a_s$——为受拉区边缘到受拉钢筋合力作用点的距离。

按室内正常使用环境（一类环境）混凝土保护层厚度和常见的钢筋直径、间距等构造要求推算，梁的截面有效高度，纵向受力钢筋按 1 排布置时，$h_0 = h - a_s = h - 35$ mm；按 2 排布置时，$h_0 = h - a_s = h - 60$ mm；板的截面有效高度 $h_0 = h - a_s = h - 20$ mm。

由于不考虑混凝土抵抗拉力的作用，因此，只要受压区为矩形，无论受拉区为其他任何形状的受弯构件（如倒 T 形受弯构件），均可按矩形截面计算。

② 基本计算公式的适用条件：基本计算公式是根据适筋构件的破坏简图推导出的，只适用

于适筋构件计算，不适用于少筋构件和超筋构件计算。少筋构件和超筋构件的破坏都属于脆性破坏，设计时应避免将构件设计成这两类构件。为此，任何设计的受弯构件必须满足下列两个适用条件。

第一，为了防止将构件设计成少筋构件，要求构件的配筋率不得低于最小配筋率。受弯构件的最小配筋率应满足下式要求：

$$\rho = \frac{A_s}{A - (b'_f - b)h'_f} \geqslant \rho_{min} \qquad (4-86)$$

式中，A——构件全截面面积；

b'_f、h'_f——分别为截面受压翼缘宽度和翼缘高度。

ρ_{min} 取 0.2% 和 $45f_t/f_y$（$\%$）中的较大值。

第二，为了防止将构件设计成超筋构件，要求构件截面的相对受压区高度 ξ（$\xi = x/h_0$）不得超过其相对界限受压区高度 ξ_b，即：

$$\xi = x/h_0 \leqslant \xi_b \qquad (4-87)$$

相对界限受压区高度是适筋构件与超筋构件相对受压区高度的界限值，当 $\xi \leqslant \xi_b$ 时，受拉钢筋必定屈服，为适筋构件。当 $\xi > \xi_b$ 时，受拉钢筋不屈服，为超筋构件。对于常用的有明显屈服点钢筋，其 ξ_b 值如表 4-29 所示，设计时可直接查用。

表 4-29　受弯构件有屈服点钢筋配筋时的 ξ_b 值

	≤C50	C55	C60	C65	C70	C75	C80
HPB235	0.614	0.606	0.594	0.584	0.575	0.565	0.555
HRB335	0.550	0.541	0.531	0.522	0.512	0.503	0.493
HRB400　RRB400	0.518	0.508	0.499	0.490	0.481	0.472	0.463

设计经验表明，对于梁、板的配筋率，当实心板 ρ 为 $0.4\% \sim 0.8\%$、矩形梁 ρ 为 $0.6\% \sim 1.5\%$、T 形梁 ρ 为 $0.9\% \sim 1.8\%$ 时，构件的用钢量和造价都较经济，施工比较方便，受力性能也比较好。梁、板的上述配筋率称为常用配筋率，也有人称为经济配筋率。

[例 4-10] 某宿舍的内廊为现浇简支在砖墙上的钢筋混凝土平板（图 4-23a），板上作用的

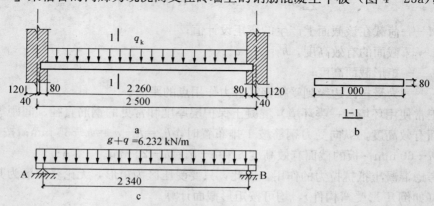

图 4-23　简支现浇钢筋混凝土平板

均布活荷载标准值 q_k 为 $2\,kN/m^2$。水磨石地面及细石混凝土垫层共 $30\,mm$ 厚（重度为 $22\,kN/m^3$），板底粉刷白灰砂浆 $12\,mm$ 厚（重度为 $17\,kN/m^3$）。混凝土强度等级选用C25，纵向受拉钢筋采用 HPB235 热轧钢筋。试确定板厚度和受拉钢筋截面面积。

解： ① 计算单元、计算跨度及截面有效高度：取出 $1\,m$ 宽板带计算，取板厚 $h=80\,mm$（图 4-23b），一般板的保护层厚 $15\,mm$，取 $a_s=20\,mm$，则 $h_0=h-a_s=80-20=60$（mm）。

单跨板的计算跨度等于板的净跨加板的厚度。因此有：

$$l_0=l_n+h=2\,260+80=2\,340(mm)$$

② 荷载设计值：

恒载标准值：

$$\text{水磨石地面} \qquad 0.03\,m^2\times22\,kN/m^3=0.66\,kN/m$$

$$\text{钢筋混凝土板自重（重力密度}25\,kN/m^3） \qquad 0.08\,m^2\times25\,kN/m^3=2.0\,kN/m$$

$$\text{白灰砂浆粉刷} \qquad 0.012\,m^2\times17\,kN/m^3=0.204\,kN/m$$

$$g_k=0.66+2.0+0.204=2.864(kN/m)$$

活荷载标准值： $\qquad q_k=2.0\,kN/m$

恒荷载的分项系数 $\gamma_G=1.2$，活荷载分项系数 $\gamma_G=1.4$。

恒载设计值： $\qquad g=\gamma_G g_k=1.2\times2.864\,kN/m=3.437\,kN/m$

活荷载设计值： $\qquad q=\gamma_G q_k=1.4\times2.0\,kN/m=2.80\,kN/m$

③ 求最大弯矩设计值 M（图 4-23c）：

$$M=\frac{1}{8}(g+q)l_0^2=\frac{1}{8}(3.437+2.8)\times2.34^2=4.269\,(kN\cdot m)$$

④ x 及 A_s 值：查得材料强度设计值，C25 混凝土：$f_c=11.9\,N/mm^2$，$\alpha_1=1.0$；HPB235 钢筋：$f_y=210\,N/mm^2$。

由式（4-83）和式（4-84）得：

$$x=h_0\left(1-\sqrt{1-\frac{2M}{\alpha_1 f_c b h_0^2}}\right)=60\times\left(1-\sqrt{1-\frac{2\times4\,269\,000}{1.0\times11.9\times1\,000\times60^2}}\right)=6.3(mm)$$

$$A_s=\frac{xb\alpha_1 f_c}{f_y}=\frac{6.3\times1\,000\times11.9}{210}=357(mm^2)$$

⑤ 验算适用条件：

$$\xi=\frac{x}{h_0}=\frac{6.3}{60}=0.105<\xi_b=0.614$$

$$\rho=\frac{A_s}{bh_0}=\frac{357}{1\,000\times60}=0.6\%>\rho_{min}=45\frac{f_t}{f_y}=45\times\frac{1.27}{210}\%=0.272\%$$

⑥ 选用钢筋及绘配筋图：选用 $\phi8@140\,mm$（$A_s=359\,mm^2$），配筋见图 4-24。

[例 4-11] 某矩形截面钢筋混凝土简支梁，计算跨度 $l_0=6.0\,m$，板传来的永久荷载及梁自重标准值 g_k 为 $15.6\,kN/m$，板传来的楼面活荷载标准值 q_k 为 $10.7\,kN/m$，梁的截面尺寸为 $200\,mm\times500\,mm$（图 4-25），C30 混凝土，HRB335 钢筋。试求纵向受力钢筋面积。

解： ① 最大弯矩设计值：永久荷载分项系数为 1.2，楼面活荷载分项系数为 1.4，结构重要性系数为 1.0，因此，梁的跨中截面最大弯矩设计值为：

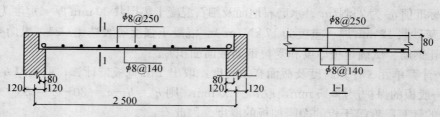

图 4 - 24　简支现浇钢筋混凝土平板配筋图

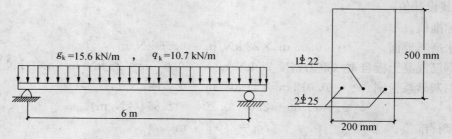

图 4 - 25　矩形截面钢筋混凝土简支梁

$$M = \gamma_0(\gamma_G M_{Gk} + \gamma_Q M_{Qk}) = 1.0 \times \left(1.2 \times \frac{1}{8} \times 15.6 \times 6^2 + 1.4 \times \frac{1}{8} \times 10.7 \times 6^2\right) = 151.65(\text{kN} \cdot \text{m})$$

② 所需纵向受力钢筋截面面积：查得 C30 混凝土 $f_c = 14.3$ N/mm²，$\alpha_1 = 1.0$，HRB335 钢筋 $f_y = 300$ N/mm²。先假定受力钢筋按一排布置，则：

$$h_0 = 500 - 35 = 465(\text{mm})$$

$$1.0 \times 14.3 \times 200 \times x = 300 A_s$$

$$151.65 \times 10^6 = 1.0 \times 14.3 \times 200 \times x \times \left(465 - \frac{x}{2}\right)$$

联立求解上述二式，得 $x = 133$ mm，$A_s = 1\,268$ mm²。

③ 适用条件验算：配筋率为：

$$\rho = \frac{A_s}{bh_0} = \frac{1268}{200 \times 465} = 1.36\% > \rho_{\min} = 45 \frac{f_t}{f_y} = 45 \times \frac{1.43}{300}\% = 0.215\%$$

相对受压区高度为：

$$\xi = \frac{x}{h_0} = \frac{133}{465} = 0.286 < \xi_b = 0.550$$

因此，两项适用条件均能满足，可以根据计算结果选用钢筋的直径和根数。

决定选用 2Φ25 + 1Φ22，$A_s = 1\,362$ mm²。

（2）T 形截面承载力计算。从上述矩形截面受弯构件的承载力计算中可以看出，受拉区混凝土并没有发挥承受荷载的作用。因此，尺寸较大的矩形截面构件可将受拉区两侧混凝土挖去，只留下中间的混凝土容纳受拉钢筋，形成如图 4 - 26 所示 T 形截面，以节省材料、减少结构自重。

在图 4 - 26 中，T 形截面的伸出部分称为翼缘，其宽度为 b_f'，

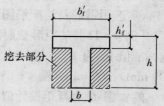

图 4 - 26　T 形截面

厚度为 h_f'；中间部分称为肋或腹板，肋宽为 b，高为 h。有时为了需要，也采用翼缘在受拉区的倒 T 形截面或 I 形截面，由于不考虑受拉区翼缘混凝土受力（图 4-27a），I 形截面按 T 形截面计算。对于现浇楼盖的连续梁（图 4-27b），由于支座处承受负弯矩，梁截面下部受压（1-1 截面），因此支座处按矩形截面计算，而跨中（2-2 截面）则按 T 形截面计算。

　　T 形截面翼缘计算宽度 b_f' 的取值，与翼缘厚度、梁跨度和受力情况等许多因素有关。《混凝土结构设计规范》规定按表 4-30 中有关规定的最小值取用。在规定范围内的翼缘，可认为压应力均匀分布（图 4-28）。

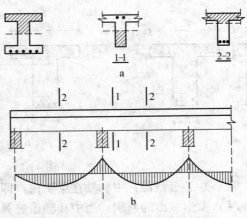

图 4-27　T 形截面应用示例

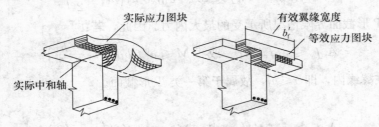

图 4-28　T 形截面翼缘受力状态

表 4-30　T 形及倒 L 形截面受弯构件翼缘计算宽度 b_f'

情　况		T 形、I 形截面		倒 L 形截面
		肋形梁、肋形板	独立梁	肋形梁、肋形板
按计算跨度 l_0 考虑		$l_0/3$	$l_0/3$	$l_0/6$
按梁（纵肋）净距 s_n 考虑		$b+s_n$	—	$b+s_n/2$
按翼缘高度 h_f' 考虑	$h_f'/h_0 \geqslant 0.1$		$b+12h_f'$	—
	$0.1 > h_f'/h_0 \geqslant 0.05$	$b+12h_f'$	$b+6h_f'$	$b+5h_f'$
	$h_f'/h_0 < 0.05$	$b+12h_f'$	b	$b+5h_f'$

注：① 表中 b 为梁的腹板宽度。

② 如肋形梁在梁跨内设有间距小于纵肋间距的横肋时，则可不遵守表列第三种情况的规定。

③ 对有加腋的 T 形和 L 形截面，当受压区加腋的高度 $h_h \geqslant h_f'$ 且加腋的宽度 $b_h \leqslant 3h_h$ 时，则其翼缘计算宽度可按表列第三种情况规定分别增加 $2b_h$（T 形截面和 I 形截面）和 b_h（倒 L 形截面）。

④ 独立梁受压区的翼缘板在荷载作用下经验算沿纵肋方向可能产生裂缝时，其计算宽度应取用腹板宽度 b。

　　① 两类 T 形截面及其判别：

　　T 形截面受弯构件，按受压区的高度不同，可分类下述 2 种类型：

　　第一类 T 形截面：中和轴在翼缘内，即 $x \leqslant h_f'$（图 4-29a）。

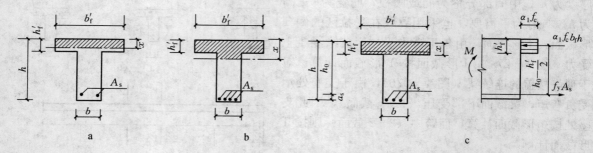

图 4 - 29　T 形截面的受力类型

第二类 T 形截面：中和轴在梁肋内，即 $x>h'_f$（图 4 - 29b）。

两类 T 形截面的判别：当中和轴通过翼缘底面，即 $x=h'_f$ 时（图 4 - 29c），为两类 T 形截面的界限情况。由平衡条件：

$$\alpha_1 f_c b'_f h'_f = A_s f_y \quad M = \alpha_1 f_c b'_f h'_f \left(h_0 - \frac{h'_f}{2} \right) \qquad (4 - 88)$$

上式为两类 T 形截面界限情况所承受的最大内力。因此，若：

$$A_s f_y \leqslant \alpha_1 f_c b'_f h'_f \quad 或 \quad M \leqslant \alpha_1 f_c b'_f h'_f \left(h_0 - \frac{h'_f}{2} \right) \qquad (4 - 89)$$

此时中和轴在翼缘内，即 $x \leqslant h'_f$，故属于第一类 T 形截面。

反之，若：

$$A_s f_y > \alpha_1 f_c b'_f h'_f \quad 或 \quad M > \alpha_1 f_c b'_f h'_f \left(h_0 - \frac{h'_f}{2} \right) \qquad (4 - 90)$$

此时中和轴必在肋内，即 $x>h'_f$，则属于第二类 T 形截面。

② 第一类 T 形截面的计算公式：在计算截面的正截面承载力时，不考虑受拉区混凝土参加受力。因此，第一类 T 形截面（图 4 - 30）相当于宽度 $b=b'_f$ 的矩形截面，可用 b'_f 代替 b 按矩形截面的公式计算：

$$\alpha_1 f_c b'_f x = f_y A_s \qquad (4 - 91)$$

$$M \leqslant \alpha_1 f_c b'_f x \left(h_0 - \frac{x}{2} \right) \qquad (4 - 92)$$

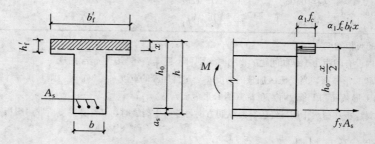

图 4 - 30　第一类 T 形截面计算简图

适用条件 $\xi \leqslant \xi_b$ 一般均能满足，可不必验算，只需验算适用条件 $A_s \geqslant \rho_{min} bh$。

③ 第二类 T 形截面的计算公式：第二类 T 形截面（图 4 - 31）的计算公式，可由下列平衡条件求得：

$$\alpha_1 f_c (b'_f - b) h'_f + \alpha_1 f_c bx = f_y A_s \tag{4-93}$$

$$M \leqslant \alpha_1 f_c (b'_f - b) h'_f \left(h_0 - \frac{h'_f}{2} \right) + \alpha_1 f_c bx \left(h_0 - \frac{x}{2} \right) \tag{4-94}$$

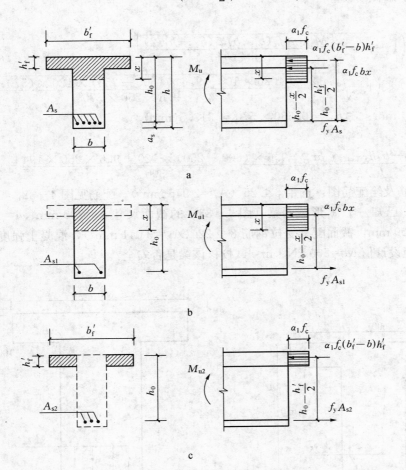

图 4 - 31　第二类 T 形截面计算简图

适用条件 $A_s \geqslant \rho_{min} bh$ 一般均能满足，可不必验算，只需验算适用条件 $\xi \leqslant \xi_b$。

T 形截面的计算也包含截面选择和截面校核 2 种类型，其截面类型判断和计算采用不同方法，可参见以下例题。

[例 4 - 12] 已知一个 T 形截面梁截面尺寸 $b'_f = 600$ mm、$h'_f = 120$ mm、$b = 250$ mm、$h = 650$ mm，采用 C20 混凝土，HRB335 钢筋，梁所承受的弯矩设计值 $M = 426$ kN·m。试求所需受拉钢筋截面面积 A_s。

解：① 计算参数：C20 混凝土，$\alpha_1 = 1.0$，$f_c = 9.6$ N/mm²；HRB335 钢筋，$f_y = 300$ N/mm²，$\xi_b = 0.550$。

考虑布置 2 排钢筋，$a_s = 80\ \text{mm}$，$h_0 = h - a_s = 650 - 80 = 570$ (mm)。

② 判别截面类型：

$$\alpha_1 f_c b'_f h'_f \left(h_0 - \frac{h'_f}{2}\right) = 9.6 \times 600 \times 120 \times \left(570 - \frac{120}{2}\right) = 3.525 \times 10^8\ \text{N} \cdot \text{mm} < M = 4.26 \times 10^8\ \text{N} \cdot \text{mm}$$

属第二类 T 形截面。

③ 计算 x：

$$x = h_0 \left(1 - \sqrt{1 - \frac{2\left[M - \alpha_1 f_c (b'_f - b) h'_f (h_0 - h'_f/2)\right]}{\alpha_1 f_c b h_0^2}}\right)$$

$$= 570 \times \left(1 - \sqrt{1 - \frac{2 \times \left[4.26 \times 10^8 - 9.6 \times (600 - 250) \times 120 \times (570 - 120/2)\right]}{9.6 \times 250 \times 570^2}}\right)$$

$$= 194\ \text{mm} < \xi_b h_0 = 0.550 \times 570 = 313.5 \text{(mm)}$$

④ 计算 A_s：

$$A_s = \frac{\alpha_1 f_c (b'_f - b) h'_f + \alpha_1 f_c b x}{f_y} = \frac{9.6 \times (600 - 250) \times 120 + 9.6 \times 250 \times 194}{300} = 2\ 896 \text{(mm}^2\text{)}$$

⑤ 选用钢筋及绘配筋图：选用 6 ⻌ 25（$A_s = 2\ 945\ \text{mm}^2$），配筋见图 4 - 32。

[例 4 - 13] 已知一个 T 形截面梁（图 4 - 33）的截面尺寸 $h = 700\ \text{mm}$、$b = 250\ \text{mm}$、$h'_f = 100\ \text{mm}$、$b'_f = 600\ \text{mm}$，截面配有受拉钢筋 8 ⻌ 22（$A_s = 3\ 041\ \text{mm}^2$），混凝土强度等级 C30，梁截面的最大弯矩设计值 $M = 500\ \text{kN} \cdot \text{m}$。试校核该梁是否安全？

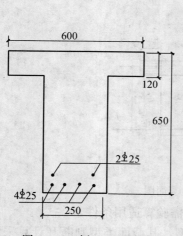

图 4 - 32　例 4 - 12 题图

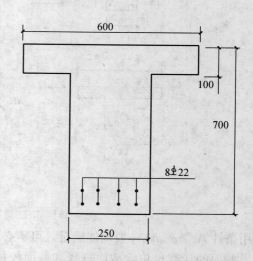

图 4 - 33　例 4 - 13 题图

解：① 已知条件：混凝土强度等级 C30，$\alpha_1 = 1.0$，$f_c = 14.3\ \text{N/mm}^2$；HRB400 钢筋，$f_y = 360\ \text{N/mm}^2$，$\xi_b = 0.518$，$a_s = 60\ \text{mm}$，$h_0 = 700 - 60 = 640\ \text{mm}$。

② 判别截面类型：

$$f_y A_s = 360 \times 3\ 041 = 1\ 094\ 760\ \text{N} > \alpha_1 f_c b'_f h'_f = 14.3 \times 600 \times 100 = 858\ 000\ \text{N}$$

属第二类形截面。

③ 计算 x：

$$x = \frac{f_y A_s - \alpha_1 f_c (b'_f - b) h'_f}{\alpha_1 f_c b} = \frac{360 \times 3\,041 - 14.3 \times (600 - 250) \times 100}{14.3 \times 250}$$

$$= 166.2 \text{ mm} < \xi_b h_0 = 0.518 \times 640 = 331.5 \text{ mm}$$

④ 计算极限弯矩 M_u：

$$M_u = \alpha_1 f_c (b'_f - b) h'_f \left(h_0 - \frac{h'_f}{2} \right) + \alpha_1 f_c bx \left(h_0 - \frac{x}{2} \right)$$

$$= 14.3 \times (600 - 250) \times 100 \times (640 - 100/2) + 14.3 \times 250 \times 166.2 \times (640 - 166.2/2)$$

$$= 626\,185\,488 \text{ N} \cdot \text{mm} = 626.185 \text{ kN} \cdot \text{m} > M = 500 \text{ kN} \cdot \text{m}$$

3. 受弯构件正截面设计的构造要求　受弯构件正截面承载能力计算通常只考虑荷载对截面抗弯能力的影响。有些因素，如温度、混凝土的收缩、徐变等对截面承载能力的影响不容易计算。人们通过长期实践，总结出可以采取一些构造措施，防止因计算中没有考虑的因素的影响而造成结构构件开裂和破坏。同时，为了能够正常使用和施工，也需要采取一些构造措施。因此，进行钢筋混凝土结构和构件设计时，除了要符合计算结果以外，还必须满足有关构造要求。

下面将与钢筋混凝土梁、板正截面设计有关的主要构造要求叙述如下。

（1）钢筋的混凝土保护层厚度。纵向受力钢筋的混凝土保护层厚度（从钢筋外边缘到混凝土外边缘的距离）不应小于钢筋的公称直径，且应符合表 4-26 的规定。

（2）板的构造要求。

① 板的最小厚度：现浇钢筋混凝土板的厚度除应满足各项功能要求外，其厚度尚应符合表 4-31 的规定。

表 4-31　现浇钢筋混凝土板的最小厚度

板 的 类 别	厚度（mm）
单向板：屋面板与民用建筑楼板/工业建筑楼板/行车道下的楼板	60/70/80
双向板	80
密肋板：肋间距小于或等于 700 mm/肋间距大于 700 mm	40/50
悬臂板：板的悬臂长度小于或等于 500 mm/大于 500 mm	60/80
无梁楼板	150

② 板的受力钢筋：受力钢筋的直径通常采用 6、8、10 mm，板厚度 $h \leqslant 40$ mm 时，可采用 4、5 mm。采用绑扎配筋时，受力钢筋的间距一般不小于 70 mm；当板厚 $h \leqslant 150$ mm 时，不宜大于 200 mm；当板厚 $h > 150$ mm 时，不应大于 $1.5\,h$，且在板的每米宽度内不宜少于 4 根。

③ 板的分布钢筋：板的分布钢筋是指垂直于受力钢筋方向上布置的构造钢筋。分布钢筋与受力钢筋绑扎或焊接在一起，形成钢筋骨架。分布钢筋的作用是：将板面的荷载更均匀地传递给受力钢筋，施工过程中固定受力钢筋的位置，以及抵抗温度和混凝土的收缩应力等。分布钢筋的截面面积不宜小于单位长度上受力钢筋截面面积的 15%，且每米长度内不宜少于 4 根。直径不宜小于 6 mm；对于集中荷载较大的情况，分布钢筋的截面面积应适当增加，其间距不宜大于 200 mm。对预制板，当有实践经验或可靠措施时，其分布钢筋可不受此限制，对处于经常温度变化较大处的板，其分布钢筋应适当增加。

（3）梁的构造要求。

① 截面尺寸：截面高度与其跨度的比值，独立的简支梁可为 1/12 左右，独立悬臂梁可为 1/6 左右。

矩形截面梁的高宽比 h/b 一般取 2.0～2.5，T 形截面梁的 h/b 一般取为 2.5～4.0（b 为梁肋宽）。为了统一模板尺寸，梁常用的宽度为 $b=120$、150、180、200、220、250、300、350 mm 等，而梁的常用高度则为 $h=250$，300，350，…，750，800，900，1 000 mm 等尺寸。

② 纵向受力钢筋：梁中常用的纵向受力钢筋直径为 10～28 mm，根数不得少于 2 根。梁内受力钢筋的直径宜尽可能相同。当采用两种不同的直径时，它们之间相差至少应为 2 mm，以便在施工时容易为肉眼识别，但相差不宜超过 6 mm。

为了便于浇灌混凝土，保证钢筋能与混凝土黏结在一起，以及保证钢筋周围混凝土的密实性，纵筋的净间距，在梁上部不应小于 30 mm 和 1.5d（d 为钢筋的最大直径），在梁下部不应小于 25 mm 和 d，各层钢筋之间的净间距不应小于 25 mm 和 d。

③ 纵向构造钢筋：为了固定箍筋并与钢筋连成骨架，在梁的受压区应设置架立钢筋。

架立钢筋的直径与梁的跨度有关。当 $l>6$ m 时，架立钢筋的直径不宜小于 12 mm；当 4 m≤l≤6 m 时，不宜小于 10 mm；当 $l<4$ m 时，不宜小于 8 mm。简支梁架立钢筋一般伸至梁端；当考虑其受力时，架立钢筋两端在支座内应有足够的锚固长度。

当梁的腹板高度 $h_w>450$ mm 时，在梁的两个侧面沿高度配置纵向构造钢筋，每侧纵向构造钢筋（不包括梁上、下部受力钢筋及架立钢筋）的截面面积不应小于腹板面积 bh_w 的 0.1%，且其间距不宜大于 200 mm。

（二）钢筋混凝土受弯构件斜截面承载力

1. 概述

（1）受弯构件斜截面受力分析。受弯构件的内力除弯矩外，还有剪力的作用，如图 4 - 34 所示的梁，在对称集中荷载作用下，除在纯弯区段（忽略梁的自重）CD 仅有弯矩作用外，在支座附近的 AC 和 DB 区段内有弯矩和剪力的共同作用。构件在跨中正截面抗弯承载力有保证的情况下，仍有可能在剪力和弯矩的联合作用下，在支座附近区段发生斜截面破坏（或称为剪切破坏）。

为了初步探讨截面破坏的原因，现按材料力学的方法绘出该梁在荷载作用下的主应力迹线如图 4 - 35 所示（其中实线为主拉应力迹线，虚线为主压应力迹线）。

截面 1 - 1 上的微元体 1、2、3 分别处于不同的受力状态。位于中和轴处的微元体 1，其正应力为 0，剪应力最大，主拉应力和主压应力与梁轴线成 45°角；位于受压区的微元体 2，由于压应力的存在，主拉应力减少，主压应力增大，主拉应力与梁轴线夹角大于

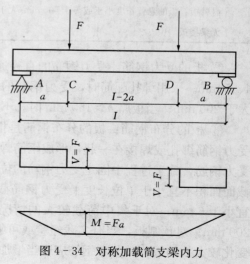

图 4 - 34　对称加载简支梁内力

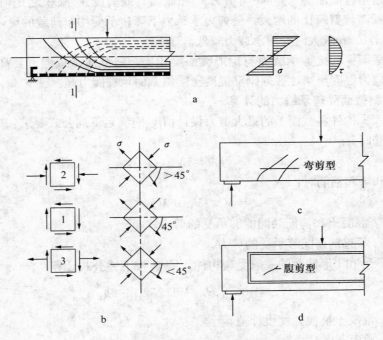

图 4 - 35 梁的应力状态和斜裂缝形态

$45°$；位于受拉区的微元体 3，由于拉应力的存在，主拉应力增大，主压应力减小，主拉应力与梁轴线夹角小于 $45°$。

对于钢筋混凝土梁，由于混凝土的抗拉强度很低，因此随着荷载的增加，当主拉应力值超过混凝土复合受力下的抗拉强度时，将产生走向与主拉应力方向垂直的斜裂缝。通常情况下，斜裂缝多由梁底的弯曲裂缝发展而成，称为弯剪型斜裂缝（图 4 - 35c）；当梁的腹板很薄或集中荷载至支座距离很小时，斜裂缝可能首先在梁腹部出现，称为腹剪型斜裂缝（图 4 - 35d）。斜裂缝的出现和发展使梁内应力的分布和数值发生变化，最终导致在剪力较大的近支座区段内混凝土破坏而丧失承载能力，即发生斜截面破坏。

为避免梁产生斜截面破坏，需在梁内配置承受梁内剪力、抵抗斜裂缝发展的箍筋和弯起钢筋（斜筋），箍筋和弯起钢筋统称为腹筋（图 4 - 36）。箍筋最有效的布置方式是与梁腹中的主拉应力方向一致，但为了施工方便，一般和梁轴线成 $90°$ 布置。

（2）影响斜截面受力性能的主要因素。影响斜截面受力性能的主要因素有混凝土强度等级、腹筋的数量、纵筋配筋率、剪跨比和跨高比等。混凝土强度等级和纵筋配筋率越高、腹筋数量越大，则梁的斜截面受剪承载力越高；梁某一

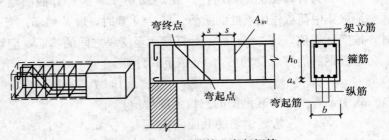

图 4 - 36 梁的箍筋和弯起钢筋

截面的剪跨比 λ 是指该截面的弯矩 M 与剪力 V 和截面有效高度 h_0 乘积之比，即 $\lambda = M/(Vh_0)$，承受集中荷载的梁随着剪跨比的增大，受剪力承载力下降；承受均布荷载的梁，构件跨度与截面高度之比（跨高比）l_0/h 较大时受剪承载力较低。

此外，T 形截面梁的抗剪承载力与矩形截面梁相比，斜截面承载能力要高一些，一般要高 10%～30%。预应力混凝土梁比普通钢筋混凝土梁斜截面承载能力高。

2. 受弯构件斜截面受剪承载力的计算

（1）计算公式。构件斜截面上的最大剪力设计值 V 应满足下列公式要求：

当仅配置箍筋时：

$$V \leqslant V_{cs} \qquad (4-95)$$

当配置箍筋和弯起钢筋时：

$$V \leqslant V_{cs} + V_{sb} \qquad (4-96)$$

式中，V_{cs}——混凝土和箍筋共同能够承受的剪力；

$\qquad V_{sb}$——弯起钢筋能够承受的剪力。

对于矩形、T 形和 I 形截面的一般受弯构件，V_{cs} 应按下述公式计算：

$$V_{cs} = 0.7 f_t bh_0 + 1.25 f_{yv} \frac{A_{sv}}{s} h_0 \qquad (4-97)$$

式中，f_t——混凝土抗拉强度设计值；

$\qquad b$——截面宽度；

$\qquad h_0$——截面有效高度；

$\qquad f_{yv}$——箍筋抗拉强度设计值；

$\qquad A_{sv}$——配置在同一截面内箍筋各肢的全部截面面积，$A_{sv} = nA_{sv1}$，其中，n 为在同一截面内箍筋的肢数，A_{sv1} 为单肢箍筋的截面面积；

$\qquad s$——沿构件长度方向箍筋的间距。

上式用于矩形截面梁承受均布荷载作用以及受均布荷载和集中荷载作用但以均布荷载为主的情况；此外，还用于 T 形截面梁和 I 形截面梁受任何荷载作用的情况。

对集中荷载作用下的矩形截面独立梁，当集中荷载对支座截面或节点边缘所产生的剪力值占总剪力值的 75% 以上时，应考虑剪跨比的影响，其 V_{cs} 应按下述公式计算：

$$V_{cs} = \frac{1.75}{\lambda + 1.0} f_t bh_0 + f_{yv} \frac{A_{sv}}{s} h_0 \qquad (4-98)$$

式中 λ 为计算截面的剪跨比，取 $\lambda = a/h_0$，a 为计算截面至支座截面或节点边缘的距离，计算截面取集中荷载作用点处的截面。当 $\lambda < 1.5$ 时，取 $\lambda = 1.5$；当 $\lambda > 3$ 时，取 $\lambda = 3$；当 $1.5 < \lambda < 3$ 时，按实际取值，即 $\lambda = a/h_0$。计算截面至支座之间的箍筋，应均匀配置。

弯起钢筋能够承受的剪力 V_{sb} 按下式计算：

$$V_{sb} = 0.8 f_y A_{sb} \sin \alpha \qquad (4-99)$$

式中，f_y——弯起钢筋的抗拉强度计值；

$\qquad A_{sb}$——弯起钢筋的截面面积；

$\qquad \alpha$——弯起钢筋与梁轴线夹角，一般取 45°，当梁高 $h > 800$ mm 时，取 60°；

0.8——应力不均匀系数，用来考虑靠近剪压区的弯起钢筋在斜截面破坏时，可能达不到钢筋抗拉强度设计值。

（2）计算公式的适用范围。

① 最小截面尺寸：受弯构件的最小截面尺寸应满足下列要求：

当 $h_w/b \leqslant 4$ 时：

$$V \leqslant 0.25\beta_c f_c bh_0 \qquad (4-100)$$

当 $h_w/b \geqslant 6$ 时：

$$V \leqslant 0.20\beta_c f_c bh_0 \qquad (4-101)$$

当 $4 < h_w/b < 6$ 时，按线性内插法取用或按下式计算：

$$V \leqslant 0.025(14 - h_w/b)\beta_c f_c bh_0 \qquad (4-102)$$

式中，V——构件斜截面上的最大剪力设计值；

　　　β_c——混凝土强度影响系数，当混凝土强度等级不超过 C50 时，取 $\beta_c = 1.0$；当混凝土强度等级为 C80 时，取 $\beta_c = 0.8$；其间按线性内插法取用；

　　　b——矩形截面的宽度，T 形截面或 I 形截面的腹板宽度；

　　　h_w——截面的腹板高度，矩形截面取有效高度 h_0，T 形截面取有效高度减去翼缘高度，I 形截面取腹板净高。

在设计中，如果不满足上述条件时，应加大构件截面尺寸或提高混凝土强度等级。对于 T 形或 I 形截面的简支受弯构件，当有实践经验时，式（4-100）中的系数可改用 0.3。

② 最小配箍率和箍筋最大间距。梁中箍筋间距不宜大于表 4-32 规定。

表 4-32　梁中箍筋最大间距 s_{max}（mm）

梁高 h	$150 < h \leqslant 300$	$300 < h \leqslant 500$	$500 < h \leqslant 800$	$h > 800$
$V > 0.7 f_t bh_0$	150	200	250	300
$V \leqslant 0.7 f_t bh_0$	200	300	350	500

箍筋直径，梁高 $h \leqslant 800$ 时，不宜小于 6 mm，梁高 $h > 800$ 时，不宜小于 8 mm；梁中配有计算需要的纵向受压钢筋时，箍筋直径还不应小于 $d/4$（d 为纵向受压钢筋最大直径）。

当 $V > 0.7 f_t bh_0$ 时，配箍率应满足最小配箍率要求，即：

$$\rho_{sv} = \frac{A_{sv}}{bs} \geqslant \rho_{sv\,min} = 0.24 \frac{f_t}{f_{yv}} \qquad (4-103)$$

（3）斜截面受剪承载力的计算位置。在计算梁斜截面受剪承载力时，其计算位置应按下列规定采用（图 4-37）：

① 支座边缘处截面（图 4-37 中 1-1 截面），该截面承受的剪力值最大。材料力学中计算支座反力即支座剪力时，跨度一般算至支座中心。但由于支座和构件连接在一起，可共同承受剪力，因此受剪控制截面应是支座边缘截面，用该处剪力设计值确定第一排弯起钢筋和 1-1 截面的箍筋。计算该截面剪力设计值时，跨度取净跨长 l_n（即算至支座内边缘处）。

② 受拉区弯起钢筋弯起点处截面（图 4-37 中 2-2 截面和 3-3 截面）。

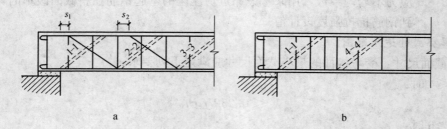

图 4-37　斜截面受剪承载力计算位置

③ 箍筋截面面积或间距改变处截面（图 4-37 中 4-4 截面）。

④ 腹板宽度改变处截面。

上述截面均为斜截面受剪承载力较薄弱的位置，在计算时应取其相应区段内的最大剪力值作为剪力设计值。

在设计时，弯起钢筋距支座边缘距离 s_1 及弯起钢筋之间的距离 s_2（图 4-37a）均不应大于箍筋最大间距 s_{max}（表 4-32），以保证可能出现的斜裂缝与弯起钢筋相交。

（4）斜截面受剪承载力的计算问题。梁斜截面受剪承载力设计计算中遇到的是截面选择和承载力校核两类问题。这两类问题都包括计算和构造两方面的内容。

一般先由梁的高跨比、高宽比等构造要求及正截面受弯承载力计算确定截面尺寸、混凝土强度等级及纵向钢筋用量，然后进行斜截面受剪承载力设计计算。

［例 4-14］ 某钢筋混凝土矩形截面简支梁，两端支承在砖墙上，净跨度 $l_n = 3\,660$ mm（图 4-38），截面尺寸 $b \times h = 200$ mm $\times 500$ mm。该梁承受均布荷载，其中恒荷载标准值 $g_k = 25$ kN/m（包括自重），$\gamma_G = 1.2$，活荷载标准 $q_k = 38$ kN/m，$\gamma_Q = 1.4$。C20 混凝土（$f_c = 9.6$ N/mm^2，$f_t = 1.1$ N/mm^2）；HPB235 箍筋（$f_{yv} = 210$ N/mm^2），按正截面受弯承载力计算已选配 HRB335 钢筋 3Φ 25 为纵向受力钢筋（$f_y = 300$ N/mm^2）。试根据斜截面受剪承载力要求确定腹筋。

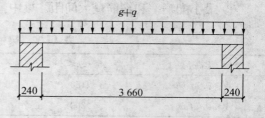

图 4-38　例 4-14 题图（单位：mm）

解： 取 $a_s = 35$ mm，$h_0 = h - a_s = 500 - 35 = 465$ mm。

① 计算截面的确定和剪力设计值计算：支座边缘处剪力最大，故应选择该截面进行抗剪配筋计算。该截面的剪力设计值为：

$$V_1 = \frac{1}{2}(\gamma_G g_k + \gamma_Q q_k)l_n = \frac{1}{2}(1.2 \times 25 + 1.4 \times 38) \times 3.66 = 152.26(\text{kN})$$

② 复核梁截面尺寸：$h_w = h_0 = 465$ mm，$h_w/b = 465/200 = 2.3 < 4$，属一般梁。

$$0.25\beta_c f_c bh_0 = 0.25 \times 9.6 \times 200 \times 465 = 223.2 \text{ kN} > 152.26 \text{ kN}$$

截面尺寸满足要求。

③ 验算可否按构造配箍筋：

$$0.7f_t bh_0 = 0.7 \times 1.1 \times 200 \times 465 = 71.61\ \text{kN} < 152.26\ \text{kN}$$

应按计算配置腹筋，且应验算 $\rho_{sv} \geqslant \rho_{sv\ min}$。

④ 腹筋计算：配置腹筋有 2 种方法：一种是只配箍筋，另一种是配置箍筋兼配弯起钢筋；一般都是优先选择箍筋。

（a）仅配箍筋：由 $V \leqslant 0.7f_t bh_0 + 1.25f_{yv}\dfrac{A_{sv}}{s}h_0$ 得：

$$\frac{nA_{sv1}}{s} > \frac{V - 0.7f_t bh_0}{1.25f_{yv}h_0} = \frac{152\,260 - 71\,610}{1.25 \times 210 \times 465} = 0.661$$

选用双肢箍 $\phi 8$，则 $A_{sv1} = 50.3\ \text{mm}^2$，可求得箍筋间距：

$$s \leqslant \frac{2 \times 50.3}{0.661} = 152(\text{mm})$$

取 $s = 150\ \text{mm}$ 箍筋沿梁长均布（图 4-39a）。

$$\rho_{sv} = \frac{A_{sv}}{bs} = \frac{2 \times 50.3}{200 \times 150} = 0.335\% > \rho_{sv\ min} = 0.24\frac{f_t}{f_{yv}} = 0.24 \times \frac{1.1}{210} = 0.126\%$$

同时满足了计算要求及箍筋间距、直径以及最小配箍率的构造要求。

（b）配置箍筋兼配弯起钢筋：按同时满足箍筋间距、直径的构造要求，选用 $\phi 6@200$ 双肢箍，验算：

$$\rho_{sv} = \frac{A_{sv}}{bs} = \frac{2 \times 28.3}{200 \times 200} = 0.142\% > \rho_{sv\ min} = 0.24\frac{f_t}{f_{yv}} = 0.24 \times \frac{1.1}{210} = 0.126\%$$

最小配箍率也满足要求。

$$V_{cs} = 0.7f_t bh_0 + 1.25f_{yv}\frac{A_{sv}}{s}h_0 = 71\,610 + 1.25 \times 210 \times \frac{2 \times 28.3}{200} \times 465 = 106.154(\text{kN})$$

由 $V_{sb} = 0.8f_y A_{sb}\sin\alpha \geqslant (V_1 - V_{cs})$，取 $\alpha = 45°$，则有：

$$A_{sb} \geqslant \frac{V_1 - V_{cs}}{0.8f_y\sin\alpha} = \frac{152\,260 - 106\,154}{0.8 \times 300 \times \sin 45°} = 272(\text{mm}^2)$$

选用 $1\underline{\Phi}25$ 纵筋作弯起钢筋，$A_{sb} = 491\ \text{mm}^2$，满足计算要求。

核算是否需要第二排弯起钢筋：

取弯起钢筋距支座边缘距离 $s_1 = 200\ \text{mm}$，弯起钢筋水平投影长度 $s_b = h - 50 = 450\ \text{mm}$，则截面 2-2 的剪力可由相似三角形关系求得：

$$V_2 = V_1\left(1 - \frac{200 + 450}{0.5 \times 3\,660}\right) = 98.18\ \text{kN} < V_{cs}$$

故不需要第二排弯起钢筋。其配筋如图 4-39b 所示。

[例 4-15] 某钢筋混凝土矩形截面简支梁，承受荷载设计值如图 4-40 所示。其中集中荷载 $F = 92\ \text{kN}$，均布荷载 $g + q = 7.5\ \text{kN/m}$（包括自重）。梁截面尺寸 $b \times h = 250 \times 600\ \text{mm}$，配有纵筋 $4\underline{\Phi}25$，C25 混凝土，HPB235 箍筋，试求所需箍筋数量并绘配筋图。

解：① 计算参数：

混凝土 C25：$f_c = 11.9\ \text{N/mm}^2$，$f_t = 1.27\ \text{N/mm}^2$；HPB235 钢箍：$f_{yv} = 210\ \text{N/mm}^2$

取 $a_s = 40\ \text{mm}$，$h_0 = h - a_s = 600 - 40 = 560\ \text{mm}$

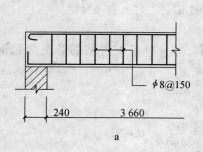

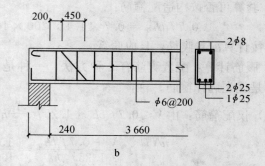

图 4 - 39　例 4 - 14 题配筋图（单位：mm）

② 计算剪力设计值：

$$V = \frac{1}{2}(g+q)l_n + F = \frac{1}{2} \times 7.5 \times$$

$$5.75 + 92 = 113.56 (\text{kN})$$

集中荷载对支座截面产生剪力 $V_F =$ 92 kN，则有 92/113.56＝81％＞75％，故对该矩形截面简支梁应考虑剪跨比的影响，$a =$ 1 875＋120＝1 995 mm。

$$\lambda = \frac{a}{h_0} = \frac{1.995}{0.56} = 3.56 > 3.0，取 \lambda = 3.0$$

③ 复核截面尺寸：

$h_w = h_0 = 560$ mm，$h_w/b = 560/250 = 2.24$ ＜4，属一般梁。

$$0.25\beta_c f_c b h_0 = 0.25 \times 11.9 \times 250 \times 560$$
$$= 416.5 \text{ kN} > 113.56 \text{ kN}$$

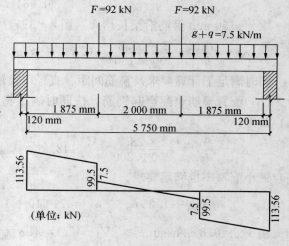

图 4 - 40　例 4 - 15 题图

截面尺寸符合要求。

④ 可否按构造配箍：

$$\frac{1.75}{\lambda + 1.0} f_t b h_0 = \frac{1.75}{3 + 1.0} \times 1.27 \times 250 \times 560 = 77.79 \text{ kN} < 113.56 \text{ kN}$$

应按计算配箍。

⑤ 箍筋数量计算：

梁高 $h < 800$ mm，根据构造要求选用箍筋直径为 $\phi 6$ 的双肢钢筋，$A_{sv} = 2 \times 28.3 = 57$ mm²；由式（4-98）可得所需箍筋间距为：

$$s \leqslant \frac{f_{yv} A_{sv} h_0}{V - \frac{1.75}{\lambda + 1.0} f_t b h_0} = \frac{210 \times 57 \times 560}{113\,560 - 77\,790} = 187 (\text{mm})$$

选 $s = 150$ mm，符合箍筋间距的构造要求。

⑥ 最小配箍率验算：

$$\rho_{sv} = \frac{A_{sv}}{bs} = \frac{2 \times 28.3}{250 \times 150} = 0.151\% > \rho_{sv\,min} = 0.24\frac{f_t}{f_{yv}} = 0.24 \times \frac{1.27}{210} = 0.145\%$$

满足要求。箍筋沿梁全长均匀配置，梁配筋如图 4-41 所示。

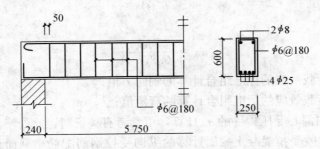

图 4-41　例 4-15 题配筋图（单位：mm）

四、钢筋混凝土构件裂缝与变形验算

（一）概述

钢筋混凝土构件的承载能力极限状态计算可以满足结构最基本的安全可靠的要求。而要使构件具有预期的适用性和耐久性，则还应进行正常使用极限状态的验算，即对构件进行裂缝宽度及变形验算。

考虑到结构构件不满足正常使用极限状态时所带来的危害比不满足承载力极限状态时要小，相应的可靠度指标可以小一些，故《混凝土结构设计规范》规定，计算变形及裂缝宽度时荷载均采用标准值，不考虑荷载分项系数。由于构件的变形及裂缝宽度都随时间而增大，因此验算变形及裂缝宽度时，应考虑荷载长期作用的影响。

（二）构件裂缝宽度验算

各种受力构件正截面最大裂缝宽度的统一计算公式为：

$$\omega_{max} = \alpha_{cr}\Psi\frac{\sigma_{sk}}{E_s}\left(1.9c + 0.08\frac{d_{eq}}{\rho_{te}}\right) \tag{4-104}$$

式中，α_{cr}——构件受力特征系数，轴心受拉构件为 2.7，偏心受拉构件为 2.4，受弯和偏心受压构件为 2.1；

E_s——钢筋弹性模量；

c——最外层纵向受拉钢筋外边缘至受拉区底边的距离（即混凝土保护层厚度），当 $c < 20$ mm 时，取 $c = 20$ mm；当 $c > 65$ mm 时，取 $c = 65$ mm；

Ψ——裂缝间纵向受拉钢筋应变不均匀系数，按下式计算，当计算所得 $\Psi < 0.2$ 时，取 $\Psi = 0.2$；当 $\Psi > 1$ 时，取 $\Psi = 1$；对直接承受重复荷载的构件，取 $\Psi = 1$；

$$\Psi = 1.1 - \frac{0.65f_{tk}}{\rho_{te}\sigma_{sk}} \tag{4-105}$$

f_{tk}——混凝土抗拉强度标准值；

σ_{sk}——按荷载效应的标准组合计算的钢筋混凝土构件纵向受拉钢筋的应力；

对轴心受拉构件：

$$\sigma_{sk} = \frac{N_k}{A_s} \tag{4-106}$$

对受弯构件：

$$\sigma_{sk} = \frac{M_k}{0.87 h_0 A_s} \tag{4-107}$$

N_k——按荷载效应的标准组合计算的轴向力值；

M_k——按荷载效应的标准组合计算的弯矩值；

对偏心受拉构件和偏心受压构件的 σ_{sk} 计算，可参考有关资料，此处略。

ρ_{te}——按有效受拉混凝土截面计算的纵向受拉钢筋配筋率（简称有效配筋率），$\rho_{te} = A_s / A_{te}$，当计算得出的 $\rho_{te} < 0.01$ 时，取 $\rho_{te} = 0.01$；

A_{te}——受拉区有效混凝土的截面面积，对轴心受拉构件，A_{te} 取构件截面面积；对受弯、偏心受压、偏心受拉构件取 $A_{te} = 0.5bh + (b_f - b)h_f$，其中 b_f、h_f 分别为受拉翼缘的宽度和高度，受拉区为矩形截面时，$A_{te} = 0.5bh$；

d_{eq}——受拉区纵向钢筋的等效直径，$d_{eq} = \sum n_i d_i^2 / \sum n_i v_i d_i$；

d_i——受拉区第 i 种纵向钢筋的公称直径；

n_i——受拉区第 i 种纵向钢筋的根数；

v_i——受拉区第 i 种纵向钢筋的相对粘结特性系数，光面钢筋 0.7，带肋钢筋 1.0。

最大裂缝宽度 ω_{max} 不应超过规定的最大裂缝宽度限制 ω_{lim}。

当验算最大裂缝宽度不满足要求时，最有效的措施是选择较细直径的钢筋，如原为光面钢筋，可改用变形钢筋，以增大钢筋与混凝土接触面积，提高钢筋与混凝土的黏结强度。但钢筋直径的选择也要考虑施工的方便。此外，也可增加钢筋截面面积、加大有效配筋率等，而改变截面形式和尺寸，提高混凝土强度等级等，效果甚差，一般不宜采用。

［例 4-16］ 某教学楼的一钢筋混凝土简支梁，计算跨度 $l = 6$ m，截面尺寸 $b = 250$ mm，$h = 650$ mm，混凝土强度等级 C20（$E_c = 2.55 \times 10^4$ N/mm²，$f_{tk} = 1.54$ N/mm²），按正截面承载力计算已配置了热轧筋 HRB400，4 ⌀ 20（$E_s = 2 \times 10^5$ N/mm²，$A_s = 1\ 256$ mm²），梁承受的永久荷载标准值（包括梁自重）$g_k = 18.6$ kN/m，可变荷载标准值 $q_k = 14$ kN/m，试验算其裂缝宽度。

解： ① 按荷载的标准效应组合计算弯矩 M_k：

$$M_k = \frac{1}{8}(g_k + q_k)l_0^2 = \frac{1}{8} \times (18.6 + 14) \times 6^2 = 146.7 \text{(kN} \cdot \text{m)}$$

② 计算纵向受拉钢筋的应力 σ_{sk}：

$$\sigma_{sk} = \frac{M_k}{0.87 h_0 A_s} = \frac{146.7 \times 10^6}{0.87 \times 615 \times 1\ 256} = 218.3 \text{(N/mm}^2)$$

③ 计算有效配筋率 σ_{te}：

$$A_{et} = 0.5bh = 0.5 \times 250 \times 650 = 81\ 250 \text{(mm}^2)$$

$$\rho_{te} = A_s / A_{te} = 1\ 256 / 81\ 250 = 0.015\ 5 > 0.01，取 \rho_{te} = 0.015\ 5$$

④ 计算受拉钢筋应变的不均匀系数 Ψ：

$$\Psi = 1.1 - \frac{0.65 f_{tk}}{\rho_{te} \sigma_{sk}} = 1.1 - \frac{0.65 \times 1.54}{0.015\,5 \times 218.3} = 0.804,\ 0.2 < 0.804 < 1.0$$

⑤ 计算最大裂缝宽度 ω_{max}：

混凝土保护层厚度 $c = 25\,mm > 20\,mm$，HRB400，$v = 1.0$，$d_{eq} = d/v = 20\,mm$，

$$\omega_{max} = 2.1 \Psi \frac{\sigma_{sk}}{E_s} \left(1.9c + 0.08 \frac{d_{eq}}{\rho_{te}} \right)$$

$$= 2.1 \times 0.804 \times \frac{218.3}{2 \times 10^5} \left(1.9 \times 25 + 0.08 \times \frac{20}{0.015\,5} \right)$$

$$= 0.278\,(mm)$$

查《规范》，得最大裂缝宽度的限值 $\omega_{lim} = 0.3\,mm$，

$$\omega_{max} = 0.278\,mm < \omega_{lim} = 0.3\,mm$$

裂缝宽度满足要求。

(三) 受弯构件挠度验算

由材料力学知，弹性匀质材料梁跨中最大挠度计算公式的一般形式为：

$$f = s \cdot \frac{M l^2}{EI} \tag{4-108}$$

式中，s——与荷载形式、支撑条件有关的荷载效应系数；

M——跨中最大弯矩；

l——梁的跨度；

E——材料弹性模量；

I——截面惯性矩；

EI——截面抗弯刚度。

当截面尺寸及材料给定后 EI 为常数，亦即挠度 f 与弯矩 M 为直线关系。

但钢筋混凝土梁的挠度与弯矩的关系是非线性的。因为梁是带裂缝工作的，裂缝处的实际截面减小，即惯性矩减小，导致梁的刚度下降；另一方面，随着弯矩增加，梁塑性变形发展，变形模量也随之减小，即 E 也随之减小。由此可见，钢筋混凝土梁的截面抗弯刚度随着弯矩的大小而变化。同时，随着荷载作用持续时间的增加，钢筋混凝土梁的截面抗弯刚度还将进一步减小，梁的挠度还将进一步增大。故不能用 EI 来表示钢筋混凝土的抗弯刚度。为了区别匀质弹性材料受弯构件的抗弯刚度，用 B_s 表示钢筋混凝土梁在荷载标准效应组合作用下的截面抗弯刚度，简称为短期刚度；用 B 表示钢筋混凝土梁在荷载效应标准组合并考虑荷载长期作用下的截面抗弯刚度，称为构件刚度。

计算钢筋混凝土受弯构件的挠度，实质上是计算它的抗弯刚度 B，一旦求出后，就可以用 B 代替 EI，然后按照弹性材料梁的变形公式即可算出梁的挠度。

1. 受弯构件在荷载效应标准组合下的刚度（短期刚度）B_s 矩形、T 形、倒 T 形、I 字形截面受弯构件短期刚度的公式为：

$$B_s = \frac{E_s A_s h_0^2}{1.15\Psi + 0.2 + \dfrac{6\alpha_E \rho}{1 + 3.5\gamma'_f}} \tag{4-109}$$

式中，ρ——纵向受拉钢筋配筋率；

$\quad\quad \alpha_E$——钢筋弹性模量与混凝土弹性模量之比值；

$\quad\quad \gamma'_f$——T 形、I 字形截面受压翼缘面积与腹板有效面积之比，计算公式为

$$\gamma'_f = \frac{(b'_f - b)h'_f}{bh_0} \tag{4-110}$$

$\quad\quad b'_f$、h'_f——分别为截面受压翼缘的宽度和高度，当 $b'_f > 0.2h_0$ 时，取 $b'_f = 0.2h_0$。

2. 按荷载效应的标准组合并考虑荷载长期作用影响的刚度（构件刚度）B 在长期荷载作用下，主要由于受压区混凝土的徐变变形，以及混凝土的应力松弛、受拉钢筋和混凝土之间黏结滑移徐变等，使钢筋混凝土梁的挠度随时间而不断缓慢增长，抗弯刚度随时间而不断降低，这一过程往往要持续很长时间。

变形验算的条件是要求在荷载效应标准组合作用下并考虑荷载长期作用影响后的构件挠度不超过规定挠度的限值，即 $f_{max} \leqslant f_{lim}$。因此，采用构件刚度来计算构件的挠度，受弯构件刚度可按下式计算：

$$B = \frac{M_k}{M_q(\theta - 1) + M_k} B_s \tag{4-111}$$

式中，M_k——按荷载效应的标准组合计算的弯矩，取计算区段内最大弯矩值；

$\quad\quad M_q$——按荷载效应的准永久组合计算的弯矩，取计算区段内最大弯矩值；

$\quad\quad \theta$——考虑荷载长期作用对挠度增大的影响系数；

$$\theta = 1.6 + 0.4(1 - \rho'/\rho) \tag{4-112}$$

$\quad\quad \rho$、ρ'——分别为纵向受拉钢筋的配筋率 $\left(\rho = \dfrac{A_s}{bh_0}\right)$ 和受压钢筋的配筋率 $\left(\rho' \dfrac{A'_s}{bh_0}\right)$。

[例 4-17] 已知条件同例 4-16，可变荷载的准永久值系数 $\Psi_q = 0.8$，允许挠度为 $l_0/250$，验算该梁的挠度是否满足要求。

解： 由例 4-16 已求得：

$M_k = 146.7 \text{ kN} \cdot \text{m}$，$\sigma_{sk} = 218.3 \text{ N/mm}^2$，$A_{te} = 81\ 250 \text{ mm}^2$，$\rho_{te} = 0.015\ 5$，$\Psi_q = 0.8$。

① 计算按荷载效应的准永久组合的弯矩值：

$$M_q = \frac{1}{8}(g_k + \Psi_q q_k)l_0^2 = \frac{1}{8} \times (18.6 + 0.8 \times 14) \times 6^2 = 134.1(\text{kN} \cdot \text{m})$$

② 计算构件的短期刚度 B_s：

钢筋与混凝土弹性模量的比值：$\quad \sigma_E = \dfrac{E_s}{E_c} = \dfrac{2 \times 10^5}{2.55 \times 10^4} = 7.84$

纵向受拉钢筋配筋率：$\quad \rho = \dfrac{A_s}{bh_0} = \dfrac{1\ 256}{250 \times 615} = 0.008\ 2$

计算短期刚度：

$$B_s = \frac{E_s A_s h_0^2}{1.15\Psi + 0.2 + \dfrac{6\alpha_E \rho}{1 + 3.5\gamma'_f}} = \frac{2.0 \times 10^5 \times 1\ 256 \times 615^2}{1.15 \times 0.804 + 0.2 + \dfrac{6 \times 7.84 \times 0.008\ 2}{1 + 0}} = 6.29 \times 10^{13}(\text{N} \cdot \text{mm}^2)$$

③ 计算构件刚度：未配置受压钢筋，故 $\rho'=0$，$\theta=2.0$。

$$B=\frac{M_k}{M_q(\theta-1)+M_k}\times B_s=\frac{146.7}{134.1\times(2-1)+146.7}\times6.29\times10^{13}=3.29\times10^{13}(\text{N}\cdot\text{mm}^2)$$

④ 计算构件挠度并验算：

$$f=\frac{5}{48}\times\frac{M_k l_0^2}{B}=\frac{5}{48}\times\frac{146.7\times10^6\times6\,000^2}{3.29\times10^{13}}=16.7\text{ mm}<\frac{l_0}{250}=\frac{6\,000}{250}=24\text{ mm}$$

构件挠度满足要求。

➤习题与思考题

1. 钢筋混凝土梁、板与正截面设计有关的主要构造要求有哪些？

2. 如钢筋混凝土构件的裂缝宽度验算不满足要求，可采取什么措施？

3. 受弯构件短期刚度 B_s 与哪些因素有关？如不满足构件变形限值，应如何处理？

4. 某多层现浇框架结构的底层内柱，轴向力设计值 $N=2\,650$ kN，计算长度 $l_0=H=3.6$ m，混凝土强度等级为 C30（$f_c=14.3$ N/mm²），钢筋用 HRB400 级（$f_y'=360$ N/mm²），环境类别为一类。确定柱截面积尺寸及纵筋面积。

5. 某多层现浇框架厂房结构标准层中柱，轴向压力设计值 $N=2\,100$ kN，楼层高 $H=5.60$ m，柱计算长度 $l_0=1.25$ H，混凝土用 C30（$f_c=14.3$ N/mm²），钢筋用 HRB335 级（$f_y'=300$ N/mm²），环境类别为一类。确定该柱截面尺寸及纵筋面积。

6. 已知梁的截面尺寸 $b\times h=200$ mm×500 mm，混凝土强度等级为 C25，$f_c=11.9$ N/mm²，$f_t=1.27$ N/mm²，钢筋采用 HRB335，$f_y=300$ N/mm²，截面弯矩的设计值 $M=165$ kN·m。环境类别为一类。求受拉钢筋截面面积。

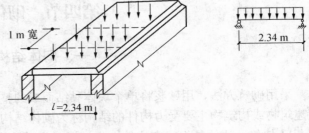

7. 如 7 题图所示单跨简支板，计算跨度 $l=2.34$ m，承受均布荷载 $q_k=3$ kN/m²（不包括板的自重）。C30 混凝土，$f_c=14.3$ N/mm²；HPB235（Ⅰ级）钢筋，$f_y=210$ N/mm²。可变荷载分项系数 $\gamma_Q=1.4$，永久荷载分项系数 $\gamma_G=1.2$，环境类别为一级，钢筋混凝土重度为 25 kN/m³。试确定板厚及受拉钢筋截面面积 A_s。

7 题图

8. 已知梁的截面尺寸为 $b\times h=200$ mm×500 mm，混凝土强度等级为 C40，$f_t=1.71$ N/mm²，$f_c=19.1$ N/mm²，钢筋采用 HRB335（Ⅱ级钢筋），$f_y=300$ N/mm²，截面弯矩设计值 $M=330$ kN·m。环境类别为一类。试计算所需受拉钢筋截面积。

9. 已知 T 形截面梁，截面尺寸如 9 题图所示。混凝土采用 C30，$f_c=14.3$ N/mm²，纵向钢筋采用 HRB400，$f_y=360$ N/mm²。环境类别为一类。若承受的弯矩设计值为 $M=700$ kN·m，试计算所需的

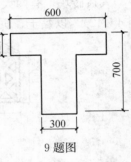

9 题图

受拉钢筋截面面积 A_s。（预计两排钢筋，$a_s = 60$ mm）。

10. 已知某肋形楼盖的次梁，承受弯矩设计值 $M = 410$ kN·m，梁的截面尺寸为 $b \times h = 200$ mm$\times$600 mm，$b_f' = 1\,000$ mm，$h_f' = 90$ mm；混凝土等级为 C20，$f_c = 9.6$ N/mm^2，钢筋采用 HRB335，$f_y = 300$ N/mm^2；环境类别为一类。求受拉钢筋截面面积。

11. 一钢筋混凝土矩形截面简支梁，截面尺寸为 250 mm$\times$500 mm，混凝土强度等级为 C20（$f_t = 1.1$ N/mm^2，$f_c = 9.6$ N/mm^2），箍筋为热轧 HPB235 级钢筋（$f_{yv} = 210$ N/mm^2），纵筋为 3Φ25 的 HRB335 级钢筋（$f_y = 300$ N/mm^2），支座处截面的剪力最大值为 180 kN。试计算所需的箍筋和弯起钢筋的数量。

12. 如 12 题图所示钢筋混凝土矩形截面简支梁，截面尺寸为 250 mm$\times$500 mm，混凝土强度等级为 C20（$f_t = 1.1$ N/mm^2，$f_c = 9.6$ N/mm^2），箍筋为 HPB235 级钢筋（$f_{yv} = 210$ N/mm^2），纵筋为 2Φ25 和 2Φ22 的 HRB400 级钢筋（$f_y = 360$ N/mm^2）。试按两种方案配置腹筋：①只配箍筋；②既配箍筋又配弯起钢筋。

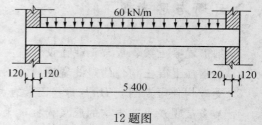

12 题图

13. 承受均布荷载的矩形截面简支梁，计算跨度 $l_0 = 6.0$ m，活荷载标准值 $q_k = 12$ kN/m，准永久值系数 $\Psi_q = 0.5$。截面尺寸为 $b \times h = 200$ mm$\times$400 mm，混凝土等级为 C25，HRB335 级钢筋 4Φ16，环境类别为一类。试验算梁的跨中最大挠度是否符合要求。

14. 某屋架下弦杆按轴心受拉构件设计，截面尺寸为 200 mm$\times$200 mm，混凝土强度等级为 C30，钢筋为 HRB400 级 4Φ18，环境类别为一类。荷载效应标准组合的轴向拉力 $N_k = 160$ kN。试对其进行裂缝宽度验算。

第四节　砌体结构

一、砌体结构材料

采用砌筑方法，用砂浆将单个块体黏结而成的整体称为砌体；由砌体组成的墙、柱等构件作为建筑物或构筑物主要受力构件的结构称为砌体结构。砌体材料包括块体和砂浆。

1. 块体　块体是组成砌体的主要材料。我国目前在建筑中采用的块体主要有以下几种。

人造砖块，有两大类：一类是烧结砖，包括烧结普通砖和烧结多孔砖（孔洞率不小于 25%，图 4-42），以黏土、页岩、煤矸石或粉煤灰为主要原料，经过焙烧而成。烧结普通砖的外形尺

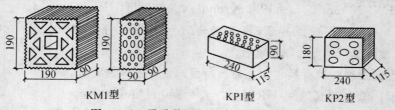

图 4-42　承重黏土空心砖（单位：mm）

寸是 240 mm×115 mm×53 mm。另一类是蒸压砖，包括蒸压灰砂砖和蒸压粉煤灰砖。

　　砌块，即混凝土小型空心砌块，由普通混凝土或轻骨料混凝土制成，主规格尺寸为390 mm×190 mm×190 mm，空心率在 25%～50% 之间（图 4-43）。

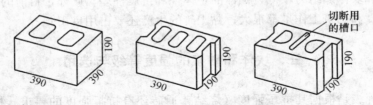

图 4-43　混凝土小型空心砌块（单位：mm）

　　天然石块，包括毛石和料石，其厚度不小于 200 mm。未经加工的形状不规则石材为毛石；经加工的石材称为料石，又分为细料石、半细料石、粗料石和毛料石。石材一般都采用石灰石、花岗岩、砂岩等重天然石，其重力密度大于 18 kN/m³。石材强度高，耐久性好，多用于基础及挡土墙等。其导热系数较高，如用作墙体，往往需要较大的厚度。

　　2. 砂浆　砂浆是由胶凝材料（如水泥、石灰等）及细骨料（如粗沙、中沙、细沙）加水搅拌而成的黏结块体材料。其主要作用是：黏结块体形成受力整体；找平块体间的接触面，促使应力分布均匀；充填块体间的缝隙，减少其透风性，提高砌体的隔热和抗冻性能。

　　砂浆按其组成材料不同可分为水泥砂浆、混合砂浆、柔性砂浆和砌块专用砂浆。

二、砌体和砌体构件

　　根据砌体的块体类型，砌体可分为砖砌体、石砌体和砌块砌体；根据砌体内是否配筋，又可分为无筋砌体和配筋砌体。我国目前最广泛采用的砌体是无筋砖砌体。

　　在砌体砌筑时，各层块体间的竖向缝隙应当错开搭砌，不允许竖向通缝存在。例如，砖的砌筑方式就有一顺一丁、三顺一丁和梅花丁等（图4-44）。

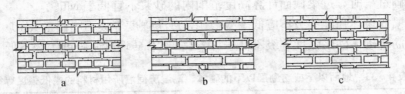

图 4-44　砖砌体的搭砌方式
a. 一顺一丁　b. 三顺一丁　c. 梅花丁

　　根据砌体受力形式的不同，砌体构件主要分为受压构件（承受轴力 N 或轴力 N 与弯矩共同作用）、受弯构件（承受弯矩 M 和剪力 V）、受拉构件和受剪构件。房屋建筑中量大面广的砌体构件是受压构件，如墙、柱、基础等。

　　砌体结构存在一系列优点，可就地取材，来源方便，可以节省水泥、钢材以及木材，较为经济；具有良好的耐火和耐久性；保温、隔热性能较好；施工简单。因而在单层、低层和多层房屋中被广泛采用。

砌体结构的缺点，首先是强度低，需要较大截面尺寸才能满足承载力要求，因而结构自重也大；其次是砂浆和块体黏结力较低，砌体的整体性和抗震性差；此外，目前的砌筑大都是手工方式操作，劳动强度和砌筑工作量都很大；黏土砖的生产还要占用良田。

三、块体和砂浆的强度等级与选用

块体的强度等级是根据其抗压强度（烧结普通砖还有抗折强度的要求）标准值的大小划分的，是确定砌体在各种受力情况下强度的基础。

块体的强度等级用符号"MU"加相应数字表示，其数字表示抗压强度整数值，单位为MPa（即 N/mm²）。烧结普通砖、烧结多孔砖的强度等级分为 MU10～MU30 共 5 级，蒸压灰砂砖、蒸压粉煤灰砖分为 MU10～MU25 共 4 级，砌块分为 MU5～MU50 共 5 级，石材的强度等级分为 MU20～MU100 共 7 级。

砂浆的强度等级分为 M2.5～M15 共 5 级，M 后的数字表示抗压强度值（单位为MPa）。

砌体结构中的块体应具有足够的强度，以满足对承载能力的要求。同时，块体应有良好的耐久性（主要是抗冻性）、较好的保温性和隔热性能。

砌体结构中的砂浆不但应具有足够的强度，还应该具有一定的和易性（可塑性）以便于砌筑，具有一定的保水性以保证砂浆硬化所需要的水分。一般情况下，砌体常采用混合砂浆砌筑，而地面以下或防潮层以下的砌体及潮湿房间的墙体，则采用水泥砂浆。

砌体结构应从其受力大小、环境潮湿状况等情况，选择具有足够强度等级的材料。

① 5 层及 5 层以上房屋，以及受震动或层高大于 6m 的墙、柱所用材料的最低强度等级，砖为 MU10、砌块为 MU30，砂浆为 M5。对安全等级为一级或设计使用年限大于 50 年的房屋，其墙、柱所用材料的最低强度等级应至少提高一级。

② 潮湿环境下的墙体，所用材料的最低强度等级应满足表 4-33 的要求。

③ 夹心墙的混凝土砌块强度等级不应低于 MU10。

④ 采用砖砌过梁时，过梁截面计算高度范围内的砂浆不宜低于 M5。

⑤ 承重墙梁的块体强度等级不应低于 MU10，砂浆强度等级不应低于 M10。

⑥ 网状配筋砖砌体砂浆强度等级不低于 M7.5；组合砖墙砂浆强度等级不低于 M5。

表 4-33　地面以下或防潮层以下的砌体、潮湿房间墙所用材料的最低强度等级

基土的潮湿程度	烧结普通砖蒸压灰砂砖		混凝土砌块	石材	水泥砂浆
	严寒地区	一般地区			
稍潮湿	MU10	MU10	MU7.5	MU30	M5
很潮湿	MU15	MU10	MU7.5	MU30	M7.5
含水饱和	MU20	MU15	MU10	MU40	M10

四、砌体的强度

抗压强度是砌体最主要的性能，其次还有抗拉强度和抗剪强度等。砌体的强度主要取决于块体和砂浆的强度等级，以及其在砌体中的受力状态、施工质量等因素。

龄期为 28 d 的以毛截面计算的各类砌体强度设计值，当施工质量控制等级为 B 级时，按表 4-34～表 4-39 采用。对施工阶段砂浆尚未硬化的新砌砌体的强度和稳定性，可查各表中"砂浆强度为 0"的数值进行验算。

表 4-34　烧结普通砖和烧结多孔砖砌体的抗压强度设计值（MPa）

砖强度等级	砂浆强度等级					砂浆强度
	M15	M10	M7.5	M5	M2.5	0
MU30	3.94	3.27	2.93	2.59	2.26	1.15
MU25	3.60	2.98	2.68	2.37	2.06	1.05
MU20	3.22	2.67	2.39	2.12	1.84	0.94
MU15	2.79	2.31	2.07	1.83	1.60	0.82
MU10	—	1.89	1.69	1.50	1.30	0.67

表 4-35　蒸压灰砂砖和蒸压粉煤灰砖砌体的抗压强度设计值（MPa）

砌块强度等级	砂浆强度等级				砂浆强度
	M15	M10	M7.5	M5	0
MU25	3.60	2.98	2.68	2.37	1.05
MU20	3.22	2.67	2.39	2.12	0.94
MU15	2.79	2.31	2.07	1.83	0.82
MU10	—	1.89	1.69	1.50	0.67

表 4-36　单排孔混凝土和轻骨料混凝土砌块砌体的抗压强度设计值（MPa）

砌块强度等级	混凝土砌块砌筑砂浆的强度等级				砂浆强度
	Mb15	Mb10	Mb7.5	Mb5	0
MU20	5.68	4.95	4.44	3.94	2.33
MU15	4.61	4.02	3.61	3.20	1.89
MU10	—	2.79	2.50	2.22	1.31
MU7.5			1.93	1.71	1.01
MU5				1.19	0.70

注：① 错孔砌筑的砌体，按表中数值乘以 0.8。
② 独立柱或厚度为双排组砌的砌块砌体，按表中数值乘以 0.7。
③ T 形截面砌体，按表中数值乘以 0.85。
④ 轻骨料混凝土砌块为煤矸石和水泥煤渣混凝土砌块。

表 4-37　块体高度为 180～350 mm 的毛料石砌体的抗压强度设计值（MPa）

毛料石强度等级	砂浆强度等级			砂浆强度
	M7.5	M5	M2.5	0
MU100	5.42	4.80	4.18	2.13
MU80	4.85	4.29	3.73	1.91
MU60	4.20	3.71	3.23	1.65
MU50	3.83	3.39	2.95	1.51
MU40	3.43	3.04	2.64	1.35
MU30	2.97	2.63	2.29	1.17
MU20	2.42	2.15	1.87	0.95

注：对下列各类料石砌体，应按表中数值分别乘以系数：细料石砌体×1.5，半细料石砌体×1.3，粗料石砌体×1.2，干砌勾缝石砌体×0.8

表 4-38　毛石砌体的抗压强度设计值（MPa）

毛石强度等级	砂浆强度等级			砂浆强度
	M7.5	M5	M2.5	0
MU100	1.27	1.12	0.98	0.34
MU80	1.13	1.00	0.87	0.30
MU60	0.98	0.87	0.76	0.26
MU50	0.90	0.80	0.69	0.23
MU40	0.80	0.71	0.62	0.21
MU30	0.69	0.61	0.53	0.18
MU20	0.56	0.51	0.44	0.15

表 4-39　沿砌体灰缝截面破坏时砌体的轴心抗拉、弯曲抗拉和抗剪强度设计值（MPa）

强度类别	破坏特征及砌体种类	砂浆强度等级			
		≥M10	M7.5	M5	M2.5
轴心抗拉	烧结普通砖、烧结多孔砖	0.19	0.16	0.13	0.09
	蒸压灰砂砖、蒸压粉煤灰砖	0.12	0.10	0.08	0.06
	混凝土砌块	0.09	0.08	0.07	—
沿齿缝	毛石	0.08	0.07	0.06	0.04
弯曲抗拉	烧结普通砖、烧结多孔砖	0.33	0.29	0.23	0.17
	蒸压灰砂砖、蒸压粉煤灰砖	0.24	0.20	0.16	0.12
	混凝土砌块	0.11	0.09	0.08	—
沿齿缝	毛石	0.13	0.11	0.09	0.07

（续）

强度类别	破坏特征及砌体种类	砂浆强度等级			
		≥M10	M7.5	M5	M2.5
抗剪	烧结普通砖、烧结多孔砖	0.17	0.14	0.11	0.08
	蒸压灰砂砖、蒸压粉煤灰砖	0.12	0.10	0.08	0.06
	混凝土砌块	0.08	0.06	0.05	—
	烧结普通砖、烧结多孔砖	0.17	0.14	0.11	0.08
	蒸压灰砂砖、蒸压粉煤灰砖	0.12	0.10	0.08	0.06
	混凝土砌块	0.09	0.08	0.06	—
	毛石	0.21	0.19	0.16	0.11

（沿通缝）

注：① 对形状规则的块体砌体，当搭接长度与块体高度的比值小于 1 时，其轴心抗拉强度设计值 f_t 和弯曲抗拉强度设计值 f_{tm} 按表中数值乘以搭接长度与块体高度比值后采用。

② 孔洞率不大于 35% 的双排孔或多排孔轻骨料混凝土砌块砌体抗剪强度设计值，可按表中混凝土砌块砌体抗剪强度设计值乘以 1.1。

③ 对蒸压灰砂砖、蒸压粉煤灰砖砌体，烧结页岩砖、烧结煤矸石砖、烧结粉煤灰砖砌体，当有可靠的试验数据时，表中数值允许作适当调整。

对于下列情况的各类砌体，其砌体强度设计值应乘以调整系数 γ_a。

（1）有吊车房屋砌体，跨度≥9 m 的梁下烧结普通砖砌体，跨度≥7.5 m 的梁下烧结多孔砖、蒸压灰砂砖、蒸压粉煤灰砖砌体，混凝土和轻骨料混凝土砌块砌体，γ_a 为 0.9。

（2）无筋砌体，当截面积小于 0.3 m² 时，γ_a 为截面积（m²）加上 0.7。配筋砌体，当其中砌体截面积小于 0.2 m² 时，γ_a 为截面积（m²）加上 0.8。

（3）当砌体用水泥砂浆砌筑时，对于表 4-34～表 4-38 中的数值，γ_a 为 0.9；表 4-39 中的数值，γ_a 为 0.8。

（4）施工质量控制等级为 C 级时，γ_a 为 0.89。

（5）验算施工中的房屋构件时，γ_a 为 1.1。

五、砌体结构构件的设计计算

（一）受压构件的承载力计算

1. 概述 砌体构件承受以压力为主的作用时，称为受压构件，包括轴心受压和偏心受压。偏心受压时截面上弯矩设计值 M 与轴向压力设计值 N 之比值为轴向力的偏心距 e，即：

$$e = \frac{M}{N} \tag{4-113}$$

砌体受压构件分为短柱和长柱，以高厚比 β 大小来判定，当 $\beta \leqslant 3$ 时为短柱。

矩形截面：
$$\beta = \gamma_\beta \frac{H_0}{h} \qquad (4-114)$$

T 形截面：
$$\beta = \gamma_\beta \frac{H_0}{h_{\mathrm{T}}} \qquad (4-115)$$

式中，H_0——受压构件的计算高度；

      h——矩形截面轴向力偏心方向的边长，当为轴心受压时为截面较小边长；

      h_{T}——T 形截面的折算厚度，可取 $h_{\mathrm{T}} = 3.5i$，i 为截面回转半径；

      γ_β——不同砌体材料的高厚比修正系数，烧结普通砖、烧结多孔砖取 1.0；砌块取 1.1；蒸压灰砂砖、蒸压粉煤灰砖、细料石、半细料石取 1.2；粗料石和毛石取 1.5。

砌体受压构件的承载力计算方法是计算轴压力设计值作用下的构件截面最大压应力，使其不超过砌体抗压强度设计值。

2. 轴心受压构件　对于轴心受压短柱，$e=0$ 且 $\beta \leqslant 3$。在轴向力设计值 N 的作用下，构件截面上面积 A 上的应力均匀分布，在承载力极限状态时，截面应力达到砌体强度。故有：

$$\frac{N}{A} \leqslant f \qquad (4-116)$$

对于轴心受压长柱，$e=0$ 且 $\beta > 3$。由于偶然偏心（如轴线弯曲、荷载作用位置偏离、材料不均匀等）使构件产生附加弯曲应力，长柱截面边缘最大压应力将大于相同条件下的短柱截面压应力，即长柱受压承载力小于短柱（细长柱还有可能失稳破坏）。取 $\varphi_0 =$ 长柱承载力/短柱承载力，φ_0 称为轴心受压稳定系数。则轴心受压长柱承载力计算式为：

$$\frac{N}{\varphi_0 A} \leqslant f \qquad (4-117)$$

$$\varphi_0 = \frac{1}{1 + \alpha \beta^2} \qquad (4-118)$$

式中，α——与砂浆强度等级有关的系数，当砂浆强度等级 $\geqslant$ M5 时，$\alpha = 0.0015$；砂浆强度等级为 M2.5 时，$\alpha = 0.002$；砂浆强度为 0 时，$\alpha = 0.009$。

3. 偏心受压构件　砌体偏心受压柱 $e > 0$，其截面应力为曲线分布，分布情况随偏心距的变化而发生变化（图 4-45）。对于砌体受压构件的长柱，还要考虑纵向弯曲产生的附加偏心距 e_i（图 4-46）的影响。根据研究分析，偏心受压柱承载力计算式为：

$$\frac{N}{\varphi A} \leqslant f \quad 或 \quad N \leqslant \varphi f A \qquad (4-119)$$

$$\varphi = \frac{1}{1 + \left(\dfrac{e + e_i}{i}\right)^2} \qquad (4-120)$$

式中，φ——高厚比与轴向力偏心距对受压构件承载力的影响系数；

      e_i——附加偏心距。

$$e_i = i\sqrt{\frac{1}{\varphi_0} - 1} \qquad (4-121)$$

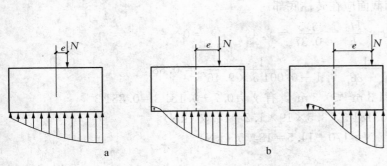

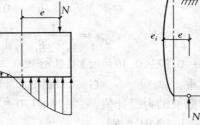

图 4-45　偏心受压柱截面上的应力
a. 全截面受压　b. 截面部分受压

图 4-46　偏心受压长柱的
附加偏心距

计算式中的截面积 A，各类砌体均按毛截面计算。带壁柱墙的翼缘宽度按下列规定采用：多层房屋，当有门窗洞口时，取窗间墙宽度，无门窗洞口时，每侧翼墙宽度取壁柱高度的 $1/3$；单层房屋，取壁柱宽加 $2/3$ 墙高，但不大于窗间墙宽度和相邻壁柱间距离。

对于矩形截面，$i=\sqrt{\dfrac{I}{A}}=\sqrt{\dfrac{1}{12}bh^3/bh}=\dfrac{h}{\sqrt{12}}$，将 i 与 e_i 代入（4-120），有：

$$\varphi=\frac{1}{1+12\left[\dfrac{e}{h}+\sqrt{\dfrac{1}{12}\left(\dfrac{1}{\varphi_0}-1\right)}\right]^2} \tag{4-122}$$

对于偏心受压短柱，$\beta\leqslant3$，计算中取 $\beta=0$，则 $\varphi_0=1$，$e_i=0$，得偏心影响系数为：

$$\varphi=\frac{1}{1+(e/i)^2} \tag{4-123}$$

对于矩形截面，$i=h/\sqrt{12}$，故矩形截面偏心受压短柱的偏心影响系数为：

$$\varphi=\frac{1}{1+12(e/h)^2} \tag{4-124}$$

4. 计算公式的适用范围　当偏心距较大时，构件截面的受拉边将出现水平裂缝，从而导致截面面积 A 的减小、构件刚度降低、纵向弯曲影响增大，构件承载力显著降低。因此，受压构件承载力计算公式（4-119）的适用条件是：

$$e<0.6y \tag{4-125}$$

式中，y——截面重心到轴向力所在偏心方向截面边缘的距离。

上式不能满足时，应采取适当措施，如增大截面尺寸，使 y 值增加；或在梁端或屋架端部支承处设置带中心装置的垫块或带缺口整块，以减小偏心距；或采用组合砖砌体。

在利用有关公式进行砌体受压构件承载力计算时，一般先选择构件截面尺寸和材料强度等级，然后进行承载力验算。矩形截面构件当轴向力偏心方向的截面边长大于另一方向的边长时，除按偏心受压计算外，还应对较小边长方向按轴心受压承载力进行验算。

[**例 4-18**] 截面尺寸为 370 mm×490 mm 的砖柱，采用强度等级为 MU10 的烧结普通砖和 M5 混合砂浆砌筑，柱顶承受轴心压力设计值 $N=170$ kN，砖柱高度 $H=3.5$ m，计算长度 $H_0=$

H，试验算该柱承载力是否满足要求？

解： 该柱为轴心受压，控制截面应在砖柱底部。

$$\beta = \frac{H_0}{h} = \frac{3.5}{0.37} = 9.46 \qquad e = 0$$

$$\varphi_0 = \frac{1}{1 + \alpha\beta^2} = \frac{1}{1 + 0.0015 \times 9.46^2} = 0.88$$

由于 $A = 0.37 \times 0.49 = 0.1813 \text{ m}^2 < 0.3 \text{ m}^2$，有 $\gamma_a = 0.7 + 0.1813 = 0.8813$

砖柱自重： $\qquad G = 0.1813 \times 3.5 \times 19 \times 1.2 = 14.5 \text{ (kN)}$

则控制截面轴力设计值： $\qquad N = 170 + 14.5 = 184.5 \text{ (kN)}$

查得 $f = 1.5 \text{ MPa}$，则：

$$\frac{N}{\varphi A} = \frac{184\,500}{0.88 \times 0.1813 \times 10^6} = 1.16 \text{ MPa} < \gamma_a f = 0.8813 \times 1.5 = 1.32 \text{ MPa}$$

故承载力满足要求。

[例 4-19] 截面尺寸为 $490 \text{ mm} \times 740 \text{ mm}$ 的砖柱，采用 MU10 烧结普通砖、M5 混合砂浆砌筑（$f = 1.50 \text{ MPa}$），该柱 2 个方向的计算高度均为 $H_0 = 5.9 \text{ m}$，试验算该柱在轴向力设计值 $N_1 = 50 \text{ kN}$、$N_2 = 200 \text{ kN}$ 同时作用下（作用位置见图 4-47）的承载力是否满足要求？

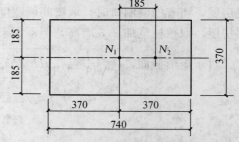

图 4-47 例 4-19 题图（单位：mm）

解： 构件截面长向为偏心受压，短向为轴心受压。

① 偏心受压方向：

$$e = \frac{M}{N} = \frac{200 \times 185}{50 + 200} = 148 \text{ mm} < 0.6y = 0.6 \times 370 = 222 \text{ mm} \quad \text{满足适用条件要求。}$$

由 $\beta = \frac{H_0}{h} = \frac{5.9}{0.74} = 8$，$\alpha = 0.0015$，有：

$$\varphi_0 = \frac{1}{1 + \alpha\beta^2} = \frac{1}{1 + 0.0015 \times 8^2} = 0.912$$

$$\varphi = \frac{1}{1 + 12\left[\frac{e}{h} + \sqrt{\frac{1}{12}\left(\frac{1}{\varphi_0} - 1\right)}\right]^2} = \frac{1}{1 + 12\left[\frac{148}{740} + \sqrt{\frac{1}{12}\left(\frac{1}{0.912} - 1\right)}\right]^2} = 0.50$$

$$A = 0.74 \times 0.49 = 0.3626 \text{ m}^2 > 0.3 \text{ m}^2$$

则：

$$\frac{N}{\varphi A} = \frac{(50 + 200) \times 10^3}{0.5 \times 0.3626 \times 10^6} = 1.379 \text{ MPa} < f = 1.5 \text{ MPa}$$

故承载力满足要求。

② 轴心受压方向：

$$\beta = \frac{H_0}{h} = \frac{5.9}{0.49} = 12, \quad e = 0$$

$$\varphi_0 = \frac{1}{1 + \alpha\beta^2} = \frac{1}{1 + 0.0015 \times 12^2} = 0.82$$

因为 $\varphi_0 > \varphi$，故承载力满足要求。

[**例 4 - 20**] 某单层单跨无吊车工业厂房窗间墙截面尺寸如图 4 - 48 所示，计算高度 $H_0 = 6.5\ \mathrm{m}$，采用 MU10 烧结普通砖、M2.5 混合砂浆（$f = 1.30\ \mathrm{MPa}$），墙体承受轴压力设计值 $N = 325\ \mathrm{kN}$，弯矩设计值 $M = 40.3\ \mathrm{kN \cdot m}$；荷载偏向翼缘，试验算该墙体承载力是否满足要求。

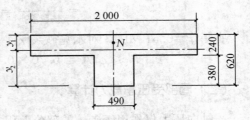

图 4 - 48　例 4 - 20 题图（单位：mm）

解： 本例为 T 形截面的偏心受压情况，需要计算折算厚度 h_T。

① 截面几何特征：

$$A = 2\,000 \times 240 + 490 \times 380 = 666\,200\ \mathrm{mm}^2 = 0.666\,2\ \mathrm{m}^2 > 0.3\ \mathrm{m}^2$$

$$y_1 = \frac{2\,000 \times 240 \times 120 + 490 \times 380 \times (240 + 190)}{666\,200} = 206.6\,(\mathrm{mm})$$

$$y_2 = 620 - 206.6 = 413.4\,(\mathrm{mm})$$

$$I = \frac{1}{12} \times 2\,000 \times 240^3 + 2\,000 \times 240 \times (206.6 - 120)^2 +$$

$$\frac{1}{12} \times 490 \times 380^3 + 490 \times 380 \times (413.4 - 190)^2 = 1.744 \times 10^{10}\,(\mathrm{mm}^4)$$

$$i = \sqrt{\frac{I}{A}} = \sqrt{\frac{1.744 \times 10^{10}}{666\,200}} = 161.8\,(\mathrm{mm}) \quad h_\mathrm{T} = 3.5i = 3.5 \times 161.8 = 566\,(\mathrm{mm})$$

② 求影响系数 φ：

$$e = \frac{M}{N} = \frac{40\,300}{325} = 124\ \mathrm{mm} = 0.6y_1 = 0.6 \times 206.6 = 124\ \mathrm{mm}$$

由 $\beta = \dfrac{H_0}{h_\mathrm{T}} = \dfrac{6\,500}{566} = 11.48$，$\alpha = 0.002$，有：

$$\varphi_0 = \frac{1}{1 + \alpha\beta^2} = \frac{1}{1 + 0.002 \times 11.48^2} = 0.791$$

$$\varphi = \frac{1}{1 + 12\left[\dfrac{e}{h_\mathrm{T}} + \sqrt{\dfrac{1}{12}\left(\dfrac{1}{\varphi_0} - 1\right)}\right]^2} = \frac{1}{1 + 12\left[\dfrac{124}{566} + \sqrt{\dfrac{1}{12}\left(\dfrac{1}{0.791} - 1\right)}\right]^2} = 0.38$$

③ 承载力验算：

$$\frac{N}{\varphi A} = \frac{325 \times 10^3}{0.38 \times 666\,200} = 1.284\ \mathrm{MPa} < f = 1.30\ \mathrm{MPa}$$

故承载力满足要求。

[**例 4 - 21**] 厚度为 400 mm 的毛石墙，采用强度等级 MU20 的毛石、M5 水泥砂浆砌筑，墙体计算高度 $H_0 = 4.5\ \mathrm{m}$，试计算该墙轴心受压时所能承受的轴向力设计值。

解： 取 1 m 长的墙体进行计算，$A = 0.4 \times 1 = 0.4\ \mathrm{m}^2$。

对毛石砌体，取 $\gamma_\beta = 1.5$，M5 水泥砂浆 $\alpha = 0.001\,5$，则：

$$\beta = \gamma_\beta \frac{H_0}{h} = 1.5 \times \frac{4.5}{0.4} = 16.9$$

$$\varphi_0 = \frac{1}{1+\alpha\beta^2} = \frac{1}{1+0.0015 \times 16.9^2} = 0.70$$

查得 $f = 0.51\,\text{MPa}$，对水泥砂浆 $\gamma_a = 0.9$，则该墙所能承受的轴心力设计值为：

$$N \leqslant \varphi f A = 0.70 \times 0.9 \times 0.51 \times 0.4 \times 10^3 = 128.5(\text{kN})$$

（二）局部受压承载力计算

当轴向压力仅作用于砌体的部分面积上时，称为局部受压，是砌体结构中常见的一种受力状态。砌体局部受压可分为局部均匀受压和局部非均匀受压 2 种情况。

严格意义上的局部均匀受压很难找到，但一般把支承墙或柱的基础顶面的受压作为局部均匀受压，洞口过梁及墙架下砌体也看作局部均匀受压。

梁端或屋架端部支承处的砌体受压情况则属于局部非均匀受压。

1. 局部受压时的砌体强度　试验表明，在局部受压时，按局部受压面积计算的砌体强度高于砌体全截面受压的强度，当砌体全截面的抗压强度为 f 时，局部受压的砌体抗压强度则为 γf，γ 为砌体局部抗压强度提高系数。根据试验分析结果，γ 可按下式计算：

$$\gamma = 1 + 0.35\sqrt{\frac{A_0}{A_1} - 1} \tag{4-126}$$

式中，A_1——局部受压面积；

　　　　A_0——影响局部抗压强度的计算面积。

为避免 A_0/A_1 过小、对 γ 估计过高而可能出现危险的劈裂破坏，对 γ 值的规定如下：①中部受压（图 4-49a），$\gamma \leqslant 2.5$；②边部受压（图 4-49b），$\gamma \leqslant 2.0$；③角部受压（图 4-49c），$\gamma \leqslant 1.5$；④端部受压（图 4-49d），$\gamma \leqslant 1.25$；⑤对多孔砖砌体，以及用 Cb20 混凝土灌孔的混凝土砌块砌体，中部和边部受压的情况应取 $\gamma \leqslant 1.5$。未灌孔的混凝土砌块砌体，取 $\gamma = 1.0$。

影响局部抗压强度的计算面积

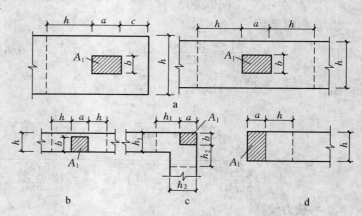

图 4-49　影响局部抗压强度的面积 A_0

A_0 可按"厚度延长"原则确定。图 4-49a 的情况，$A_0 = (a+c+h)h$，$c \leqslant h$；图 4-49b 的情况，$A_0 = (a+2h)h$；图 4-49c 的情况，$A_0 = (h_1+a)h_1 + (h_2+b-h_1)h_2$；图 4-49d 的情况，$A_0 = (a+h)h$。

2. 局部均匀受压　砌体截面受局部均匀压力时，局部受压面积 A_1 上轴向力设计值 N_1 应满足下式：

$$\frac{N_1}{A_1} \leqslant \gamma f \quad 或 \quad N_1 \leqslant \gamma f A_1 \tag{4-127}$$

[**例 4 - 22**] 截面为 240 mm 宽的钢筋混凝土过梁，支承在 240 mm 厚砖墙上，支承长度为 150 mm（图 4 - 50）。砖墙采用 MU10 烧结普通砖、M2.5 混合砂浆（$f = 1.30$ MPa）；过梁传至墙上的支承压力设计值为 4.5 kN，试验算过梁支承处砖墙的局部受压是否满足要求。

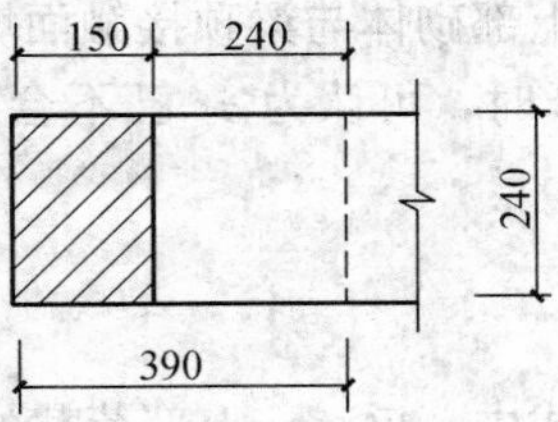

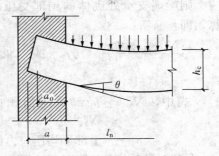

图 4 - 50 例 4 - 22 题图
（单位：mm）

解： 过梁端部下砌体按局部均匀受压考虑：

$$A_1 = 150 \times 240 = 36\ 000(\text{mm}^2)$$

$$A_0 = (150 + 240) \times 240 = 93\ 600(\text{mm}^2)$$

则有：$\gamma = 1 + 0.35\sqrt{\dfrac{A_0}{A_1} - 1} = 1 + 0.35 \times \sqrt{\dfrac{93\ 600}{36\ 000} - 1} = 1.44 > 1.25$

取 $\gamma = 1.25$，则：

$$\frac{N_1}{A_1} = \frac{4\ 500}{36\ 000} = 0.125\ \text{MPa} < \gamma f = 1.25 \times 1.30 = 1.625\ \text{MPa}$$

故满足要求。

3. 梁端支承处砌体的局部非均匀受压 当梁直接支承在砌体上时（图 4 - 51），若梁的支承长度为 a，但由于梁的变形及支承处砌体的压缩变形等影响，梁端有上翘的趋势，因而梁的有效支承长度（即支承压力或砌体压应力的分布长度）a_0 将不同于 a（$a_0 \leqslant a$），a_0 与梁的刚度、砌体性能及梁上荷载有关。当梁的刚度大时，梁的变形较小，a_0 较大；当砌体的强度高时，砌体变形较小，梁与砌体的接触面积较小，a_0 较小；当梁上荷载较大即支承压力 N_1 较大时，梁与砌体的接触面积较大，即 a_0 较大。a_0 的简化计算公式如下。

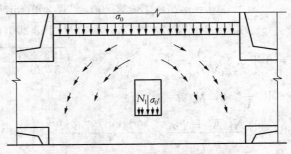

图 4 - 51 梁端有效支承长度

$$a_0 = 10\sqrt{h_c/f} \tag{4 - 128}$$

式中，h_c——梁的截面高度，mm；

f——砌体的抗压强度设计值。

则梁端下砌体局部受压面积 $A_1 = a_0 b$，b 为梁截面宽度。

作用在梁端砌体局部受压面积上的压力，除支承压力 N_1 外，还应考虑上部墙体传下荷载的影响。如图 4 - 52 所示，设上部荷载产生的平均压应力为 σ_0，而 σ_0 传至梁底支承处砌体的局部受压面积的应力数值，取决于梁顶与砌体接触面的状态。当 σ_0/f 较小，梁上荷载增加时，由于梁端底部砌体局部变形较大，原压在梁端的砌体与梁顶接触面减小，甚至脱开形成内拱，因而作用在这部分的上部荷载将通过砌体中的内拱卸至两边砌体，使砌体应力发生重分布；随着 σ_0/f 增

图 4 - 52 上部荷载在梁端的传递

大，上部砌体与梁顶接触面增加，内拱作用减弱。内拱作用的大小可间接用 A_0/A_1 估计，当 $A_0/A_1 \geqslant 3$ 时，可认为 σ_0 已不会传至梁端支承处的砌体面积上。则传至梁下支承面的应力 σ_0' 可表达为：

$$\sigma_0' = \Psi \sigma_0 \qquad (4-129)$$
$$\Psi = 0.5(3 - A_0/A_1) \qquad (4-130)$$

式中，Ψ——上部荷载的折减系数，当 $A_0/A_1 \geqslant 3$ 时，取 $\Psi = 0$。

从以上分析可知，作用于砌体局部受压面积上的平均压应力是 $N_1/A_1 + \Psi \sigma_0$，但是压应力分布是不均匀的（图 4-53），其最大压应力值 σ_{max} 可表达为：

$$\sigma_{max} = \frac{N_1/A_1 + \Psi \sigma_0}{\eta} \qquad (4-131)$$

式中，η——梁端底面压应力图形的完整系数，一般可取 0.7，对于过梁可取 1.0。

则梁端支承处砌体的局部受压承载力可按 $\sigma_{max} \leqslant \gamma f$ 计算，即：

$$\frac{N_1/A_1 + \Psi \sigma_0}{\eta} \leqslant \gamma f \quad \text{或} \quad \Psi N_0 + N_1 \leqslant \eta \gamma f A_1$$
$$(4-132)$$

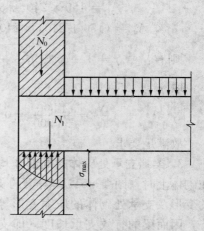

图 4-53　梁端砌体压应力分布

式中，N_0——局部受压面积内上部轴向力设计值，$N_0 = \sigma_0 A_1$；

σ_0——上部平均压应力设计值。

[例 4-23] 某钢筋混凝土梁截面尺寸 $b \times h = 200\ \text{mm} \times 450\ \text{mm}$，支承在 240 mm 厚的窗间墙上，支承长度 $a = 240\ \text{mm}$；窗间墙截面尺寸为 240 mm × 1 240 mm（图 4-54），采用 MU10 烧结普通硅、M2.5 混合砂浆砌筑（$f = 1.30\ \text{MPa}$），梁端支承反力设计值 $N_1 = 50\ \text{kN}$，上部荷载设计值产生的轴向力为 145 kN，试验算梁端支承处砌体的局部受压承载力是否满足要求。

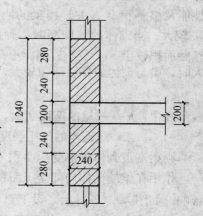

图 4-54　例 4-23 题图
（单位：mm）

解： $a_0 = 10\sqrt{h_c/f} = 10 \times \sqrt{450/1.30} = 186\ \text{mm} < a = 240\ \text{mm}$

$A_1 = a_0 b = 186 \times 200 = 37\ 200 (\text{mm}^2)$

$A_0 = 240 \times (240 \times 2 + 200) = 163\ 200 (\text{mm}^2)$

$\gamma = 1 + 0.35\sqrt{\dfrac{A_0}{A_1} - 1} = 1 + 0.35 \times \sqrt{\dfrac{163\ 200}{37\ 200} - 1} = 1.64 < 2$

因 $\dfrac{A_0}{A_1} > 3$，故 $\Psi = 0$

$\dfrac{N_1/A_1 + \Psi \sigma_0}{\eta} = \dfrac{50\ 000/37\ 200}{0.7} = 1.92\ \text{MPa} < \gamma f = 1.64 \times 1.30 = 2.13\ \text{MPa}$

满足要求。

（三）受拉、受弯和受剪构件的承载力

砌体受拉构件、受弯构件和受剪构件的承载力计算是利用材料力学公式计算构件控制截面上的最大应力设计值，使之不超过相应砌体强度设计值。

1. 轴心受拉构件　轴心受拉构件能够承受的轴心拉力设计值 N_t 为：

$$\frac{N_t}{A} \leqslant f_t \quad \text{或} \quad N_t \leqslant A f_t \tag{4-133}$$

式中，f_t——砌体轴心抗拉强度设计值。

2. 受弯构件　砌体受弯构件应进行受弯计算和受剪计算。受弯构件能够承受的弯矩设计值 M 为：

$$\frac{M}{W} \leqslant f_{tm} \quad \text{或} \quad M \leqslant W f_{tm} \tag{4-134}$$

式中，W——截面抵抗矩；

f_{tm}——砌体弯曲抗拉强度设计值，MPa。

受弯构件能够承受的剪力设计值 V 为：

$$\frac{V}{bz} \leqslant f_v \quad \text{或} \quad V \leqslant bz f_v \tag{4-135}$$

式中，f_v——砌体的抗剪强度设计值；

b——截面宽度；

z——内力臂，$z=$ 截面惯性矩 $I/$ 截面面积矩 S，矩形截面 $z=$ 截面高度 $h \times 2/3$。

3. 受剪构件　沿通缝或沿阶梯形截面破坏时，受剪构件能够承受的剪力设计值 V 为：

$$\frac{V}{A} \leqslant f_v + \alpha \mu \sigma_0 \quad \text{或} \quad V \leqslant (f_v + \alpha \mu \sigma_0)A \tag{4-136}$$

式中，A——水平截面面积，当有孔洞时，取净截面面积；

f_v——砌体抗剪强度设计值；

α——修正系数，$\gamma_G = 1.2$ 和 1.35 时，砖砌体取 0.60 和 0.64；混凝土砌块砌体取 0.64 和 0.66；

μ——剪压复合受力影响系数：当 $\gamma_G = 1.2$ 时，$\mu = 0.26 - 0.082\sigma_0/f$；当 $\gamma_G = 1.35$ 时，$\mu = 0.23 - 0.065\sigma_0/f$；

σ_0/f——轴压比，且不大于 0.8；

σ_0——永久荷载设计值产生的水平截面平均压应力值；

f——砌体的抗压强度设计值。

[例 4-24]　某圆形水池，池壁厚 490 mm，采用 MU15 烧结普通砖、M10 水泥砂浆砌筑，池壁承受的环向拉力设计值 $N_t = 73$ kN/m，要求验算池壁的抗拉承载力是否满足要求。

解：
$$A = 490 \times 1\,000 = 490\,000 \text{ mm}^2$$

$$\frac{N_t}{A} = \frac{73\,000}{490\,000} = 0.149 \text{ MPa} < \gamma_a f_t = 0.8 \times 0.19 = 0.15 \text{ MPa}$$

满足要求。

[**例 4 - 25**] 某矩形浅水池壁高 $H = 1.5$ m，采用 MU10 砖、M10 水泥砂浆砌筑，壁厚 620 mm，验算池壁在静水压力下的承载力（略去自重产生的垂直压应力，对于水池结构重要性系数 $\gamma_0 = 1.1$，池壁按悬臂梁计算）。

解： ① 静水压力按三角形分布，在池壁根部产生的弯矩和剪力最大：

$$M = 1.1 \times \frac{1}{6} \times 10 \times 1.5 \times 1.5^2 = 6.19 (\text{kN} \cdot \text{m})$$

$$V = 1.1 \times \frac{1}{2} \times 10 \times 1.5 \times 1.5 = 12.38 (\text{kN})$$

查表，得：$f_{tm} = 0.17$ MPa，$f_v = 0.17$ MPa，水泥砂浆 $\gamma_a = 0.8$。

② 受弯承载力：

$$W = \frac{1}{6} bh^2 = \frac{1}{6} \times 1\,000 \times 620^2 = 64.07 \times 10^6 (\text{mm}^3)$$

$$\frac{M}{W} = \frac{6.19 \times 10^6}{64.07 \times 10^6} = 0.097 \text{ MPa} < \gamma_a f_{tm} = 0.8 \times 0.17 = 0.136 \text{ MPa}$$

满足抗弯要求。

③ 受剪承载力：

$$z = \frac{2}{3} h = \frac{2}{3} \times 620 = 413 (\text{mm})$$

$$\frac{V}{bz} = \frac{12\,380}{1\,000 \times 413} = 0.03 \text{ MPa} < \gamma_a f_t = 0.8 \times 0.17 = 0.136 \text{ MPa}$$

满足抗剪要求。

六、墙、柱的高厚比验算

由于砌体结构中的墙体是受压构件，故除满足承载力要求外，还必须保证墙体的稳定性。验算墙柱的高厚比 β 是保证砌体结构在施工阶段和使用阶段稳定性的一项重要的构造措施。在设计时，一般是在确定承重体系、进行结构布置和选择计算方案之后，就需对墙体和柱进行高厚比 β 验算，满足要求后再进行静力计算和截面承载力计算。

1. 房屋的静力计算方案　根据房屋空间受力性能的强弱，即空间刚度的大小，房屋的静力计算方案可分为 3 种，分别为刚性方案、刚弹性方案、弹性方案。房屋的静力计算方案选择见表 4 - 40。

表 4 - 40　房屋的静力计算方案（m）

房屋或楼盖类别	刚性方案	刚弹性方案	弹性方案
整体式、装配整体和装配式无檩体系钢筋混凝土屋盖或钢筋混凝土楼盖	$s < 32$	$32 \leqslant s \leqslant 72$	$s > 72$
装配式有檩体系钢筋混凝土屋盖、轻钢屋盖和有密铺望板的木屋盖盖或木楼盖	$s < 20$	$20 \leqslant s \leqslant 48$	$s > 48$
瓦材屋面的木屋盖和轻钢屋盖	$s < 16$	$16 \leqslant s \leqslant 36$	$s > 36$

注：① 表中 s 为房屋横墙间距，长度单位为 m。
② 对无山墙或伸缩缝处无横墙的房屋应按弹性方案考虑。

2. 高厚比和允许高厚比　　高厚比验算包括两个方面的问题，一是确定墙、柱实际高厚比，二是允许高厚比的限值。

（1）墙、柱的计算高度。在确定墙、柱高厚比时，墙、柱的计算高度 H_0 可从表 4-41 查出，该表数值是根据弹性稳定理论的分析和实际工程经验而确定的。可以看出，墙、柱等砌体受压构件的计算高度取决于房屋静力计算方案、跨数、有无吊车及墙、柱周边拉结等条件。

表 4-41　受压构件的计算长度 H_0

房屋类别			柱		带壁柱墙或周边拉接的墙		
			排架方向	垂直排架方向	$s>2H$	$2H\geqslant s>H$	$s\leqslant H$
有吊车的单层房屋	变截面柱上段	弹性方案	$2.5H_u$	$1.25H_u$	$2.5H_u$		
		刚性、刚弹性方案	$2.0H_u$	$1.25H_u$	$2.0H_u$		
	变截面柱下段		$1.0H_l$	$0.8H_l$	$1.0H_l$		
无吊车的单层和多层房屋	单跨	弹性方案	$1.5H$	$1.0H$	$1.5H$		
		刚弹性方案	$1.2H$	$1.0H$	$1.2H$		
	多跨	弹性方案	$1.25H$	$1.0H$	$1.25H$		
		刚弹性方案	$1.10H$	$1.0H$	$1.1H$		
	刚性方案		$1.0H$	$1.0H$	$1.0H$	$0.4s+0.2H$	$0.6s$

注：① 表中 H 为构件的实际高度；H_u 为变截面柱的上段高度；H_l 为变截面柱的下段高度。

② 对于上端为自由端的构件，$H_0=2H$。

③ 独立砖柱当无柱间支撑时，柱在垂直排架方向的 H_0 应按表中数值乘以 1.25 后采用。

④ s——房屋横墙间距。

⑤ 自承重增的计算高度应根据周边支承或拉结条件确定。

在应用表 4-41 时，应注意以下几点：

① 关于构件高度 H 的取值：在房屋底层，H 为楼板顶面到构件下端支点的距离。下端支点的位置，可取在基础顶面；当埋置较深且有刚性地坪时，可取室外地面下 500mm 处。

在房屋其他层次，为楼板或其他水平支点间的距离。

山墙处，对于无壁柱的山墙，山墙的 H 可取层高加山墙尖高度的 1/2；对于带壁柱的山墙，可取壁柱处的山墙高度。

② 对无吊车房屋的变截面柱，或有吊车的房屋当不考虑吊车作用时，变截面柱上段的计算高度可按表 4-41 规定取值，变截面柱下段的计算高度则按下列规定取用：当 $H_u/H\leqslant1/3$ 时，取无吊车房屋的 H_0；当 $1/3<H_u/H<1/2$ 时，取无吊车房屋的 H_0 并乘以修正系数 μ，$\mu=1.3-0.3I_u/I_l$，I_u 和 I_l 分别为变截面柱上段和下段的惯性矩；当 $H_u/H\geqslant1/2$ 时，取无吊车房屋的 H_0；但在确定 β 值时，则应采用上柱截面。

（2）墙、柱的允许高厚比。墙、柱的允许高厚比主要是根据构件的稳定性条件和刚度条件，由实际工程经验确定的。考虑的主要因素有：砌筑砂浆的强度等级（砂浆强度愈高，则弹性模量大、构件刚度高，允许高厚比愈大）、横墙间距（间距愈小，允许高厚比愈大）、墙上洞口（洞口大时，允许高厚比应小些）、支承条件（支承条件好时，允许高厚比愈大）、使用情况（非承重墙的允许高厚比可比承重墙的大些）、砌筑质量和施工水平等。

①承重墙、柱的允许高厚比：无洞口的承重墙体和柱的允许高厚比 $[\beta]$，详见表 4-42。

表 4-42 墙、柱的允许高厚比 $[\beta]$ 值

砂浆强度等级	墙	柱
≥M7.5	26	17
M5.0	24	16
M2.5	22	15

注：①毛石墙、柱允许高厚比应按表中数值降低 20%。

②组合砖砌体构件的允许高厚比可按表中数值提高 20%，但不得大于 28。

③验算施工阶段砂浆尚未硬化的新砌砌体高厚比时，允许高厚比对墙取 14，对柱取 11。

②允许高厚比的修正：自承重墙只承受墙体自重，属房屋中的次要构件，其允许高厚比与承重墙相比可适当放宽。表 4-42 中的 $[\beta]$ 值可乘以大于 1 的提高系数 μ_1，墙厚 $h=240$ mm 时，$\mu_1=1.2$；墙厚 $h=90$ mm 时，$\mu_1=1.5$；墙厚 90 mm$<h<$240 mm 时，可用插入法取值。

对上端为自由端墙的允许高厚比，除按上述规定提高外，尚可提高 30%。

对厚度小于 90 mm 的墙，当双面用不低于 M10 的水泥砂浆抹面，包括抹面层的墙厚不小于 90 mm 时，可以按墙厚 90 mm 验算高厚比。

对有门窗洞口的墙（图 4-55），其允许高度比应降低，降低系数按以下公式计算：

$$\mu_2 = 1 - 0.4b_s/s \tag{4-137}$$

式中，s——相邻窗间墙或壁柱之间的距离；

b_s——在宽度 s 范围内的门窗洞口总宽度。

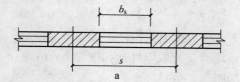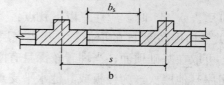

图 4-55 有门窗洞口的墙

a. 一般墙体 b. 带壁柱的墙

当计算 μ_2 值小于 0.7 时，取 $\mu_2=0.7$；洞口高度等于或小于墙高的 1/5 时，取 $\mu_2=1.0$。

3. 墙、柱的高厚比验算 墙柱的高厚比按以下公式验算，式中 h 为墙厚或矩形柱与 H_0 相对应的边长。

$$\beta = \frac{H_0}{h} \leqslant \mu_1\mu_2[\beta] \tag{4-138}$$

当墙高 H 大于或等于相邻横墙间距离 s 时，应按计算高度 $H_0=0.6s$ 验算高厚比，当与墙连接的相邻两横墙间的距离 $s\leqslant\mu_1\mu_2[\beta]h$ 时，墙的高度可不受式（4-138）的限制。

对于变截面柱，其高厚比可按上、下截面分别验算。验算上柱的高厚比时，墙、柱的允许高厚比按表 4-42 的数值 $[\beta]$ 乘以 1.3 后采用。

[例 4-26] 某多层房屋底层砖柱，截面尺寸为 370 mm×490 mm，采用 M2.5 混合砂浆砌筑，刚性方案，底层层高 4.2 m，室内地坪至基础顶面距离为 0.5 m，试验算该砖柱高厚比。

解： 砖柱是承重构件，查得 $[\beta]=15$。

$$H = 4.2 + 0.5 = 4.7 \text{ m} \quad H_0 = H = 4.7 \text{ m}$$

$\mu_1 = 1.0$，$\mu_2 = 1.0$，则：

$$\beta = \frac{H_0}{h} = \frac{4.7}{0.37} = 12.7 < \mu_1\mu_2[\beta] = 15$$

高厚比满足要求。

[例 4-27] 某教学楼底层承重外纵墙（局部）截面尺寸如图 4-56 所示（相邻横墙为刚性横墙）。底层层高为 4.2 m，采用 MU10 砖 M5 混合砂浆砌筑，刚性方案，室内外高差为 0.45 m，试验算该墙高厚比。

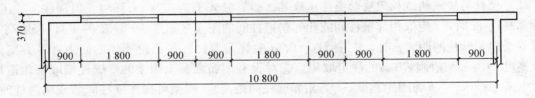

图 4-56　例 4-27 题图（单位：mm）

解： 承重外纵墙，查得 $[\beta]=24$，$\mu_1=1.0$。

$$H = 4.2 + 0.45 + 0.5 = 5.15 (\text{m})$$

相邻横墙 $s = 10.8 \text{ m} > 2H = 2 \times 5.15 = 10.3 \text{ m}$，$H_0 = H = 5.15 \text{ m}$

$$\mu_2 = 1 - 0.4\frac{b_s}{s} = 1 - 0.4 \times \frac{1.8}{3.6} = 0.8$$

$$\beta = \frac{H_0}{h} = \frac{5.15}{0.37} = 13.92 < \mu_1\mu_2[\beta] = 0.8 \times 24 = 19.2$$

满足高厚比要求。

4. 带壁柱墙和带构造柱墙的高厚比验算

（1）整片墙的验算（图 4-57）。按式（4-138）进行验算，但公式中 h 改用带壁柱墙截面的折算厚度 h_T，$h_T = 3.5i$。在确定截面回转半径 i 时，墙截面翼缘宽 b 按以下规定取用：多层房屋当有门窗洞口时，可取窗间墙宽度；当无门窗洞口时，每侧翼墙可取壁柱高度的 1/3；单层房屋可取壁柱宽加 2/3 墙高，但不大于窗间墙宽度和相邻壁柱间距离。

在确定墙的计算高度 H_0 时，s 应取相邻横墙间距离（如图 4-57 中的 s_1）。

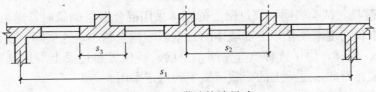

图 4-57　带壁柱墙尺寸

当构造柱截面宽度不小于墙厚时，可考虑构造柱的有利作用，仍按式（4-138）验算带构造柱墙的高厚比。此时公式中的 h 取墙厚，在确定墙的计算高度时，s 应取相邻横墙间距离。墙的允许高厚比 $[\beta]$ 可乘以提高系数 μ_c：

$$\mu_c = 1 + \gamma \frac{b_c}{l} \tag{4-139}$$

式中，γ——系数。对细料石、半细料石砌体，$\gamma=0$；对混凝土砌块、粗料石、毛料石及毛石砌体，$\gamma=1.0$；其他砌体，$\gamma=1.5$；

$\quad\quad b_c$——构造柱沿墙长方向的宽度；

$\quad\quad l$——构造柱的间距。

当 $b_c/l > 0.25$ 时取 $b_c/l = 0.25$，当 $b_c/l < 0.25$ 时取 $b_c/l = 0$。考虑构造柱有利作用的高厚比验算不适用于施工阶段。

（2）壁柱间墙或构造柱间墙的高厚比验算。验算公式仍为式（4-138），但需注意：①在确定计算高度 H 时，s 应取相邻壁柱间或相邻构造柱间的距离（如图 4-57 中的 s_2）；当墙高 H 大于或等于相邻壁柱间距离 s 时，应按 $H_0 = 0.6s$ 验算高厚比。②不论墙体的静力计算方案如何，计算高度 H_0 一律按刚性方案的规定取用。③对设有钢筋混凝土圈梁的带壁柱墙或带构造柱墙，当时 $b/s \geqslant 1/30$ 时（b 为圈梁宽度，s 为相邻壁柱间距离），圈梁可视作壁柱间墙或构造柱间墙的不动铰支点。若具体条件不允许增加圈梁宽度，可按等刚度原则（墙体平面外刚度相等）增加圈梁高度，以满足壁柱间墙不动铰支点的要求。

七、过梁、圈梁

在混合结构房屋的墙体设计中，为了承受洞口处墙体荷载、加强墙体整体性，以及设置大跨度洞口、挑出阳台等需要，在墙体的适当部位应设置以钢筋混凝土构件为主的其他构件，它们与墙体共同工作，是混合结构房屋设计中的内容之一。

（一）过梁

设置在门窗洞口顶部承受洞口上部一定范围内荷载的梁称为过梁。过梁主要有钢筋混凝土过梁和砖砌过梁。

砖砌过梁的跨度不应超过下列规定：钢筋砖过梁为 1.5 m；砖砌平拱为 1.2 m。砖砌弧拱的最大跨度与矢高有关：当矢高为跨度的 $1/8 \sim 1/12$ 时，跨度为 $2.5 \sim 3.5$ m；当矢高为跨度的 $1/5 \sim 1/6$ 时，跨度为 $3 \sim 4$ m。砖砌弧拱需要模板，施工复杂，目前已很少采用。对有较大振动荷载或可能产生不均匀沉降的房屋，应采用钢筋混凝土过梁。

1. 过梁上的荷载　试验表明：当过梁上的砌体采用混合砂浆砌筑时，随着砌筑高度的增加、砌体砂浆随时间增长而逐渐硬化，上部墙体的自重影响越来越小，这实际上就是过梁与墙体的组合作用（拱作用）。同样，由于这种组合作用，当梁、板位置超过梁上一定高度时，梁、板荷载也不直接传到过梁。因此，过梁上的荷载可按下列规定采用。

（1）梁、板荷载。对砖和小型砌块砌体，当梁、板下的墙体高度 $h_w < l_n$ 时（l_n 为过梁的净

跨），应计入梁、板传来的荷载。当梁、板下的墙体高度 $h_w \geqslant l_n$ 时，可不考虑梁、板荷载。

（2）墙体荷载。对于砖砌体，当过梁上的墙体高度 $h_w < l_n/3$ 时，应按墙体的均布自重采用。当墙体高度 $h_w \geqslant l_n/3$ 时，应按高度为 $l_n/3$ 墙体的均布自重采用。

对于混凝土砌块砌体，当过梁上的墙体高度 $h_w < l_n/2$ 时，应按墙体的均布自重采用。当墙体高度 $h_w \geqslant l_n/2$ 时，应按高度为 $l_n/2$ 墙体的均布自重采用。

2. 砖砌过梁设计计算　砖砌过梁截面计算高度内的砂浆不宜低于 M5；砖砌平拱用竖砖砌筑部分的高度不应小于 240 mm。钢筋砖过梁底面砂浆层处的钢筋，其直径不应小于 5 mm，间距不宜大于 120 mm，钢筋伸入支座砌体内的长度不宜小于 240 mm，砂浆层的厚度不宜小于30 mm。

砖砌平拱应进行受弯承载力和受剪承载力计算。其能够承受的弯矩设计值为：

$$M \leqslant W f_{tm} \qquad (4-140)$$

式中，f_{tm}——砌体弯曲抗拉强度设计值，按表 4-39 中的较小值取用。

钢筋砖过梁能够承受的弯矩（按简支梁计算的跨中弯矩）设计值为：

$$M \leqslant 0.85 h_0 f_y A_s \qquad (4-141)$$

式中，f_y——钢筋的抗拉强度设计值；

A_s——受拉钢筋的截面面积；

h_0——过梁截面有效高度，$h_0 = h - a_s$；a_s 为受拉钢筋重心至截面下边缘距离，h 为过梁的截面计算高度，取过梁底面以上的墙体高度，但不大于 $l_n/3$；当考虑梁、板传来的荷载时，则按梁、板下的高度采用。

砖砌过梁受剪承载力按式（4-136）计算。

3. 钢筋混凝土过梁设计　钢筋混凝土过梁应按钢筋混凝土受弯构件计算。验算过梁下砌体局部受压承载力时，可不考虑上层荷载的影响，有效支承长度 a_0 可取过梁实际支承长度，并取应力图形完整系数 $\eta = 1.0$，局部受压强度提高系数 $\gamma = 1.25$。

（二）圈梁

圈梁宜连续地设在同一水平面上并形成封闭状，圈梁宜与预制板同一标高或紧靠板底（图 4-58）。当圈梁被门窗洞口截断时，应在洞口上部增设相同截面的附加圈梁（图 4-59）。附加圈梁与圈梁的搭接长度 l 不得小于 1 m，且不应小于其垂直间距 H_1 的 2 倍。

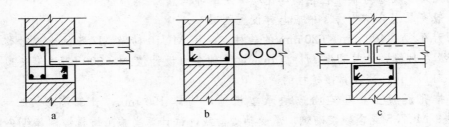

图 4-58　圈梁设置部位及形式

a. 缺口圈梁　b. 板边圈梁　c. 板底圈梁

钢筋混凝土圈梁的宽度宜与墙厚相同，当墙厚 $h \geqslant$ 240 mm 时，其宽度不宜小于 $2h/3$。圈梁高度不应小于 120 mm。纵向钢筋不应少于 $4\phi10$，绑扎接头的搭接长度按受拉钢筋考虑，箍筋间距不应大于 300 mm。圈梁兼作过梁时，过梁部分的钢筋应按计算用量另行增配。纵、横墙交接处的圈梁应有可靠连接（图 4-60）。刚弹性和弹性方案房屋，圈梁应与屋架、大梁等构件可靠连接。

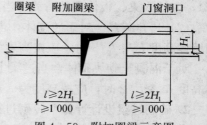

图 4-59　附加圈梁示意图

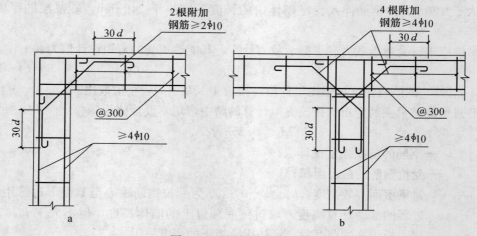

图 4-60　圈梁连接构造图

a. 转角处钢筋排列　b. 丁字交叉处钢筋排列

▶习题与思考题

1. 砌体结构中对块体和砂浆的最低强度等级有哪些规定？

2. 设计计算时的砌体抗压强度取值还受到哪些因素的影响？

3. 试分析砌体受压构件承载力计算中系数 φ 的影响因素。

4. 砌体受压构件轴向力的偏心距有无限值？为什么？

5. 为什么要验算砌体墙、柱的高厚比？

6. 说明矩形截面墙与带壁柱在高厚比验算中的异同点。

7. 在一般多层混合结构房屋中应怎样设置圈梁？

8. 截面为 $b \times h = 490\ \text{mm} \times 620\ \text{mm}$ 的砖柱，采用 MU10 砖及 M7.5 的水泥砂浆砌筑，施工质量控制等级为 B 级，计算高度 $H_0 = 7\ \text{m}$，承受轴向力设计值 $N = 300\ \text{kN}$，沿长边方向弯矩设计值 $M = 9.3\ \text{kN} \cdot \text{m}$，试验算该砖柱的受压承载力。

9. 一单排孔混凝土小型空心砌块承重横墙，墙厚 190 mm，计算高度 $H_0 = 3\ \text{m}$，采用 MU7.5 砌块、MC7.5 混合砂浆砌筑，承受轴心荷载，试计算当施工质量控制等级分别为 A、B、C 级时，每米横墙所能承受的轴心压力设计值。

10. 某单层厂房纵墙窗间墙截面尺寸如 10 题图所示，计算高度 $H_0 = 7.2\ \text{m}$，采用 MU10 砖、

M5 混合砂浆砌筑，施工质量控制等级为 B 级，承受轴向力设计值 $N = 600$ kN，弯矩设计值 $M = 70$ kN·m（偏心压力偏向翼缘一侧），试验算该窗间墙的承载力是否满足要求。

11. 某窗间墙截面尺寸为 1 000 mm×240 mm，采用 MU10 砖、M5 混合砂浆砌筑，施工质量控制等级为 B 级，墙上支承钢筋混凝土梁，支承长度 240 mm，梁截面尺寸 $b×h = 200$ mm×500 mm，梁端支承压力的设计值为 50 kN，上部荷载传来的轴向力设计值为 120 kN，试验算梁端局部受压承载力。

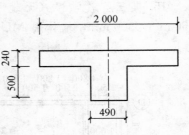

10 题图（单位：mm）

12. 某窗间墙截面尺寸为 1 200 mm×370 mm，采用 MU10 砖、M5 混合砂浆砌筑，施工质量控制等级为 B 级，墙上支承钢筋混凝土梁，支承长度 370 mm，梁截面尺寸 $b×h = 200$ mm×600 mm，梁端支承压力的设计值为 120 kN，上部荷载传来的轴向力设计值为 150 kN，试验算梁端局部受压承载力。如不满足，试设计刚性垫块。

13. 如 13 题图所示某无吊车的单层厂房，长 24 m，宽 12 m，层高 5 m。采用 MU10 砖，M5 砂浆砌筑，构造柱为 240 mm×240 mm，1 类屋盖体系。试验算纵墙的高厚比。

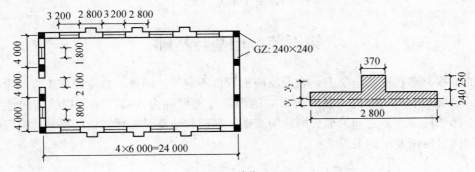

13 题图（单位：mm）

14. 某 4 层宿舍楼平面布置如 14 题图所示，采用 190 mm 厚 MU7.5 混凝土砌块砌筑，Mc7.5 砂浆，层高 3 m，试验算各墙的高厚比。

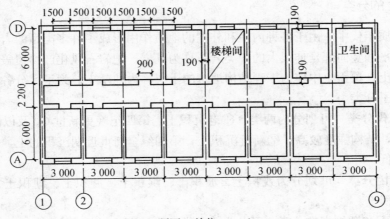

14 题图（单位：mm）

15. 某三层教学楼（无地下室）平面剖面如 15 题图，采用 1 类楼盖体系，大梁尺寸 250 mm×500 mm，墙体用 MU10 砖，M5 砂浆砌筑，墙厚均为 240 mm，试验算外纵墙的高厚比。

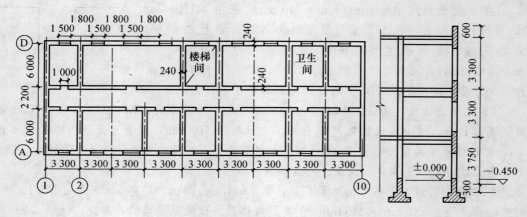

15 题图（单位：mm）

第五节　地基与基础

所有的工程都建在地基土层上，农业设施工程也不例外。因此，农业设施工程的全部荷载都由它下面的土层来承担，受到工程结构影响的那部分土层称为地基，而工程结构向地基传递荷载，介于上部结构与地基之间的部分则称为基础。基础和地基是工程结构的根基，是保证工程结构安全性和满足使用要求的关键之一。

一、地基土及地基承载力

（一）地基土的分类

在漫长的地质年代中，由于各种内在和外在的地质作用形成了许多类型的岩石和土。工程上把原位的、在水平和竖向都延伸很大的各类岩石称为基岩，把岩石风化产物覆盖于基岩之上的各类土总称为覆盖土。覆盖土中作为工程结构地基的土层称为地基土。为了区分各种地基土，建筑工程上对土进行了分类。

1. 按沉积年代分类　可划分为两类：①老沉积土，第四纪晚更新世 Q_3 及以前沉积的土，一般呈超固结状态，结构强度较高；②新近沉积土，第四纪全新世近期沉积的土，一般呈欠固结状态，结构强度较低。

2. 按地质成因分类　可划分为残积土、坡积土、洪积土、冲积土、湖积土、海积土、淤积土、风积土和冰积土。

3. 按颗粒级配和塑性指数分类　可分为 4 大类：①碎石土，粒径大于 2 mm 的颗粒含量超过全重 50%的土称为碎石土；②沙土，粒径大于 2 mm 的颗粒含量不超过全重 50%，且粒径大于 0.075 mm 的颗粒含量超过全重 50%的土称为沙土；③粉土，粉土介于沙土和黏性土之间，塑性指数不大于 10，粒径大于 0.075 mm 的颗粒含量不超过全重 50%的土称为粉土；④黏性土，塑性指数大于 10 的土称为黏性土。

4. 特殊土　具有一定分布区域或工程意义，具有特殊成分、状态和结构特征的土称为特殊土，包括湿陷性土、红黏土、软土、混合土、填土、冻土、膨胀土、盐渍岩土、风化土与残积土、污染土。

5. 按有机质含量分类　可把土分为无机土、有机质土、泥炭质土和泥炭。

(二) 地基土的承载力

地基土的功能是承担基础传来的上部结构荷载（一般经过基础的扩散）。各类土木工程在整个使用年限内都应该保证地基稳定，要求地基不致因承载力不足、渗流破坏而失去稳定性，也不致因变形过大而影响正常使用。

地基承载力是指地基土承担基础传来的压力的能力。在基础传来的压力作用下，地基要产生变形，随着压力的增大变形也逐渐增大，压力较小时地基处于平衡状态，当压力较大时地基出现塑性变形，塑性变形较小时仍可以处于稳定状态，压力继续增大，地基将失去稳定状态，不能承担基础传来的压力，此时地基达到了极限承载力。

地基极限承载力的确定方法一般有原位试验法、理论公式法、规范表格法、当地经验法 4 种。原位试验法是现场直接试验确定承载力的方法；理论公式法是根据土的抗剪强度指标按理论公式计算确定承载力的方法；规范表格法是根据室内试验指标、现场测试和野外鉴别指标，由规范所列表格查得承载力的方法；当地经验法是一种基于地区的工程经验，进行类比判断确定承载力的方法。应根据实际条件的不同而选择不同的方法。

工程中为了保证结构具有足够的安全性，并不允许地基达到极限承载力，而是限制基础底面压力（基底压力）不超过某一低于极限承载力的值，此值称为允许承载力或地基承载力特征值，用 f_{ak} 表示，有：

$$f_{ak} = P_u/K \tag{4-142}$$

式中，P_u——地基极限承载力；

　　　K——安全系数，与地基基础的设计等级、荷载性质等有关，一般取 $K=2\sim3$。

所有的工程结构都必须保证其基础和地基处于稳定状态，且不因变形过大而影响使用功能。一般的设施农业工程的荷载都较小，当地基所承担的基底压力不超过其地基承载力特征值时，地基一般能够处于稳定状态，也不会因为地基变形过大而影响使用。f_{ak} 的值可以由地质勘察部门根据前面所述的 4 种方法中的一种来确定，基础设计时可查阅地质勘察报告，获取地基承载力特征值。

需要指出的是，地基承载力不仅与土的性质有关，还与基础的大小、形状、埋深有关，因此在进行基础设计时，应根据基础底面尺寸和基础埋深在地质勘察报告给定的地基承载力特征值基础上调整地基承载力，可采用下式调整：

$$f_a = f_{ak} + \eta_b \gamma (b-3) + \eta_d \gamma_m (d-0.5) \tag{4-143}$$

式中，f_{ak}——地基承载力特征值；

f_a——修正后的地基承载力特征值；

γ——基础底面以下土的重度，地下水位以下取有效重度；

γ_m——基础底面以上土的加权平均重度，地下水位以下取有效重度；

η_b——与基础底面宽度有关的地基承载力修正系数；

η_d——与基础埋深有关的地基承载力修正系数；

b——基础底面宽度；

d——基础埋置深度，一般从室外地面算起。

基础设计时采用下式进行地基的稳定性验算：

$$p_k \leqslant f_a \qquad\qquad (4-144)$$

式中，p_k——地基所承担的基础底面平均压力。

开挖后直接在天然土层上修筑基础的称为天然地基。对天然土层进行处理后作为基础下持力层的称为人工地基，处理后地基的承载力一般根据密实度确定。

二、常用浅基础设计

根据埋置深度和所利用的土层，基础可以分为 2 类：埋置深度不大（小于或相当于基础底面宽度，一般不大于 5 m）的基础称为浅基础；当浅层地基土质不良，需要利用深层良好土层，采用专门的施工方法和施工机具建造的基础称为深基础。根据受力特点和结构形式基础又可以分为独立基础、条形基础、筏形基础、箱形基础、桩基础等。基础的形式很多，设计时应选择适合于上部结构的、符合使用要求、技术合理的基础形式。设施农业工程的基础一般采用浅基础的形式，本节主要介绍浅基础的设计要求和设计方法。

（一）基础类型

常用的浅基础包括柱下独立基础、墙下条形基础、柱下条形基础、柱下交梁基础、筏形基础等。设施农业工程常用的是柱下独立基础和墙下条形基础，这两种基础统称为扩展基础，根据其受力特点和所用材料又可分为无筋扩展基础和钢筋混凝土扩展基础。

无筋扩展基础由砖、毛石、混凝土或毛石混凝土、灰土、三合土等材料组成，无需配置钢筋。这些材料都具有较高的抗压强度，但抗拉、抗剪强度较低。为防止基础破坏和开裂，一般不允许基础内的拉应力和剪应力超过材料强度设计值，这可通过加大基础的高度来满足。这种基础一般较高，几乎不会发生挠曲变形，故习惯上也称为刚性基础。

砖或毛石砌筑的基础，地下水位以上部分可采用混合砂浆，地下水位以下或较为潮湿的则应采用水泥砂浆砌筑。砖或毛石的选择遵循就地取材的原则，一般毛石基础的耐久性比砖好，又节省能源，应优先采用（图 4-61a、b）。当荷载较大，基础高度又受限时，采用混凝土浇注的无筋扩展基础或在混凝土中掺入 25%～30% 的毛石形成毛石混凝土，其耐久性较好，也适合于地下水位较高的情况，但材料成本较高（图 4-61c）。

用石灰拌和粉土或黏土，以 3：7 或 2：8 的比例拌和均匀后，在基槽内分层夯实（每层约

150 mm厚）形成灰土基础，或掺入适量水泥形成三合土基础。这种基础材料费用较低，适合于地下水位较低的情况（图4-61d）。

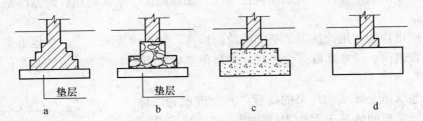

图4-61 无筋扩展基础
a. 砖基础 b. 毛石基础 c. 混凝土基础 d. 灰土基础

钢筋混凝土扩展基础（简称扩展基础）是在混凝土中配置水平分布的钢筋，基础内的拉应力和剪应力主要靠钢筋来承担，从而提高基础的抗剪和抗弯能力。适用于竖向荷载较大、地基承载力较低、承受剪力和弯矩较大的情况，且不需要很大的基础高度，可以节省混凝土，但配置钢筋增加了基础的成本。

扩展基础又分为墙下钢筋混凝土条形基础和柱下钢筋混凝土独立基础。

墙下钢筋混凝土条形基础的构造有带肋和不带肋2种（图4-62a、b）。带肋可以增加基础的整体性和抗弯能力，当地基不均匀、地基软弱时，基础肋中所配置的纵向和横向钢筋可以承担不均匀沉降所引起的弯曲应力和剪切应力。

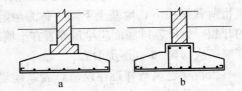

图4-62 墙下钢筋混凝土条形基础
a. 无肋 b. 带肋

柱下钢筋混凝土独立基础（图4-63）从外形可分为阶梯形、锥形和杯口形3种。当采用预制钢筋混凝土柱时，应采用杯口形基础，柱与基础之间空隙用细石混凝土填充密实。当采用钢柱或现浇钢筋混凝土柱时，可采用阶梯形或锥形基础，钢柱与基础可采用螺栓、焊接和插接等方式连接。根据连接方式可以把柱和基础连接的计算模型简化为铰接或刚接连接。

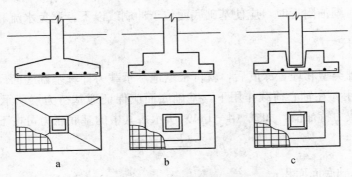

图4-63 柱下钢筋混凝土独立基础
a. 锥形基础 b. 阶梯形基础 c. 杯口形基础

（二）基础埋置深度

基础埋置深度的确定要综合考虑建筑物情况、工程地质、水文地质、地基冻融和场地环境条件等方面的因素。

建筑物的使用功能和用途决定了基础的顶面标高，如果设置地下室、半地下室或在基础附近设置排水沟、管道沟、设备基础等设施时，为避免基础顶面影响这些设备的布置，往往需要降低基础顶面的标高。

为了较好地承担上部结构传来的荷载，并合理地利用地基条件，应选择适当的地基土层作为持力层，这将决定基础底面的标高。应尽量使整个结构单元的基础底面处于同一层地基土上，使所有基础的底面为同一标高。若地基土层倾斜较大时，可沿倾斜方向做成台阶形，由深到浅逐渐过渡（图 4-64）。

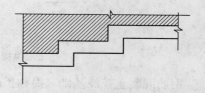

图 4-64　条形基础埋深变化台阶

基础应尽量埋置在地下水位以上，避免地下水对基坑开挖、基础施工的影响，也避免地下水对基础的侵蚀。

在我国北方地区，土壤存在冬季冻结、夏季融消的现象。当土颗粒较细、含水量较高时，冬季土壤冻结的过程中，土体会发生膨胀和隆起，称为冻胀；夏季土体解冻，出现软化现象，在建筑物荷载作用下，地基土下陷，称为融陷。土的冻胀和融陷是不均匀的，易导致基础和上部结构的开裂，因此基础底面应尽量埋置在土壤冻深以下。我国华北、西北、东北等地区的土壤冻深随纬度增高从 0.5～3 m 逐步增大。

当新建建筑有邻近建筑时，若新建建筑的基础开挖深于原有建筑的基础底面，就有可能引起原有建筑的下沉或倾斜。应尽量使新建建筑的基础底面高于原有建筑的基础底面。若其他条件限制使新基础深于旧基础时，新旧基础的净距应大于基础底面高差的 1～2 倍（图 4-65）。如不能满足，则需采取临时加固支撑、打入板桩支护基础坑壁等措施，保证原有基础的安全。

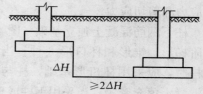

图 4-65　不同埋深的新旧基础

建筑位于河流、湖泊附近时，应使基础底面位于冲刷线以下，避免水流和波浪的影响。

（三）基础底面尺寸

在初步选定基础类型和埋置深度后，就可根据地基承载力计算基础底面尺寸。

1. 轴心荷载作用　在轴心荷载作用下，基础底面应保证地基持力层所承受的基底压力不大于修正后的地基承载力特征值，如式（4-144）所示。其中的基底压力可按下式计算：

$$p_k = \frac{(F_k + G_k)}{A} \qquad (4-145)$$

式中，A——基础底面面积；

F_k——相当于荷载效应标准组合时，上部结构传至基础顶面的竖向力值；

G_k——基础自重和基础上土体的重力，对一般的实体基础可近似取 $G_k = 20\,dA$，当有地下水的浮托作用时，应减去水的浮托力，即：$G_k = 20\,dA - 10\,h_wA$。

　　d——基础的平均埋置深度；

　　h_w——地下水位高于基础底面的差。

可以推导得出轴心荷载作用下基础底面面积计算公式：

$$A \geqslant \frac{F_k}{f_a - 20d + 10h_w} \qquad (4-146)$$

柱下独立基础在轴心荷载作用下一般采用方形基础底面，其边长的计算公式为：$b \geqslant \sqrt{F_k/(f_a - 20\,d + 10\,h_w)}$。墙下条形基础的上部荷载一般按单位长度 1 m 计算，基础底面的尺寸也按单位长度 1 m 计算，其宽度为：$b \geqslant F_k/(f_a - 20d + 10h_w)$。

上面计算中，应首先对地基承载力特征值进行深度修正，当计算处的基础底面宽度大于 3 m 时还要进行宽度修正，此时应根据修正过的地基承载力特征值重新计算基础底面宽度。另外，工程中一般的基础底面尺寸应取 100 mm 的倍数。

[例 4-28]　某黏性土层重度 γ_m 为 18.2 kN/m³，地基承载力深度修正系数 $\eta_d = 1.6$，宽度修正系数 $\eta_b = 0.3$，地基承载力特征值 $f_{ak} = 220$ kPa。现修建一外柱基础，作用于基础顶面的轴心荷载 $F_k = 830$ kN，基础埋深（自室外地面算起）为 1.0 m，室内外高差为 0.3 m，试确定基础底面尺寸。

解：先进行地基承载力深度修正：

$$f_a = f_{ak} + \eta_d\gamma_m(d - 0.5) = 220 + 1.6 \times 18.2 \times (1.0 - 0.5) = 235(\text{kPa})$$

计算基础及其上土的重力时的基础埋深：

$$d = (1.0 + 1.3)/2 = 1.15(\text{m})$$

由于基础埋深范围内没有地下水，故 $h_w = 0$，取基础底面为方形，则基础底面宽度：

$$b \geqslant \sqrt{\frac{F_k}{f_{ak} - 20d + 10h_w}} = \sqrt{\frac{830}{235 - 20 \times 1.15}} = 1.98(\text{m})$$

取基础底面的宽度为 $b = 2.0$ m，因 $b < 3$ m 故不必进行地基承载力宽度修正。

2. 偏心荷载作用　偏心荷载作用下基底压力分布不均，除按式（4-144）验算基底平均压力外，还要求：

$$p_{max} \leqslant 1.2f_a \qquad (4-147)$$

式中，p_{max}——地基所承担的基础底面最大压力。

偏心基础一般设计成矩形底面，一般要求偏心距 $e \leqslant l/6$，这样可以保证基础底面不会出现 0 压力区，也保证基础不会过分倾斜。此时，基底最大压力可按下式计算：

$$p_{max} = \frac{F_k}{bl} + 20d - 10h_w + \frac{6M_k}{bl^2} \qquad (4-148)$$

式中，M_k——相应于荷载效应标准组合时，基础所有荷载对基底形心的合力矩；

　　e——偏心距，$e = M_k/(F_k + G_k)$；

　　l——偏心基础长边的边长，一般与力矩作用方向平行；

　　b——偏心基础短边的边长。

偏心基础底面尺寸确定一般按照如下步骤进行：①确定基础底面深度，对地基承载力特征值进行深度修正；②按轴心荷载作用计算基础底面面积，放大 10%～40%，作为偏心基础底面积初估值；③选取一定的长短边比例，一般不超过 2，确定矩形底面的两个边长；④如需进行地基承载力宽度修正，则修正后重新计算底面积和边长；⑤按式（4-147）验算基底最大压力，若不满足，则调整边长返回第③步循环。

［例 4-29］ 条件同例 4-28，基础顶面（室内地面处）作用有力矩 $M_k=200$ kN·m，剪力 $Q_k=20$ kN，剪力所产生的力矩方向与力矩 M_k 方向相同，试确定基础底面尺寸。

解： ① 初步确定基础底面面积：

$$A = 1.2F_k/(235-20\times1.15) = 4.5(\text{m}^2)$$

取基础为矩形，长边 l 是短边 b 的 2 倍，基础短边和长边尺寸为：

$$b = \sqrt{A/2} = 1.5(\text{m})$$
$$l = 2b = 3.0(\text{m})$$

② 验算基础偏心距：

基底处的总竖向力：

$$N = F_k + G_k = 830 + 20\times1.15\times1.5\times3 = 933.5(\text{kN})$$

基底处的总力矩：

$$M = M_k + Q_k\times1.3 = 200 + 20\times1.3 = 226(\text{kN·m})$$

偏心距：

$$e = M/N = 226/933.5 = 0.242(\text{m})，小于 l/6 = 0.5（可以）$$

③ 验算基底最大压力：

$$p_{\max} = \frac{N}{bl}\left(1+\frac{6e}{l}\right) = \frac{933.5}{1.5\times3.0}\left(1+\frac{6\times0.242}{3}\right) = 307.8(\text{kPa})$$

$p_{\max} > 1.2f_a = 282$ kPa，需调整基础底面，

取 $b=1.6$ m，$l=3.2$ m 重新验算基底最大压力：

$$p_{\max} = \frac{F_k+G_k}{bl}\left(1+\frac{6e}{l}\right) = \frac{947.8}{1.6\times3.2}$$

$$\left(1+\frac{6\times226}{3\times947.8}\right) = 273.4(\text{kPa})$$

$p_{\max} < 1.2f_a = 282$ kPa，满足要求。

因 $b<3$ m 故不必进行地基承载力宽度修正（图 4-66）。

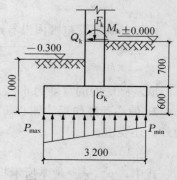

图 4-66 例 4-29 题图

三、基础剖面设计

1. 无筋扩展基础 无筋扩展基础（刚性基础）的抗拉和抗弯强度都较低，一般通过控制材料的强度等级和台阶的宽高比来控制基础内的剪应力和拉应力，图 4-67 所示的无筋扩展基础的构造图中，要求每个台阶的宽高比（b_2 : h）都不大于表 4-43 所列的各种材料的宽高比允许值。满足表 4-43 所列的允许值要求，则无需进行内力分析和截面强度计算。

表 4-43　无筋扩展基础台阶宽高比允许值

基础材料	质量要求	台阶高宽比允许值		
		$p_k \leqslant 100$ kPa	100 kPa$<p_k \leqslant 200$ kPa	200 kPa$<p_k \leqslant 300$ kPa
混凝土	C15 混凝土	1:1	1:1	1:1.25
毛石混凝土	C15 混凝土	1:1	1:1.25	1:1.5
砖	砖不低于 MU10，砂浆不低于 M5	1:1.5	1:1.5	1:1.5
毛石	砂浆不低于 M5	1:1.25	1:1.5	—
灰土	3:7 灰土和 2:8 灰土	1:1.25	1:1.5	—
三合土	石灰:沙:骨料（1:2:4 或 1:3:6）	1:1.5	1:2	—

为了节省材料，无筋扩展基础一般设计成阶梯形，每个台阶除了满足宽高比的要求，还应符合有关模数。

砖基础俗称大放脚，其各部分尺寸都应符合砖的模数。砌筑方式有两皮一收（每两皮砖120 mm 收一次 60 mm）和二一间隔收（先砌两皮砖 120 mm 收进一次 60 mm，再砌一皮砖60 mm收进一次 60 mm，如此反复）两种（图 4-68）。

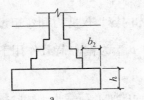

图 4-67　无筋扩展基础构造

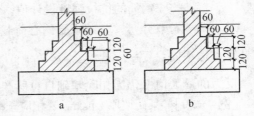

图 4-68　砖大放脚做法（单位：mm）

a. 二一间隔　b. 二皮一收

毛石基础的每阶伸出宽度不宜大于 200 mm，高度通常 400~600 mm，并由两层毛石错缝砌成。混凝土的每阶高度不宜小于 200 mm，毛石混凝土每阶高度不宜小于 300 mm。

灰土施工时每层虚铺 220~250 mm，夯实后 150 mm，称为一步灰土。根据需要可设计成二步灰土 300 mm 或三步灰土 450 mm。三合土的基础厚度不宜小于 300 mm。

2. 墙下钢筋混凝土条形基础（图 4-69）

（1）构造要求。

① 阶梯形截面基础的边缘高度一般不小于 200 mm；基础高度小于等于 250 mm 时可做成等厚板。

② 基础下垫层一般采用 C10 混凝土，厚度 100 mm，每边伸出基础约 100 mm。

③ 基础的混凝土强度等级不低于 C20。

④ 底板受力钢筋的直径不小于 10 mm，间距不宜大于 200 mm

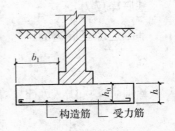

图 4-69　墙下条形基础

并不小于 100 mm。钢筋保护层厚度当有垫层时 40 mm，无垫层时 70 mm。分布钢筋（纵向钢筋）的最小直径 8 mm，最大间距 300 mm。

⑤ 对于软弱地基或不均匀地基，基础可采用带肋的板，肋的纵向钢筋可根据经验确定。

（2）基础高度。基础内不配置箍筋和弯起筋，剪力由混凝土承担，基础高度由混凝土受剪承载力确定：

$$h_0 \geqslant \frac{V}{0.7f_t} \qquad (4-149)$$

式中，V——剪力设计值，$V = p_j b_1$，p_j 为基底净反力（扣除基础自重所产生反力），b_1 为基础悬臂部分的挑出长度；

f_t——基础混凝土的轴心抗拉强度设计值；

h_0——基础计算截面的有效高度（从钢筋形心至混凝土上表面的距离）。

（3）基础底板配筋。基础的弯矩由混凝土和底板内的受力钢筋（横向钢筋）共同形成的受弯构件承担，基础底板视为悬臂长度 b_1 的倒置悬臂梁。地基净反力会使基础受到底面受拉的弯矩，因此基础底板钢筋应靠近基础底面布置，基础底板纵向每米长所需受力钢筋的截面积为：

$$A_s = \frac{M}{0.9f_y h_0} \qquad (4-150)$$

式中，M——弯矩设计值，$M = \frac{1}{2}p_j b_1^2$；

f_t——钢筋的抗拉强度设计值。

（4）偏心荷载作用。基础承受偏心荷载作用时计算过程仍包括上述内容，仅剪力和弯矩设计值计算方法不同：$V = \frac{1}{2}(p_{jmax} + p_j)b_1$；$M = \frac{1}{6}(2p_{jmax} + p_j)b_1^2$，其中 p_{jmax} 为偏心荷载作用下基底净反力的最大值（仍为扣除基础自重所产生的反力）。

［例 4-30］ 某砖墙厚 240 mm，相应于荷载效应标准组合时基础顶面的轴心荷载为 190 kN/m，基础埋深（自室外地面算起）为 0.5 m，地基承载力特征值 $f_{ak} = 150$ kPa。试设计此墙下钢筋混凝土条形基础。

解： 由于基础埋深 0.5 m，故不进行地基承载力深度修正，计算基础底面宽度：

$$b = \frac{F_k}{f_a - \gamma_G d} = \frac{190}{150 - 20 \times 0.5} = 1.36(m)$$

$$取 b = 1.5 m$$

基底净反力：

$$p_j = \frac{F}{b} = \frac{190}{1.5} = 126.7 \ (kPa)$$

基础边缘至墙边的距离（墙边是基础冲切破坏面的上边，也是弯曲破坏的危险截面）：

$$b_1 = \frac{1}{2} \times (1.5 - 0.24) = 0.63(m)$$

基础高度设计（抗冲切设计），按混凝土强度等级 C20，$f_t = 1.1$ N/mm² 设计：

$$h_0 = \frac{p_j b_1}{0.7f_t} = \frac{126.7 \times 0.63}{0.7 \times 1.1 \times 1\,000} = 0.104(m)$$

墙边截面基础所承受的弯矩：

$$M = \frac{1}{2}p_j b_1^2 = \frac{1}{2} \times 126.7 \times 0.63^2 = 25.1(kN \cdot m)$$

根据构造要求取基础高度 $h=300$ mm，$h_0=300-40-5=255$ mm，基础底板配筋，选择 HPB235 钢筋，其抗拉强度设计值 $f_y=210$ N/mm^2，则有：

$$A_s=\frac{M}{0.9f_yh_0}=\frac{25.1\times10^6}{0.9\times210\times255}=521（mm^2）$$

取配筋 $\phi12@200$，则每米宽上配筋总面积 565 mm^2，满足设计要求。该钢筋是受力筋，与墙轴线垂直放置，沿墙长方向均匀分布。另外，配置平行于墙轴线的纵向钢筋为分布筋，取 $\phi8@250$，如图 4-70。

3. 柱下钢筋混凝土独立基础

（1）构造要求。除应满足与墙下钢筋混凝土条形基础相同的构造要求以外，阶梯形独立基础每阶的高度一般为 300～500 mm，当采用锥形基础时，其边缘高度不宜小于 200 mm，基础顶部每边宽出柱边 50 mm（图 4-71）。

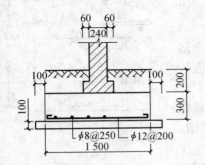

图 4-70　例 4-30 题图（单位：mm）　　图 4-71　柱下钢筋混凝土基础（单位：mm）

若采用钢柱，则应根据柱脚形式、螺栓布置方式、柱脚所需的预埋件等确定基础顶面的尺寸。也可以通过一段现浇钢筋混凝土短柱连接钢柱，此时的基础做法同现浇钢筋混凝土柱基础的做法。为与上部的柱或短柱连接，基础中预先留出纵向插筋，插筋数量、直径均与柱纵筋相同，下端弯成直钩放在基础底板筋上，并应满足插筋锚固长度的要求，插筋至少与两支箍筋形成笼状，箍筋做法与柱箍筋做法相同。

（2）基础高度。参见图 4-72。基础高度由混凝土受冲切（沿冲切面的剪切）承载力确定：

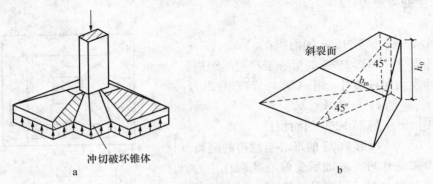

图 4-72　基础冲切破坏

a. 冲切破坏锥体　b. 冲切破坏斜裂面

$$F_1 \leqslant 0.7 f_t b_m h_0 \qquad\qquad (4-151)$$

式中，F_1——基础验算截面的冲切力，$F_1 = p_j A_1$，p_j 为基底净反力，A_1 为基础冲切力作用的面积（即基础底面上落在冲切破坏锥体斜裂面底边以外的面积，如图 $4-73$）；

　　　f_t——基础混凝土的轴心抗拉强度设计值；

　　　b_m——冲切破坏锥体斜裂面上、下（梯形的顶和底）宽度的平均值；

　　　h_0——基础计算截面的有效高度（从钢筋形心至混凝土上表面的距离）。

设计时先按经验假定基础高度，得出 h_0，再按式（$4-151$）进行校核，逐步调整基础高度，至抗冲切力（右边）稍大于冲切力（左边）即可。抗冲切验算应选择冲切破坏斜裂面面积较小而冲切力作用面面积较大的部位，一般柱边是容易冲切破坏的部位。阶梯形基础，除了柱边外，变阶处的上阶底边处对下阶的冲切也是易破坏的，应进行验算。

冲切破坏的斜裂面与底面的夹角为 $45°$，当基础底面全部落在 $45°$ 冲切破坏锥体底边以内，则成为刚性基础，无需进行冲切验算和配筋。

（3）基础底板配筋。柱下独立基础可视为倒置的双向悬臂构件，基底净反力会使基础承受双向的底面受拉的弯矩作用，应在靠近基础底面的位置布置双向钢筋，较长方向钢筋放置在下层，较短方向钢筋放在上层。分析发现：基础弯曲破坏的裂缝沿柱角至基础角将基础分裂成四块梯形面积，故计算时将基础视为四块固定在柱边的梯形悬臂板。设计时先求出控制截面的弯矩，然后由式（$4-150$）求出所需钢筋面积，把这些钢筋均匀分布于该梯形悬臂板的基础底面整个宽度上。各悬臂板弯矩计算采用下述方法。

当为轴心荷载作用时，基底净反力对柱边Ⅰ-Ⅰ截面（图 $4-74$）所产生的弯矩为：

$$M_{\mathrm{I}} = p_j A_{1234} l_0$$

式中，A_{1234}——梯形 1234 的面积；

　　　l_0——梯形 1234 的形心至柱边的距离。

同理，净反力对柱边Ⅱ-Ⅱ（图 $4-74$）弯矩为：

$$M_{\mathrm{II}} = p_j A_{1265} b_0$$

式中，A_{1265}——梯形 1265 的面积；

　　　b_0——梯形 1265 的形心至柱边的距离。

（4）偏心荷载作用。基础承受偏心荷载作用时计算过程仍包括上述内容，但在计算冲切力时 $p_{j\max}$ 代替 p_j。而在弯矩计算时用梯形面积上净反力的合力作用

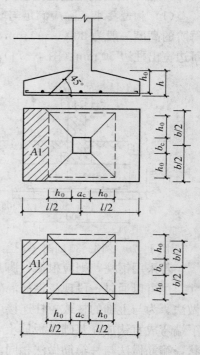

图 $4-73$　基础冲切计算

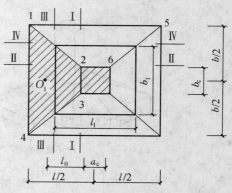

图 $4-74$　基础底板配筋计算图

点至柱边的距离代替梯形面积形心至柱边的距离。经过较为复杂的推导，可以得出：

$$M_I = \frac{1}{48}\big[(p_{jmax} + p_j)(2b + b_c) + (p_{jmax} - p_j)b\big](l - a_c)^2$$

[例 4 - 31] 某钢筋混凝土柱下独立基础，相应于荷载效应基本组合时基础顶面的荷载为：竖向力 $F = 700\ kN$，力矩 $M = 87.8\ kN \cdot m$，柱截面尺寸 $300\ mm \times 400\ mm$，基础底面尺寸 $1.6\ m \times 2.4\ m$。试设计此柱下钢筋混凝土条形基础的剖面。

解：材料选择：混凝土 C20，钢筋 HPB235。查材料力学性能可知：混凝土抗拉强度设计值 $f_t = 1.1\ N/mm^2$，钢筋抗拉强度设计值 $f_y = 210\ N/mm^2$。基础下设 $100\ mm$ 厚 C10 素混凝土垫层，垫层每边宽出基础底面 $100\ mm$。

① 基底净反力计算：

基底平均净反力：

$$p_j = \frac{F}{bl} = \frac{700}{1.6 \times 2.4} = 182.3(kPa)$$

偏心距：

$$e = \frac{M}{F} = \frac{87.8}{700} = 0.125(m)$$

基底最大净反力：

$$p_{jmax} = \frac{F}{bl}\left(1 + \frac{6e}{l}\right) = 182.3 \times \left(1 + \frac{6 \times 0.125}{2.4}\right) = 239.3(kPa)$$

② 基础高度确定：

柱边截面冲切验算：

设 $h = 600\ mm$，$h_0 = 555\ mm$，则 $b_c + 2h_0 = 0.3 + 2 \times 0.555 = 1.41\ m < b = 1.6\ m$

因偏心受压，冲切力计算时用基底最大净反力代替基底平均净反力：

$$
\begin{aligned}
F_l = p_{jmax}A_l &= p_{jmax}\left[\left(\frac{l}{2} - \frac{a_c}{2} - h_0\right)b - \left(\frac{b}{2} - \frac{b_c}{2} - h_0\right)^2\right] \\
&= 239.3 \times \big[(1.2 - 0.2 - 0.555) \times 1.6 - (0.8 - 0.15 - 0.555)^2\big] \\
&= 168.2(kN)
\end{aligned}
$$

抗冲切力：

$0.7f_t b_m h_0 = 0.7 \times 1.1 \times 1\,000 \times (0.3 + 0.555) \times 0.555 = 365.4\ kN > F_l = 168.2\ kN$

说明柱边处基础总高度 $600\ mm$ 满足要求，根据构造要求把基础分为二级，下阶 $h_1 = 300\ mm$，$h_{01} = 255\ mm$，$l_1 = 1.2\ m$，$b_1 = 1.8\ m$。

变阶处截面冲切验算：

$$b_1 + 2h_{01} = 0.8 + 2 \times 0.255 = 1.31\ m < b = 1.6\ m$$

冲切力：

$$
\begin{aligned}
F_l = p_{jmax}A_l &= p_{jmax}\left[\left(\frac{l}{2} - \frac{l_1}{2} - h_{01}\right)b - \left(\frac{b}{2} - \frac{b_1}{2} - h_{01}\right)^2\right] \\
&= 239.3 \times \big[(1.2 - 0.6 - 0.255) \times 1.6 - (0.8 - 0.4 - 0.255)^2\big] \\
&= 127.1(kN)
\end{aligned}
$$

抗冲切力：

$0.7f_tb_mh_0 = 0.7 \times 1.1 \times 1\,000 \times (0.8+0.255) \times 0.255 = 207.1\,\text{kN} > F_1 = 127.1\,\text{kN}$

说明下阶高度 300 mm 满足要求。

③ 基础配筋设计：因为设计成二阶形，故每个方向应该分别考虑两个控制截面，共有如图 4-75所示的 4 个截面。每个截面的弯矩分别为：

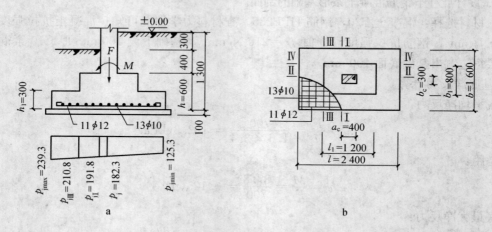

图 4-75　基础底板配筋
a. 立剖面图　b. 平剖面图

$$M_I = \frac{1}{48} \times [(p_{jmax}+p_j)(2b+b_c)+(p_{jmax}-p_j)b](l-a_c)^2$$

$$= \frac{1}{48} \times [(239.3+182.3)(2 \times 1.6+0.3)+(239.3-182.3) \times 1.6] \times (2.4-0.4)^2$$

$$= 130.6(\text{kN} \cdot \text{m})$$

$$M_{III} = \frac{1}{48} \times [(p_{jmax}+p_j)(2b+b_1)+(p_{jmax}-p_j)b](l-l_1)^2$$

$$= \frac{1}{48} \times [(239.3+182.3)(2 \times 1.6+0.8)+(239.3-182.3) \times 1.6] \times (2.4-1.2)^2$$

$$= 53.3(\text{kN} \cdot \text{m})$$

$$M_{II} = \frac{1}{24}p_j(b-b_c)^2(2l+a_c) = \frac{1}{24} \times 182.3 \times (1.6-0.3)^2 \times (2 \times 2.4+0.4) = 66.8(\text{kN} \cdot \text{m})$$

$$M_{IV} = \frac{1}{24}p_j(b-b_1)^2(2l+l_1) = \frac{1}{24} \times 182.3 \times (1.6-0.8)^2 \times (2 \times 2.4+1.2) = 29.2(\text{kN} \cdot \text{m})$$

各截面应配筋面积：

$$A_{sI} = \frac{M_I}{0.9f_yh_{0I}} = \frac{130.6 \times 10^6}{0.9 \times 210 \times 555} = 1\,245(\text{mm}^2)$$

$$A_{sIII} = \frac{M_{III}}{0.9f_yh_{0III}} = \frac{53.3 \times 10^6}{0.9 \times 210 \times 255} = 1\,106(\text{mm}^2)$$

$$A_{sII} = \frac{M_{II}}{0.9f_yh_{0II}} = \frac{66.8 \times 10^6}{0.9 \times 210 \times (555-10)} = 649(\text{mm}^2)$$

$$A_{s\,\mathrm{IV}} = \frac{M_{\mathrm{IV}}}{0.9 f_y h_{0\,\mathrm{IV}}} = \frac{29.2 \times 10^6}{0.9 \times 210 \times (255-10)} = 631 (\mathrm{mm}^2)$$

比较以上配筋计算结果，平行于长边的钢筋在 1.6 m 宽度范围均匀分布，共配筋 11ϕ12，A_s＝1 244 mm²，满足要求；平行于短边的钢筋在 2.4 m 宽度范围内均匀分布，根据所得面积，应采用构造配筋，共配筋 13ϕ10，A_s＝1 021 mm²，满足要求。平行于长边的钢筋放置在平行于短边钢筋的下侧，保证钢筋保护层厚度 40 mm。

四、基槽检验与地基局部处理

（一）基槽检验

基础施工时按照如下工序进行：放线→开挖基槽→普遍钎探→基槽检验→基础垫层→基础浇筑（砌筑）。

其中钎探和基槽检验至关重要，因为地质勘察的探点距离较大（一般间隔 10～30 m），如果两个探点之间土层中存在局部软弱或古墓、废井等地下障碍物，将很难在地质勘察时得知。因此需要在基槽开挖后用标准钎锤和探杆普遍对基槽进行钎探，以了解基槽下面的土壤均匀程度和有无地下障碍物等不良情况。一般每隔 1 m 左右布置一个探点，探杆长度 2 m 左右，用标准钎锤相同的下落距离将探杆打入土层中，每打入 0.5 m 记录锤击数，与相邻探点的锤击数相比，若锤击数大致相同，则说明地基均匀，若发现锤击数异常，则应分析原因，并针对不同原因进行相应的处理。

基槽检验可以通过观察土壤性状和颜色等判断，基础底面是否落于同一层土上，也可以通过观察初步判断地基的均匀程度。基槽检验还要对基槽的尺寸、位置进行复核，以免施工错误引起返工和经济损失。

（二）地基处理

当遇有局部软弱土层或地下障碍物时，应进行处理，否则易造成基础沉降不均匀，导致结构开裂，影响安全性。

一般处理局部软弱地基的方法是局部换土垫层法，即把局部的软弱土层全部清出或清除一定深度，再用素土或灰土分层夯实回填至原设计的基础底面标高处。回填尽量选用自然老土，保证土中的有机质含量低于 5%，尽量做到回填后土的密实度略高于其他部位地基土的密实度。

当遇到地下障碍物时，处理方法因具体情况而异，若为废弃的管道、废井等，以全部挖出然后分层夯实回填为好。若为正在使用的管道等，则应尽量使管道改道绕过建筑物，避免建筑物直接压在管道上，造成管道破裂漏水，影响结构安全。当无法改动管道时，应采用跨越做法，用基础过梁跨过管道，保证过梁两端可靠地搭接在两侧基础上，并保证过梁下面留出足够的空间，防止基础沉降后过梁压坏管道。

若上述方法不适用时，应加强基础的整体性和上部结构的整体性，选用带肋的钢筋混凝土条形基础，或选用刚性基础中增设钢筋混凝土圈梁的做法，圈梁截面与基础墙同宽，截面高度 240～300 mm，构造配筋。

此外还有置换加固、振冲加固、强夯加固、沙桩挤密加固等其他处理方法，实际工程中可根据具体情况选择适当方法，有关处理方法可参考地基处理相关文献。

▶习题与思考题

1. 什么叫基础？常用浅基础分为哪些种类？
2. 什么叫基础的埋置深度？如何确定基础的埋置深度？
3. 无筋扩展基础和扩展基础有何不同？设计时应考虑的因素有何区别？
4. 基础施工时为什么要验槽？如何验槽？
5. 当施工中基础遇到地下障碍物时，应如何处理？
6. 当施工中遇到局部软弱地基时，应如何处理？
7. 如何选择基础的材料？
8. 当新建建筑邻近老建筑时，基础设计应考虑哪些因素？
9. 钢筋混凝土基础中钢筋的保护层指什么？如何确定保护层的厚度？

10. 某 240 厚砖墙，上部传来荷载为 $N=100$ kN/m，地基承载力为 150 kPa，基础埋置深度为 1.5 m，基础平均容重为 20 kN/m³，试设计该墙下的砖基础。

11. 钢筋混凝土内柱，上部结构荷载设计值 $F=300$ kN，柱截面尺寸 350 mm×350 mm，基础埋深 1.8 m（从室内地面算起），修正后地基承载力设计值 $f=120$ kN/m²，采用 C25 混凝土，$f_t=1.20$ N/mm²，底板钢筋采用 HPB235 钢筋，$f_y=210$ N/mm²。试设计该基础。

12. 某柱传来上部结构荷载设计值 $F=500$ kN，$M=50$ kN·m，柱截面尺寸为 400 mm×400 mm，基础埋深 1.5 m（从室内地面算起），修正后地基承载力设计值为 $f=150$ kN/m²，采用 C25 混凝土，$f_t=1.20$ N/mm²，底板钢筋采用 HPB235 钢筋，$f_y=210$ N/mm²。试设计该基础。

第六节　典型结构计算

一、日光温室结构计算例题

日光温室跨度 8 m（外皮尺寸），脊高 3.5 m。骨架采用桁架式，如图 4 - 76。上弦为圆管 $\phi26.8$ mm×2.75 mm，下弦为圆管 $\phi20$ mm×1.5 mm，腹杆为 $\phi8$ mm 钢筋。设计承载力为：基本雪压 0.4 kN/m²，基本风压 0.35 kN/m²。试进行校核。

1. 荷载计算（图 4 - 77）

（1）恒载 q_1，q_2。

① 日光温室钢骨架自重 q_1：可由结构计算软件自动计算。

② 后屋面的自重（板、保温层）q_2：计算后屋面自重时只考虑 80 mm 厚的混凝土板（密度为 2 500 kg/m³）承重层和 50 mm 厚聚苯板（密度为 150 kg/m³）保温层的自重。

$$q_2 = [(0.08 \times 2\,500 + 0.05 \times 150) \times 9.8]/\cos36°$$
$$= 2.510(\text{kN/m}^2)$$

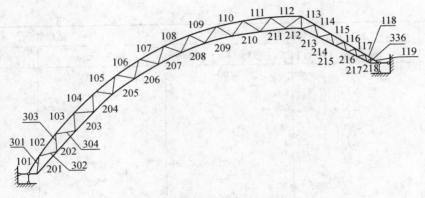

图 4-76　日光温室结构杆件编号图

（2）雪载 q_3。只考虑雪载均匀分布的情况。

$$q_3 = s_0 C_t \mu_r = 0.4 \times 1.0 \times 0.5 = 0.2 (\mathrm{kN/m^2})$$

（3）作物吊重 q_4。作物荷载一般按照 0.15 kN/m² 考虑。

（4）屋面集中活荷载 Q_1。日光温室屋面集中活荷载主要考虑工作人员上屋面操作或维修，按 0.8kN 考虑。

（5）风荷载。对于风荷载分两段考虑，温室前屋面受正压作用，体型系数为 0.6；温室后屋面受负压作用，体型系数为 −0.5。风荷载标准值计算式为：

$$w_1 = w_0 \mu_z \mu_s = 0.35 \times 1.0 \times 0.6 = 0.21 (\mathrm{kN/m^2})$$

$$w_2 = w_0 \mu_z \mu_s = 0.35 \times 1.0 \times (-0.5) = -0.175 (\mathrm{kN/m^2})$$

（6）荷载组合。考虑 2 种荷载组合：

① 恒载＋雪载＋作物荷载＋屋面集中荷载；

② 恒载＋风载＋作物荷载＋屋面集中荷载。

2. 内力分析　采用结构计算软件对以上两种荷载组合下各杆件的内力进行计算，结果见表4-44。

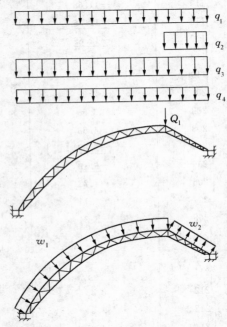

图 4-77　日光温室荷载计算简图

表 4-44　日光温室内力计算结果表

杆件编号	荷载组合①		荷载组合②	
	轴力（kN）	弯矩（kN·m）	轴力（kN）	弯矩（kN·m）
101	−5.41		−4.48	0.01
102	−3.09		−3.4	0.02
103	−1.45	0.01	−2.61	0.02
104	−0.46	0.01	−2.08	0.02
105	0.02	0.01	−1.74	0.02
106	0.06	0.02	−1.58	0.02

（续）

杆件编号	荷载组合①		荷载组合②	
	轴力（kN）	弯矩（kN·m）	轴力（kN）	弯矩（kN·m）
107	−0.26	0.02	−1.58	0.02
108	−0.72	0.02	−1.59	0.02
109	−1.51	0.02	−1.71	0.02
110	−2.30	0.02	−1.8	0.02
111	−3.17	0.02	−1.90	0.02
112	−4.06	0.02	−1.99	0.02
113	−5.54	0.04	−2.42	0.03
114	−9.55	0.05	−5.38	0.03
115	**−11.68**	**0.04**	−7.28	0.03
116	**−12.35**	**0.02**	−8.22	0.02
117	**−12.65**	**0.01**	−8.74	0.01
118	−11.06	0.01	−8.11	0.01
119	−10.02	0.01	−7.62	0.01
201	−2.32	0.01	−1.04	
202	−3.60	0.01	−1.62	
203	−4.63		−2.13	
204	**−5.09**		−2.42	
205	**−5.10**		−2.55	
206	−4.73		−2.50	
207	−4.14		−2.40	
208	−3.34		−2.25	
209	−2.44		−2.10	
210	−1.54		−1.96	
211	−0.57		−1.82	
212	0.33		−1.77	
213	3.54		0.33	
214	6.31		2.44	
215	6.96		3.21	
216	7.27		3.70	
217	6.38		3.43	
218	4.27		2.35	
301	1.80		0.84	
302	−0.81		−0.38	
303	1.12		0.56	
304	−1.0		−0.48	
305	0.55		0.33	
306	−0.64		−0.35	
307	0.12		0.16	

（续）

杆件编号	荷载组合①		荷载组合②	
	轴力（kN）	弯矩（kN·m）	轴力（kN）	弯矩（kN·m）
308	−0.34		−0.25	
309	−0.22		0.03	
310	−0.06		−0.12	
311	−0.46		−0.1	
312	0.17		−0.04	
313	−0.54		−0.11	
314	0.28		−0.05	
315	−0.73		−0.19	
316	0.50		0.03	
317	−0.68		−0.14	
318	0.57		0.02	
319	−0.64		−0.13	
320	0.67		0.03	
321	−0.62		−0.14	
322	0.67		0	
323	−0.55		−0.06	
324	2.61		0.87	
325	**−2.94**		−2.16	
326	2.10		1.57	
327	−2.03		−1.6	
328	0.4		0.53	
329	−0.60		−0.63	
330	0.1		0.29	
331	−0.38		−0.45	
332	−0.52		−0.13	
333	0.78		0.24	
334	−1.92		−0.99	
335	1.8		0.93	
336	−2.20		−1.2	

3. 截面计算 由表 4-44 可以看出，所有杆件所受弯矩均很小，均可以近似按轴心受力构件计算。同时由于杆件均无截面削弱，因此在验算受压杆件时，可只进行稳定性验算。

（1）上弦杆。由表 4-44 可以看出，杆件 105、106 及 107 在荷载组合①工况下的内力对杆件是最不利的，以杆件 107 为代表分析上弦杆。

杆件截面特性为：$A=207.78\,\mathrm{mm^2}$，$i_x=i_y=8.56\,\mathrm{mm}$，$\lambda_x=0.6/(8.56\times10^{-3})=70$，查轴心受压构件稳定性系数 $\phi=0.643$。

$$\sigma = \frac{N}{\phi A} = \frac{12.65 \times 10^3}{0.643 \times 207.78} = 94.68 \ \text{N/mm}^2 < 205 \ \text{N/mm}^2$$

满足稳定性要求。

(2) 下弦杆。由表 4-44 可以看出，杆件 204 及 205 在荷载组合①工况下的内力对杆件最不利，以杆件 205 为代表分析下弦杆（虽然杆件 216 拉力略大于杆件 205 的压力，但受压较受拉的承载力小得多，因此只验算受压杆件 205。如不能确定的情况下，也应验算受拉杆）。

杆件截面特性为：$A = 87.18 \ \text{mm}^2$，$i_x = i_y = 6.56 \ \text{mm}$，$\lambda_x = 0.6/(6.56 \times 10^{-3}) = 91$，查轴心受压构件稳定性系数 $\phi = 0.511$。

$$\sigma = \frac{N}{\phi A} = \frac{5.10 \times 10^3}{0.511 \times 87.18} = 114.48 \ \text{N/mm}^2 < 205 \ \text{N/mm}^2$$

满足稳定性要求。

(3) 腹杆。由表 4-44 可以看出，杆件 325 在荷载组合①工况下的内力对杆件最不利，以杆件 325 为代表分析腹杆。

杆件截面特性为：$A = 50.26 \ \text{mm}^2$，$i_x = i_y = 2 \ \text{mm}$，$\lambda_x = 0.3/(2 \times 10^{-3}) = 150$，查轴心受压构件稳定性系数 $\phi = 0.308$。

$$\sigma = \frac{N}{\phi A} = \frac{2.94 \times 10^3}{0.308 \times 50.26} = 190 \ \text{N/mm}^2 < 205 \ \text{N/mm}^2$$

满足稳定性要求。

二、门式钢架连栋温室结构计算例题

三连跨玻璃温室，钢架跨度 8 m，开间 3 m，柱高 3 m，屋面及四周覆盖材料为 5 mm 厚玻璃。

钢架立柱和梁均采用 100 mm×80 mm×3 mm 矩形钢管，屋面檩条间距 1.1 m，檩条采用内卷边 C 型钢 60 mm×40 mm×15 mm×2.5 mm，基本雪压 0.3 kN/m²，基本风压 0.35 kN/m²。试对结构立柱、横梁和檩条 3 种主要构件分别进行验算。

1. 横梁和立柱计算

(1) 结构计算模型（图 4-78）。

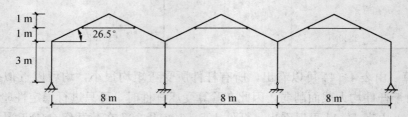

图 4-78　三连跨门式钢架温室结构计算简图

(2) 荷载计算（图 4-79）。

① 恒载：恒载包括温室钢结构自重和温室外覆盖材料自重。对于温室屋面，可以忽略铝合金与玻璃重量的差异，近似视为全玻璃覆盖。

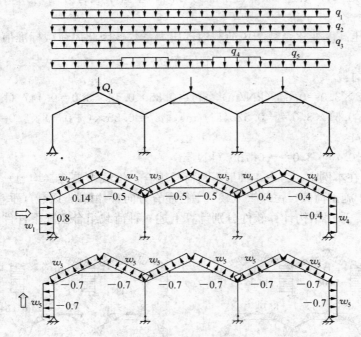

图 4-79　荷载计算简图

钢结构自重：

$$g_1 = 0.06 + 0.009 \times 8$$
$$= 0.132 \, (\text{kN/m}^2)$$
$$q_1 = 0.132 \times 3 = 0.396 (\text{kN/m})$$

屋面外覆盖材料自重：

$$g_2 = 0.125 \, \text{kN/m}^2$$
$$q_2 = 0.125 \times 3 = 0.375 (\text{kN/m})$$

② 雪荷载：雪荷载计算公式为：

$$s_k = s_0 C_t \mu_r$$

均匀雪荷载：

$$\mu_r = 1.0, \ C_t = 0.6$$
$$s_{k1} = 0.3 \times 0.6 \times 1.0$$
$$= 0.18 (\text{kN/m}^2)$$
$$q_3 = 0.18 \times 3 = 0.54 (\text{kN/m})$$

不均匀雪载：

$C_t = 0.6$，μ_r 较大值取 1.4，较小值为 0.94

$s_{k2} = 0.3 \times 0.6 \times 1.4 = 0.252$（kN/m^2），$s_{k3} = 0.3 \times 0.6 \times 0.94 = 0.169$（kN/m^2）

$q_4 = 0.252 \times 3 = 0.756$（kN/m），$q_5 = 0.169 \times 3 = 0.507$（kN/m）

③ 施工荷载：集中力作用在温室屋脊上，大小为 $Q_1 = 1$ kN。

④ 风荷载：考虑两种风向，即平行于屋脊方向和垂直于屋脊方向，其风荷载体型系数和荷载分布见图 4-79。

本例中忽略风压高度变化系数和风荷载内部压力系数，因此风荷载标准值计算式为：

$$w_k = w_0 \mu_s$$

垂直于屋脊方向：

$w_1 = 0.35 \times 0.8 \times 3.0 = 0.84 \ (\text{kN/m})$，$w_2 = 0.35 \times 0.14 \times 3.0 = 0.147 \ (\text{kN/m})$

$w_3 = 0.35 \times (-0.5) \times 3.0 = -0.525 (\text{kN/m})$，$w_4 = 0.35 \times (-0.4) \times 3.0 = -0.42 \ (\text{kN/m})$

平行于屋脊方向：

$w_5 = 0.35 \times (-0.7) \times 3.0 = -0.735 \ (\text{kN/m})$

⑤ 荷载组合：在本例中，考虑 4 种最不利荷载组合：恒载＋雪载（均匀）＋施工荷载；恒载＋雪载（不均匀）＋施工荷载；恒载＋风载（平行屋脊方向）；恒载＋风载（垂直于屋脊方向）。

（3）内力分析。采用结构计算软件分别计算上述 4 种荷载组合工况下杆件内力，如图 4-80。

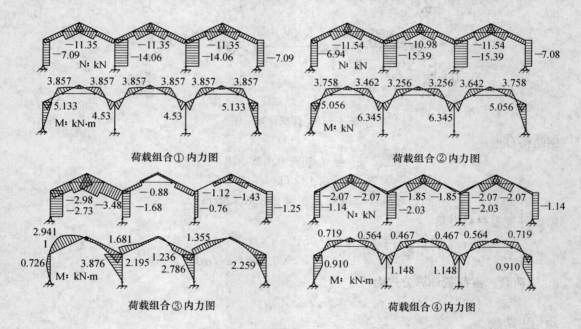

图 4-80　4 种荷载组合内力图

根据各内力图，可以看出对于横梁，最不利荷载组合为组合①工况，对应的弯矩 $M = 3.857$ kN·m，轴力为 $N = -11.35$ kN；对于立柱，最不利荷载组合为组合②，对应轴力为 $N = -15.39$ kN。

（4）截面计算。

① 横梁：强度计算，横梁截面（图 4-81）特性如下：

$A = 864 \ \text{mm}^2$

$I_x = 977 \ 832 \ \text{mm}^4$，$I_y = 517 \ 752 \ \text{mm}^4$

$i_x = 33.641 \ 5 \ \text{mm}$，$i_y = 24.479 \ 6 \ \text{mm}$

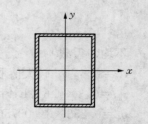

图 4-81　横梁截面示意图

$W_x = 21\,729.6\,\text{mm}^3$，$W_y = 17\,258.4\,\text{mm}^3$

$$\sigma = \frac{N}{A} \pm \frac{M_x}{\gamma_x W_x} = \frac{11.35 \times 10^3}{864} + \frac{3.857 \times 10^6}{1.05 \times 21\,729.6} = 182.2\,\text{N/mm}^2 < 205\,\text{N/mm}^2$$

满足强度要求。

平面外稳定性计算：

$\lambda_x = 1.1/(24.479\,6 \times 10^{-3}) = 44.9$，查轴心受压构件稳定性系数 $\phi_y = 0.868$。

对于闭口截面取 $\phi_b = 1.4$。

$$\frac{N}{\varphi_y A} + \frac{\beta_{tx} M_x}{\varphi_b W_x} = \frac{11.35 \times 10^3}{0.868 \times 864} + \frac{1 \times 3.857 \times 10^6}{1.4 \times 21\,729.6} = 141.9\,\text{N/mm}^2 < 205\,\text{N/mm}^2$$

满足稳定性要求。

② 刚架柱：柱截面无削弱，只按照轴心受压构件验算其稳定性。

由 $K_2/K_1 = H/l = 3/8.94 = 0.335\,6$，查得 $\mu = 2.93$。

$l_x = 2.93 \times 3 = 8.8$，$\lambda_x = 8.8 \times 10^3/33.641\,5 = 261.58$，查 $\phi = 0.117$。

$$\sigma = \frac{N}{\phi A} = \frac{15.39 \times 10^3}{0.117 \times 864} = 152.24\,\text{N/mm}^2 < 205\,\text{N/mm}^2$$

满足稳定性要求。

2. 檩条计算　在本例中檩条在 x 轴和 y 轴方向均按简支梁考虑。檩条为薄壁卷边 C 型钢 80 mm×40 mm×15 mm×2.0 mm，如图 4-82。

（1）荷载情况。恒载考虑玻璃重量和檩条自重，玻璃荷载为 0.125 kN/m²，檩条自重取 0.068 kN/m；活载考虑均匀雪载，取 0.18 kN/m²。

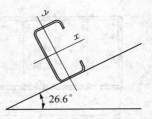

图 4-82　檩条示意图

檩条线荷载设计值为：

$q = 1.2(0.125 \times 1.1 + 0.068) + 1.4 \times 1.1 \times 0.18 = 0.523\,8$（kN/m）

$q_x = q\sin\alpha = 0.523\,8 \times \sin 26.6° = 0.234\,3$（kN/m）

$q_y = q\cos\alpha = 0.523\,8 \times \cos 26.6° = 0.468\,5$（kN/m）

$M_x = 0.125\,q_y l^2 = 0.125 \times 0.468\,5 \times 3^2 = 0.527\,1$（kN·m）

$M_y = 0.125\,q_x l^2 = 0.125 \times 0.234\,3 \times 3^2 = 0.263\,6$（kN·m）

（2）强度计算。截面特性为：$A = 347\,\text{mm}^2$

$I_x = 341\,600\,\text{mm}^4$，$i_x = 31.4\,\text{mm}$，$W_x = 8\,540\,\text{mm}^3$

$I_y = 7\,790\,\text{mm}^4$，$i_y = 15.0\,\text{mm}$，$W_y = 5\,360\,\text{mm}^3$

根据截面尺寸，按《冷弯薄壁型钢结构技术规范》对截面有效性的计算方法，由 $b/t = 40/2 = 20$，$h/t = 80/2 = 40$，按照 $\sigma \approx 200\,\text{N/mm}^2$，查得有效宽厚比分别为 20 和 30，因此应考虑截面的有效性。为简化计算，将截面抵抗矩统一取 0.9 的折减系数。

$W_{nx} = 0.9 \times 8\,540 = 7\,686$（mm³），$W_{ny} = 0.9 \times 5\,360 = 4\,824$（mm³）

$$\sigma = \frac{M_x}{W_{nx}} + \frac{M_y}{W_{ny}} = \frac{0.527\,1 \times 10^6}{7\,686} + \frac{0.263\,6 \times 10^6}{4\,824} = 123.2\,\text{N/mm}^2 < 205\,\text{N/mm}^2$$

满足强度要求。

（3）刚度计算。檩条线荷载标准值为：

$$q_k = 1.0(0.125 \times 1.1 + 0.068) + 1.0 \times 1.1 \times 0.18 = 0.403\,5 \ (\text{kN/m})$$

$$\nu_y = \frac{5}{384} \times \frac{q_{ky}l^4}{EI_x} = \frac{5}{384} \times \frac{0.403\,5 \times 3\,000^4 \times \cos 26.6°}{206 \times 10^3 \times 341\,600} = 5.4\,\text{mm} < l/200 = 15\,\text{mm}$$

满足刚度要求。

（4）构造要求。当檩条为传力压杆时，其应计算其长细比：

$$\lambda_x = 3\,000/31.4 = 95.5 < 200, \quad \lambda_y = 3\,000/15 = 200$$

可见檩条平面内外均满足长细比要求。

三、砌体结构房舍的墙体验算

北京地区某密闭式肉鸡舍，长度 60 m，跨度 9 m，壁柱间距 4 m，如图 4-83。墙体采用蒸压粉煤灰砖和水泥混合砂浆砌筑，砖的强度等级为 MU10，砂浆强度等级为 M5，施工质量控制等级为 B 级。屋盖采用坡度 30°的三角形轻钢屋架承重，0.6 mm 彩色钢板波形瓦屋面，钢丝网抹灰吊顶，100 mm 厚膨胀蛭石保温。地面为水泥砂浆地面。试验算纵墙的高厚比及承载力。

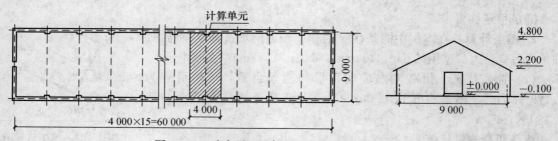

图 4-83 鸡舍平面及侧立面图（单位：mm）

（一）确定静力计算方案、验算墙体高厚比

1. 房屋的静力计算方案　根据饲养工艺要求，鸡舍中间通常不能设横墙，因此山墙间距即为横墙间距。根据表 4-40，$s = 60\,\text{m} > 36\,\text{m}$，所以此鸡舍属于弹性方案房屋。

2. 墙体计算高度确定　根据表 4-41，单层弹性方案带壁柱墙体计算高度 H_0 取为 $1.5H$，H 为墙体顶面至室外地坪以下 500 mm 的高度，即：

$$H = 2.2 + 0.1 + 0.5 = 2.8(\text{m})$$

$$则：H_0 = 1.5H = 1.5 \times 2.8 = 4.2(\text{m})$$

3. 纵墙高厚比验算　本鸡舍纵墙为带壁柱墙，因此不仅需要验算整片墙的高厚比，还需验算壁柱间墙的高厚比。

（1）整片墙的高厚比验算。该墙为 T 型截面（如图 4-84），故需先求出折算厚度，再确定高厚比。

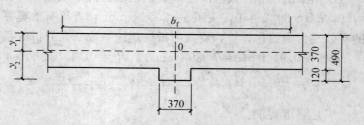

图 4-84 带壁柱砖墙截面（单位：mm）

根据带壁柱墙计算截面翼缘宽度 b_f 的取值规定：单层房屋，可取壁柱宽加 2/3 墙高，但不大于窗间墙宽度和相邻壁柱间距离，因此：

$$b_f = 0.37 + 2.8 \times 2/3 = 2.237 \text{ m} < 4 \text{ m}, \text{取 } b_f = 2.237 \text{ m}$$

带壁柱墙截面面积：

$$A = 2.237 \times 0.37 + 0.37 \times 0.12 = 0.872 \, 1 \text{ m}^2 > 0.3 \text{ m}^2$$

截面形心位置：

$$y_1 = \frac{2.237 \times 0.37 \times 0.185 + 0.37 \times 0.12 \times (0.37 + 0.12/2)}{0.872 \, 1} = 0.197 \text{(m)}$$

$$y_2 = 0.37 + 0.12 - 0.197 = 0.293 \text{(m)}$$

截面惯性矩：

$$I = \frac{1}{3} \left[2.237 \times 0.197^3 + 0.37 \times 0.293^3 + (2.237 - 0.37) \times (0.37 - 0.197)^3 \right] = 0.012 \text{(m}^4)$$

截面回转半径

$$i = \sqrt{0.012/0.872 \, 1} = 0.117 \text{(m)}$$

截面折算厚度

$$h_T = 3.5 \times 0.117 = 0.410 \text{(m)}$$

根据表 4-42 查得该墙的允许高厚比为 $[\beta] = 24$，且 $\mu_1 = 1.0$，$\mu_2 = 1.0$，则有：

$$\beta = \frac{H_0}{h_T} = \frac{4.2}{0.410} = 10.2 < \mu_1 \mu_2 [\beta] = 1.0 \times 1.0 \times 24 = 24$$

因此山墙之间的整片纵墙的高厚比符合要求。

（2）壁柱间墙的高厚比验算。在验算壁柱间墙高厚比时，不论房屋属何种静力计算方案，一律按刚性方案考虑。此时，墙厚 370 mm，壁柱间墙长 $s = 4$ m。

查表 4-41，因 $2H > s > H$，得 $H_0 = 0.4s + 0.2H = 0.4 \times 4 + 0.2 \times 2.8 = 2.16$ m，则有：

$$\beta = 2.16/0.410 = 5.3 < 24$$

符合高厚比要求。

（二）纵墙承载力验算

1. 荷载资料 根据设计方案，荷载资料如下：

（1）屋面恒荷载标准值。彩色钢板波形瓦，按屋面实际面积的自重为 0.12 kN/m^2，根据屋面坡度折算成水平投影面积上的自重：

$$0.12/\cos 30° = 0.14 \text{(kN/m}^2)$$

钢屋架（屋架跨度 $l = 9$ m）：

$$0.12 + 0.011l = 0.12 + 0.011 \times 9 = 0.219 \text{(kN/m}^2)$$

100 mm 厚膨胀蛭石（自重 1.5 kN/m^3）：

$$1.5 \times 0.1 = 0.15 \text{(kN/m}^2)$$

钢丝网抹灰顶棚：	0.45 （kN/m²）
合计：	0.959 （kN/m²）

（2）屋面活荷载标准值。不上人屋面施工、检修等活荷载标准值为 0.5 kN/m^2。

（3）屋面雪荷载标准值。屋面水平投影面上的雪荷载标准值为 $s_k = \mu_r s_0$，其中，μ_r 为屋面积雪系数，根据规范取为 0.8，s_0 为基本雪压，北京地区为 0.4 kN/m²，因此：

$$s_k = 0.8 \times 0.4 = 0.32 (kN/m^2)$$

根据荷载规范规定，屋面均布荷载不应与雪荷载同时组合，这里 0.5 kN/m²＞0.32 kN/m²，因此，以下荷载效应组合只考虑不上人屋面的施工、检修活荷载。

（4）墙体自重标准值。砖砌体的容重标准值为 18 kN/m³。

（5）风荷载标准值。风荷载标准值由下式计算：

$$W = \mu_s \mu_z w_0$$

其中，μ_s 为风荷载体型系数，根据规范，其取值可按图 4-85；μ_z 为风压高度变化系数，根据荷载规范可取 1.0；w_0 为基本风压，北京地区为0.4 kN/m²。

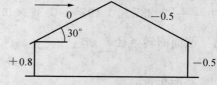

图 4-85　风荷载体型系数 μ_s

屋面沿高度方向均布风荷载标准值：

$$w_{屋盖} = 0.5 \times 1.0 \times 0.4 = 0.2 (kN/m^2)$$

墙体迎风面的均布荷载标准值：

$$w_{迎风} = 0.8 \times 1.0 \times 0.4 = 0.32 (kN/m^2)$$

墙体背风面均布荷载标准值：

$$w_{背风} = 0.5 \times 1.0 \times 0.4 = 0.2 (kN/m^2)$$

2. 控制截面承载力验算

（1）选取计算单元。该鸡舍内没有横墙，取一个柱距 4 m 作为计算单元，如图 4-83 所示。

（2）确定计算截面。此鸡舍属于弹性方案房屋，按屋架与纵墙顶面为铰接，不考虑空间工作的平面排架确定内力。墙的控制截面应选取墙顶（截面 1-1）和墙底（截面 2-2）处，如图 4-86。在截面 1-1 处，屋盖传来的屋面荷载产生的弯矩最大，且为屋架支承处，此处偏心受压和局部受压均不利。在截面 2-2 处，轴心压力和由水平风荷载产生的弯矩最大。

（3）荷载计算。按一个计算单元，作用于纵墙的竖向荷载包括屋面恒荷载、屋面活荷载及墙体自重；水平荷载为风荷载。

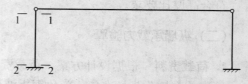

图 4-86　鸡舍计算简图

作用于纵墙的竖向荷载标准值如下：

屋面恒荷载：0.959×4×9/2＝17.262(kN)

屋面活荷载：0.5×4×9/2＝9(kN)

墙体自重：　18×(4-0.37)×0.37＋18×0.37×0.49＝27.439(kN)

屋盖传至墙顶的水平集中风荷载标准值　$W_k = 0.2 \times 4 \times (9/2) \times \tan 30° = 2.077$(kN)

作用于纵墙表面沿高度方向的水平均布风荷载标准值如下：

迎风面：$w_{1k} = 0.32 \times 4 = 1.28$(kN/m)

背风面：$w_{2k} = 0.2 \times 4 = 0.8$(kN/m)

（4）控制截面内力。

1-1 截面处

由屋面荷载产生的轴向力设计值需考虑 2 种内力组合，根据《建筑结构荷载设计规范》，第一种内力组合：

$$N_1 = 1.2 \times 17.262 + 1.4 \times 9 = 33.314\,(\text{kN})$$

第二种内力组合：

$$N_1 = 1.35 \times 17.262 + 1.4 \times 9 = 35.904\,(\text{kN})$$

第二种组合内力较大，因此取 $N_1 = 35.904$ kN。

墙体采用 MU10 蒸压粉煤灰砖和 M5 水泥混合砂浆砌筑，根据表 4-35 砌体的抗压强度设计值 $f = 1.50$ MPa。屋架通过加筋支座节点板支承在纵墙上，由于屋架挠曲变形较小，且其支座与墙体密切接触，因此其有效支承长度可取实际支承长度（图 4-87），即：

$$a_0 = a = 0.40 \text{ m}$$

合力作用点：$0.4a_0 = 0.4 \times 0.40 = 0.16\,(\text{m})$

则偏心距：$e_1 = 0.293 - 0.16 = 0.133\,(\text{m})$

2-2 截面处

第一种内力组合：

$$N_2 = 1.2 \times (27.439 + 17.262) + 1.4 \times 9$$
$$= 66.241\,(\text{kN})$$

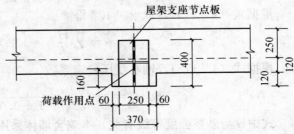

图 4-87　纵墙顶截面图（单位：mm）

第二种内力组合：

$$N_2 = 1.35 \times (27.439 + 17.262) + 1.4 \times 9 = 72.946\,(\text{kN})$$

水平风荷载产生的弯矩，根据结构力学方法，可得：

$$M_{2-2\text{迎风,k}} = \frac{1}{2}W_k H + \frac{5}{16}w_{1k}H^2 + \frac{3}{16}w_{2k}H^2$$
$$= \frac{1}{2} \times 2.078 \times 2.8 + \frac{5}{16} \times 1.28 \times 2.8^2 + \frac{3}{16} \times 0.8 \times 2.8^2$$
$$= 7.221\,(\text{kN} \cdot \text{m})$$

$$M_{2-2\text{背风,k}} = -\frac{1}{2}W_k H - \frac{3}{16}w_{1k}H^2 - \frac{5}{16}w_{2k}H^2$$
$$= -\frac{1}{2} \times 2.078 \times 2.8 - \frac{3}{16} \times 1.28 \times 2.8^2 - \frac{5}{16} \times 0.8 \times 2.8^2$$
$$= -6.751\,(\text{kN} \cdot \text{m})$$

由于该处弯矩仅由风荷载（活荷载）产生，因此相应的弯矩设计值为：

$$M_{2-2\text{迎风}} = 1.4 \times 7.221 = 10.109\,(\text{kN} \cdot \text{m})$$
$$M_{2-2\text{背风}} = 1.4 \times 6.751 = 9.451\,(\text{kN} \cdot \text{m})$$

偏心距

第一种内力组合：

$$e_{2\text{迎风}} = 10.109/66.241 = 0.153\,(\text{m})$$
$$e_{2\text{背风}} = 9.451/66.241 = 0.143\,(\text{m})$$

第二种内力组合：

$$e_{2\text{迎风}} = 10.109/72.946 = 0.139\,(\text{m})$$

$$e_{2背风} = 9.451/72.946 = 0.130(m)$$

取 $e_{2迎风} = 0.139$ m（较大值）。

对于 2-2 截面，由于弯矩相同，第一种内力组合轴向力虽然较小，但偏心距较大，承载力较低；反之，第二种内力组合虽然偏心距较小，承载力较大，但轴向力也较大，因此，两种内力组合均应验算。

（5）1-1 截面抗压承载力验算。

$$N_1 = 35.904 \text{ kN}, e_1 = 0.133 \text{ m}$$

$e_1/y_2 = 0.133/0.293 = 0.45 < 0.6$，所以，偏心距符合规范要求。

根据式（4-115），取 $\gamma_\beta = 1.2$ 得

$$\beta = \gamma_\beta \frac{H_0}{h_t} = 1.2 \times \frac{4.2}{0.410} = 12.3$$

根据式（4-118），轴心受压稳定系数

$$\varphi_0 = \frac{1}{1+\alpha\beta^2} = \frac{1}{1+0.0015 \times 12.3^2} = 0.82$$

式中 α 与砂浆强度等级有关，本鸡舍墙体采用 M5 砂浆，因此取 $\alpha = 0.0015$。

根据式（4-122），可求得高厚比与轴向力偏心距对受压构件承载力的影响系数为：

$$\varphi = \frac{1}{1+12\left[\frac{e}{h_T}+\sqrt{\frac{1}{12}\left(\frac{1}{\varphi_0}-1\right)}\right]^2} = \frac{1}{1+12 \times \left[\frac{0.133}{0.410}+\sqrt{\frac{1}{12}\left(\frac{1}{0.82}-1\right)}\right]^2} = 0.28$$

根据砖及砂浆的强度等级，查表 4-34 得砌体抗压强度设计值为 $f = 1.50$ MPa，则纵墙偏心受压设计承载力：

$$\varphi f A = 0.28 \times 1.5 \times 0.8721 \times 10^3 = 366.282 \text{ kN} > 35.904 \text{ kN}$$

因此该处偏心受压承载力满足要求。

（6）2-2 截面处抗压承载力验算。

第一种内力组合：

$$N_2 = 66.241 \text{ kN}, e_{2迎风} = 0.153 \text{ m}, e_{2背风} = 0.143 \text{ m}$$

取 $e_2 = e_{2迎风} = 0.153$ m（较大值）验算偏心距。

$$e_2/y_2 = 0.153/0.293 = 0.52 < 0.6$$

偏心距满足规范要求。

第二种内力组合：

$$N_2 = 72.946 \text{ kN}, e_{2迎风} = 0.139 \text{ m}, e_{2背风} = 0.130 \text{ m}$$

取 $e_2 = e_{2迎风} = 0.139$ m（较大值）验算偏心距。

$$e_2/y_2 = 0.139/0.293 = 0.47 < 0.6$$

偏心距满足规范要求。

由于最大偏心距均出现在迎风面的纵墙上，因此只验算迎风面纵墙的抗压承载力。

第一种内力组合：

$$\varphi = \frac{1}{1+12\left[\frac{e}{h_T}+\sqrt{\frac{1}{12}\left(\frac{1}{\varphi_0}-1\right)}\right]^2} = \frac{1}{1+12 \times \left[\frac{0.153}{0.410}+\sqrt{\frac{1}{12}\left(\frac{1}{0.82}-1\right)}\right]^2} = 0.24$$

$$\varphi fA = 0.24 \times 1.5 \times 0.872\,1 \times 10^3 = 313.956\ \text{kN} > 66.241\ \text{kN}$$

满足承载力要求。

第二种内力组合：

$$\varphi = \cfrac{1}{1 + 12\left[\cfrac{e}{h_T} + \sqrt{\cfrac{1}{12}\left(\cfrac{1}{\varphi_0} - 1\right)}\,\right]^2} = \cfrac{1}{1 + 12 \times \left[\cfrac{0.139}{0.410} + \sqrt{\cfrac{1}{12}\left(\cfrac{1}{0.82} - 1\right)}\,\right]^2} = 0.27$$

$$\varphi fA = 0.27 \times 1.5 \times 0.872\,1 \times 10^3 = 353.201\ \text{kN} > 72.946\ \text{kN}$$

满足承载力要求。

（7）1-1 截面处局部抗压承载力验算。根据表 4-35，$f = 1.50\ \text{MPa}$，影响局部抗压强度的计算面积 A_0 的计算范围如图 4-88 所示，即：

$$A_0 = 0.37 \times 0.49 + 2 \times 0.31 \times 0.37$$
$$= 0.411(\text{m}^2)$$

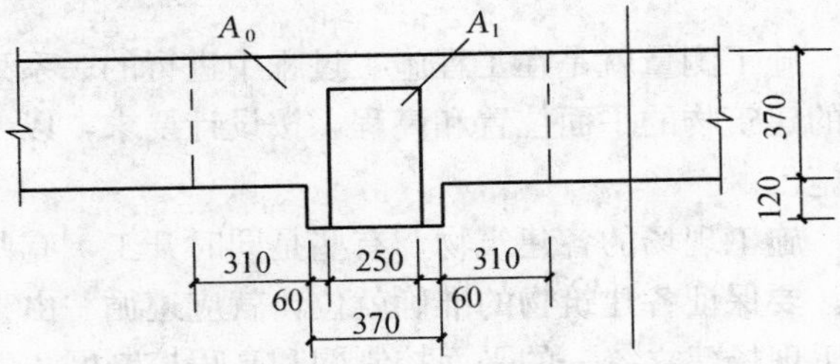

局部受压面积，即为屋架节点板的面积 A_1：

$$A_1 = 0.40 \times 0.25 = 0.10(\text{m}^2)$$

根据式（4-126）可计算出砌体抗压强度提高系数：

图 4-88　影响局部抗压强度的计算面积（单位：mm）

$$\gamma = 1 + 0.35\sqrt{\cfrac{A_0}{A_1} - 1} = 1 + 0.35\sqrt{\cfrac{0.411}{0.10} - 1} = 1.62 < 2.0$$

因本例题 1-1 截面上部除屋架传来的荷载 $N_{11} = 35.904\ \text{kN}$ 外，无其他上部荷载，即 $N_0 = 0$，由式（4-132）可得：

$$\cfrac{N_{11}}{A_1} = \cfrac{35.904 \times 10^3}{0.10} = 0.36\ \text{MPa} < \eta\gamma f = 0.7 \times 1.62 \times 1.50 = 1.701\ \text{MPa}$$

因此，纵墙 1-1 截面处的局部抗压承载力满足要求。

第五章　农业建筑施工工程

第一节　施工测量

一、施工测量原则与内容

施工测量就是在工程施工过程中进行的一系列定位、放线、测量工作。其任务是把图纸上设计的建筑物的平面位置和高程，按设计要求，以一定精度在施工现场上标定出来，以指导各工序的施工。

施工现场的各建筑物，有些是同时开工，有些分期施工，施工现场工种多，施工时地面变动大。要保证各建筑物的准确就位，就应遵循"由整体到局部"、"先控制后碎步"的原则，即先在施工现场建立统一的平面控制网和高程控制网，然后再测设各建筑物的轴线、基础及细部。只有这样，才可减少误差积累，保证放样精度。

施工测量的主要内容包括建立施工（平面、高程）控制网、建筑物的定位及轴线测设、基础施工测量、建筑构件的安装测量、竣工测量和变形观测等。

二、施工放样的基本工作

将图纸上设计好的建筑物在地面上标定出来，叫施工放样。其基本工作就是距离、角度和高程的放样。

1. 在地面上测设水平距离　距离测设是由一已知点起，根据给定的方向，按设计的长度标定出直线终点的位置。测设距离可用钢尺、光电测距仪或全站仪等工具。

建筑物的轴线测设、边长测设或点的定位等，都需要测设已知长度的水平距离。在距离丈量精度要求不高的情况下，可采用钢尺按距离丈量的方法进行，往、返丈量相对误差应小于规定值；若距离丈量精度要求较高时，应对设计给定的水平距离进行尺长、温度及倾斜修正后，计算出应丈量的实际值，然后按此值进行放样。

2. 在地面上测设水平角　测设水平角，就是根据给定角的顶点位置和起始边的方向，将设计给定的水平角另一边的方向在地面上标定出来。测设水平角的仪器为经纬仪或全站仪。

如图 5-1，地面上 OA 为已知直线，以 O 点为顶点，按顺时针方向测设水平角，以便确定 OB 线方向，其测设步骤如下：

① 将经纬仪安置在顶点 O，对中、整平后，用盘左（正镜）位

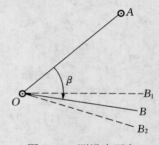

图 5-1　测设水平角

置照准目标 A 点，利用水平对度螺旋将水平度盘调到 $0°00'00''$，打开水平制动螺旋，旋转照准部将水平度盘对到 β 值，在视线方向上定出 B_1 点。

② 利用盘右位置（倒镜）照准目标 A 点，将水平度盘对到 $90°00'00''$，转动照准部使水平度盘的读数为 $90°+\beta$，在视线方向上取 $OB_2=OB_1$ 定出 B_2 点。取 B_1B_2 连线的中点 B，则 OB 即为测设方向的方向线，角 AOB 即为所测设的水平角 β。

3. 测设已知高程 高程测设包括点的高程放样和点的高程传递，一般用水准仪和钢尺或全站仪测设。

（1）点的高程放样。点的高程放样是根据高程控制测量预留的水准点高程，将图纸上某点的设计高程测设到地面上。如图 5-2 所示，点 A 高程为 $H_A=20.950$ m，欲测设 B 点高程 $H_B=21.500$ m。将水准仪安置于 AB 两点间，设后视 A 点的水准尺读数 $a=1.675$ m，视线高程 $H_1=20.950+1.675=22.625$ m。可计算出 B 点水准尺读数应为 $b=H_1-H_B=22.625-21.500=1.125$ m。测设时，先在 B 点钉木桩，将水准尺紧靠木桩侧面上下移动，当水准仪中丝读数为 1.125 m 时，在木桩对应水准尺下端 0 m 处划线，该线即为所求高程。

（2）点的高程传递。如图 5-3 所示，欲将地面 A 点的高程 H_A 传递到基坑内 B 点上，可在基坑的一侧悬挂一钢尺，钢尺的首端挂一重垂球，当钢尺自由静止后，用水准仪测出后视读数 a_1，前视读数 b_1。再将仪器搬到基坑内，测出后视读数 a_2，前视读数 b_2，则 B 点的高程为：$H_B=H_A+(a_1-b_1)+(a_2-b_2)$。用类似的方法也可将地面点的高程传递到建筑物的高处。

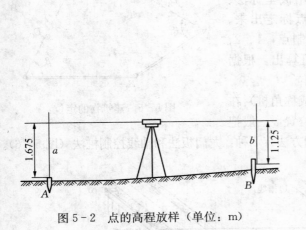

图 5-2 点的高程放样（单位：m）

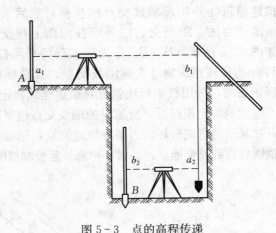

图 5-3 点的高程传递

三、施工控制网

施工前必须在施工场地上建立施工控制网，作为建筑物施工放样、变形观测、竣工测量控制的依据和测量基础。施工控制网包括平面控制网和高程控制网。

1. 施工平面控制网 施工平面控制网一般分为两级，即基本网和定线网，可布设成三角网或导线网。基本网的作用是控制建筑物的主轴线，定线网的作用是控制建筑物辅助轴线和细部位

置。中心多边形 *ABCDE* 是基本网，1、2、3、4
等是定线网，定线网一般根据建筑物的形状可布
设成矩形网，其主轴线 LL′由基本网测设（图
5-4）。

2. 高程控制网 施工放样中的高程控制点，
一般以平面控制点兼作水准点。水准点应布设在
不受施工影响、无振动、便于永久保存的地方。
一般采用四等水准测量方法，测量平面控制点的
高程。场地高程控制网一般布设成闭合环线，以
便校核和保证测量精度。为了测设方便，有时在
施工场地适当位置布设一定数量的±0.00 m 水
准点。

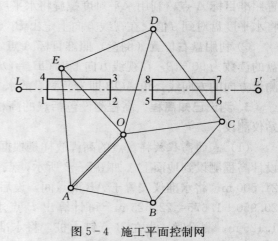

图 5-4　施工平面控制网

四、建筑物的定位与轴线测设

建筑物的定位就是根据建筑平面设计图，将建筑物的主轴线或轴线交点测设到地面上，然后
再据此进行细部放样。

依据施工现场的施工控制点和建筑平面设计图，算出
拟建建筑物外轮廓轴线交点的坐标，然后采用极坐标法、
角度交会法、距离交会法等可在地面上将交点标定出来。
如图 5-5 所示，*A*、*B*、*C* 为施工现场平面控制点，1、2、
3、4 为拟建建筑物外轮廓轴线交点，其坐标可算出。根据
现场条件，采用极坐标法就可对拟建建筑物定位。

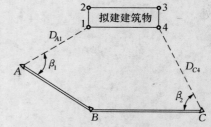

图 5-5　建筑物的定位

建筑物定位以后，所测设的轴线交点桩（或称角桩）在
开挖基础时将被破坏。为了方便地恢复各轴线位置，一般把
轴线延长到安全地点，并做好标志。延长轴线的方法有 2 种：龙门板法和轴线控制桩法（图 5-6）。

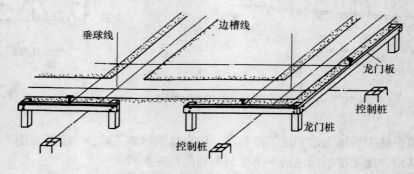

图 5-6　龙门板与轴线控制桩

1. 龙门板 为便于施工，可在基槽外一定距离钉设龙门板。钉设龙门板的步骤如下：

　　① 龙门桩应设在建筑物四角与隔墙两端基槽以外 1.0～1.5 m 处（确保挖坑槽不会被破坏），龙门桩要钉得竖直、牢固，并使木桩外侧面与基槽平行。

　　② 根据建筑场地水准点，用水准仪在龙门桩上测设建筑物 ±0.000 标高线。钉龙门板，使其顶面在 ±0.000 标高线上。龙门板标高测设的容许误差一般为 ±5 mm。

　　③ 根据轴线桩，用经纬仪将墙、柱的轴线投到龙门板顶面上，并钉上小钉标明，作为轴线投测点。投测点容许误差为 ±5 mm。

　　④ 用钢尺沿龙门板顶面检查轴线（用小钉标明）的间距，经检验合格后，以轴线钉为准将墙宽、基槽宽划在龙门板上。

　　2. 轴线控制桩　轴线控制桩应设置在基槽外基础轴线的延长线上，以保留开槽后轴线位置。轴线控制桩离基槽外边线的距离根据施工场地的条件而定。若附近有固定物，常可将轴线投设在固定物上。

五、基础施工测量

　　开挖基础前，根据轴线控制桩（或龙门板）的轴线位置、地基和基础宽度、基槽开挖坡度，可用白灰在地面上标出基槽边线（或称基础开挖线）。

　　基槽开挖一般不允许超挖基底，应随时注意挖土深度。当基槽挖到距槽底 0.300～0.500 m 时，用水准仪在槽壁上每隔 2～3 m 和拐角处钉一水平桩（图 5-7），用以控制基槽深度及作为清理槽底和铺设垫层的依据。垫层施工后，先将基础轴线投影到垫层上，再按照基础设计宽度定出基础边线，作为基础施工的依据。

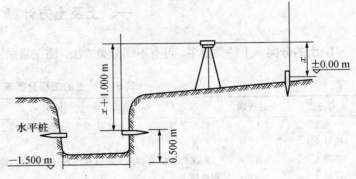

图 5-7　基坑水平桩

六、施工中的其他测量工作

　　基础墙体砌筑到防潮层标高时，用水准仪测出防潮层的标高，做好防潮层。防潮层做好后，再根据龙门板上的轴线钉，用墨线将墙体轴线和边线弹到防潮层上。并将这些线延伸到基础墙外侧，作为墙体砌筑时墙体轴线和边线放样的依据。

　　砌筑墙体时，轴线采用垂球线进行检查，允许误差为 ±2 mm。高程传递测量常采用皮数杆，皮数杆是标有每层砖厚及灰缝实际尺寸的木杆，在杆的侧面还画有窗台线、门窗洞口、过梁的位置和标高。立皮数杆时，首先在墙角地面钉一大木桩，用水准仪将 ±0.000 m 标高测画在木桩上，然后将皮数杆的 0.000 m 标高线与大木桩上的 ±0.000 m 标高线对齐，用大钉将皮数杆钉到大木桩上，用来指导墙体砌筑、立门窗等。

另外，施工中还包括柱子的定位、预埋件的定位、构件的安装就位等测量工作。

▶习题与思考题

1. 施工测量的基本原则是什么？为什么要遵循这一原则？
2. 什么叫施工放样？其基本工作有哪些？
3. 请设计一种方法将地面点的高程传递到建筑物的高处。
4. 什么是龙门板？它有什么作用？
5. 什么是皮数杆？它有什么作用？

第二节　土石方工程

一个工程的施工准备完成后，首先要做的是土石方工程，包括土石的开挖、爆破、运输、填筑、平整和压实等主要施工过程，以及排水、降水及土壁支撑等辅助工作。

一、土及土方计算

1. 土的分类　土种类很多，可有不同分类方法。施工常采用的是如表 5-1 中的 8 类 16 级分类法。

表 5-1　土的工程分类表

土的分类	土的级别	土 的 名 称	开挖工具及方法
一类土（松软土）	I	略有黏性的沙土，粉土腐殖土及疏松的种植土，泥炭（淤泥）	用锹，少许用脚蹬、用板锄挖掘
二类土（普通土）	II	潮湿的黏性土和黄土，含有建筑材料碎屑、碎石卵石的堆积土和种植土	用锹，条锄挖掘，需要用脚蹬，少许用镐
三类土（坚土）	III	中等密实的黏性土和黄土，含有碎石、卵石或建筑材料碎屑的潮湿性黏性土和黄土	主要用镐、条锄
四类土（沙砾坚土）	IV	坚硬密实的黏性土或黄土，含有碎石、砾石（体积在 10%～30%，重量在 25 kg 以下的石块）的中等密实黏性土或黄土；硬化的重盐土；软泥灰岩	全部用镐、条锄挖掘；少许用撬棍挖掘
五类土（软石）	V	硬的石炭纪黏土；胶结不紧的砾岩；软的、节理多的石灰岩及贝壳石灰岩；坚硬的白垩岩；中等坚实的页岩、泥灰岩	用镐或用撬棍、大锤挖掘，部分使用爆破方法
六类土（次坚石）	VI	坚硬的泥质页岩；坚硬的泥灰岩；角砾状花岗岩；泥炭质石灰岩；黏土质砂岩；云田页岩及沙质页岩；风化的花岗岩、片麻岩及正常岩；滑石质的蛇纹岩；密实的石灰岩；硅质胶结的砾岩；砾岩；沙质石灰质页岩	用爆破方法开挖，部分用风镐
七类土（坚石）	VII	白云岩；大理岩；坚实的石灰岩、石灰质及石英质的砂岩；坚硬的沙质页岩；蛇纹岩；粗粒正常岩；有风化痕迹的安山岩及玄武岩；片麻岩、粗面岩；中粗花岗岩；坚实的片麻岩，粗面岩；辉绿岩；玢岩；中粗正常岩	用爆破方法开挖

（续）

土的分类	土的级别	土 的 名 称	开挖工具及方法
八类土 （特坚石）	Ⅷ	坚实的细粒花岗岩；花岗片麻岩；闪长岩；坚实的玢岩；角闪岩、辉长岩、石英岩；安山岩、玄武岩；最坚实的辉绿岩；石灰岩及闪长岩；橄榄石质玄武岩；特别坚实的辉长岩、石英岩及玢岩	用爆破方法开挖

2. 土方量计算　施工前对土方量进行计算，是为了进行土方合理调配与施工机械和人员合理安排等。由于拟开挖的土方外形复杂多变，要精确计算其方量常常有困难。实际中常用简化、近似的方法计算，一般就可满足精度的要求。

基坑和基槽的土方量可按下列公式计算（图 5 - 8）

$$V = H/6(F_1 + 4F_0 + F_2) \tag{5-1}$$

式中，H——基坑深度或分段长度，m；

F_1、F_2——棱柱体两端部表面面积，m^2；

F_0——棱柱体中部截面面积，m^2。

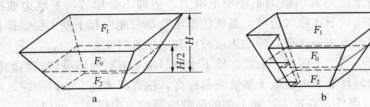

图 5 - 8　土方计算示意图

二、土方施工

1. 土方施工机械　土方工程施工面积大，工作量大，施工期长，劳动强度大，施工条件复杂，应尽量采用机械施工，以提高劳动生产率，加快施工进度。土方施工常用的机械及性能如下。

（1）推土机。常用的液压推土机除可升降推土铲刀外，还可调整铲刀的角度。推土机有轮胎式和履带式。我国生产的履带式推土机有红旗100、上海120、T - 12、移山160、T - 180、黄河220、T - 240、J320 和 TY - 320 等；轮胎式推土机有 TL - 160、厦门 T - 180 等。

推土机可进行挖土、运土和卸土作业。适于场地清理和平整，开挖深度不大的基坑，进行沟槽回填土等。

（2）单斗挖土机。挖土机主要用来开挖基坑（基槽）、沟渠等。按工作装置不同，挖土机主要分为正铲、反铲和抓铲挖土机；按行走装置不同分为轮胎式和履带式。常用的挖土机有 WI-50、WI-100、WI-200，其斗容量为 0.5 m^3、1.0 m^3、2.0 m^3。

正铲挖土机（图 5 - 9a）用于开挖停机面以上的土，工作时机械向前行驶，铲刀由下向上强制切土。其挖掘力大，效率高，适于含水量不大的Ⅰ～Ⅳ类土的开挖。反铲挖土机（图 5 - 9b）用于开挖停机面以下的土，工作时机械后退行驶，铲刀由下向上强制切土。抓铲挖土机（图

5-9c)一般适于较软质的土方开挖。以上3种土方开挖机械都可实现挖土和装土功能，并和运土机械（自卸汽车等）配合使用。

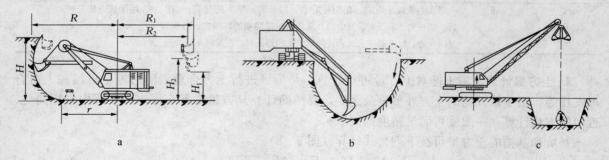

图5-9 挖土机

a. 正铲挖土机　b. 反铲挖土机　c. 抓铲挖土机

2. 土壁稳定与施工排水

（1）土壁稳定。基坑的土壁稳定是保证施工安全，保障土方和基础施工顺利进行的措施。土壁稳定时，土体内的内摩擦力和内聚力不小于下滑力，边坡不会塌方。基坑边坡过陡，土质较差，开挖深度大，雨水或地下水渗入边坡，基坑顶部堆物都可能引起土壁失稳，即塌方。

防止边坡塌方的主要方法是选择合理的边坡坡度和增加临时支护。

基坑边坡坡度的大小与挖土深度、土质、地下水位、施工方法及周围建筑物的情况有关。当地质情况良好，土质均匀且地下水位低于基坑底面标高，挖方深度在5m以下时，边坡最大坡度不得超过表5-2规定。另外，在挖方边坡上侧的荷载应距挖方边缘0.8m以上。

表5-2　深度在5m以下的基坑的最陡坡度

土的类别	边坡坡度（高：宽）		
	坡顶无荷载	坡顶有静载	坡顶有动载
中密的沙土	1：1.00	1：1.25	1：1.50
中密的碎石类土（充填沙土）	1：0.75	1：1.00	1：1.25
硬的轻亚黏土	1：0.67	1：0.75	1：1.00
中密的碎石类土（充填黏性土）	1：0.50	1：0.67	1：0.75
硬的亚黏土、黏土	1：0.33	1：0.50	1：0.67
老黄土	1：0.10	1：0.25	1：0.33
软土	1：1.00	—	—

注：静载指堆土或材料等，动载指施工机械。

在不允许放坡（如建筑物稠密地区，影响城市道路与地下管线等情况）或放坡距离不足时，应采用支撑方法保持土壁稳定。支撑方法有钢木支撑、板桩和钢筋混凝土地下连续墙等。钢木挡土板支撑适合于地下水位较低，开挖深度较小（小于5m）的狭窄沟渠开挖。板桩有钢板桩、木板桩和钢筋混凝土板桩，是既能挡土又能挡水，可重复使用的支护结构，适用于各种土壤，尤其是地下水位较高，有流沙危险的土方开挖。钢筋混凝土地下连续墙由于造价较高，多用于土质不好的大型基坑中，且作为永久基础的一部分。

（2）施工排水。在地下水位较高的地方开挖基坑，一个关键工作是进行施工排水。因为创造干燥的施工环境不仅有利于提高工作效率，加快施工进度，而且可保证边坡的稳定，防止塌方事故。

施工排水分为基坑明沟排水和人工降低地下水位两种方法。

基坑明沟排水是在基坑开挖时，在坑底沿坑周或在中间设排水沟和集水坑，将渗水收集到集水坑后，用水泵排出。为保证地基强度，一般将排水沟和集水坑设在基础范围以外、地下水流的下游一侧（图5-10）。该方法设备简单，排水方便，应用较广，适用于地下水较少的黏性土的基坑开挖。

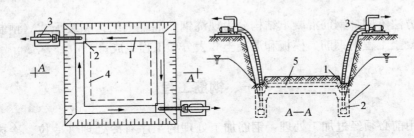

图5-10 基坑排水
1. 排水沟 2. 集水坑 3. 水泵 4. 基础范围线 5. 地下水位线

当地下水位较高，水量较多，土质为沙土时或周围建筑物较多时，一般要采用人工降低地下水位法。这种方法是在基坑开挖前，先在基坑周围埋设一定数量的滤水管（井），利用抽水设备从开挖开始到结束一直抽水，使地下水位保持在基坑底下一定距离。这种方法适用性强，排水可靠，但费用较高。

3. 土方回填 回填土要求一定的强度和稳定性。为此，必须采用合格的土料和合理的填筑方法。

适于做填料的土主要有碎石、沙土、石渣及适合压实的黏土。不宜作为填土的土料包括含有大量有机物、石膏、水溶性硫酸盐的土壤，冻土、粉状沙质黏土、混杂土等。

填土时应分层填筑，并尽量采用同类土料。同类土数量不足时，应将透水性大的土置于透水性小的土层以下，但不能混用。在斜坡上填土时，应将斜坡整成阶梯状，以保证填土的稳定。

当填土用于受力地基时，应具有足够的密实度。密实度用压实系数 D_Y 表示。

$$D_Y = 控制干容重(\gamma_d) / 最大干容重(\gamma) \qquad (5-2)$$

影响填方压实质量的因素除土料本身性质外，还包括压实功、土的含水量及铺土厚度。当含水量一定时，压实的初级阶段表现为，土的密度随压实功的增大而增加。当土的密度接近最大密实度时，压实功的进一步增大对土的密实度增加影响越来越小。土壤含水量过大或过小都不能使填土达到理想的压实度，只有当土处于最佳含水量时才有可能获得最大压实度。填土厚度是由压实机械压土时压实影响深度决定的。一般平碾（压路机）每层铺土厚度为200～300 mm；羊足碾每层铺土厚度为200～350 mm；蛙式打夯机每层铺土厚度为200～250 mm。

▶习题与思考题

1. 土石方工程常包括哪些施工过程？
2. 什么是土的可松性？它有哪两个指标？各有什么作用？
3. 正铲、反铲挖土机的适应场合有什么不同？

4. 举例说明防止基坑边坡塌陷的方法有哪些？

5. 在什么情况下需要进行基坑排水？试分析两种排水方法的优缺点。

6. 试分析各施工因素是怎么影响土方压实质量的？

第三节　钢筋混凝土工程

根据施工方法不同，钢筋混凝土结构分为现浇钢筋混凝土结构和装配式（预制钢筋混凝土）结构，钢筋混凝土工程由钢筋、模板和混凝土3大分项工程组成。

一、钢筋工程

钢筋在使用前必须经过加工处理，钢筋加工处理的工序有冷处理（冷拉、冷拔、冷轧）、除锈、调直、下料、剪切、弯曲、绑扎及焊接等。

① 钢筋冷加工：是在常温下对钢筋施加外力，使其内部晶格发生变化，以增加其屈服强度。但冷处理的钢筋塑性和韧性变差。冷加工钢筋多用于预应力混凝土结构中。

② 钢筋调直：一般都是针对细钢筋（或钢丝）而言。这类钢筋是以盘圆方式供应的。使用前施加一定外力将其调直，确保用于结构受力后能达到合格的应变和应力。钢筋调直可采用锤直、扳直、冷拉调直及调直机调直等方法。

③ 钢筋除锈：是在钢筋浇入混凝土前去掉表面的铁锈，保证混凝土和钢筋良好的黏结力。一般钢筋在冷加工和调直时就会使表面的浮锈脱落。少量铁锈也可用钢丝刷，砂纸人工去除；严重的锈蚀可用机械喷砂和酸液除锈法处理。

④ 钢筋配料：是根据配筋图计算构件各钢筋的下料长度、根数及重量，编制钢筋配料单，作为加工验收的依据。

需要说明的是，钢筋图中注明的尺寸是钢筋的外包尺寸，而下料长度指的是钢筋的轴线尺寸。钢筋加工过程中轴线尺寸不变，所以加工前要计算钢筋的下料长度。

钢筋的下料长度＝钢筋外包尺寸－钢筋中部弯曲处的量度差＋末段弯钩尺寸。

经过计算和分析，钢筋中部弯曲处的量度差可按表5-3取值；末段弯钩尺寸的确定，受力钢筋见表5-4，箍筋见表5-5。

表5-3　钢筋中部弯曲处的量度差

弯曲角度	30°	45°	90°	135°
量度差	$0.3d$	$0.5d$	$2d$	$3d$

注：d 为钢筋直径。

表5-4　受力钢筋末段弯钩尺寸

角度	钢筋型号	末段弯钩尺寸
90°	Ⅱ，Ⅲ	d＋平直段长
135°	Ⅱ	$3d$＋平直段长

（续）

角度	钢筋型号	末段弯钩尺寸
135°	Ⅲ	$3.5d+$平直段长
180°	Ⅰ	$6.25d$

注：d 为钢筋直径。

表 5-5 箍筋钢筋末段弯钩尺寸

受力钢筋直径 (mm)	90°/90°					135°/135°				
	箍筋直径 (mm)					箍筋直径 (mm)				
	5	6	8	10	12	5	6	8	10	12
≤25	70	80	100	120	140	140	160	200	240	280
>25	80	100	120	140	150	160	180	210	260	300

⑤ 钢筋剪切：采用钢筋切断机或氧乙炔焰切割。

⑥ 钢筋弯曲成型：采用钢筋弯曲机或手动扳手弯曲。

⑦ 绑扎钢筋：分为将各种钢筋按设计要求连接成整体骨架和受力钢筋接长两种情况。一般用 20～22 号铁丝或镀锌铁丝绑扎，受拉钢筋绑扎接头的搭接长度见表 5-6。

表 5-6 受拉钢筋绑扎接头的搭接长度

钢筋类型		混凝土强度等级		
		C20	C25	高于 C30
Ⅰ级钢筋		$35d$	$30d$	$25d$
月牙筋	Ⅱ级钢筋	$45d$	$40d$	$35d$
	Ⅲ级钢筋	$55d$	$50d$	$45d$
冷拔低碳钢丝			300 mm	

注：d 为钢筋直径。

需要说明的是，各受力钢筋的绑扎接头位置应相互错开，具体要求见钢筋混凝土结构设计施工规范。

⑧ 钢筋焊接：钢筋的接长除采用绑扎外，还可采用焊接。焊接有利于节约钢材，改善结构受力性能，提高功效，减低成本。钢筋的焊接方法有闪光对焊、电弧焊、电渣压力焊。

闪光对焊的原理是利用对焊机使两被接钢筋端部接触，通过低电压的强电流，待钢筋端部被加热到一定温度变软后，进行轴向加压顶端，形成对焊接头。闪光对焊广泛用于钢筋接长及预应力钢筋与螺丝端杆的焊接。热轧钢筋的接长宜优先用闪光对焊。

电弧焊是利用弧焊机使焊条与焊件之间产生高温电弧，融化焊条和金属，金属冷却后形成焊缝。电弧焊主要用于钢筋接头、钢筋骨架焊接、装配式结构接头焊接、钢筋与钢板的焊接及各种钢结构的焊接。钢筋电弧焊有帮条焊、搭接焊、坡口焊等形式。

电渣压力焊焊接过程在隔绝氧气的情况下进行，可改善端头焊接质量。电渣压力焊适于现场竖向或斜向较粗钢筋的接长。与电弧焊相比，其工效高，成本低。

二、模板工程

模板是现浇混凝土结构中非常重要的一部分。模板质量直接决定着混凝土成型质量，模板的应用情况对混凝土结构施工进度有很大影响。模板工程包括选材、选型、设计、制作、安装、拆除和周转等内容。

1. 模板的基本要求及分类　模板的基本要求包括：足够的强度、刚度和稳定性；构造简单，装拆方便；接缝严密，不漏浆。模板种类很多，根据材料的不同，分为钢模板、钢木模板、塑料模板、木模板、胶合板模板等；根据施工方法的不同，分为现场装拆式模板（定型模板和工具式支撑）、固定模板（如土胎模、砖胎模等）和滑动模板等。

2. 模板系统　在各种模板中，组合钢模板是应用最广的，以下介绍组合钢模板的相关情况。

组合钢模板系统主要由模板、连接件和支承件组成。模板分为平面模板、阳角模板、阴角模板、连接角模等，如图 5-11、图 5-12。模板的长度有 450、600、750、900、1 200、1 500 mm 6 种规格；宽度有 100、150、200、250、300 mm 5 种规格。模板连接件包括 U 形卡、L 形插销、钩头螺栓、紧固螺栓和扣件等，如图 5-13、图 5-14。连接件的作用是将单块或大块模板

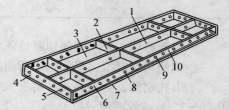

图 5-11　平面模板

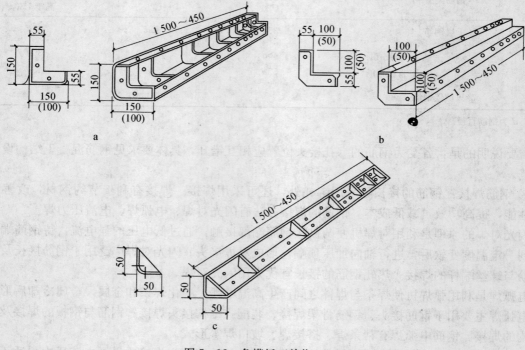

图 5-12　角模板（单位：mm）

a. 阴角模板　b. 阳角模板　c. 连接角模

连接成可以受力的整体。模板支承件包括柱箍、钢楞、支架、斜撑、钢桁架等，其作用是将模板固定在一定的位置上，并承受和传递模板的施工荷载。

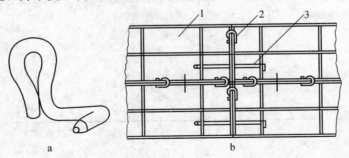

图 5-13　U 形卡和 L 形插销

a. U 形卡　　b. 连接件的使用

1. 钢模板　2. U 形卡　3. L 形穿钉

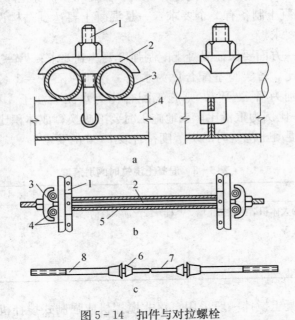

图 5-14　扣件与对拉螺栓

a. 扣件连接　1. 钩头螺栓　2. 3 形扣件　3. 钢楞　4 钢模板

b. 整体对拉螺栓　c. 组合对拉螺栓　1. 钢模板　2. 对拉螺栓　3. 扣件　4. 钢楞

5. 套管　6. 顶帽　7. 内拉杆　8. 外拉杆

3. 模板的组装与拆除　模板的组装是指将定型单片模板用连接件组拼成混凝土构件尺寸的工作。大多数混凝土构件都可用定型模板拼成，有时需要用木模板弥补其不足。模板组装的原则是尽量用大块模板组装，接缝严密，固定牢靠。

模板拆除时间和混凝土强度、结构性质、混凝土养护条件等有关。及时拆模可以提高模板的周转率，但拆模过早可能出现质量缺陷和质量事故。对于现浇混凝土结构，模板和支架拆除应符合下列规定：侧模拆除应保证结构表面及棱角不致受损；底模拆除时混凝土的强度应满足表 5-7 的要求。

表 5-7　现浇混凝土结构拆模时混凝土最低强度

结构类型	结构跨度 L(m)	设计强度的百分率（%）
板	$L \leqslant 2$	50
	$2 < L \leqslant 8$	75
	$L > 8$	100
梁、拱、壳	$L \leqslant 8$	75
	$L > 8$	100
悬臂结构	$L \leqslant 2$	75
	$L > 2$	100

三、混凝土工程

混凝土工程施工包括配料、搅拌、运输、浇筑、振捣和养护等工序。

1. 混凝土制备　混凝土制备有 2 个要求：一是混凝土要达到结构设计要求的强度；二是混凝土和易性要满足施工要求。

要满足强度要求，一方面要保证混凝土配制强度要达到要求；另一方面，应将实验室混凝土配合比换算为施工配合比。若实验室配合比为水泥∶沙子∶石子 $=1 \colon X \colon Y$，水灰比为 W/C，并测得沙、石含水量分别为 W_X、W_Y，则施工配合比为水泥∶沙子∶石子 $=1 \colon X(1+W_X) \colon Y(1+W_Y)$。另外，这一比例为重量比，工地施工时要准确换算成体积比。

混凝土和易性要使混凝土浇筑时的坍落度符合表 5-8 的要求。

表 5-8　混凝土浇筑时的坍落度

结构种类	坍落度（mm）
基础或地面垫层、无配筋的大体积结构（挡土墙、基础）或配筋稀疏的结构	10～30
板、梁和大、中型截面的柱等	30～50
配筋密集的结构	50～70
配筋特密集的结构	70～90

2. 混凝土搅拌　混凝土搅拌一般采用自落式搅拌机或强制式搅拌机，混凝土用量很大时也可用混凝土拌和楼集中搅拌。要达到好的拌和质量，主要是控制好搅拌时间（指原材料投入搅拌筒开始搅拌起到卸料开始所经历的时间），混凝土搅拌的最短时间见表 5-9。

表 5-9　混凝土搅拌的最短时间（s）

混凝土塌落度（cm）	搅拌机机型	搅拌机容量（L）		
		<250	250～500	>500
$\leqslant 3$	自落式	90	120	150
	强制式	60	90	120
> 3	自落式	90	90	120
	强制式	60	60	90

3. 混凝土运输 混凝土运输分为水平运输和垂直运输。水平运输工具有双轮手推车、机动翻斗车、混凝土搅拌运输车和自卸汽车等；垂直运输多采用塔机、井架等。混凝土用量很大时，也可用皮带机和混凝土泵同时完成水平和垂直运输。混凝土运输要求为，运输到浇筑点的混凝土具有设计要求的均质性和坍落度，运输时间要使混凝土在初凝前浇入模板并振捣密实。

4. 混凝土浇筑 只有在确认模板、支架、钢筋和预埋件等符合设计要求后，才能浇筑混凝土。浇筑混凝土的要求是保证混凝土的均匀性、密实性和结构的整体性。

为保证混凝土的均匀性，除有良好的搅拌质量外，还要保持混凝土在运输过程中不发生分层离析和泌水现象。结构的整体性则要求现浇混凝土一次连续浇成，但当技术或组织上的原因无法连续浇筑，且停歇时间可能超过混凝土初凝时间时，应预先确定留缝位置（一般留在剪力较小且便于施工的部位），并对留缝进行精心处理。混凝土的振捣是保证密实性和结构整体性的关键，要求分层浇注，分层捣实。

混凝土振实机械分为内部振动器、外部振动器、表面振动器和振动台。内部振动器为插入式振动器，应用最为广泛，多用于梁、柱、墙、厚板和大体积混凝土的振实；外部振动器为附着式振动器，一般附着在模板上，多用于断面小、配筋密的混凝土构件的振实；表面振动器为平板式振动器，多用于楼板和地面等薄型混凝土构件的振实；振动台属于固定式振动器，主要用于混凝土预制构件的振实。

5. 混凝土养护 混凝土养护就是给浇筑好的混凝土创造合适的温、湿度条件，使其很好地凝结硬化。混凝土养护分为自然养护和人工养护。自然养护就是在常温下，用浇水或保水的方法使混凝土在规定的期限内保持一定的温湿度条件，达到硬化。人工养护是人工控制混凝土的温湿度，使混凝土强度快速增长，如蒸汽养护法、热水养护法等。

现浇混凝土多用自然养护。在浇筑混凝土结束后一定时期内，对其进行覆盖和浇水。对采用硅酸盐水泥、普通硅酸盐水泥或矿渣硅酸盐水泥的混凝土，养护时间不得少于 7 d；对掺用缓凝剂或有抗渗要求的混凝土，不得少于 14 d。浇水次数应能保持混凝土湿润。

▶习题与思考题

1. 什么是钢筋的下料长度？怎样计算？
2. 钢筋的连接方法有哪些？各有什么优缺点？
3. 模板在钢筋混凝土工程中起什么作用？施工时要满足哪些基本要求？
4. 混凝土施工有哪些主要工序？
5. 为什么要对混凝土进行养护？养护需要哪些基本条件？养护的方法有哪两种？

第四节 砌体工程

建筑物的围护结构一般都包含砌体工程。围护结构的质量对结构受力、建筑外观及建筑的保温隔热功能等均有影响，所以砌体施工是建筑工程的重要组成部分。

一、砖砌体的组砌形式

实心砖墙（柱）有一顺一丁、三顺一丁、梅花丁等组砌方法（图 5-15）。

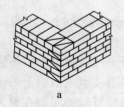 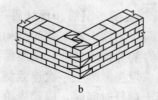 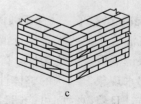

a   b   c

图 5-15 实心砖墙组砌方法
a. 一顺一丁　b. 梅花丁　c. 三顺一丁

一顺一丁砌法是一皮全部顺砖和一皮全部丁砖间隔向上砌筑，上下皮砖的竖缝要相互错开 1/4 砖长。这种砌法简单，工效高，要求砖的规格一致，以便砖的竖缝均匀分布。三顺一丁砌法是连续砌筑三皮全部顺砖，再砌一皮全部丁砖，间隔向上砌筑。上下皮顺砖间、丁顺砖间竖缝均要相互错开 1/4 砖长。梅花丁砌法是每皮砖中，丁砖和顺砖相隔，上皮丁砖座中于下皮顺砖，上下皮间竖缝相互错开 1/4 砖长。这种砌法比较美观，灰缝整齐，但砌筑工效较低。

除此之外，3/4 厚砖墙（即 180 mm 厚）可采用两皮平顺砖和一皮侧顺砖组合而成。1/2 厚（即 120 mm 厚）墙则全部用顺砖砌成，上下皮间竖缝相互错开 1/2 砖长。两砖、一砖半墙也可采取类似的方法砌筑，但每层均由两砖组合而成。

二、砌砖的施工工艺

1. 抄平放线　首先用砂浆找平基础顶面，再根据测量标志弹出墙身轴线、边线及门窗洞口位置线。

2. 摆砖样　摆好砖样才能提高施工效率，保证砌筑质量，一般由有经验的瓦工完成。砌砖之前，要先进行试摆砖样，排出灰缝宽度，留出门窗洞口位置，安排好七分头及半砖的位置，务必使各皮砖的竖缝错开。在同一墙面上，各部位的组砌方法应统一，并上下一致。

3. 立皮数杆　皮数杆是一种方木标志杆，上面画有每皮砖及灰缝的厚度，门窗洞口、梁、板等的标高位置，用以控制砌体竖向尺寸。皮数杆应立于墙角及某些交接处，间距以不超过 15 m 为宜。立皮数杆时，要用水准仪抄平，使皮数杆上的楼地面标高线位于设计标高位置。

4. 墙体砌筑　墙体砌筑常采用"三一砌筑法"，即"一铲灰，一块砖，一挤揉"的操作方法。竖缝宜采用挤浆或加浆的方法，使其砂浆饱满。砖墙的水平灰缝及垂直灰缝一般应为 10 mm 厚，不得大于 12 mm，也不得小于 8 mm。水平灰缝的砂浆饱满度应不低于 80%。

砖墙的转角处及交界处应同时砌筑，若不能同时砌筑而必须留槎时，应留成斜槎。斜槎的长度不小于高度的 2/3（图 5-16）。

如留置斜槎确有困难时，除转角外也可以留成直槎，但必须砌成阳槎，并加设拉结钢筋（图

5-17）。拉结钢筋的数量为 240 厚及 240 以下的砖墙放置 2 根；240 厚以上的砖墙，每半砖放置 1 根，直径 6 mm。间距沿墙高不大于 500 mm，伸入长度从墙的留槎算起，每边均不得小于 500 mm，其末端应有 90°的弯钩。建筑抗震设防地区的砖墙不得留直槎。

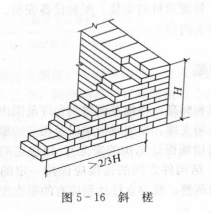

图 5-16　斜　槎

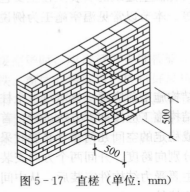

图 5-17　直槎（单位：mm）

三、砖墙砌体的质量要求

砖砌体的质量要求可概括为：横平竖直，灰缝饱满，错缝搭接，接槎可靠。

砌体整体和灰缝应横平竖直，砌墙时要不断检查墙体的垂直度，用挂线控制灰缝平直。240 厚及以下的墙体单面挂线，370 厚及以上的墙体要双面挂线。

灰缝饱满是为了保证砌体的整体性，砂浆饱满度一般要求达到 80% 以上。灰缝厚度控制在 10 mm±2 mm。要求砂浆有良好的和易性，一般混合砂浆比水泥砂浆的和易性好。砖的干湿程度也会影响砌体质量，砌筑前一般要对砖浇水湿润，使含水率达到 10%～15%。

错缝搭接主要是通过组砌方式来满足。砌块排列要遵守上下错缝，内外搭砌的原则，不能出现连续的垂直通缝。

接槎可靠主要是针对墙体转角和交接处，要严格执行墙体砌筑中留槎的构造要求。

▶习题与思考题

1. 砌砖的施工工艺是什么？

2. 按用途不同，砌块分为哪几类？

3. 砌筑砂浆主要分为哪两类？各适于哪类场合？

4. 砖墙的转角及交界处施工时应注意哪些问题？

5. 砖砌体的质量要求是什么？

第五节　安装工程

结构安装工程是建筑工程施工的重要组成部分。随着建筑构件生产制作的工业化程度不断提

高，安装工程的比例会越来越大。因为组装式的建筑具有施工速度快、施工受环境条件影响小、施工需要劳动量小等特点，所以具有广阔的应用前景。尤其是在现代设施农业领域，各种现代化温室建筑的工程量有80％以上为安装工程。

现代化温室建筑的安装工程主要包括钢结构安装、外覆盖材料安装、配套设备安装、建筑设备安装等。本节以常见温室施工为例说明安装工程的有关内容。

一、钢结构安装

钢结构施工前应逐一核对每一个柱底预埋件的位置和标高，将偏差调整到允许范围内。

钢结构施工应按如下方法进行：首先安装立柱、柱间支撑、屋架或桁架以及相应的檩条、天沟，形成稳定的空间几何体（必要时采用拉钢索等临时措施保证结构的安全），以稳定的几何体为基础分别向跨度、开间两个方向安装。安装过程中，结构件之间的连接应保持一定的调节余量，待主要受力结构件安装后，从中间几何不变体开始调整，使得立柱达到应有的垂直度，并紧固所有连接件。

立柱定位是施工中的关键环节，其安装精度直接影响整个安装效果。为确保预埋件的位置准确，采取以下方法：构造柱定位绑筋后，浇筑混凝土至预埋件标高下100 mm，将预埋标高引测到构造柱主筋上，焊预埋件。埋件焊好后，在墙轴线引桩上挂线并从定位基点开始拉尺测距，将立柱中轴点标记在线绳上，用吊线锤法在预埋铁上定出墙体轴线和立柱中心，然后在埋件上画出柱脚定位框，再用水准尺结合经纬仪焊接立柱。各种温室钢柱安装的最大允许偏差见表5-10。

表5-10 钢柱安装的最大允许偏差

项 目	允许偏差（mm）	
	膜、板温室	玻璃温室
柱脚中心线对定位轴线的偏移	5	4
柱基准点标高	±5	±4
挠曲矢高	±5	±3
柱轴线垂直度	10	8

桁架吊装时，施工人员要各负其责，密切配合，明确统一指挥信号。吊装前要认真检查机械、电源、工具、设备，施工现场、交通道路必须合乎安全要求。吊装前试吊，构件离地200～300 mm时，要检查一切索具、钢绳和所有吊具，没有问题才能吊装，起重构件必须垂直提升，不准斜拉，起吊时间不得过长。臂杆旋转范围内不准有人和障碍物，构件就位时，禁止用力手扶，应用撬杠拨正，拨正时必须物压撬杠，禁止骑在撬杠上。吊车同时进行两种动作时，必须平缓慢速。吊装过程中没有全部稳固时，不准中途停车或下班，稳固后滑车必须放在地上，不得悬在空中。在每个桁架吊装时要稳起稳落，精密细致，反复检查。当构件较小时也可采用手动吊具吊装，吊具为自制定滑轮爬升架。钢桁架安装的最大允许偏差见表5-11。

表 5-11 钢桁架安装的最大允许偏差

项　　目	允许偏差（mm）
桁架跨中的垂直度	$H/250$ 或 15
桁架及受压弦杆的侧向弯曲矢高	$L/1\,000$ 或 10

注：H 为桁架的高度；L 为桁架的跨度。

　　玻璃温室侧窗、天窗窗体安装要求较高，将主构件连接完毕时，应进行方正度校验，以钢尺量测对角长度，调至均等时打好转角处连接筋板或固定角铁。窗体安装好后，应打好周边包件并做到平整线直。侧窗与墙体搭接处和周边注意装好密封胶条，其位置应视窗沿刚好压满胶条方可固定。其后是传动装置的安装，传动装置安装时应尽量做到传动轴水平同线，保证传动均匀稳定，传动轴固定好应拉线固定，安装后校验。最后安装齿条，齿条应安在竖直平面内，保证传动方向与窗体的垂直。

二、外覆盖材料安装

　　不同类型的温室采用不同的外覆盖材料，因而有不同的安装过程。

　　1. 塑料薄膜温室外覆盖材料安装　固定天沟两翼及山墙两端拱杆上的卡槽→覆盖每跨屋面塑料膜→安装卡簧固定塑料薄膜（单层塑料膜、固定压膜线）→山墙与侧墙上卡槽固定→安装山墙与侧墙卡簧以固定塑料膜（双层充气膜，安装充气泵）。

　　2. 玻璃温室透光材料安装　窗户制作→屋面铝合金固定及对应的橡胶条固定→固定玻璃块的安装→屋面窗户安装→山墙与侧墙铝合金及相应橡胶条固定→玻璃安装。

　　3. PC 板安装　与玻璃温室类似，所不同的是 PC 板两个表面物理性能不同，在安装时需十分注意，严格按照板材使用说明，以保证抗紫外线的一面朝外。另外，对于双层或三层 PC 板在安装时要注意防止板材夹层内受到污染。

　　另外，透光覆盖材料应有标明生产厂家、产品型号、生产日期等的标识物和质量证明书。透光覆盖材料的安装应严格遵照供应商提供的安装手册或安装说明进行。塑料膜需采用镀锌或铝制固膜卡槽配合包塑卡簧固定，卡簧搭接长度不小于 100 mm。PC 板与玻璃均采用铝合金固定，并采用抗老化橡胶条密封。板材表面平整，玻璃牢固无松动。施工完毕，透光覆盖材料表面干净无污迹，中空板板内无水汽、污点。

三、配套设备工程

　　1. 开窗系统　机械开窗有直接传动型连续开窗、扭矩分配型连续开窗、推杆式间隔开窗3 类。

　　直接传动型连续开窗施工步骤：安装电机→安装轴承座→安装齿轮齿条→安装驱动轴→安装链型联轴器→驱动系统调试。

　　扭矩分配型连续开窗安装步骤：安装电机→安装轴承座→安装齿轮齿条→安装驱动轴→安装

扭矩分配器→安装涡轮减速箱→安装涡轮减速箱输出端联轴器→安装电机联轴器→安装万向节接头→安装涡轮减速箱输入端联轴器→驱动系统调试。

推杆式间隔开窗安装步骤：安装电机→安装轴承座→安装开窗支撑滚轮→安装驱动轴→安装齿条推杆→安装齿轮齿条→安装天窗支撑臂→焊接焊合接头→安装电机联轴器→驱动机构调试。

开窗系统安装应满足下列要求：窗户开启角度满足设计要求，机构运行平稳、步调一致、无异常噪声；窗户为开启状态时，驱动轴全长范围内窗户的最大开启差不超过 20 mm，任何地方开启差测量值不得超过 10 mm，窗户开启差为同一驱动轴的窗户上最前和最后差异；窗户关闭时窗户各处密封胶条与窗户不得有缝隙，也不得出现窗边与窗口压迫过紧（密封橡胶条受压变形过大）的现象；开窗连接件连接牢固、可靠，无相对位置滑动，所有相对传动部件均采用润滑措施和防锈措施。

2. 遮阳系统　包括钢缆驱动遮阳保温系统和齿轮齿条驱动遮阳保温系统。

钢缆驱动遮阳保温系统安装过程：安装拉幕梁→安装换向轮→安装托/压幕线→安装电机→安装轴承座→安装驱动轴→电机联轴器固定→安装驱动线→安装活动边形材/活动导杆→安装遮阳保温幕→密封兜安装固定→系统调试。

齿轮齿条驱动遮阳保温系统施工过程：安装托/压幕线→安装电机→安装轴承座→安装推杆支撑滚轮→安装推杆→安装驱动轴→安装齿轮齿条→安装遮阳保温幕→安装活动边型材→电机联轴器固→密封兜安装固定→系统调试。

遮阳系统安装应保证驱动机构运行平稳，步调一致，无异常噪声。驱动电机配置行程开关，限位准确。齿条不得有明显弯曲、扭曲变形，肉眼观察无挠度。幕布展开后，活动边型材前边与桁架之间没有明显缝隙（缝隙平均宽度≤20 mm）。

使用的幕线与幕布均有标明型号、规格、类型及产地等明显标记。缀铝遮阳材料铝箔表面光滑无划痕，幕线不允许有接头或其他异物妨碍活动边型材往复运动。

3. 风机安装　风机的安装按以下工艺顺序：弹线定位→上下横梁→风机主体→百叶→密封→调试。

风机四周应有密封胶皮，既起到密封又起到减小震动的作用。风机安装前应进行检查，表面如在运输途中有所损伤，应进行修复。为了冬季保温，风机外口处安装保温被插槽或卡膜用卡槽。

4. 湿帘安装　湿帘安装面积应与设计相符合，以保证湿帘降温效果。通常湿帘安装在温室的北墙上，风扇安装在温室的南墙上，以免湿帘遮光，影响作物生长。湿帘布置应尽量减少通风死角，以保证温室内换气均匀，湿帘与对面风扇的距离一般不超过 50 m。

湿帘安装时，不得有边缘破损或飞边等损坏现象。湿帘应固定牢固，湿帘和风扇上下底面应大致保持等高。湿帘供水系统安装，应使管件连接处密封牢固，不漏水，喷水管应孔口朝上，水直接喷射到上槽内板上，使水溅开均匀地淋湿整个湿帘。湿帘供水系统应加装水过滤器。循环水池制作应符合图纸设计要求，水池应加盖，以避免灰尘和杂物落入，使用中定期清洗水循环系统。

5. 活动式栽培床　安装过程为：根据栽培床布置图安装栽培床支架→在支架上安装滚轴→安装栽培床工作台→铺设并固定支撑网→调节滚轴及栽培床使之处于正常工作位置。

温室内栽培床应排列整齐，高低一致，通长方向排列直线度误差不超过 15 mm，栽培床外观不得有明显的外观质量缺陷，栽培床工作台四周不得有毛刺；整个栽培床宽度误差不得超过

10 mm；转动手柄应转动灵活，工作台移动平稳；所有零件均需防锈处理；工作台不得与温室周边的立柱、暖气及其他设施发生干涉现象。

四、建筑设备安装

建筑设备主要包括采暖、电气和给排水工程。

1. 采暖系统和给排水系统的安装　采暖系统和给排水系统的安装类似，主要是管道系统的安装，其次是一些设备和管道附件的安装。其主要工艺包括：管道加工（安装预埋件和预留孔洞）→调试→管道安装→验收→填堵孔洞→管道试压。

钢管加工主要有管子切断、套丝、弯曲，以及管件制作、管道连接等。给排水管道多用聚乙烯（PE）管和聚氯乙烯（PVC）管，它们一般用螺纹连接件或黏接等方法连接。

管道及附件安装时应注意下列问题：

① 管道、阀门和附件必须具有制造厂的合格证明书，否则应补所缺项目的检验。阀门必须按 GB 242—82 规定，进行 100% 水压试验，经质检检查后方可安装。使用前应按设计要求核对管件的规格、材质、型号，并进行外观检查，要求其表面无裂纹、缩孔、夹渣、折叠、重皮等缺陷，没有超过壁厚负偏差的锈蚀或凹陷，螺纹密封面良好，精度及光洁度应达到设计要求或制造标准，合金钢应有材质标记。

② 镀锌钢管采用机械法切割，切口应符合下列要求：切口表面平整，不得有裂纹、重皮、毛刺、凸凹、缩口，应清除熔渣、氧化铁、铁屑等，切口平面倾斜偏差为管子直径的 1% 以下，并不得超过 3 mm。

③ 管道焊接完毕，进行试压实验，应符合以下要求：管道内的压力升至 1.5 倍工作压力后，在稳压的 10 min 内无渗漏；管道内的压力降至工作压力时，用 1 kg 的小锤在焊缝周围对焊缝进行敲打检查，在 30 min 内无渗漏且压力降不超过 0.2×98.1 kPa 即为合格。

④ 管道安装的坡向、坡度偏差等符合设计要求。暖气管线的安装应有一定的坡度，便于线路充分排气，暖气托架安装应牢固。

⑤ 采暖管安装时法兰对接处加设密封胶垫，并拧紧螺栓，以法兰间隔 5～7 mm 为宜。法兰连接应对密封面及密封垫片进行外观检查，不得有影响密封性能的缺陷存在，连接时法兰保持平行，偏差不大于法兰外径的 0.15%，且不大于 2 mm，不得用强拧螺栓的方法消除歪斜。相连接的螺栓孔中心相差一般不应超过孔径的 5%，保证螺栓自由穿入。

⑥ 立管安装时，严格按照要求两面吊线，确保立管垂直度。

⑦ 管道安装完应进行试压，试压合格后应进行保温防腐处理，直埋管线包岩棉管壳，外包玻璃丝布，涂沥青漆两遍，沟内管道直接加套岩棉管壳，外包玻璃丝布即可。

⑧ 安装在 ±0.000 标高线以下的隐蔽管道时，在地坪施工之前必须进行水压试验，并与甲方共同检查验收，做好隐蔽记录。

2. 电气工程

（1）配电管路的敷设。配管敷设在现浇混凝土内的，应根据施工图纸设计的尺寸、位置配合土建施工预留电气孔洞。管路的敷设应在主体结构施工完毕后将配管、盒、箱安装在主体构件上。

（2）管内穿线。在管内穿线前，先检查护口是否齐整；穿线时，配合协调，有拉有送。同一交流回路的导线穿于同一管；不同回路和电压的交流与直流导线穿入各自管内。导线连接、焊接、包扎完成后，检查是否符合设计要求及有关施工规范、质量验收标准等规定。

（3）电工施工要求。

① 管子煨弯弯曲处扁度要求小于管外径的 0.1 倍，并且不得有弯痕，钢管连接接头处应焊接跨接线，管线伸缩缝处做伸缩处理。

② 配管必须到位，管子进入箱、盒时，应顺直并排列整齐，露出长度应小于 5 mm，管口应光滑并应护口。

③ 暗配 PVC 管管口应平整、光滑，管与管及箱盒等部件应采用插入片连接。连接处结合面应涂专用的胶合剂，接口应牢固密封。

④ PVC 管在地面易受机械损伤，一般应采取保护措施。在浇筑混凝土时，应采取防止 PVC 管发生机械损伤的措施。

⑤ 暗配管在墙体内及现浇混凝土内敷设时，应有大于 15 mm 的保护层。

⑥ 管内所穿导线的总截面积（包括外护层）不应超过管子截面积的 40%，同一回路的导线必须穿于同一管内，严禁一根管内穿一根导线。

⑦ 导线连接要牢固，铜线可采用焊接、压接；铝线可采用压接、电阻焊、气焊等。导线连接后的电阻不得大于导线本身的电阻，导线的接头包扎一律采用橡胶带包两层，黑胶带布两层。

⑧ 开关必须切断相线，应上开下闭。插座的板面排列和接零线相序必须一致，不得有混乱现象。如单相电源，二孔插座为左右孔或上下孔，排列均应一致。

⑨ 成排灯具安装时，中心线允许偏差不得大于 5 mm。

⑩ 所有导线必须进行绝缘电阻测试，大于 0.5 MΩ 时，方可进行通电试运行，接线时相序应分清，不得与零相线混淆。

（4）接地及安全。

① 温室电源进线为三相五线制，PE 线和温室结构架连接。

② 整个温室配电系统接地型式为 TN－S 系统。

③ 各种用电设备外壳要可靠接地：外壳和结构架直接相连接的用电设备外壳不必单独接一根 PE 线，外壳没有和结构架直接相连接的用电设备外壳必须单独引一根符合标准的接地线与就近的结构架相连。

④ PE 线应采用黄绿双色线。

（5）插座和照明。温室内的照明灯具应采用防水防尘型，插座应采用防水防溅型，且使之分布均匀。

（6）配电箱。

① 配电箱一般位于温室内一端靠近门的位置，以便于操作和维修、调试（有过渡间的温室除外），配电箱安装要牢固。

② 配电箱结构密封紧密，油漆完整均匀，标识牌、标识框排列整齐，字迹清晰。

③ 盘面清洁，电气元件完好，型号和规格与图纸相符。电控箱内导线排列整齐美观，导线

与端子的连接紧密，标志清晰、齐全，不得有外露带电部分。

④ 总开关及控制元件固定牢固、端正，动作可靠灵活，需要设定参数的元件按图纸要求设定。

⑤ 配电箱的导线进出口应设在箱体的下底面。进出线应分路成束并做防水弯，导线束不得与箱体进出口直接接触。

（7）电气布线。

① 布线基本使用防潮型电线电缆（穿管的导线除外），其截面选择符合图纸要求。

② 温室内配线接头应位于电机、开关、灯头和插座内，否则，导线接头处必须使用接线盒，使接头位于接线盒内。

③ 护套线进入接线盒或与电气设备连接时，护套层应引入盒内或设备内，导线与设备端子的连接应使用接线鼻。

④ 进入接线盒、设备、电控箱内的导线应有足够长度，至少可 2 次以上削头重压。

⑤ 连接绝缘导线时，接头的连接长度应符合以下要求：截面在 6 mm 以下的铜线，本身自缠不应少于 5 圈；铜线用裸绑线缠绕时，缠绕长度不应小于导线直径的 6 倍。

⑥ 当导线弯曲时，其弯曲半径不应小于导线外径的 6 倍。

⑦ 直埋电缆一般采用铠装电缆，埋设深度距地面 700 mm，电缆上下应埋设 100 mm 厚沙层，上面用砖或水泥板覆盖，过路电缆应使用线管防护且埋设深度为 1 000 mm。

⑧ 线管中不得有积水或杂物，管内导线不允许有接头。

⑨ 电缆及导线沿钢索或钢丝绳布线时，固定点的间距不应大于 0.6～0.75 m，温室内水平敷设的电缆或电线距水平面不应小于 2.5 m。

⑩ 距地面 1.8 m 以下的电气设备走线要穿管；同一回路的所有相线及中性线（如果有中性线时）应敷设在同一线槽内或管路内。保护零线的最小截面必须符合国家及地区规范；地线或保护零线应可靠连接，严禁缠绕或钩挂；保护零线上严禁装设熔断器。

▶习题与思考题

1. 现代化温室建筑的安装工程主要包括哪些工作？
2. 钢结构施工的步骤是什么？
3. 试写出两类温室外覆盖材料的安装程序。
4. 试写出齿轮齿条驱动遮阳保温系统安装顺序。
5. 试写出采暖系统和给排水系统的安装工艺过程。

第六节　施工组织与管理

一、施工组织与施工组织设计概念

施工组织研究的是如何根据工程项目建设的特点，从人力、资金、材料、机械和施工方法等

5个主要因素进行科学合理的安排，使之在一定的时间和空间内得以实现有组织、有计划、均衡地施工，使整个工程在施工中达到工期短、质量好和成本低的目的。

要多快好省地完成施工生产任务，必须有科学的施工组织，合理地解决好一系列问题。其具体任务是：①确定开工前必须完成的各项准备工作；②计算工程数量、合理布置施工力量，确定劳动力、机械台班、各种材料、构件等的需要量和供应方案；③确定施工方案，选择施工机具；④确定施工顺序，编制施工进度计划；⑤确定工地内各种临时设施的平面布置；⑥制定确保工程质量及安全生产的有效技术措施。

此外，工程项目的施工方案可以是多种多样的，应依据工程建设的具体任务特点、工期要求、劳动力数量及技术水平、机械装备能力、材料供应及构件生产、运输能力、地质、气候等自然条件及技术经济条件进行综合分析，从众多方案中选出最理想的方案。

将上述各项问题加以综合考虑，并做出合理决定，形成指导施工生产的技术经济文件，即施工组织设计。它本身是施工准备工作，而且是指导施工准备工作，全面安排施工生产，规划施工全过程活动，控制施工进度，进行劳动力和机械调配的基本依据。

二、施工组织设计的内容与编制

1. 施工组织设计的内容　任何施工组织设计必须具有以下基本内容：①施工方法与相应的技术组织措施，即施工方案；②施工进度计划；③施工现场平面布置；④各种资源需要量及其供应。

（1）施工方案。施工方案是指施工中的工、料、机等生产要素的结合方式。包括的内容很广泛，但主要是：①施工方法的确定；②施工机具的选择；③施工顺序的安排；④流水施工的组织。前两项属于施工方案的技术。

（2）施工进度计划。施工进度计划是施工组织设计在时间上的体现。进度计划是组织与控制整个工程进展的依据，是施工组织设计中的关键内容。因此，施工进度计划的编制要采用先进的组织方法（如立体交叉流水施工）和计划理论（如网络计划、横道图计划等）以及计算方法（如各项参数、资源量、评价指标计算等），综合平衡进度计划，规定施工的步骤和时间，以期达到各项资源在时间、空间上的合理利用，并满足既定的目标。

施工进度计划包括划分施工过程、计算工程量、计算劳动量、确定工作天数和工人人数或机械台班数，编排进度计划表及检查与调整等工作。为了确保进度计划的实现，还必须编制与其适应的各项资源需要量计划。

（3）施工现场平面布置。施工现场平面布置是根据拟建项目各类工程的分布情况，对项目施工全过程所投入的各项资源（材料、构件、机械、运输、劳力等）和工人的生产、生活活动场地做出统筹安排。通过施工现场平面布置图或总布置图的形式表达出来，它是施工组织设计在空间上的体现。因为施工场地是施工生产的必要条件，合理安排施工现场，绘制施工现场平面布置图应遵循方便、经济、高效、安全的原则进行，以确保施工顺利进行。

（4）资源需要量及其供应。资源需要量是指项目施工过程中所必要消耗的各类资源的计划用量，它包括劳动力、建筑材料、机械设备以及施工用水、动力、运输、仓储设施等的需要量。各类资源是施工生产的物质基础，必须根据施工进度计划，按质、按量、按品种规格、按工种、按型号有条不紊地进行采购和供应。

2. 施工组织设计编制原则

① 认真贯彻党和国家对工程建设的各项方针和政策，严格执行建设程序。

② 应在充分调查研究的基础上，遵循施工工艺规律、技术规律及安全生产规律、施工程序及施工顺序。

③ 全面规划，统筹安排，保证重点，优先安排控制工期的关键工程，确保合同工期。

④ 采用国内外先进施工技术，科学确定施工方案。积极采用新材料、新设备、新工艺和新技术，努力提高产品质量水平。

⑤ 充分利用现有机械设备，扩大机械化施工范围，提高机械化程度，改善劳动条件，提高劳功效率。

⑥ 合理布置施工用房，尽量减少临时工程，减少施工用地，降低工程成本。尽量利用正式工程，原有或就近已有设施，做到暂设工程与既有设施相结合、与正式工程相结合。同时，要注意因地制宜，就地取材，以求尽量减少消耗，降低生产成本。

⑦ 采用流水施工方法结合网络计划技术安排施工进度计划，合理安排，保证施工能连续地、均衡地、有节奏地进行。

3. 施工组织设计的编制依据

① 国家计划或合同规定的进度要求；

② 工程设计文件，包括说明书、设计图、工程数量表、施工组织方案意见、总概算等；

③ 调查研究资料，包括工程项目所在地区自然经济资料、施工可配备的劳动力等；

④ 有关定额（劳动定额、材料消耗定额、机械台班定额等）；

⑤ 现行有关技术标准、施工规范、规则及地方性规定等；

⑥ 本单位的施工能力、技术水平及企业生产计划；

⑦ 与其他单位的有关协议等。

4. 施工组织设计的分类　施工组织设计根据设计阶段和编制对象的不同，大致可分为 3 类，即施工组织总设计、单位工程施工组织设计和分部分项工程施工组织设计。

三、施工组织总设计的编制

1. 工程概况和施工特点分析

① 建设项目主要情况，包括工程性质、建设地点、建设规模、总占地面积、总建筑面积、总工期、分期分批投入使用的项目和工期；主要工种工程量、设备安装及其吨数；总投资额、建筑安装工作量、工厂区和生活区的工作量；生产流程和工艺特点；建筑结构类型、新技术新材料的复杂程度和应用情况。

② 建设地区的自然条件和技术经济条件，包括气象、地形地貌、水文、工程地质和水文地质情况；地区的施工能力情况、交通和水电等条件。

③ 建设单位或上级主管部门对施工的要求。

④ 其他，如土地征用范围、居民搬迁等。

2. 施工部署 施工部署是对整个建设项目全局作出的统筹规划和全面安排。一般应包括以下内容：确定工程开展程序、主要工程项目施工方案的制定、明确施工任务划分与组织安排、编制施工准备工作计划等。

（1）确定工程开展顺序。

① 在满足合同工期的前提下，分期分批施工。合同工期是施工时间的总目标，不能随意改变。有些工程在编制施工组织总设计时没有签订合同，则应保证总工期控制在定额工期之内。在这个大前提下，进行合理的分期分批并进行合理搭接。

② 一般应按先地下后地上、先深后浅、先干线后支线的原则进行安排；路下的管线先施工，后筑路。

③ 安排施工程序时要注意工程交工的配套，使建成的工程能迅速投入生产或交付使用，尽早发挥该部分的投资效益。

④ 在安排施工程序时还应注意使已完工程的生产或使用与在建工程的施工互不妨碍，使生产、施工两方便。

⑤ 施工程序应当与各类物资、技术条件供应之间的平衡以及合理利用这些资源相协调，促进均衡施工。

⑥ 施工程序必须注意季节的影响，应把不利于某季节施工的工程提前到该季节来临之前或推迟到该季节终了之后施工，但应注意这样安排以后应保证质量，不拖延进度，不延长工期。

（2）主要工程项目施工方案的制定。施工组织总设计中要拟定一些主要工程项目的施工方案。这些项目通常是建设项目中工程量大、施工难度大、工期长、对整个建设项目完成起关键性作用的建筑物（或构筑物），以及全场范围内工程量大、影响全局的特殊分项工程。拟定主要工程项目的施工方案目的是为了进行技术和资源的准备工作，同时也为了施工进程的顺利开展和现场的合理布置。其内容包括确定施工方法、施工工艺流程、机械设备等。施工方法的确定要兼顾技术工艺的先进性和经济合理性；对施工机械的选择，应使主导机械的性能既能满足工程的需要，又能发挥其效能。在各个工程上能够实现综合流水作业，减少拆、装、运的次数；对于辅助配套机械，其性能应与主导施工机械相适应，以充分发挥主导施工机械的工作效率。

（3）施工任务划分与组织安排。在明确施工项目管理体制、机构的条件下，划分各参与施工单位的工作任务，明确总包与分包的关系，建立施工现场统一的组织领导机构及职能部门，确定综合的和专业化的施工组织，明确各单位之间分工与协作的关系，划分施工阶段，确定各单位分期分批的主攻项目和穿插项目。

（4）施工准备工作总计划。根据施工开展程序和主要工程施工方案，编制施工项目全场性的施工准备工作计划。

3. 施工总进度计划 编制施工总进度计划就是根据施工部署中的施工方案和工程项目的开展程序，对全工地的所有工程项目做出时间上的安排。其作用在于确定各个施工项目及其主要工种工程、准备工作和全工地性工程的施工期限及其开工和竣工的日期，从而确定建筑施工现场上劳动力、材料、成品、半成品、施工机构的需要数量和调配情况。

编制施工总进度计划的基本要求是：保证拟建工程在规定的期限内完成；迅速发挥投资效益；保证施工的连续性和均衡性；节约施工费用。

施工总进度计划编制的步骤如下：① 列出工程项目一览表并计算工程量；② 确定各单位工程的施工期限；③ 确定各单位工程的开、竣工时间和相互搭接关系；④ 编制施工总进度计划表。

施工总进度计划可以用横道图（表5-12）表达，也可以用网络图表达。

表5-12　某温室工程总进度表（横道图）

序号	工作内容	工期（d）					
		10	20	30	40	50	60
1	基础	▬▬▬▬					
2	骨架安装		▬▬▬				
3	传动系统			▬			
4	风机湿帘			▬▬			
5	外遮阳工程						
6	顶部覆盖、天窗				▬▬		
7	顶部喷淋系统				▬		
8	四周覆盖工程					▬	
9	门、侧窗安装					▬	
10	防滴露系统						
11	内遮阳工程					▬▬	
12	采暖工程					▬▬▬▬	
13	施肥系统					▬▬▬▬	
14	补光、照明系统					▬▬▬▬	
15	配电、控制系统					▬▬▬▬	
16	工程扫尾工作						▬

4. 编制各种主要资源的需要量计划　根据计算的工程量，工程估、概算定额，施工进度计划就可计算出各阶段劳动力、材料、机械设备的需用量。

5. 全场性临时工程　主要内容有工地加工厂组织、工地仓库组织、办公及福利设施组织、工地供水与供电组织和工地运输组织。

6. 施工总平面图　施工总平面图上应包括：①建设项目施工总平面图中的所有地上设施的位置和尺寸；②施工用地范围，施工用各种道路；③加工厂、制备站及有关机构的位置；④各种建筑材料、半成品、构件的仓库和生产工艺设备主要堆场位置，取土弃土位置；⑤行政管理房、宿舍、文化生活福利建筑等；⑥水源、电源、变压器位置，临时给排水管线和供电、动力设施；⑦机械站、车库位置；⑧一切安全、消防设施位置；⑨永久性测量放线标桩位置。

7. 技术组织措施的设计 技术组织措施是指在技术、组织方面对保证质量、安全、节约和季节施工所采用的方法。

（1）保证质量措施。保证质量的关键是对施工组织设计的工程对象经常发生的质量通病提出的防治措施，要从全面质量管理的角度，把措施订到实处，建立质量保证体系。对采用的新工艺、新材料、新技术和新结构，需制订有针对性的技术措施，以保证工程质量。认真制订放线正确无误的措施，确保地基基础特别是特殊、复杂地基基础的措施，保证主体结构中关键部位质量的措施及复杂特殊工程的施工技术措施等。

（2）安全施工措施。安全施工措施应贯彻安全操作规程，对施工中可能发生安全问题的环节进行预测，提出预防措施。安全施工措施主要包括：①对于采用的新工艺、新材料、新技术和新结构，制订有针对性、行之有效的专门安全技术措施，以确保安全；②预防自然灾害（防台风、雷击、洪水、地震、防暑降温、防冻、防滑等）的措施；③高空及立体交叉作业的防护和保护措施；④防火防爆措施；⑤安全用电和机电设备的保护措施。

（3）降低成本措施。降低成本措施的制订应以施工预算为尺度，以企业（或基层施工单位）年度、季度降低成本计划和技术组织措施计划为依据进行编制。降低成本措施应包括节约劳动力、节约材料、节约机械设备费用、节约工具费、节约间接费、节约临时设施费、节约资金等措施。一定要正确处理降低成本、提高质量和缩短工期三者的关系，对措施要计算经济效果。

（4）季节性施工措施。当工程施工跨越冬季和雨季时，就要制订冬期施工措施和雨期施工措施。制订这些措施的目的是保质量、保安全、保工期、保节约。

（5）防止环境污染的措施。为了保证环境，防止污染，尤其是防止在城市施工中造成污染，在编制施工方案时应提出防止污染的措施。主要应对以下方面提出措施：①防止施工废水污染的措施，如搅拌机冲洗废水、油漆废液、灰浆水等；②防止废气污染的措施，如熬制沥青、熟化石灰等；③防止垃圾粉尘污染的措施，如运输土方与垃圾、白灰堆放、散装材料运输等；④防止噪声污染的措施，如打桩、搅拌混凝土、混凝土振捣等。

▶习题与思考题

1. 施工组织的任务是什么？
2. 施工组织设计的基本内容有哪些？
3. 施工方案的内容有哪些？
4. 什么是施工进度计划？
5. 施工组织设计的编制依据有哪些？
6. 施工总平面图上应反映哪些内容？

主 要 参 考 文 献

蔡金华等.2000.果品高湿度保鲜技术.食品科技,(6):61

蔡霆,蔡卫华.2001.气调库技术与发展前景.粮油与食品机械,(5):5~8

陈贵林等.2000.蔬菜温室建造与管理手册.北京:中国农业出版社

陈青云,李成华.2001.农业设施学.北京:中国农业大学出版社

陈友.1998.节能温室大棚建造与管理.北京:中国农业出版社

陈绍蕃.1994.钢结构.北京:中国建筑工业出版社

崔引安.1994.农业生物环境工程.北京:中国农业出版社

东北农学院.1999.畜牧业机械化(第二版).北京:中国农业出版社

段诚中.2000.规模化养猪新技术.北京:中国农业出版社

冯广和,齐飞等.1998.设施农业技术.北京:气象出版社

甘孟侯.2003.科学养猪问答(第三版).北京:中国农业出版社

高国栋,陆渝蓉.1982.中国地表面辐射平衡与热量平衡.北京:科学出版社

古在丰树,狩野敦,藏田宪次等.1992.新施设园艺学.东京:朝仓书店

郭继武.1990.建筑地基基础.北京:高等教育出版社

冯广渊.1989.建筑施工技术.北京:冶金工业出版社

湖南湘西自治州农业学校.1994.畜牧机械.北京:中国农业出版社

黄炎坤.2002.新编科学养鸡手册.郑州:中原农民出版社

康相寿等.2001.实用养鸡大全.郑州:河南科学技术出版社

李炳坦,赵书广,郭传甲.2003.养猪生产技术手册(第二版).北京:中国农业出版社

李保明.2003.畜牧工程科技创新与发展.北京:中国农业科学技术出版社

李保明.2004.家畜环境与设施.北京:中国广播电视大学出版社

李保明,施正香.2005.设施农业工程工艺及建筑设计.北京:中国农业出版社

李焕烈.1999.工厂化猪场设计与设备(下).养猪,(1)

李建国,冀一伦.1997.羊牛手册.石家庄:河北科学技术出版社

李如治.2003.家畜环境卫生学.北京:中国农业出版社

李天来等.1999.棚室蔬菜栽培技术图解.沈阳:辽宁科学技术出版社

李同洲.2001.科学养猪.北京:中国农业大学出版社

李震钟.2000.畜牧场生产工艺与畜舍设计.北京:中国农业出版社

刘加平.2002.建筑物理.北京:中国建筑工业出版社

刘起霞,邹剑峰.2006.土力学与地基基础.北京:中国水利水电出版社

刘声扬.2004.钢结构(第四版).北京:中国建筑工业出版社

柳建安,李安平.2001.净菜加工工艺及生产线的研究.粮油与仪器机械,(8):34~35

吕志强.1997.养猪手册.石家庄:河北科学技术出版社

陆耀庆.2004.实用供热空调手册.北京:中国建筑工业出版社

马承伟，苗香雯．2005．农业生物环境工程．北京：中国农业出版社

美国温室制造协会．1998．温室设计标准．周长吉，程勤阳翻译．北京：中国农业出版社

穆天民．2004．保护地设施学．北京：中国林业出版社

宁中华．2002．现代实用养鸡技术．北京：中国农业出版社

农牧渔业部畜牧局．1988．中国畜牧业机械化．北京：中国农业出版社

日本施设园艺协会．2003．施设园艺ハンドブック．东京：园艺情报センター

尚书旗等．2001．设施养殖工程技术．北京：中国农业出版社

沈蒲生．2002．混凝土结构设计原理．北京：高等教育出版社

沈蒲生．2003．混凝土结构设计．北京：高等教育出版社

沈祖炎．2000．钢结构基本原理．北京：中国建筑工业出版社

施楚贤，徐建，刘桂秋．2003．砌体结构设计与计算．北京：中国建筑工业出版社

施楚贤，施宇红．2004．砌体结构疑难释义（第三版）．北京：中国建筑工业出版社

天津大学，东南大学，同济大学．2004．混凝土结构（上册）．北京：中国建筑工业出版社

田有庆，杨远新，童晓莉．2002．简明养猪手册．北京：中国农业大学出版社

王建民．2000．现代畜禽生产技术．北京：中国农业出版社

王金洛，宋维平．2002．规模化养鸡新技术．北京：中国农业出版社

王铁良，孟少春．2003．单坡温室设计与建造．沈阳：辽宁科学技术出版社

王宇欣，王宏丽．2006．现代农业建筑学．北京：化学工业出版社

魏明钟．2002．钢结构．武汉：武汉理工大学出版社

吴德让．1994．农业建筑学．北京：中国农业出版社

夏志斌，姚谏．1998．钢结构．杭州：浙江大学出版社

谢炳科．2004．建筑工程测量．北京：中国电力出版社

邢宝松等．2003．实用养猪大全．郑州：河南科学技术出版社

徐维，余锡阁，沈家鹏等．2001．冷库设计规范（GB 50072—2001）．北京：中国计划出版社

杨仁全，王纲，周增产等．2004．屋顶全开启文洛式连栋温室的研制．华中农业大学学报，35（增）：102～106

杨仁全，王纲，周增产等．2005．精密施肥机的研究与应用．农业工程学报，21（增）：197～199

杨仁全，周增产等．2004．隔离检验检疫温室的应用与发展趋势．华中农业大学学报，35（增）：107～112

杨山，李辉．2002．现代养鸡．北京：中国农业出版社

岳文斌，路建新．2002．舍饲养羊新技术．北京：中国农业出版社

张长友．2004．建筑施工技术．北京：中国电力出版社

张福墁．2002．设施园艺学．北京：中国农业大学出版社

张懋，旬延军，陶谦．2000．冷藏和冷藏工程技术（第二版）．北京：中国轻工业出版社

张晓东等．2002．棚室设计、建造及配套设施．哈尔滨：黑龙江科技出版社

张岫云．1988．农业建筑学．北京：中国农业出版社

张耀春．2004．钢结构设计原理．北京：高等教育出版社

张有林．2000．蔬菜贮藏保鲜技术．北京：中国轻工业出版社

张跃峰，张书谦．2003．现代温室开窗机构的选择．温室园艺工程技术，（2）：20～21

章熙民，任泽需，梅飞鸣等．1993．传热学．北京：中国建筑工业出版社

赵凤翔，傅耀荣．1995．养猪新法．北京：中国农业出版社

赵书广．2000．中国养猪大成．北京：中国农业出版社

周长吉．2003．现代温室工程．北京：化学工业出版社

周长吉 . 2003. 中国温室工程技术理论与实践 . 北京：中国农业出版社

周建国 . 2004. 建筑施工组织 . 北京：中国电力出版社

周山涛 . 1998. 果蔬贮运学 . 北京：中国化学工业出版社

周增产，杨仁权，张晓文 . 2003. 温室分布式智能环境控制系统的研制与实施 . 河南农业大学学报，37(1)：1~6

邹志荣 . 2002. 园艺设施学 . 北京：中国农业出版社

NPR 3860—1982 Greenhouses recommendations for and examples of constructional performance based on NEN 3859

J. C. Bakker，G. . P. A. Bot，etc. 1995. Greenhouse climate control. The Netherlands，Wageningen Pers

G. Stanhill，H. Zvi Enoch. 1999. Greenhouse Ecosystems. Elsevier：Library of Congress Cataloging-in-publication Data

Kozai T，Doudriaan J，Kimura M. 1978. Light transmission and photosynthesis in greenhouse. Wageningen Center for Agricultural Publishing and Documentation

Critten D. L. 1983. A computer model to calculate the daily light integral and transmissivity of a greenhouse. Agric. Engng. Res. ，28，61~75

Bot G. P. A. 1993. Physical modelling of greenhouse climate. The Computerized Greenhouse by ACADEMIC PRESS，INC. 50~70